Rupert Riedl
Evolution und Erkenntnis

SERIE PIPER
Band 378

Zu diesem Buch

Zu den herausragenden Entwicklungen der Naturwissenschaft in unserem Jahrhundert gehört die Umwälzung in der Biologie, der man den Rang einer »kopernikanischen Wende« zugesteht. Sie ist vom Wandel der Theorien von Evolution und Erkenntnis geprägt.

Der Wiener Biologe Rupert Riedl ist an der neuen evolutionären Erkenntnislehre maßgeblich beteiligt und hat in seinen erfolgreichen Büchern vielfältige Denkanstöße vermittelt. In »Evolution und Erkenntnis« entwickelt und vertieft er seine gegenüber dem Darwinismus erweiterte Evolutionstheorie: Die Gesetze des natürlichen Werdens und die unserer Erkenntnis erweisen sich als identisch.

Unsere Gesellschaft fragt auch nach den Konsequenzen des neuen Welt- und Menschenbildes. Der Autor antwortet auf viele Fragen unserer Zeit, denen sich das neue erkenntnistheoretische Konzept zu stellen hat. Nach Riedl kann nicht die Unbegrenztheit des Machbaren uns befreien, sondern die Einsicht in die Grenzen unseres Vermögens.

Rupert Riedl, geboren 1925 in Wien. Studium der Medizin, Anthropologie und Biologie. Von 1948 bis 1953 Leitung von Meeresexpeditionen. 1960 Professor für Zoologie in Wien, 1965 Professor an der University of North Carolina/USA, seit 1971 Professor für Zoologie in Wien. Hauptarbeitsgebiete: Systematik, vergleichende Anatomie, Ökologie und Meereskunde, Evolutionsforschung, theoretische Biologie, Erkenntnislehre. – Veröffentlichungen u. a. »Die Ordnung des Lebendigen«; »Die Strategie der Genesis«; »Biologie der Erkenntnis«. In Vorbereitung: »Kultur – Spätzündung der Evolution?« (1987).

Rupert Riedl

Evolution und Erkenntnis

Antworten

auf Fragen aus unserer Zeit

Piper
München Zürich

Von Rupert Riedl
liegt in der Serie Piper
außerdem vor:
Die Strategie der Genesis (290)

ISBN 3-492-10378-2
3. Auflage, 13.–16. Tausend Januar 1987
(2. Auflage, 8.–11. Tausend dieser Ausgabe)

Umschlag: Federico Luci,
unter Verwendung einer Zeichnung von Smoky Riedl
Satz: H. Mühlberger, Augsburg
Druck und Bindung: Clausen & Bosse, Leck
Printed in Germany

Für Konrad Lorenz

Inhalt

Vorwort

Hier folge ich dem Vorschlage Klaus Pipers, meine populären Schriften zum Thema ›Evolution und Erkenntnis‹ für eine geschlossene Publikation zu sichten. Erst war ich skeptisch. Doch bald fand ich, daß viele meiner Schriften der letzten Jahre tatsächlich populär waren, denn gerade den Fach-Philosophen hatte ich Biologisches und erfahrenen Biologen Erkenntnistheoretisches vorzulegen.

So schlug ich ein. Einmal, weil ich mich hier, zwischen den populären Schriften etwa Heisenbergs und Lorenz', in der von mir am höchsten geachteten Gesellschaft befinde. Die Eitelkeit ist zuzugeben. Ein andermal aber auch deshalb, weil hier das Ganze mehr als die Summe seiner Teile ist. Aus Einzelfragen an unsere Zeit wird ein Zusammenhang der Fragen der Zeit an uns.

Anlaß dieser Fragen sind meine letzten drei, 1975, 1976 und 1980 erschienenen Bücher über Evolutions- und Erkenntnistheorie. Die folgenden Kapitel enthalten meine Antworten. Man sagt, daß solche Sammlungen das ›Alterswerk‹ eines Autors kennzeichneten. Dasselbe aber vermuteten spöttische Kollegen schon anläßlich des ersten jener drei Bücher. Vielleicht täuscht man sich.

Verbunden bin ich jener Vielzahl von Persönlichkeiten, welche meine Gegenstände aufgriffen und die Fragen unserer Zeit stellten, den vielen Freunden und Autoren, die mit den Grund meiner Antworten schufen und einer Zeit, die gar nicht so stumpf und langweilig ist, wie sie sich ausnehmen mag. Ich danke meiner Familie viel Geduld, Frau Dr. Illsinger und Fräulein Ölscher die Betreuung der Texte, Frau Dr. Staudinger deren Durchsicht und dem Piper Verlag die Anregung und die umsichtige Herausgabe.

Stift St. Florian, im Februar 1982

Einführung

Bislang pflegte ich den Glauben, meine Bücher allein geschrieben zu haben. Nun weiß ich, daß die Zeit jeweils mitgeschrieben hat. Das vorliegende Buch wurde nun fast ganz von der Zeit geschrieben; von der Zeit wie vom Geist einer Stadt, die mir beide die Feder führten. Alle 22 Kapitel, wie sie hier folgen, waren ›Auftragsarbeiten‹, Vorträge und Beiträge zu Symposien, Sammelbänden und Journalen, wie sie mir die Zeit abverlangte.

Der Beitrag des Autors besteht hauptsächlich aus seinen letzten drei Büchern zu den Themen ›Evolution und Erkenntnis‹. Denn was mir in den folgenden Aufsätzen abgefragt wurde, das ist deren Widerhall aus den Anliegen unserer Gesellschaft, sei es Wissenschaft, Politik oder Kirche.

Das erste dieser Bücher (Winter 1973/74 fertiggestellt), »Die Ordnung des Lebendigen«, erschien 1975. Mit dem Untertitel ›Systembedingungen der Evolution‹ enthält es meine, gegenüber dem Darwinismus erweiterte Evolutionstheorie. Es erweckte in Fachkreisen Erstaunen bis Befremden. In Kollegenkreisen hat es gelegentlich zu der Ansicht verführt, ich hätte, um es zu lösen, das Problem der Ordnung erfunden. Jedoch enthält es schon das Wesentliche unseres ganzen Themas.

Der zweite Titel ist »Die Strategie der Genesis« (1976). In ihm prüfte ich nun die ganze ›Naturgeschichte der realen Welt‹ daraufhin, ob meine Systembedingungen der Evolution auch für die vorauslaufende kosmische und chemische Evolution und für die folgende der Sozietäten und Kulturen zuträfen. Sie treffen zu. Die Aufnahme des Buches war so lebhaft, daß dies auch die Aufmerksamkeit, welche »Die Ordnung« fand, belebte.

Der dritte Titel »Biologie der Erkenntnis« erschien Herbst 1979 (Impressum 1980) und untersucht ›Die stammesgeschichtlichen Grundlagen der Vernunft‹. Es erklärt unsere erblichen Denkmuster als Produkt der Anpassung an jene Naturmuster, die ich in der »Ordnung« erklärt hatte. Die erste Auflage war am Tag des Erscheinens vergriffen, bald darauf die zweite. Die dritte folgte, bewirkte eine zweite der »Strategie« und wirkte auf die Aufmerksamkeit, die nun die »Ordnung« findet, nochmals zurück.

Dieser Zahlenzusammenhang ist jedoch nur ein Symbol dafür, was diese drei Bücher im Grunde verbindet: Evolution und Erkenntnis erwiesen sich nämlich zuletzt als dasselbe. Nicht nur bildet unsere Denkordnung die Naturordnung nach, auch die Vorgangsweise unseres kreativen Erkenntnisgewinns erweist sich nun als eine Nachbildung der Wechselwirkungen im schöpferischen Werden der Natur. Das aber weiß ich erst heute.

Der Beitrag der Zeit kommt schon aus vielen Teilen unserer Kultur. Er kam als ein bunter Reigen nicht mehr zu zählender Gespräche auf mich zu, jedes in der Farbigkeit einer anderen Wissenschaft und des Temperamentes eines anderen schöpferischen Menschen. Und er kam in einer geometrischen Progression von Anliegen, gewünschten Seminaren, Vorträgen und Kooperationen; wie sich dies auch in der Zeitfolge der hier ausgewählten Aufsätze spiegelt: Aus den Jahren 1975/76 und 1977/78 jeweils einer, aus den Jahren 1979, 1980 und 1981 jeweils 3, 6 und 11.

Naturwissenschaftler – in aller Kürze gesagt – interessierte das Reduktionismus- oder Szientismus-Problem, die Frage nach der Adäquatheit unserer Methode. Die ›Ganzheitlichen‹ im Westen begrüßten den neuen Gewährsmann, die ›Atomisten‹ einen neuen Obskurantisten; im Osten erkannte man mich entweder als neuen kompetenten, dialektischen Abweichler vom Westen oder aber als irrenden ›Molekular-Idealisten‹. Mein Erkenntniskonzept erschien entweder als gute Lösung oder als eine Selbstverständlichkeit.

Geisteswissenschaftler sahen in meinem systemtheoretischen Vorgehen entweder einen neuen Verbündeten, einen Kritiker der naturwissenschaftlichen und Befürworter der geisteswissenschaftlichen (hermeneutischen) Methode. Oder man hielt mir Biologismus vor, anmaßende Übertretungen in die Haine der Kulturwissenschaften. Manche legten mein Opus als Erweiterung des Humanismus aus, was mich freut, andere als eine Begrenzung der Naturwissenschaft, was ein Irrtum ist.

Philosophen waren großteils beunruhigt. Die Erkenntnislehre mußte eine Domäne der Philosophie bleiben (und einige ließen sich dies in Österreich von Amts wegen verbriefen). Die Neukantianer und mehr noch die Neuplatonisten reklamierten die Transzendenz oder stellten die Möglichkeit, unsere Herkunft zu durchschauen, überhaupt in Frage. Ungeachtet dessen entstand wertvolle Zusammenarbeit, und es befassen sich schon Dutzende Seminare mit der neuen ›Wissenschaft von der Erkenntnis‹.

Theologen wurden durch die ›dritte kopernikanische Wende‹ aufmerksam, die der evolutionären Lehre attestiert worden war. Und so kamen Gespräche und Symposien zustande, deren Weitblick und synthetischer Geist eine ganz neue Verständigung erwarten lassen. Einige Theologen sind durch meine Wiedereinführung der Metaphysik befriedigt, andere durch die Säkularisierung, mein Ableiten von Zweck und Sinn, beunruhigt; was zeigt, welcher Weg noch wartet.

Wirtschaftler und Politiker haben in dem System- wie dem Erkenntnisansatz die Formulierung mancher ihrer Probleme gefunden. Hier ist es vor allem die mehrdimensionale gegenüber der exekutiven Sicht der Ursachen, die interessiert, ferner der naturgesetzliche Antagonismus zwischen Innovation und Bewahrung, zwischen Individualität und kollektiver ›Wahrheit‹. Die extreme Rechte begrüßte einen neuen KOLBENHEIERisten oder brandmarkte meinen Materialismus, die extreme Linke begrüßte meine Dialektik oder verteilte Flugschriften gegen die neuen Nazis.

Zwei Fronten blieben: eine gegen den ›*tabula-rasa*-Standpunkt‹ der Empiristen und Materialisten, eine andere gegen die ›prästabilisierte Harmonie‹ der Rationalisten und Idealisten (besser: Ideeisten). Und das ist nur zu natürlich, denn wir versuchen ihren alten Streit zu schlichten. Jene ganze Diskussion dürfen wir als Zeichen unserer Zeit nehmen, als ein Suchen im Umfeld der Stelle, an der ich zu suchen begann. Allen wäre uns eine Lösung der philosophischen Widersprüche nützlich, eine Synthese unserer gespaltenen Kultur, eine Brüderlichkeit von Macht und Mensch, von Glaube und Wissen. Wir suchen gemeinsam das getreuere Menschenbild.

Die auf meine drei Bücher folgenden Schriften haben deren Volumen und Gegenstände längst übertroffen. In den Rezensionen hat sich alles Für und Wider in jeder Sache längst gegenseitig aufgehoben. So darf ich OSCAR WILDES Bemerkung beanspruchen, wonach die Uneinigkeit der Kritiker bestätige, daß der Autor mit sich einig war.

Der Beitrag des Geistes einer Stadt ist das Erstaunlichste. Wie ein unterirdisches, unbekanntes Lebensgeflecht wartet er auf das Austreiben, oft ein Jahrhundert lang, bis es da und dort wie Pilze seine

Akteure aus dem Boden treibt. Akteure, die voneinander ebenso wenig wissen, wie ihre Gesellschaft ihr Kommen hätte voraussehen können.

Da sind die Wiener Othmar Spann in der Systemtheorie wie auch Friedrich von Hayek in den Wirtschaftswissenschaften, in der Theoretischen Biologie Ludwig von Bertalanffy und Paul Weiss, ihre Begründer. (Ich selbst fand in meinem Kriegstagebuch einen Lebensplan, dessen Ziel die ›Theoretische Biologie‹ sein sollte. Diesen Vorsatz hatte ich ebenso vergessen, wie ich den Begriff, Jahre bevor ich ihm begegnet sein konnte, verwendete.)

Da sind in der Wiener Szene einmal Sigmund Freud und später Egon Brunswik auf der Suche nach dem Vorbewußten; in der ›Wiener Evolutionären Erkenntnislehre‹ zunächst Ludwig Boltzmann. Er schrieb schon vor einem Jahrhundert: »Wie wird es jetzt um das stehen, was man in der Logik Denkgesetze nennt? Nun, diese Denkgesetze werden im Sinne Darwins nichts anderes sein als ererbte(!) Denkgewohnheiten«, . . . da, »wenn wir diese Denkgesetze nicht mitbringen würden, jedes Erkennen aufhören würde und die Wahrnehmung ohne jeden Zusammenhang wäre.« Da ist Karl Popper, der seine Lösung: den unwahrscheinlichen Vorgang des Werdens der Erkenntnisprozesse zu rekonstruieren, unabhängig von Boltzmann in den zwanziger Jahren entwickelte. Da ist Konrad Lorenz, der all das am überzeugendsten vorlegt, im Grunde schon 1941, ohne an Boltzmann zu denken – wiewohl Engelbert Broda auf jenen ›Weltgeist‹ Boltzmann stets aufmerksam machte (Broda 1955) –, auch ohne an Popper zu denken. (Als Lorenz 1971 denselben Ansatz bei Popper entdeckte, schrieb er achtungsvoll nach England. Und Popper antwortete: »Lieber Konrad, erinnerst Du Dich nicht, daß Du mich 1910 in Altenberg an den Marterpfahl gebunden hast?« – beim Indianerspiel! Von Altenberg wird noch die Rede sein.)

Und ebenso bemerkte ich selbst Boltzmann und Popper nicht, und nicht einmal die Lösung bei Lorenz, obwohl ich in meinen ersten Semestern sein Schüler war (ich kam nicht auf die Idee, daß die Verhaltenslehre mein morphologisches Evolutionsproblem hätte lösen können, und löste es wieder selbst). Nicht minder hat Erhard Oeser aus der Wissenschaftstheorie den Erkenntnisprozeß unseres Modells, unabhängig von Lorenz und unabhängig von mir, entwickelt.

Nun erst greifen die Dinge ineinander, Erkenntnis- und Verhaltenslehre, Evolutions- und Wissenschaftstheorie und bekräftigen ihre Einsichten wechselseitig. Die unsichtbaren geistigen Geflechte in der Kultur meiner Stadt haben diesen Band nicht minder mitgeschrieben. Sie bilden den Hintergrund, vor dem unsere Szene spielt.

So sind die folgenden 22 Kapitel ›Antworten auf die Fragen aus unserer Zeit‹. Sie sind so unterschiedlich wie die Fragesteller. Und sie sind so einheitlich wie einer sein kann, wenn er Verschiedenes gefragt wird. Nur in einem gleichen sich die Fragen wie die Antworten. Sie sind Bilder unserer Zeit, Versuche zur Formulierung jenes tieferen Menschenbildes.

Die einzelnen Aufsätze lasse ich unverändert. Sie sollen ein getreues Bild von diesem mehr als sieben Jahre währenden Gespräch geben und in Diktion und Ernsthaftigkeit so unterschiedlich bleiben wie die Anlässe und Medien, die mir begegneten. Auch was ich heute schon wieder als naiv empfinde, habe ich nicht frisiert. Der Wandel des Ausdrucks ist selbst ein Zeichen der Entwicklung, die ich gerne bekenne.

Ebenso ließ ich manche Wiederholung im Text. Denn jedes Kapitel soll in sich geschlossen, so, wie es gedacht war, für sich alleine stehen. In Klammern habe ich hinzugefügt, was mir der Verständlichkeit zu nützen schien, oder angemerkt, wo zu ausführliche Wiederholung wegzulassen war.

Die Kapitel sind nicht chronologisch gereiht, vielmehr nach Thema und Fragestellung. Jedes Kapitel enthält einen Vorspann, welcher Anlaß, Fragestellung und Zeit darlegt.

Teil I Einige Gedanken im voraus

Ein Autor, der mit ehrgeizigen Absichten auftritt, ist seinem Leser einiges schuldig. Wenn nämlich vom Wandel eines Weltbildes die Rede sein darf, so ist zunächst von den Grundlagen zu berichten, auf welche sich solcher Wandel berufen will. Grundlage bildet hier ein Zusammenhang von zwei aus der heutigen Biologie entstandenen Theorien: eine Theorie von den Systembedingungen der Evolution und eine vom Prozeß der Erkenntnis.

Aber auch unsere Sicht dieser Zeit gehört zu den Grundlagen, die zu kennen der Leser Anspruch hat, und die Weise, in der wir die Menschen, die Träger dieses Wandels, sehen. Ich beginne darum mit (1) der ›Stimmung‹ unserer Seminare und mit (2) einem Blick auf Konrad Lorenz. Dann schildere ich (3) die Hintergründe des heute gespaltenen Weltbildes und schließe die Lösungen an: (4) die ›Systemtheorie der Evolution‹, (5) den Zusammenhang der beiden Theorien und (6) die ›evolutionäre Theorie vom Prozeß der Erkenntnis‹.

I 1 Der Weg nach Altenberg

So manches, was die folgenden Kapitel enthalten, entstammt einem Dorfgasthof an den Donau-Auen bei Wien. Die Säulenhallen der ehrwürdigen Universitäten haben viel von ihrem Geist verloren, und die Stahlbetonburgen der modernen haben nicht viel vom Alten ins Neue gerettet. So entsteht manches jenseits von ihnen; in der guten Tradition der versteckten Brillenwerkstatt des Baruch Spinoza, *des Klostergartens* Gregor Mendels, *des Wunsches* Alexander von Humboldts *in seiner Pariser Kammer: »Macht nur, daß ich niemals nötig habe, die Türme Berlins wiederzusehen.«*

Der ›Altenberger Kreis‹ entstand um 1975, rund um die ›Nachhilfestunden‹ in Erkenntnistheorie, die Konrad Lorenz *und ich von unserem Freund* Erhard Oeser *erhielten. Auf den Dorfgasthof in Altenberg war die Wahl gefallen, weil* Konrad Lorenz *ihn vom väterlichen ›Schloß‹ zu Fuß erreichen konnte. 1980 hatte sich um diesen Kreis etwas wie ein Ruf verbreitet; ein fast geheimnisvoller. Reportagen entstanden, und seine Mitglieder wurden um Berichte gebeten. Zum Beispiel in der Zeitschrift »Morgen« (Juli 1980). Das Folgende ist ihr entnommen.*

Manchmal erscheint einem seine Wissenschaft als eine schwierige Sache. Meist dann, wenn man bemerkt, sich am äußersten Rand seiner intellektuellen Möglichkeiten zu bewegen. Oder dann, wenn einem unsere Gesellschaft jene Einsamkeit, jenes Außenseitertum fühlbar macht, das wieder die Folge seiner eigenen geistigen Ortsveränderung ist; eine Wanderung in ein Land, in dem sich noch niemand befindet. Hier beginnt, wie nicht zu verargen, auch die Schutzsuche jeder Kreatur. Sind unsere tiefen Bedürfnisse des Verstehens und Verstandenwerdens nicht mehr zu befriedigen, so beginnt der Rückzug in jenes Gehäuse, welches von unserer oberflächlichen Welt der ›elfenbeinerne Turm‹ genannt wird. So als ob der Hochmut die Verschanzung hinter Spezialsprachen und Überheblichkeit den Wissenschaftler die Anliegen seiner Zeit und seiner Gesellschaft geringschätzen ließe. Schon hier sind die Ursachen vernetzter, als wir denken.

Und noch eins: Wie hätten die Wanderungen aus den Tabus und Selbstverständlichkeiten seiner Zeit herausführen können, schätzte man das Unbekannte jenseits ihrer Grenzen nicht höher als ihr eigenes Getriebe? Es ist auch aus der neuen Sicht, von außen, leicht auszunehmen, daß das intellektuelle Getümmel jeder Kultur fast ausschließlich von der Re-Etablierung des Etablierten lebt. Die schöpferischen Wanderungen bleiben einer übersehenen Minderheit von Außenseitern überlassen. Man vergleiche MOZARTS kalte Stube mit dem Prunk unserer Opernhäuser, SPINOZAS verstecktes Leben mit der Pracht der Festsäle und Talare unserer philosophischen Fakultäten. Kann man nicht jene stille Verachtung für diese anspruchsvollen und geräuschvollen Institutionen verstehen, von welchen uns glauben gemacht wird, daß sie allein die Träger unserer Kultur wären?

Ich erzähle dies aus zwei Gründen. Einmal möchte ich verständlich machen, was unserem Kreis der kleine Dorfgasthof in Altenberg bedeutet. Hier wird zwischen Hundegebell draußen und Urwüchsigkeit drinnen, dazwischen im ›Extrazimmer‹ eine Sprache gesprochen, der ein Uneingeweihter tatsächlich kaum folgen könnte. Hier rückt das Tagesereignis in zureichend verkleinernde Entfernung; denn wir alle, außer KONRAD LORENZ, kommen immer wieder über jene alte, enge Donaustraße, an deren Enden zur Zeit des amerikanischen Besatzungsflugplatzes in Tulln die große Warnungstafel stand: »Dangerously narrow and winding roads, wild and unpredictable native drivers!«

Ich erzähle es aber mehr noch, um ein anderes verständlich zu machen; das Gefährliche und Unberechenbare der Wanderung entlang dieser Straße zurück. – Ich empfand nie, im Elfenbeinturm zu sitzen. Aber, ich gebe zu, mir das Zeitproblem jeweils so weit vom Halse gehalten zu haben, als es mir nötig erschien, um mit Distanz über diese Zeit nachzudenken. Und ich gebe zu, die Ergebnisse dieses Nachdenkens sind ziemlich abstrakt. Dennoch schätze ich die Annahme, sie würden für unsere Zeit gewiß ihre Bedeutung gewinnen. Ich verhielt mich so, als wartete ein Heer von Zwergen nur darauf, meine Einsicht in das Tagesproblem, zur Urteilsfindung von Gesellschaft und Politik zu übersetzen. Und nun stellt sich heraus: Dieses Heer gibt es nicht.

Ganz im Gegenteil erweist sich das kulturelle Getriebe als selbstimmunisierend gegen Kritik und Widerlegung. Es ist dem Lernen feind und wehrt sich in kollektiver Geschlossenheit gegen Umdeutung und Innovation. Seine Institutionen sind zu diesem Zweck sogar staatlich geregelt. Es bleibt also keine Alternative als der Versuch, die eigene Erfahrung selbst in die Sprache des Tagesproblems von Gesellschaft und Politik zu übersetzen. Und das einzige, das in dieser Prozedur als gewiß gelten kann, ist die Voraussicht, in der neuen Sprache lange einen befremdlichen Akzent sprechen zu müssen. Doch will's getan sein, »selbst auf die Gefahr hin«, sagte Erwin Schrödinger, »sich lächerlich zu machen«.

Haben wir denn nicht, da es gelingt, das Werden der Vernunft als einen kosmischen Prozeß von außen zu betrachten, endlich die Möglichkeit, vernünftig über unsere Vernunft zu reden?

Klären sich nicht aus den Anpassungsmängeln unserer Vernunft die Gründe dafür, warum es mit unserer kollektiven Vernunft so unvernünftig zugeht? Haben wir über diesen Weg nicht Gelegenheit, der Sippenhaftung für den kollektiven Unsinn unserer Erfolgszivilisation zu entgehen? Denn wie anders könnte sie sich bieten? Es mag verständlich werden, warum unsere Industrie zum Zwecke des Überlebens einen selbstmörderischen Kurs zu steuern hat, warum die Schraube aus Inflation und Wachstum nicht zu hemmen ist, warum uns die Politik nur von Prosperität reden kann. Es mag begreiflich werden, woher die Sicherheiten einer Zivilisation und ihrer Menschen rühren, worin unser Unvermögen gelegen sein mag zu unterrichten, woraus das Ursachennetz unseres Schlamassels tatsächlich besteht.

»Es ist meine Grundthese«, sagt JAY FORRESTER, »daß der menschliche Verstand nicht dazu geeignet ist, menschliche Sozialsysteme zu verstehen.« Das muß, was die Anpassungsmängel unseres angeborenen Verstandes betrifft, wohl stimmen.

Was aber, wenn es gelingt, diese Mängel zu erforschen? Uns Erdenwürmer trifft es zwar nicht, daß unsere Vorstellungsmängel es nicht zulassen, den Raum vierdimensional, Raum-Zeit als Kontinuum zu erleben. Daß wir aber ein mangelhaftes Ursachenverständnis geerbt haben, das jedoch könnte das Schicksal unserer Spezies besiegeln. Und hier nun ist Klage berechtigt und Forschung dringlich und die sofortige Übersetzung ihrer Ergebnisse in die Sprache von Gesellschaft und Politik eine Pflicht, der man sich, schon den eigenen Kindern zuliebe, nicht entziehen kann.

Manchmal also scheint einem seine Wissenschaft eine schwierige Sache zu sein. Man ist in der wohlgeübten Sprache des ›Altenberger Kreises‹ zwar geborgen, aber man sieht von hier aus die noch schwierigeren Passagen der Gefahren und Unberechenbarkeiten des Weges zurück – des Weges zurück in eine Zeit, aus der man selbst gekommen ist.

I 2 Konrad Lorenz

Nicht nur der ›Altenberger Kreis‹, unser ganzes Thema hat mit Konrad Lorenz *begonnen, schon 1941 mit seiner Studie über »Die Kantschen Apriori im Lichte zeitgenössischer Biologie«. Aber damals war die Biologie noch nicht so zeitgenössisch wie gedacht. Die Arbeit blieb unbemerkt. Auch ich, als Anatom, kam nicht auf den Gedanken, daß die Verhaltenslehre mein Evolutionsproblem gelöst haben könnte. So, wie* Lorenz *und ich nicht erwarteten, den Ansatz in der Erkenntnislehre bei* Karl Popper *zu finden, und schon gar nicht bei einem Physiker, bei* Ludwig Boltzmann.

Wie viele Freunde und Geistesverwandte auch jenen ›Altenberger Kreis‹ bildeten, er hieß bei uns ›das Lorenz-*Seminar‹ (nur* Lorenz *nannte ihn das ›*Riedl-Oeser-*Seminar‹). Um* Konrad *wurden, in glücklicher Maßstäblichkeit, die Professoren zu Dozenten, die Dozenten zu Assistenten und alle zusammen waren wir wieder einer des anderen Schüler. Im November 1975 erhielt* Lorenz *den Sachbuch-Preis der Donaulandstiftung. Mir übertrug man die ›Laudatio‹. Das Folgende gibt etwas von der Erwartung, unter deren Eindruck wir damals zusammenkamen, wieder. Wir fühlten uns wohl als die ›neuen Enzyklopädisten‹ dessen, was wir für ›eine neue Aufklärung‹ hielten, als den Bund um eine stille Revolution.*

Einen Mann zu ehren, der längst die höchsten wissenschaftlichen Auszeichnungen auf sich gezogen hat, ist keine leichte Sache; und einem Manne die ›Laudatio‹ zu verfassen, auf den die Zeit, die er mitgeformt hat, selbst schon wieder zurückwirkt, hieße gleichzeitig, das Rad der Zeit zurückdrehen zu wollen. Lassen Sie mich also nach der Zeit fragen, in der wir mit KONRAD LORENZ leben; nach der Rolle fragen, die KONRAD LORENZ in dieser Zeit spielt.

Nun, in welcher Zeit befinden wir uns? Eine schwierige Frage – zweifellos in einer verunsicherten. Einerseits scheint uns keine andere Hoffnung zu bleiben, als die der Vernunft. Die Widersprüche in jener mehrfachen Moral, die diese Welt regiert, lassen uns offenbar einzig auf Vernunft hoffen. Andererseits haben wir erfahren, daß die Vernunft ein Vehikel ist, das, ist es der urtümlicheren Antriebe des Menschen beraubt, uns noch nie weit gebracht hat. Ja, wir lernten, daß ein Diktat der Vernunft noch immer zu einer Diktatur der Lieblosigkeit geworden ist, wie nicht minder ein Diktat der Liebe zur Diktatur der Unvernunft werden kann.

Kurz: Wir stellen fest, daß alle Antriebe des Menschen, tiefere wie höhere gleichermaßen, des Regulativs jeweils aller anderen bedürfen, um im Wogen der Irrungen, zwischen all jenen selbstverfertigten Klippen aus Überzeugungen, Ansprüchen und Ideologien, zwischen Humbug und Betrug also – wie das THOMAS HUXLEY und ERNST HAECKEL schon vor 100 Jahren nannten –, unsere Segel im Wind zu halten.

In welcher Zeit also befinden wir uns? Die Antwort, die wir suchen, scheint zunächst so unsicher wie die Zeit, in der wir diese Frage stellen. Aber wie den atomaren Gesetzen der Physik, dem Entropiesatz zum Hohn, der für uns einen unabwendbaren Weg ins Chaos vorsieht, schafft die Evolution gerade dann Ordnung sowie ordnende Erkenntnis, wenn die Ungewißheit, das Chaos, zu groß wird. Sie lenkt den Zufall in seine eigene Falle.

Biologische, chemische und kosmische Evolution zeigen das in den zwei, vier und zwölf Jahrmilliarden ihres Ablaufs. Und seit den wenigen Jahrmillionen, seitdem die Evolution der Ordnung der Organismen die Langsamkeit der Informationsgewinnung mittels des Riesenmoleküls der Nucleinsäure überwunden hat, seitdem sie durch das Wort und die Schrift sich exponentiell beschleunigt, beginnt sich der Kosmos in einer seiner Schöpfungen ebenso beschleunigt wie immer richtiger abzubilden – im Menschen.

Hundert Trillionen Moleküle formen sich zu je einem Menschen, das heißt zu einer so hochgradigen Ordnung, daß sie beginnen können, selbst über Moleküle nachzudenken. Die innere Ordnung kann so groß werden, daß sie beginnt, aus dem Menschen auszufließen, schöpferisch Ordnung zu schaffen, wo vordem keine war. Die Schöpfung schafft ihr Ebenbild.

Es reicht ans Wunderbare, wenn wir sehen, wie sich das Widerbild dieser Welt vervollkommnet, unbeirrbar von allem Chaos, das es umgibt; wie schrittweise inmitten jener wogenden Unwahrheit, zwischen Materialismus und Idealismus, zwischen Unterdrückung und Demagogie unsere Position immer genauer sichtbar wird. Und es ist das Wunderbare schlechthin, zu sehen, wie die Schöpfung ein klein wenig durch jeden von uns, in Riesenschritten aber in wenigen unter uns, ihre Ziele verfolgt.

Die Kräfte, die dies betreiben, erweisen sich als unbestechlich; weder die heilige Inquisition noch irgendeine der – nicht minder heiligen – Revolutionen, weder Gewalt noch Irreführung konnten jenes Menschliche in uns zerstören, das seinen Sinn, seinen Weg im Kosmos zu begreifen sucht: nicht Galileo Galilei, der die Erde aus dem Ego-Zentrum schob, nicht Lamarck oder Darwin, die uns das Werden unserer Herkunft vor Augen stellten. Und eben sie wurden uns das Maß ihrer Zeiten. Zureichende Unsicherheit schafft auch hier sogleich ihre Meister.

Nun geht es aber nicht mehr um unsere räumliche Position in der Welt, noch um die körperliche Abstammung des Menschen; es geht um die Herkunft und Evolution seines Denkens, es geht um eine Objektivierung, um eine Naturwissenschaft des menschlichen Weltbildes.

Und wieder ist es wie zum Hohn der uns umgebenden Wirren des Denkens, wo die widersprüchlichsten Weltbilder beginnen, Weltherrschaften zu beanspruchen, wo die Erfolgszivilisationen Macht für Einsicht ausgeben, wo die Universitas des alten Europa Wissen statt Weisheit lehren soll, die Fakultäten zerfallen, als ob die Naturwissenschaften nun ungeistig und die Geisteswissenschaften unnatürlich werden sollten; kurz: Ebenda, wo sich Natur und Denken in neuem Chaos scheiden wollten, da entsteht diese Naturwissenschaft vom menschlichen Denken. Und wieder schafft die Ungewißheit ihren Meister – und wenn nicht alles trügt, wird diese Zeit an ihm gemessen werden, an Konrad Lorenz.

Er entdeckte ein sich schrittweise aufbauendes System angeborener Lehrmeister, das von den unbedingten und bedingten Reflexen weit heraufführt zu einer komplexen Hierarchie tierischer Instinkte. Es wurde unmöglich, bei einem Reiz-Reaktions-Prinzip zu verweilen, weil das System in seiner Komplexität längst Eigenbedingungen, endogene (innere) Selbständigkeit gewinnen mußte. Er hat nachgewiesen, daß schon in den Tieren ein urteilender Weltbildapparat mit der Potenz kompliziertester Verrechnungen entstanden ist, lange bevor ein Bewußtsein eines Weltbildes angenommen werden kann: ein Vorläufer und Lehrmeister unserer Vernunft.

Und mit der Aufdeckung dieses Vorläufers unseres Denkens, und zwar aufgrund einer objektiven Naturwissenschaft, kann nun nach Dingen gefragt werden, die heute so existenzbestimmend sind, wie sie bislang nicht hinterfragbar waren.

Wie, in aller Welt, so stellt sich gleich die erste Frage, ist die Anfälligkeit, die Verführbarkeit der menschlichen Vernunft zu verstehen? Wieso ist die kollektive Meinung der Menschen oft so völlig falsch? Wieso erweist sich das menschliche Gehirn als waschbar? Aber es stellt sich auch eine zweite Frage: Wieso kann diese Welt überhaupt gedacht werden? Woher stammt die Übereinstimmung der Muster des Denkens mit jenen der Natur? Wieso, um mit GOETHE zu fragen, ist das Auge sonnenhaft? Die Antwort ist so umfassend, daß sie uns abwechselnd unglaublich und selbstverständlich erscheint. Sie lautet: Der Hintergrund des Weltbildapparates des Menschen ist das Widerbild der Geschichte seiner Entstehung: ein Produkt der Selektion. Sein Werden ist nun nicht mehr nach Jahrtausenden, sondern nach Jahrmilliarden zu messen.

All dies ist von unserer Stadt Wien ausgegangen: vorausgesehen von LUDWIG BOLTZMANN, vorbereitet von EGON BRUNSWIK wie von SIGMUND FREUD, gefordert von Sir KARL POPPER, als Naturwissenschaft aber entwickelt von KONRAD LORENZ:

Er hat gezeigt, daß Leben schlechthin ein kognitiver Prozeß ist. Die Flosse formt sich so, als ob sich das Wasser mit ihr am besten schnitte. Und alle Verrechnungsapparate der Tiere bilden sich in gleicher Weise. Sie erkennen alle nur kleine Ausschnitte dieser Welt, diese aber verblüffend richtig; so, wie eine Zecke ein Säugetier nach nur zwei Merkmalen erkennt, dem Geruch von Buttersäure und der Temperatur von 37° C. Keine genauere Definition des Säugetiers ist mit solcher Einfachheit möglich, und dennoch sehen wir an solch niederer Stelle noch, daß diese beiden Merkmale allein noch kein Säugetier ausmachen. Das ›Weltbild‹ der Zecke ist also ebenso richtig wie winzig.

Konrad Lorenz hat auch gezeigt, daß die Weltbildapparate der Organismen uns einen hypothetischen Realismus lehren, denn von allen denkbaren Weltbildapparaten hat die Selektion immer jene ausgewählt, die mit Ökonomie den ihnen abgeforderten kleinen Ausschnitt dieser Welt möglichst richtig widerspiegeln. Konrad Lorenz zeigt uns also, daß ein außerordentlich komplexes System angeborener Datenverrechnung entsteht, ein ratiomorpher (vernunftähnlicher) Apparat, der innerhalb seines Selektionsbereiches richtig und außerhalb desselben falsch sein muß. Und erst auf ihm baut sich unser viel jüngeres Bewußtsein auf. Das Reafferenz-Prinzip, wie etwa die Unterscheidung zwischen dem ›Wackeln-mit-der-Bank‹ und dem ›Mit-der-Bank-gewackelt-Werden‹, das Erlebnis der Hand vor den Augen, führen zu einer Repräsentation des Raumes im Gehirn, so daß unsere Gestalt in unserem Gehirn sein kann, obwohl das Gehirn in unserer Gestalt ist.

Und nun kann der Organismus die Augen schließen und die Welt und ihre Ereignisse noch immer vor sich sehen wie Widerspiegelungen der Spiegelung des Erfahrenen. Nun kann er auch denken, im gedachten Raum operieren, und das Gedachte übernimmt das Risiko für ihn. Die Hypothese kann stellvertretend für ihren Besitzer sterben. Die Evolution erzwang die Abbildung ihrer eigenen Gestalt und sogar die Entdeckung des eigenen Ich.

Diese evolutionistische Erkenntnistheorie also weist nach, daß auf den angeborenen Lehrmeistern eines ebenso nicht-bewußten wie unbelehrbaren ratiomorphen Apparates die millionenfach jüngere Ratio aufbaut; also das jüngste und darum am wenigsten bewährte Organ des Menschen: biologisch ein Extremorgan, das aber all unsere Hoffnungen wie all unsere Ängste auf sich vereinigt hat.

Die Bedeutung dieser Erkenntnis ist, wie alle fühlen, so groß, daß es bereits genügt, in einiger Ausführlichkeit zu widersprechen, um berühmt zu werden. Hier klären sich nämlich die Wurzeln der Aggression, das Wegfallen der natürlichen Hemmungen durch die Zivilisation, wir verstehen die Domestikation der menschlichen Antriebe, die Ursache des Schlamassels unserer Erfolgsgesellschaft, die Anfälligkeit, ja Waschbarkeit des Nicht-bewußten, selbst die Verhäßlichung der Welt als eine Form von Selbstparasitismus an der eigenen Kultur. Aber nicht minder verstehen wir nun auch das Rätsel der KANTschen *Apriori.* Was als nicht mehr hinterfragbare Fragen dem Individuum wie ein *Apriori* erschien, erweist sich als ein *Aposteriori* für die Geschichte seines Stammes.

Nichts von alledem dürfte ich versuchen, (schon) hier auszuführen. Aber alles ist ja bei KONRAD LORENZ nachzulesen (und auf manches kommen wir im folgenden noch zurück).

Was aber, das sei noch gefragt, hülfe die weiseste Einsicht ohne ihre Verbreitung. »Wissenschaftlicher Fortschritt«, sagte einmal der verärgerte MAX PLANCK, bestünde darin, »daß die Alten, die das Neue nicht verstehen wollen, abtreten, die Jungen aber es für selbstverständlich halten«. KONRAD LORENZ ist der Meinung, daß sein Erfolg darauf beruhe, alt genug geworden zu sein, um die Jungen schon wieder zu erleben. Dem will ich nicht widersprechen. Es kommt aber hinzu, daß in unserer Zeit viele wach geworden sind.

Viele sind mißtrauisch geworden ob der widersprechenden Ideologien, der tiefen Unvereinbarkeit der philosophischen und politischen Systeme, wach ob des Umstandes, daß unsere Kultur keine Instanz findet, die zwischen ihnen wahr und falsch unterscheiden könnte. Keinem Ärztestand für kranke Zivilisation würden wir vertrauen. So müssen wir selbst versuchen, mit den Sachen dieser Welt ins reine zu kommen; und das ›Sachbuch‹, jene unscheinbare Bezeichnung für das, was nun unsere unmittelbarste eigene Sache wurde, ist zum Vermittler geworden. Es enthält die Sache der Realität, die Sache der Erkenntnis, das Problem der Vernunft und des Überlebens, das nun schon schlechthin das Problem unserer Zeit geworden ist. Und von drei unentbehrlichen Säulen wird es getragen: von Gelehrten wie KONRAD LORENZ, die die Fähigkeit und den Mut haben, das schützende Dickicht des Fach-Rotwelsch zu verlassen, um zu vielen zu sprechen, von Verlegern, die die Weisheit haben, für unsere Zivilisation Risiken zu übernehmen, und von den Vielen, die noch immer die Kraft haben, Neues aufzunehmen und selbst zu denken.

In seiner Bescheidenheit übertrifft dies sogenannte Sachbuch noch die sogenannte Enzyklopädie, die im Ausgang des 18. Jahrhunderts, von eben jenen Säulen getragen, das Abenteuer der Aufklärung eingeleitet hat.

Vielleicht fühlt man mit mir, daß wir uns vor einer zweiten Aufklärung befinden. Vor einem neuen Versuch, das zu lösen, was nun in unserer Zeit dem entspricht, was HUXLEY und HAECKEL Humbug und Betrug nannten.

Gewiß geht es nicht mehr um Hexenprozesse, aber es geht um Schauprozesse; es ängstigen uns nicht mehr die konfessionellen Bürgerkriege, sondern die ideologischen Weltkriege. Nicht die Bibel wird einer Religionskritik, die Schöpfung wird einer Evolutionskritik unterworfen. Nicht mehr das Naturrecht der Völker, das Naturrecht der Menschen steht zur Debatte; nicht die Kritik einer Vormundschaft konkurrierender Bekenntnisse, sondern eine Kritik einer Vormundschaft konkurrierender Weltbilder. Über einer Fürsorge für den Körper suchen wir eine Fürsorge für das Denken. Die ›zweite Aufklärung‹ ist von einem absoluten Glauben an Fortschritt und Vernunft zu einem sehr relativierenden weitergegangen. Wir suchen nicht einmal mehr nach dem *missing link*, denn wir sind dabei, dieses in uns selbst zu finden; in jener schutzbedürftigen Kreatur, welche eine in ihrem Fortschritt selbst so ambivalente Evolution endlich nur mehr unser aller Schutz überantwortet hat.

Als den ersten Enzyklopädisten dieser zweiten, relativistischen Aufklärung aber wird man künftig KONRAD LORENZ lehren, der aus seiner Wissenschaft den Eingang fand zu einer Naturwissenschaft der menschlichen Vernunft.

Und so hoffen wir mit KONRAD LORENZ, daß die Vernunft helfen werde und daß diesmal alle Regulative unserer menschlichen Kräfte sie steuern werden: Liebe und Glaube und Demokratie und Humanität.

I 3 Das Patt an der Pfauenfeder

Ähnlich wie wir in unsere Kultur nur hineingestolpert sind, weil wir, um sie geplant zu haben, wie Friedrich von Hayek *sagt, nicht gescheit genug sind, so sind wohl auch wir ›Revolutionäre‹ nicht gescheit genug, um unsere Revolution des Weltbildes ganz zu durchschauen. Auch in sie sind wir hineingestolpert. Ein Prüfungsfall dafür ist die Verwirrung um das Evolutionskonzept heute. Und ein Anlaß, diese Diskussion öffentlich auszutragen, bot sich mit der Auseinandersetzung um* Joachim Illies' *Artikel in* Horst Sterns *Zeitschrift »Natur«.* Illies *wählte (unter anderen Beispielen) das ›Wunder der Pfauenfedern‹, um temperamentvoll den Darwinismus als zureichendes Erklärungsmodell der Evolution auszuschließen. Denn: Kann man dieses großartige Muster, welches die Federn erst gemeinsam bilden, allein durch die opportunistische Selektion von Mutationen (Abschreibefehlern) im Erbgut verstehen? Gewiß nicht! sagt* Illies. *Die Darwinisten reagierten ebenso temperamentvoll und sagten: Ja, gewiß! Weltsicht stand gegen Weltsicht. Nun hatte* Horst Stern *auch mich um Stellungnahme gebeten. »Ich habe darum einen Standpunkt außerhalb gewählt, um einmal zu zeigen, wie tief solche Konfrontation wurzelt«, schrieb ich ihm am 4. November 1981. Und ich hätte die Entwicklung entsprechend dieser kulturellen Auseinandersetzung, die im Patt endet, »in eine Schachparabel verpackt«.*

Am 19. November antwortet mein lieber Horst Stern: *»Am Schluß der Lektüre war ich von tiefer Ratlosigkeit befallen, lieber Herr* Riedl. *Die Arbeit hat etwas Enigmatisches (= Rätselhaftes) an sich. Ich fühle mich beim Lesen zunehmend in die Rolle eines Nicht-Schachspielers versetzt, der eine komplizierte Schachpartie durchschauen soll.«* Horst Stern *war gut beraten, unsere Lage für rätselhaft zu halten. Mein Aufsatz erschien nicht. Hier aber müssen wir den Kopfsprung in unsere Geistesgeschichte wagen, das Spiel wenigstens versuchsweise rekonstruieren, um die Position zu bestimmen, die Entwicklung des geistigen Feldes, vor dem wir antreten. Der ganze enigmatische Zopf unserer Kultur, gewissermaßen der Schwanz unseres Hundes, darf nicht scheibchenweise kupiert werden. Er muß (hier jedenfalls) mit einem einzigen Schnitt herunter. Erst dann wollen wir – in den drei folgenden Kapiteln – seine Anatomie zergliedern.*

Es ist also mein Grundgedanke, daß der menschliche Verstand nicht dazu geschaffen ist, komplexe Systeme zu verstehen; daß er nicht einmal diese Kultur planend geschaffen hat, sondern in sie nur hineingestolpert ist. Diese Gedanken stammen von Jay Forrester, Dennis Meadows, Aurelio Peccei und von Friedrich von Hayek. Einmal nahm ich sie als ›Bonmot‹. Bald hatte ich Ursache, sie todernst zu nehmen. Und heute beginne ich zu verstehen, daß und warum dies so sein muß; ja es läßt sich ahnen, wie der Kopf aus dieser Schlinge zu ziehen wäre, die wir uns selbst gelegt haben. Freilich gibt es trotz unserer Bemühung noch keine Anzeichen, daß es uns gelingen wird. Dies aber ist hier nicht mein Thema.

Die Chancen, die Zeichen seiner Zeit zu verstehen, sind gering. Dennoch finden wir uns gelegentlich vor dem Wunsche, unserem Tun in ihr einen Sinn zu geben. Und dies setzt jedenfalls eine Theorie von den Zeichen unserer Zeit voraus.

Freilich wird diese Theorie nicht gewisser sein als die Prognose über den Ausgang einer Schachpartie; und dennoch planen wir in einer solchen Zug um Zug.

In meiner Deutung von unserer Zeit werde ich nun einmal annehmen, daß sich der menschliche Verstand in einem Dilemma befindet. Weiter, daß dieses die Ursache unseres Kulturschlamassels ist, einer Verwirrung von solchem Ausmaße, daß sie bereits unseren Zeitgenossen aufzufallen beginnt. Dieses Dilemma muß aus dem Wechselspiel von kollektiver Weltanschauung und wissenschaftlichem Weltbild zu verstehen sein, dem Widerspiel von Erwartung und Erfahrung. Und zwar als die Folge des Werdens des Bewußtseins, ferner der neolithischen Revolution, des Galileischen Szientismus und endlich der Aufklärung. Und es mag in einem Zeitalter der Abklärung die Lösung zu erwarten sein. Doch lasse ich hier meine Lösungen – zwischen Gedankenstrichen – am Rande und verfolge unsere Geschichte.

Wie in einem großen Schachbrett stehen wir kleinen Steine im voll entwickelten Feld meist vorne und unter Zugzwang, schuldlos schuldig, in mißlicher Position; und wir werden deren Ursache erst begreifen, wenn wir die Entwicklung über die immer mächtigeren Figuren bis zu den Bedingungen der Eröffnung der Partie zurückverfolgt haben.

Beginnen wir aber getrost mit der Pfauenfeder.

Wo also befinden wir uns da? Wir finden uns vor einem wunderschönen und komplizierten Gefiedermuster und vor der Frage, ob die Lehrbuchmeinung, die Evolutionstheorie des Lehrbuchs, die Sache erkläre oder nicht. Und wenn sie's nicht erklärt, ob überhaupt eine Erklärung denkbar wäre. Und warum es stürmt um eine Pfauenfeder.

Gewiß, es ist kein Sturm, es ist die Frage eines Bauern-Abtausches, deren es in dieser Partie schon viele gab. Aber ist die Theorie besser gedeckt oder der Angriff? Und wie wird der Abtausch weiterwirken?

Was also sagt die etablierte Theorie? Bekanntlich sagen die Darwinisten, unter Berufung auf Darwin, die Neodarwinisten und die ›Synthetische Theorie‹, daß alle Phänomene der Evolution aus blindem Versuchen, aus Rekombination und der Selektion des Lebenstüchtigeren zu verstehen seien. Folglich auch die Pfauenfeder. Und daß dies sogar das Dogma verlange, das Zentrale Dogma der Molekulargenetik. Ein Dogma in einer Naturwissenschaft ist interessant.

Wozu Dogmatik? Was muß dogmatisch tabuisiert und was verboten werden? Nun, das Dogma enthält im Kern die Einsicht, daß der Lauf chemisch kodifizierter Nachrichten nur von der Erbsubstanz zu ihren Produkten, den Phänen, läuft. Dies ist aber so einleuchtend, daß es keines Dogmas bedürfte. Geschrieben wie ungeschrieben steht aber dahinter, daß es überhaupt keinen Rückfluß von Nachrichten von den Phänen zu den Genen geben kann. Das aber ist etwas ganz anderes. Es ist gedacht als das Verbot des Lamarckismus.

Warum aber ist die Theorie Lamarcks zu verbieten? Was ist so schlimm an ihr? Sie sagt, daß sich die Veränderung eines Organs aufgrund von Milieubedingungen dem Erbmaterial mitteilen würde. Dies war die erste Kontinuumtheorie der Evolution. Das wäre noch nicht so schlimm. Böse wurde erst die Auseinandersetzung: Neodarwinisten versus Neolamarckisten: Zwei evolutive Milieutheorien in weltanschaulicher Kollision.

An dieser Stelle tritt die Wirkung der ersten Figuren in Erscheinung; das Weithineinreichen der weltanschaulichen Läufer und die Rösselsprünge der Ideologien.

Merkwürdig genug hatte der eher ›idealistische Westen‹ das Recht des

Individuums auf seinen materialistischen Zufallsvorteil verlangt, wohl vermengt mit der Idee von der individuellen Freiheit, doch mit dem Sozialdarwinismus im Gefolge; einer biologischen Rechtfertigung des Rechtes des Stärkeren im Kapitalismus.

Nicht minder merkwürdig hatte sich der ›materialistische Osten‹ dem idealistischen Neolamarckismus verschrieben, obwohl sich ENGELS und MARX sogleich die neue Lehre DARWINS zu eigen machten. Es war aber wohl das Recht des Kollektivs, seinen Individuen die Adaptierung an das marxistische Milieu vorzuschreiben, welches den dialektischen Materialismus zum Neolamarckismus bestimmte.

Und obwohl weder die ernsthaften Neodarwinisten beim Sozialdarwinismus blieben noch die ernsthaften Materialisten bei LYSSENKOS Lamarckismus, gab es doch den Tod PAUL KAMMERERS, die NOBEL-Kommission in Wien und Jahrzehnte ideologischen Wetterleuchtens auf biologischen Theatern, so daß die Unsicherheit geblieben ist. Man wollte im Westen keine Züchtbarkeit dialektischer Materialisten. Das Dogma also hat tiefe Wurzeln.

Wie aber wäre hier DARWIN anzurufen? Denn DARWIN war Lamarckist! Zum Darwinisten wurde DARWIN posthum durch die Neodarwinisten. Er war so gescheit zu erkennen, der Evolutionstheorie (im Wesen jener LAMARCKS) das Selektionsprinzip hinzugefügt zu haben. Und Auswahl allein macht noch keine neue Arten (wenn das auch der Titel seines epochemachenden Werkes andeutet). Auswahl wovon? – war die Frage, also die Ursache des Variierens der Individuen mitsamt ihrem Erbgut. Dies hatte aber schon LAMARCK vorgeschlagen.

> Nun ist die Entwicklung schon zur Bewegung sehr mächtiger Figuren zurückverfolgt; etwa dem Wandeln der Türme. Und jener Bauern-Abtausch ist von hier aus schon eine sehr ferne Konsequenz.

DARWIN war nun als Nachfolger sogar lamarckistischer als LAMARCK. Er schenkte beispielsweise Reisenden Glauben, die berichteten, daß bei jenen Völkern, bei welchen die männliche Vorhaut regelmäßig beschnitten werde, dieselbe in der Folge bereits erblich kürzer geworden wäre. Wichtiger noch: DARWIN arbeitete jahrzehntelang an seiner ›Pangenesis-Theorie‹, die den Erbmechanismus der lamarckistischen Wirkung begründen sollte. Denn er korrespondierte zwar mit NAEGELI, der MENDEL kannte, nahm aber MENDELS Entdeckung nicht wahr.

Im wesentlichen wird in dieser Theorie von DARWIN angenommen, daß sich in den Zellen aller Organe Körperchen befänden, welche sich mit der Veränderung der Organe wandelten, daß sie durch den ganzen Körper strömten und somit ihre Veränderung auch den Keimzellen mitteilten. Die Neodarwinisten schämen sich solchen Unsinns ihres Meisters, und das Opus wurde in seiner Bedeutung zunehmend reduziert und endlich ganz verschwiegen.

Der Widerspruch der Positionen stammt also nicht von DARWIN. Er wurde ihm hinzugefügt. Nur der Widerstreit der Meinungen ist geblieben. Zwar errangen die Neodarwinisten die Etablierung in der Lehrmeinung. Aber der Widerspruch ist im folgenden Jahrhundert nie versiegt. Zwar fand der Lamarckismus keine Bestätigung. Aber daß der reine Zufall zur Schaffung der komplexesten Ordnung auf diesem Planeten nicht genügen konnte, das wurde immer wieder behauptet.

Was also, wenn wir uns den Mechanismus, der Ordnung schafft, in unserer Schulweisheit noch gar nicht träumen ließen? Wenn zum Beispiel Systembedingungen – wie ich darlegte – in einer Wechselwirkung zwischen Phänen und Genen das Ordnung-Werden förderten; wie anders sähe das Problem um die Pfauenfeder aus, würden Prozesse der Selbstorganisation eben aus Systembedingungen das Werden des Komplexen verstehen lassen? Was, wenn die Evolution der Evolutionsmechanismen zu einem Prozeß zwischen dem darwinistischen und lamarckistischen geführt hätten? – Ich habe eine solche versöhnliche Lösung vorgeschlagen. Sie schöpft ihr Material vornehmlich aus der Morphologie. Ein vergessenes Fach. Ihm ist nun zu folgen.

> Wir kommen zur Bewegung einer vorausgegangenen Generation von Türmen, die dem Feld eine für all seine weitere Entwicklung entscheidende Konstellation hinterließen.

Die Lage der Auseinandersetzung hängt mit jener der Morphologie zusammen, dem Methodentheorem der vergleichenden Anatomie und Systematik. Wir müssen noch ein Jahrhundert zurück; zu BUFFON, CUVIER, GEOFFROY ST. HILLAIRE und GOETHE. GOETHE erklärt den morphologischen ›Typus‹, das in jeder systematischen Einheit gleichbleibende Ordnungs- oder Bauprinzip, aus ›esoterischen‹ Ursachen. Als ein Prinzip, wonach, wie wir erwarten, die Natur verfahren werde.

Aber die Spaltung war auch hier schon vorbereitet. Während die frühen Anatomen meinten naturwissenschaftlich vorzugehen, übersetzte die idealistische Philosophie ›esoterisch‹ mit ›geheimnisvoll‹. Man bedachte nicht, daß nach GOETHES Wortwahl die ›esoterischen‹ Wirkungen den ›exoterischen‹ gegenüberstanden. Unter letzteren verstand er Wirkungen von außen auf ein System. ›Esoterisch‹ wäre also mit ›Ursachen im System‹ zu übersetzen gewesen, als ›systemimmanent‹, wie wir heute sagen. – Und eben darin suchte ich die Lösung jenes Werdens organischer Ordnung. – Doch weiter in Geschichte.

Die Morphologie wurde gespalten; eine ›idealistische‹ Morphologie hatte sich von einer ›materialistisch‹-naturwissenschaftlichen getrennt. Der ›idealistische Typus‹ gewann das Aussehen von platonischen Ideen. Für den ›materialistischen‹ stand die Erklärung aus; folglich mochte es gar keinen geben. Ein der Welt von seinem Schöpfer vorgegebenes Ordnungsprinzip trat in Widerstreit mit einem, das aus den bloßen Antriebskräften dieser Welt hätte entstehen sollen. Und beide wurzeln nochmals tiefer in unserer Kulturgeschichte.

Man ahnt das Auftreten der mächtigsten Gestalten, der Grundideen. Im Schach sind's die Damen. Jedenfalls nicht die Könige, die, in solcher Auseinandersetzung längst schon rochiert, in der Deckung ihrer Türme standen.

Aber bevor wir weiter zurückgehen, ist noch ein Allgemeines zu fragen: Wie ist es zu verstehen, daß Weltbilder, auch wissenschaftliche, rigid werden und intolerant, und wieso bestehen sie trotz ihrer Widersprüche? Hier zeigt es sich, daß sie einen Mechanismus der Selbstimmunisierung gegen Widerlegung entwickeln. Fakten, die ihrer Erklärung widersprechen, werden von der etablierten Gemeinde so lange verkleinert, bis sie allesamt unter den Teppich gekehrt werden können. Mehr noch: Widerspricht eine Erfahrung der Lehrmeinung, so scheint nicht diese, sondern vielmehr die Methode, welche zu widersprüchlichen Erfahrungen führte, diskreditiert; letztlich der Außenseiter, der den Widerspruch vom Zaune brach. An dieser Stelle werden also die Kleinen von den Vereinigten aussortiert: »Little science« von der »Big science«; und noch bevor der Erfolg der Methode die letzte Instanz sein kann.

Dieser Mechanismus erklärt sich wieder aus der pragmatischen Funktion eines Weltbildes. Es hat Stabilität zu geben und Sicherheit, wenn auch eine nur vermeintliche. Ähnlich einer Sprache, die gleichbleiben muß, will man sich in ihr verständigen. Das Paradigma muß daher die Erwartung einschließen, auch das noch Ungeklärte mit seiner Hilfe einmal erklären zu können. Wir scheinen sogar von einem angeborenen und rational zunächst unbelehrbaren Mechanismus gelenkt zu werden, der – wie wir mit LORENZ schon seit 1959 finden – im Falle von Widersprüchen zwischen Erwartung und Erfahrung uns nicht nur nicht alarmiert, sondern der uns geradezu beliebige Zusatzannahmen machen läßt, um die Kritik zu beschwichtigen und den Widerspruch zu vertuschen.

> Hier ist meine Schachparabel von den Figuren schon zu den Strategien hinübergetreten und noch weiter zu den Spielregeln. In meinem skizzenhaften Vortrag darf ich zwar jene Strategien dieses Spiels der Gesellschaft nicht ernsthaft verfolgen (wiewohl sie es verdienten). Nur auf die Spielregeln (unserer Vernunft) werde ich zurückkommen; denn sie sind für das Verständnis des Spiels unentbehrlich.

Und auf noch eine Regel, einen angeborenen Lehrmeister unserer Vernunft, muß ich hier vorgreifen. Er suggeriert uns, unter allen konkurrierenden Lösungen eines Problems die einfachste als die richtige zu erachten. Und das in zunächst wieder rational unbelehrbarer Weise. Diese beiden Anleitungen unserer Vernunft lassen nun verstehen, wie schwer es einer kollektiv vereinbarten ›Wahrheit‹ fallen muß, die Strategie, das System einer Welterklärung, das Paradigma zu erweitern, zu wechseln oder gar aufzugeben. Eher noch sind wir bereit, ein gedoppeltes Weltbild samt Spaltung und Widersprüchen in Kauf zu nehmen.

Nun können wir die Vorbedingungen zum Verständnis der Pfauenfeder weiterverfolgen, zurück in unserer Geistesgeschichte. Da zeigt sich's: Wir leben in zwei Kulturen. Die Kultur des Abendlandes ist zweigeteilt; nicht geographisch nebeneinander, sondern deckend übereinander. Städte, Familien, selbst Individuen (das ist das Merkwürdigste) können sich als zweigeteilt erweisen. Es trennt sich hier der naturwissenschaftliche und der geisteswissenschaftliche Hintergrund unseres Weltbildes. Die Trennung deutet sich in der Antike an. Aber wir müssen mindestens weitere zwei Jahrhunderte zurück, um die Wurzel der Trennung zu finden: von der Aufklärung zur Renaissance.

Wir erahnen die Eröffnung und die zwei Farben des Spiels. Zweierlei vermeintliche Gewißheiten, Ratio und Erfahrung, Erwartung und Kontrolle hatten unterschiedlich zu eröffnen. Aber noch einmal muß von großen Figuren die Rede sein, noch nicht von den Königinnen, aber von der frühen Entwicklung des Feldes.

Man erinnert sich der Redeweise von der GALILEIschen Wende; das Meßbare zu messen und das Unmeßbare meßbar zu machen. Erreicht wurde mit ihr eine ungeheure Verbesserung der Prognostik, erkauft durch ungeheure Verluste an Wahrnehmung. Das Qualitative blieb kein Gegenstand der Wissenschaft mehr. Die Welt sollte allein aus ihren Antriebskräften verstanden werden. Die naturwissenschaftliche Methode war entstanden. Und obwohl in einem ganzen Herbstwald nicht zwei Blätter in der gleichen Weise fallen, sind wir doch überzeugt, daß sie demselben Gesetz folgen.

Wie bekannt, wandelten diese Erfolge die Welt, auch kulturell – und führten zur Einengung der Geisteswissenschaften. Jene schlichteten nicht, und auch diese vermochten nicht zu schlichten. Und so bezogen die *humanities* neue Front, indem DILTHEY die verstehende Methode der Geisteswissenschaft der erklärenden der Naturwissenschaft gegenübersetzte. Aber dies ist nur die Exekution lange schwelenden Unbehagens aus den zwei Kulturen. In Wahrheit lassen sich auch die erklärenden und verstehenden Methoden zusammenführen, denn sie fußen auf demselben Erkenntnisapparat. – Hier aber interessieren die Ursachen dieser Spaltung, welchen wir noch weiter folgen müssen.

Denn noch immer sind wir nicht an der Wurzel der heutigen *Patt*situation des Pfauenfeder-Streits, der nun schon verschwindend ferne scheinen mag, aber dennoch ein dimensionsloses Symbol ist für die tiefe Entzweiung in unserer kulturellen Geschichte. Denn nicht nur DILTHEYS Hermeneutik reicht über die Scholastik zurück ins Altertum, auch GALILEIS Szientistik läßt sich dahin verfolgen; in Vorläufern, gewiß, aber in ihren geistigen Vorbedingungen.

Nun erwarten wir zu Recht das Auftreten der großen Ideen, der Damen des Spiels, nahe seiner Eröffnung. (Und ich überlasse es dem Schachfreund zu raten, welche Farbe sich die kostspielige Eröffnung des Damen-Gambit leisten mußte.)

Die Vorbedingung jener zwei Kulturen finden wir in den grundlegenden Ideen der zwei Lehren von der Erkenntnis, bis zurück zu den Vorsokratikern. Aber die großen Züge wurden dann von Platon gemacht und von Aristoteles. Und aus ihrer Zeit blieben die Alternativen: entweder der Idee, der reinen reflektierenden Vorstellung, die Regentschaft über die Erkenntnis und die Entscheidung über die Wahrheit einzuräumen oder aber den Sinnen und der aus ihnen möglichen empirischen Erfahrung. Dies ist die Auseinandersetzung zwischen Rationalismus und Empirismus – die ich zwar schlichten kann –, nicht aber die Spaltung ihrer Wurzeln.

Ist ein immaterieller Geist anzunehmen, mit Ideen, welche vor und über den sinnlichen Dingen liegen, eine prästabilisierte Harmonie dieser Welt, eine unerforschliche Absicht eines Schöpfers, an dessen Willen wir in einer Kette subalterner Zwecke bescheidenen Anteil haben? Oder sind die Dinge dieser Welt alle materieller Art, die Ideenwelt nur ein unverläßliches Folgeprodukt empirisch gemachter Erfahrung und alles Unerforschte noch erforschbar?

Ist diese Welt idealistisch (besser: ›ideeistisch‹) zu verstehen, als eine Konsequenz ihrer letzten Zwecke? Oder vielmehr materialistisch (mechanistisch), aus ihren ersten Antrieben? Dahin reicht das Schisma unserer Kultur. – Auch dieses ist noch überbrückbar, denn es enthält den (nur scheinbaren) Widerspruch finaler (teleologischer) versus kausaler Welterklärung.

Hier erst finden wir die Wurzeln, die Ansätze der widersprüchlichen Positionen in der Diskussion um die Pfauenfeder heute. Die Welt im ganzen für erklärbar zu halten: erst szientistisch, dann evolutiv, zuletzt neodarwinistisch. Oder aber ihr einen unerklärbaren Rest vorauszugeben: platonisch, scholastisch religiös, metaphysisch. In beiden Positionen stecken bereits Jahrtausende unserer Kulturgeschichte. Aber zu deren Grund, will man überbrücken, ist noch tiefer zu gehen.

> Damit ist aber nun auch die Herkunft der Farben im Spiel sichtbar; wobei jeder der beiden Spieler meinen mag, der Partner hätte Schwarz gezogen. Und so kommen wir weiter zur Erfindung des Spieles selbst und zur Herkunft seiner Regeln.

Man kann sich zunächst fragen, warum nicht ein jeder ungeschoren bei seiner Deutung bleiben konnte. Warum die parteiliche Auseinandersetzung? Natürlich, weil wir soziale Wesen sind und im Kollektiv auf der Existenz nur einer wahren Wahrheit bauen. Seit der Arbeitsteilung, seit jener neolithischen Revolution, sind wir voneinander endgültig abhängig geworden und machen uns arbeitsteilig die Welt untertan. Freilich hat auch diese Abhängigkeit ihre Vorgeschichte. Und in dieser Geschichte mußten die Strategien des Spiels der Sozietäten entstehen; zuerst zum Zwecke des Überlebens, aber bald für das ganze Abenteuer unserer kollektiven Vernunft. Strategien allerdings – wie es sich damals nicht vermeiden ließ – für zwei Parteien.

Wir kommen von den Jahrzehntausenden in die Jahrmillionen unserer Geschichte, wenn wir nun nach der Herkunft dieser Vernunft fragen und nach der Ursache dieser Spaltung oder Zweiseitigkeit. Denn als das Bewußtsein erwachte, hatte ihm die Evolution längst seine Vorbedingungen, die *Aprioris*, die erblichen Anschauungsformen vorgegeben, einen zweiseitig ›ratiomorphen‹, vernunftähnlichen Apparat zum Überleben. (Ich habe diese Einsicht von LORENZ weitergeführt.) Wir begegnen einem funktionell zweiteiligen Gehirn.

Da sind wir nun inmitten des Werdens der Spielregeln, der Geschichte des Spiels selbst und nahe dem Ende meiner Schachparabel.

Wir finden uns vor den stammesgeschichtlichen Grundlagen der Vernunft. Die Selektion hat uns Anschauungsformen gemäß den Aufgaben in noch höchst einfachen Lebensbereichen eingebaut. Und mit Anschauungen von gestern unterwerfen wir uns eine Welt von morgen.

Wir sind erstaunt, sie nicht verstanden und sie nicht geplant zu haben. Wir sind nun ratlos, da wir bemerken, diese Welt zu zerstören. Aber damit noch nicht genug.

Im schöpferischen Wechselspiel dieses Evolutionsmechanismus, zwischen Mutation und Selektion, Versuch und Irrtum, zwischen Erwartung und Erfahrung, Idee und Kontrolle, zwischen Induktion und Deduktion also, geschah etwas Merkwürdiges. Dieses Wechselspiel trennte sich auch nach der rechten und linken Hemisphäre unseres Gehirns. Und nur die eine, die linke Hirnhälfte, gewann vollen Zugang zum Bewußtsein. So kommt es, daß Versuch, Erwartung und schöpferische Ideen, wie sie in der rechten Hemisphäre entstehen, dem Bewußtsein nicht verfolgbar sind. Links, dem Bewußtsein kontrollierbar, liegen die Kontrollen von Irrtum und Erfahrung. Dabei mag die unkontrollierbar entstehende Idee realer, sogar gewisser erscheinen als die nur mittelbar erlebbare Kontrolle der sinnlichen, empirischen Erfahrung. Beides zusammen, Anpassungsmängel und Spaltung, bilden das Dilemma des Menschen. (Es läßt sich mithin auch aufklären.) Aber im dunkeln belassen bleibt es unser Dilemma.

> Und wenn's kein Dilemma sein soll, ist es doch ein Spiel der beiden Partner mit festen Regeln und sich entwickelnden Strategien, das ewig weiterspielen wird, mit kleinen, großen und ganz großen Figuren. Und sehen die Spieler seine Geschichte nicht, so wird die Partie im Patt enden.

Nichts wird es helfen, die Farbe zu wechseln, denn auch die idealistische wird ziehen müssen wie die darwinistische. Besser noch, die Farbe zu bekennen. Auch Züge offen zu lassen bringt nur Verschleppungen. Wir werden das ganze Spiel des Denkens aufdecken müssen, die Evolution seiner Strategien wie seiner Regeln, bevor wir es verstehen können. Und wir müssen – und werden – es verstehen lernen, denn, wie jeder sehen kann, es ist die Fortsetzung des Spiels ums Überleben.

I 4 Systembedingungen der Evolution

Die Zergliederung unseres Weltbildes muß unsere Theorie vom Kenntnisgewinn ins Auge fassen, aber auch unsere Theorie von der Evolution. Denn, wenn angenommen werden soll, daß unsere erbliche Denkordnung ein Selektionsprodukt an der Naturordnung ist, dann muß verstanden sein, worauf die Ordnung in der Natur zurückzuführen sei. Aber ich darf den Leser nicht glauben machen, daß wir von dieser höchst naheliegenden Frage ausgegangen wären. Tatsächlich wurde sie mir erst formulierbar, als meine ›Systemtheorie der Evolution‹ der ›evolutionären Theorie von der Erkenntnis‹ gegenüberstand. Beide entstanden unabhängig voneinander und bekräftigen einander nun wechselseitig.

Konrad Lorenz *ging es um das Werden des Erkennens. Er setzte eine begründbare Ordnung der Natur voraus. Mir ging es um eine Begründung der Ordnung in der Natur, und ich landete an ihrer Symmetrie mit unserer Denkordnung. Wir müssen beide Theorien betrachten und ihren Bezug zueinander.*

Beginnen wir mit der ›Systemtheorie‹. Eine so komplexe Sache, daß man mir, wenn überhaupt, nur zögernd in meine »Ordnung des Lebendigen« folgt. Der Schritt des nötigen Umdenkens ist zu groß, als daß er leicht mitvollziehbar wäre. Eine populäre Darstellung ihres Kerns hat (im Mai 1977) die Zeitschrift »Bild der Wissenschaft« versucht. Das Folgende ist mein Text, den ich der Redakteurin für ihre Fassung zur Verfügung stellte.

Bei mir persönlich bedurfte es eines halben wissenschaftlichen Lebens, bis ich bemerkte, daß unsere gegenwärtige Evolutionstheorie das offensichtlichste ihres Produktes nicht erklärt – nämlich dessen Ordnung wie dessen Gerichtetheit. Und das, obwohl gerade diese beiden jene Zielstrebigkeit ausmachen, aus der sich das konstituiert, was man den Sinn der Kreatur, selbst den evolutiven Sinn des Menschen, nennen kann. Jener Sinn, der den einen, die ihn empfinden, großen Eindruck macht, und den anderen, die ihn leugnen, wie JACQUES MONOD es tat, die erstaunlichsten Schwierigkeiten bereitet.

Markt und Betrieb im Lebendigen

Unser Evolutionskonzept operiert mit zwei antagonistischen Mechanismen: Zufallsgenerator und Wähler. Wir Biologen sagen: Mutation und Selektion. Und es steht außer Frage, daß die Mutation das Schöpferische der Evolution begründet und daß die Selektion alle Wunder der Anpassung erklärt: daß sie aber selbst gemeinsam keineswegs erklären, wieso ihr Produkt geordnet ist, wieso wir von Kakteen und Käfern, von Farnen und Medusen sprechen, wieso wir Wirbeltiere, Säuger und Primaten als ineinander gerangte Einheiten erkennen können. Warum also jede Einheit nur in einem ungeheuren, hierarchischen System und ausschließlich in einer einzigen Kette zwischen speziellen Unter- und Übereinheiten Sinn und Inhalt haben kann, das erklärt die gängige ›Synthetische Theorie‹ des Neodarwinismus nicht.

Natürlich ist für die Ähnlichkeit die Vererbung verantwortlich; und sie erklärt, gemeinsam mit der mutativ-selektiven Anpassung, warum die Verwandten nur allmählich divergenter und unähnlicher werden. Auch kann man den Umstand, daß sich manche Merkmale rasch wandeln, während andere eine erstaunliche Beharrlichkeit aufweisen, auf sehr ungleiche Selektion zurückführen. Und es erscheint selbstverständlich, daß die Merkmale mit zunehmender Stetigkeit zur Definition zunehmend umfassender, daß also zunehmend ältere Einheiten des Systems der Organismen verwendet werden. So hat das Haar der Klasse der Säugetiere, die Wirbelsäule des Unterstammes der Wirbeltiere und die Chorda (oder Rückensaite) des Stammes der Chordatiere jeweils ein Alter von 200, 450 und über 500 Jahrmillionen.

Warum aber nicht eine der über 41 000 Wirbeltierarten auf diese Rückensaite verzichten kann, obwohl sich dieselbe, samt ihrer Funktion, meist schon in der Embryonalphase auf Reste (in den Bandscheiben) zurückzieht, das kann aus Selektionsvorschriften des Milieus allein nicht erklärt werden. Wenn man nämlich aus einem Embryo die Anlage der Rückensaite entfernt, dann vermag sich die Muskelanlage nicht zu organisieren; und kein Milieu ist denkbar, in dem ein Wirbeltier ohne Muskulatur erhöhte Erfolgschancen haben könnte. Es geht also gar nicht um die direkte Funktion der Chorda. Die Bedingungen einer solchen Selektion sind schon durch den Fluß der Aufbauvorschriften innerhalb des Organismus definiert.

Nun ist es aber nicht nur eine Eigentümlichkeit der Chorda-, Wirbel- oder Säugetiere, daß sie die Chorda, dann Chorda und Wirbelsäule und schließlich die Chorda, die Wirbelsäule und das Säugen nicht lassen können. Alle Systemkategorien des hierarchischen Systems der Organismen sind ausschließlich deshalb erkennbar, weil viele Merkmale eben in einem hierarchischen System von Selektionsbedingungen in die Unveränderlichkeit einschwenken. Und das sind von den Gattungen, Familien, Ordnungen, Klassen und Stämmen bis zu den Reichen der ›Mikroben‹, Protisten, Pflanzen, Pilze und Tiere rund 500 000 wohlerkennbare und widerspruchslos hierarchisch geordnete Einheiten.

Zusammen bilden sie ein geschlossenes und harmonisches Feld divergenter (sich auseinanderbreitender) Ähnlichkeiten von zwei Millionen rezenter Arten. Ähnlichkeiten also, die eben entgegen den Anforderungen des Milieus, etwa ob Flug- oder Schwimmform bei den Säugetieren, wie die Fledermäuse oder Wale zeigen, unbeirrt das Beibehalten der Säugermerkmale durchsetzen. Und obwohl das Milieu sie seit hundert Jahrmillionen zum Vogel oder zum Fisch umfunktionieren will, haben die einen weder die so nötige Feder entwickeln noch die anderen die Kieme (die noch der Embryo anlegt) wieder entwickeln können.

Tatsächlich erklärt die Milieuselektion keine dieser Festlegungen, wiewohl dieselben die Voraussetzung dafür sind, überhaupt Zusammenhänge alter Verwandtschaft erkennen, Einheiten benennen, kurz: die lebendige Natur (nach ihren Wesensähnlichkeiten, den Homologien und Bauplänen) beschreiben zu können.

Man muß sich vor Augen halten, daß die Milieubedingungen der Selektion überhaupt nur die Analogien, die Zufallsähnlichkeiten des Lebendigen erklären können. Etwa, daß schnelle Bewegung durch das Wasser zur Stromlinienform führen wird (Hai, Thun, Schwimmsaurier, Delphin – ebenso wie U-Boot und Torpedo), daß Stoßen mit dem Kopf zu Hörnern führt (Käfer, Echsen, Nashorn), Rennen zu schlanken, sehnigen Läufen und so fort. Die Welt der Analogien, der Klauen, Kiefer, Flügel, Beine, der Borsten, Schuppen, Hörner und Rüssel ist die Folge der Milieubedingungen. Und nichts außer solchen Analogien würden wir erkennen können, bewirkte das Milieu allein die Struktur der Organismen. Jeder Hinweis auf Verwandtschaft müßte allmählich völlig verschwinden.

Einblicke in die Betriebsorganisation

Sind nun, wie ich behaupte, diejenigen Selektionsvorschriften, welche die zusammenhängende Ordnung, die vorhersehbaren, hierarchisch geordneten Ähnlichkeiten der Organismen durchsetzen, in der Organisation der Organismen selbst angelegt, dann müssen wir erwarten, daß sie erblich sind. Sie müssen auch in dem molekularen Faden der Erbinformation, in den Freiheitsgraden und Verkettungen der hier kodierten Merkmale enthalten sein.

Was wissen wir nun von der Organisation, den Interaktionen dieses Erbmaterials, des sogenannten Genoms. Wir wissen durch die Molekulargenetik von Bakterien, daß die Erbträger der Einzelmerkmale nicht wie eine Kette einzelner Perlen aufgefädelt sind. Sie sind vielmehr zu Wechselwirkungen verknüpft. Von höheren Organismen aber wissen wir noch kaum mehr, als daß diese Wechselwirkungen außerordentlich kompliziert sein müssen. Es gibt jedoch universelle Organisationsmuster der Organismen, und diese lassen, wie ich in meinem Buch »Die Ordnung des Lebendigen« zeigte, Voraussichten auf die Organisation des Genoms zu. Ich will das mit je einem Beispiel aus den offenen Problemen der heutigen Evolutionstheorie illustrieren.

1) *Normen:* Organismen enthalten identische Bauteile von zwei

identisch gebauten Augen über 435 Wirbel der Pythonschlange, 10^7 identischer Haare eines Bären, 10^9 identischer Nadeln einer großen Fichte, 10^{10} grauer Hirnzellen, 10^{15} roter Blutzellen im Laufe eines Lebens, 10^{18} gleicher Ultrastrukturen, 10^{21} identischer Exemplare mancher Biomoleküle in einem Menschen. Wir können also fragen: Was ist die Ursache derartiger Mengen von Normteilen, und wer sichert ihre Identität durch alle Schichten der hierarchischen Organisation von den Biomolekülen hinauf zu den komplexesten Organen, ja zu den Symmetrien aller tierischen wie pflanzlichen Baupläne?

2) *Synorganisation:* Kopf und Pfanne der Gelenke, Ober- und Unterzähne in der Paßform der Gebisse, Haftorgane zwischen Vorder- und Hinterflügeln mancher Insekten, Fiedel und Bogen auf Flügeldecke und Beinschiene ›singender‹ Heuschrecken wandeln sich funktionsgerecht; obwohl die Änderung des einen Teils ohne einer ganz entsprechenden Änderung des anderen keinen selektiven Vorteil bieten könnte. Auch daß die Färbung der Federn erst gemeinsam das Muster ergeben, mag hierher gehören. Was also sichert ihren gemeinsamen Wandel?

3) *Parallelevolution:* Wolf- und Beutelwolf zum Beispiel haben sich über hundert Jahrmillionen so parallel entwickelt, daß sie bis in die Proportionen, sei es der Wirbelsäule, des Schädels, ja einzelner Zähne derart übereinstimmen, daß dies die ähnlichen Lebensbedingungen kaum mehr erklären. Was also bewirkt, daß sich Anlagen so gleichgerichtet ändern?

4) *Orthogenese:* Die Bahnen der Stammesgeschichte besitzen eine Richtung, die oft über einige Hundert Jahrmillionen beibehalten wird. Dies ist der Grund, warum sie nicht in einem wirren Hin und Her, sondern vielmehr in den glatten Bahnen der Stammbäume wiedergegeben werden können. Nun haben wir aber keinen Hinweis darauf, daß Milieubedingungen über so lange Zeiten unbeirrt in dieselbe Richtung selektieren. Was also fördert komplexe Änderungen in bestimmten Richtungen und erschwert sie offenbar in den vielen möglichen anderen?

5) *Typostrophe:* Solche Bahnen zeigen zudem ein oft wiederkehrendes Muster. Sie beginnen in der Regel, setzt man im Diagramm die Zeit gegen den Umfang der Änderung, mit raschen Änderungen und schwenken darauf in die Zeitachse, indem sie über weite geologische Zeitmaße hinweg immer weniger Änderung zeigen. Es sind das, wie

Ernst Mayr treffend sagt: die hohlen Kurven der Entwicklung. Was also, fragen wir wieder, reduziert fortgesetzt den Spielraum, die Amplitude der möglichen adaptiven Änderbarkeit?

6) *Homologa* nennt der Biologe die wesensähnlichen Merkmale der Organismen, wie er sie bei Kenntnis der einen Verwandtschaftsgruppe in der nächstverwandten bereits vorhersehen kann. Über 4000 solcher Homologa enthält allein unsere knöcherne Wirbelsäule, etwa 100000 unser Organismus. Viele sind uralt. Manche haben ihre Form, andere ihre Lage, einige sogar Form, Lage und Funktion verändert; aber Übergangsformen lassen hinsichtlich ihrer durchgehenden Identität keinen Zweifel. So finden sich die drei mächtigen Knorpel des Kiefergelenks der Haie in unseren winzigen drei Ohrknochen wieder; obwohl sich in den 400 Jahrmillionen dieser Entwicklung an ihnen sonst so gut wie alles geändert hat: Form, Funktion und Lage. Was also ist dieses Übergeordnete, das Bauteile mit solcher Stetigkeit zusammenhält?

7) *Baupläne:* Das, was die Homologa zum Stetigen und Wiedererkennbaren einer Verwandtschaftsgruppe zusammensetzen, nennt der vergleichende Anatom ihren Typus oder Bauplan. Und wie sich die Verwandtschaftsgruppen hierarchisch ordnen, so ordnen sich die Baupläne zu einem hierarchischen System, wobei der Bauplan jeder Untergruppe auf dem ganzen Schichtenbau seiner Übergruppen aufbaut, so, wie der Bauplan der Primaten den der Säuger, dieser den der Wirbeltiere, der Chordatiere und so weiter als bereits festgelegt voraussetzt. Da nun die Baupläne aus ihren Homologa bestehen, so zeigen auch sie ein hierarchisches Muster der Festlegung: so, wie die Siebenzahl der Halswirbel der Säuger bereits die Festlegung der Wirbel der Wirbeltiere, diese die Festlegung der Chorda der Chordatiere voraussetzt und so fort. Somit können wir noch präziser fragen: Was fixiert Merkmale in hierarchischer Ordnung?

8) *Heteromorphosen:* Noch erstaunlicher ist es, daß durch Fehler bei der Regeneration, beim Ersatz verlorener Teile, ganze Komplexe homologer Bauteile an falscher Stelle, aber in sich völlig richtig gebildet werden können. Man kennt die Bildung von Beinen an der Stelle von Antennen, Antennen an der Stelle von Beinen oder Augen, von Schwänzen an der Stelle von Beinen und so fort. Was also macht es möglich, daß ein ganzer Satz von Bauteilen an falscher Stelle richtig zusammenhängen kann?

9) *Systemmutanten* zeigen ganz entsprechende Erscheinungen, jedoch bereits bei kleinsten Fehlern (Punktmutationen) in der Weitergabe des Erbmaterials. Solche, nun erblichen Fehler zeigen wiederum ganze Systeme homologer Merkmale in sich im richtigen Zusammenhang, wiederum an ganz falscher Stelle. Sehr bekannt sind die Verdoppelung des Brustabschnittes, Beine am Platz der Antenne, Flügel anstelle der Schwingkolben und Ähnliches bei der Obstfliege. Es muß also ein übergeordneter Schalter im Genom falsch gestellt worden sein. Wie aber konnte das Genetische System lernen, was an untergeordneten Bauteilen zu einer Einheit zusammengehört? Wir kommen damit der Antwort schon näher.

10) *Spontanen Atavismus* nennt man die Erscheinung, wenn durch eine Mutation im Erbgut eine Merkmalsgruppe auftritt, die nur von den Vorfahren der Art bekannt ist. So kennt man von unserem Hauspferd dreizehige Mutanten. Sie besitzen zwei kleinere Seitenhufe, wie sie die Urpferde *(Merychippus* und *Mesohippus)* vor dreißig und vierzig Jahrmillionen trugen. Dies ist höchst merkwürdig. Und wir fragen: Was macht die Erhaltung uralter überholter Bauvorschrift erforderlich?

Nicht wunderlicher wäre es, wenn in Wolfsburg gelegentlich ein VW-Käfer mit einem Steinzeit- oder Bronzezeit-Rad an einer der Halbachsen das Werk verlassen würde, mit dem Fiedeldrill gebohrt oder mit handgeschmiedeten Kupfernägeln beschlagen. Dabei sind Atavismen verbreiteter, als man denkt. Selbst vom Menschen kennt man Schwänzchen, Milchleisten (Serien von Brustdrüsen), Pelzgesichter, und sogar Reste der Kiemenspalten können als Halsfisteln erhalten bleiben, wie sie bei der Landtierwerdung vor 330 Jahrmillionen bereits aufgegeben wurden. Was also konserviert in den Funktionen des Genoms dessen eigene Geschichte?

11) *Induktion* nennt man den Umstand, daß während der Embryonalentwicklung ein Bauteil erst von einem anderen erfährt, was er zu bilden hat. Die Muster dieser Nachrichtenwege folgen dabei der Stammesgeschichte, der Abfolge also, in welcher diese Teile aufeinander aufbauten. So folgt erst auf die Nachricht, die das Hirn aussendet, der ›Stiel‹ der Augenanlage, auf diese die Linse, auf die Linse der Augenbecher und auf beide der Glaskörper. Ja, derlei Nachrichten werden quer über die Arten aller Wirbeltiere noch immer gleichermaßen verstanden, selbst wenn sich ihre Träger vor 400 Jahrmillionen trennten.

Und dies ist wieder ebenso wunderlich, wie wenn die Radabteilung in Wolfsburg die Bauanleitung nur von einer mittelalterlichen Radabteilung und diese sie nur von der aus der Bronzezeit und weiter von der – immer noch funktionierenden – Steinzeit-Radabteilung erhalten könnte. Was also konserviert die Geschichte des Genoms in identischer Weise?

12) *Rudimentation,* der Abbau funktionsloser Organe, endlich zeigt dasselbe Muster der Nachrichtenwege rücklaufend. So schwindet bei Höhlenfischen zunächst Glaskörper und Linse, dann der Becher des Auges, und als letztes bleibt der Sehnerv, der als ›Augenstiel‹ einst zuerst gebildet wurde. Wer also bestimmt, daß nicht einmal die Reihenfolge der historischen Nachrichtenleitung verändert wird?

Was von alldem können Selektionsbedingungen des Milieus erklären? Muß man nicht erwarten, daß eine Betriebsorganisation, eine Selektion schon innerhalb der Produktionsstätte, der Marktselektion vorgreifen werde? Kann das Werk in Wolfsburg es dem Markt überlassen herauszufinden, ob der Motor eingesetzt, jeder Kolben geschliffen, jede Zylinderkopfschraube zureichend normiert ist?

Wie die Organisation von ihren Produkten lernt

Leicht steht jedem vor Augen, wie viel und wie effizient die Betriebsorganisationen der Industrien gelernt haben; wie die Erfahrung das Funktionieren zusammenwirkender Teile abzustimmen lehrte, Normen zu beachten, den Zusammenbau zu kompartimentieren und hierarchisch zu lenken, alles genau eingerichtet auf die speziellen Erfordernisse des Produktes. Wie aber sollte die Organisation des Genoms von seinem Produkt, also von den Phänen, den Merkmalen, deren Bauvorschrift die Gene enthalten, lernen können? Und zwar blind, weil beide Konstrukteure der Evolution, Mutation und Selektion, keine Voraussicht besitzen können.

Solch eine Rückwirkung der Phäne auf die Gene hält die Evolutionstheorie heute für unmöglich. Ja, man hat mit dem ›Zentralen Dogma der Genetik‹ sogar das Verbot errichtet, daß dies nicht sein könne; obwohl schon DARWIN (der Leser erinnert sich), wie seine ›Pangenesis‹-Theorie beweist, nach einer Erklärung in dieser Richtung suchte und die Kette der Suchenden nie abgerissen ist. Ich will nun zeigen, wie eine solche Rückwirkung funktionieren kann.

Die Chance, daß ein Gen sich mutativ ändert (die Mutationsrate), beträgt höchstens ein Zehntausendstel (10^{-4}) der Vermehrungsschritte und die Erfolgschance blinden Versuchens (die Aussicht auf einen Erfolgstreffer) etwa 10^{-2}. Nur jeder millionste (10^{-6}) Reproduktionsschritt kann eine erfolgreiche Änderung erwarten lassen. Gemessen an Populationen mit 10^6 Individuen bedeutet das aber immer noch eine Erfolgschance pro Generation. Das ändert sich aber drastisch, wenn bei funktionell voneinander abhängigen Merkmalen zwei, drei oder fünf Gene gleichzeitig und in gleicher Richtung geändert werden müßten, sollen sie Erfolg haben. Man denke etwa an die Flächen eines Gelenks. Dann nämlich reduziert sich die Trefferchance mit der Potenz der gleichzeitig erwarteten Zufälle. So, wie die Chance der Doppelsechs mit zwei Würfeln nur mehr $(1/6)^2$ ist, sinken die Chancen bei zwei, drei und fünf Genen von $(10^{-6})^2$ auf $(10^{-6})^5$, also von 10^{-12} auf 10^{-18} und 10^{-30}. Und das ist auch von Riesenpopulationen mit riesigen Reproduktionsmengen nicht mehr zu kompensieren. Die Trefferchance sinkt wie in der Lotterie als der Kehrwert einer steil wachsenden Zahl von Losen.

Der Ausweg, den die Evolution immer wieder eingeschlagen haben muß, besteht in einer Reduktion der Lose. Gelingt es dem molekularen Zufall, so, wie er Gene ändert oder neue schafft, zwei, drei oder fünf gerade jener Gene funktionell zu koppeln, deren Phäne funktionell voneinander abhängen, so steigt die Trefferchance mit der Potenz der ersparten Zufallsentscheidungen. Gelingt es also dem Zufall, die beiden Würfel so zu verbinden, daß die beiden gewinnenden Sechsen in derselben Richtung stehen, dann steigt die Chance der Doppelsechs von $(1/6)^2$ auf 1/6, das ist das Sechsfache. Und gelingt dem Zufall die Zusammenschaltung der zwei, drei oder fünf solcher Strukturgene unter ein Regulatorgen, dann kann dessen Einzelmutation die Änderung aller Subordinierten gemeinsam bestimmen; die Trefferchance steigt damit von 10^{-12}, 10^{-18} und 10^{-30} auf 10^{-6}, das ist das 10^6-, 10^{12}- und 10^{24}-fache. Die Vorteile sind so außerordentlich groß, daß die Evolution diesen Weg mit größter Wahrscheinlichkeit gegangen sein wird.

Tatsächlich kennt man bereits solche Zusammenschaltungen, und zwar, wie es meine Theorie voraussieht, von Strukturgenen unter ein

Operatorgen bei Bakterien; und man kennt dessen Regulation durch ein Regulatorgen. Ja, man besitzt Hinweise darauf, daß solche Einheiten oder operon-ähnliche Genschaltungen weiterhin hierarchisch unter einem Regime von Über-Regulatorsystemen zusammengefaßt sind. So sind, postuliert man das Wirken desselben Prinzips in den höheren Organismen, die Voraussetzungen des nachahmenden Erlernens der Betriebsorganisation erfüllt. Und es muß ein System der Gen-Wechselwirkungen, ein ›epigenetisches System‹ (wie dieses längst genannt wird) entstehen, das schrittweise die Funktionszusammenhänge seiner Phäne kopiert. Ist dies so, dann lassen sich alle zwölf jener schwebenden Probleme lösen und die Ursachen der lebendigen Ordnung erklären.

Eine erste Konsequenz des Lernens

Ein solcher Regelkreis sieht also vor, daß die Organisation des Genoms die adaptiven Funktionen ihrer Produkte lernt. Nicht anders, wie jede Betriebsorganisation bei zureichender Selektion zu einem abstrakten Widerbild der sich entwickelnden Funktionen ihres Produktes werden muß. Dadurch werden Adaptierungen wesentlich beschleunigt und ein Wandel komplexer Systeme, wie wir errechneten, überhaupt erst möglich. Das allerdings ausschließlich in der Richtung der augenblicklich funktionell vorgeschriebenen Lernmatrix. Die ›Gesetze‹ des Zufalls sind ja nicht zu beschwindeln. Denn was an Anpassungsgeschwindigkeit in der erlernten Richtung gewonnen wurde, das muß den Konten des Zufalls durch Verminderung der Erfolgschancen in allen anderen Richtungen zurückgezahlt werden.

Die Würfel unseres Beispiels mußte ja der Zufall richtig verbinden. Ändert sich die Spielregel gründlich, honorierte das Milieu zum Beispiel künftig die Sechs plus die Eins, so würden jene Spieler, die ihre Würfel nicht verbunden haben, wieder in 1/36 der Würfe Erfolg haben. Die früheren Erfolgsspieler mit der verbundenen Doppelsechs jedoch, würden immer verlieren. Man kann auch sagen: Das richtige Lösen einer Koppelung durch den Zufall muß so viel an Zeit und Risiko kosten, wie seine Etablierung gekostet hat. Und die Entflechtung muß um so unwahrscheinlicher werden, je komplexer das (letztlich hierarchische) Flechtwerk geworden ist.

Ebenso würde die Chance der Konkurrenzfähigkeit bei garantierter Vollbeschäftigung in Wolfsburg plus Zulieferfirmen immer unwahrscheinlicher, wenn der Markt von diesem Werk nun die Produktion von Staubsaugern, von Einbaumöbeln oder gar von Frischgemüse verlangte. Das Werk könnte realistisch nur mit Fahrzeugbau konkurrieren, selbst wenn es allmählich Traktoren oder amphibische Tauchfahrzeuge werden müßten. Ebenso, wie das Rückkoppelsystem der Säugetiere die Entwicklung des Maulwurfs wie des Delphins gefördert hat, nie aber zuließe, den Bauplan der Säuger zu verlassen.

In dieser Weise wachsen die immer wieder neuen Adaptionschancen in Wechselwirkung zum Wachstum immer wieder neuer Einschränkungen der möglichen Amplitude. So ist aus keinem differenzierten Tier mehr eine Pflanze, aus keinem Vielzeller ein Einzeller, aus keinem Wirbeltier mehr ein wirbelloses geworden; aus keinem Vierfüßer mehr ein Fisch, aus keinem Säuger ein Reptil, aus keinem Primaten ein Huftier. Und auch aus den Menschen werden nicht einmal mehr Affen werden können, sollte die Selektion am Markt noch so lange in diese Richtung drängen, von Huftieren, Reptilien oder Fischen – wie man zugeben wird – ganz zu schweigen.

Die Evolution erhält sich zwar konsequent den Zufallsgenerator für ihre schöpferische Freiheit, vom mikrophysikalischen Zufall in den Einzelmolekülen des Genoms hinauf bis zu den Freiheiten kreativen Denkens. Aber sie erhält sich die Erfolgschance dieser Freiheiten nur, indem sie mit dem Wachsen der Komplexität dem entsprechenden Wachsen des Repertoires des Zufalls entgegenwirkt. Sie kompensiert fortgesetzt die sinkende Trefferchance als Folge einer exponentiell wachsenden Zahl von Losen, indem sie die Zahl der Lose fortgesetzt – und nochmals durch Versuch und Irrtum – wieder reduziert (dies ist mein Hauptthema in der »Strategie der Genesis«).

Dadurch entstehen Bahn und Richtung in der Evolution. Über den unabwerfbaren Vorschriften der Organisation des Lebens türmen sich in uns die Bauvorschriften der Tiere, der Vielzeller, der Chorda-, Wirbel-, Säugetiere, der Primaten, Hominiden, der Gattung *Homo* und der Spezies *sapiens*, und es bleibt der Amplitude unseres Bauplans keine andere Chance mehr als in dieser Richtung des *sapiens*, eine Weiterentwicklung von Einsicht und Vernunft. Es bleibt auch kein anderes Milieu, das dem Menschen volle Entwicklungschancen ließe, als ein Milieu des Humanen. Und es mag auffallen, wie sehr sich diese verbleibende Amplitude, dieser Richtungssinn, mit dem deckt, was wir selbst als einen Sinn unserer Existenz zu verstehen meinen.

Jacques Monod hatte darum völlig unrecht mit seiner Behauptung, daß aus der Ausschließlichkeit der evolutiven Kreativität durch den Zufallsgenerator notwendigerweise die Sinnlosigkeit aller Kreatur folgen müßte; allen voran die Sinnlosigkeit des Menschen. Die Evolution erhält sich nämlich fortgesetzt die Chancen ihrer Freiheit, indem sie ihren Sinn entwickelt; und sie erhält sich ihren Sinn, indem sie wieder neue Freiheit schafft. Sinn und Freiheit scheinen Antagonisten der Evolution (darauf kommen wir ausführlicher zurück). So, wie für unser Erleben Sinn ohne Freiheit so wenig einen Sinn hat, wie uns Freiheit ohne Sinn keine Freiheit bedeutet.

Ich habe in meinem Buch »Die Strategie der Genesis«, wie ich glaube, zeigen können, daß diese Rückkoppelkreise, wie ich sie für die biologischen Strukturen nachzuweisen versuche, im ganzen Schichtenbau der realen Welt, an deren Evolution beteiligt sind. Von der Evolution des Anorganischen bis zu jener von Gesellschaft und Kultur. Monods Irrtum wird zu einem um so merkwürdigeren Umweg in der Entwicklung unseres Weltbildes werden, als gerade er die erste Schlüsselstruktur auf der molekularen Seite dieses Regelkreises entdeckte, das System des Operon.

I 5 Von der Evolutions- zur Erkenntnistheorie

Bekanntlich ist es leicht, am Ende klug zu sein. Zu Anfang aber wird das Pferd meist vom Schwanz her aufgezäumt. Was ich in diesem Kapitel folgen lassen kann, erlaubt geradezu eine Exegese dieser Gemeinplätze. Man sagt, daß auch in der Forschung das Pferd oft vom Schwanz her gezäumt wird. Mir jedenfalls ist es stets so ergangen. Und dies, so glaube ich, ist natürlicherweise so. Denn wer sollte im voraus wissen, wo an dem unbekannten Ding, nach welchem man gräbt, der Kopf sein wird. Wer könnte vorherwissen, an welchem seiner Enden er das Problem erstmals zu fassen bekommen würde?

Da nun die Beziehung zu schildern ist, welche meine ›Systemtheorie der Evolution‹ zu unserer ›evolutionären Theorie der Erkenntnis‹ gewonnen hat, so will ich den (Um-)Weg darlegen, welcher mich zu dieser Verknüpfung geführt hat. Freilich wußte ich beim Schreiben dieses Rückblicks 1981 mehr, als ich wissen konnte, da ich den Weg 1973 beschritt. Aber ich will die Schleife nicht abkürzen. Nicht nur ist es ehrlicher, es ist wohl auch aufschlußreicher, sie nachzuziehen. Anlaß dazu wurde der Sammelband zur »Evolutionären Erkenntnistheorie«, den mein früherer Schüler Franz-Manfred Wuketits, *später auch Schüler meines Freundes* Erhard Oeser, *(für 1982) zusammenstellte. Das Folgende entspricht dem von mir verfaßten Beitrag.*

Dieses Kapitel wie das nächste müssen etwas fachlicher sein. Die Anmerkungen können darum einen weiteren Anhalt bieten. Ich habe sie im Text belassen und sie am Ende dieser Kapitel ausgeführt.

Überraschend schnell hat unsere Evolutionäre Erkenntnistheorie Anklang gefunden. Ihr Kernstück ist es, die Ordnungsmuster unseres Denkens als ein Selektionsprodukt an den Ordnungsmustern der Natur zu betrachten[1]. Wenn man aber dies anerkennt, so ist wohl die Frage legitim, was denn diese sehr bestimmten Ordnungsmuster in der Natur verursacht hätte. Die Antwort darauf aber wußte ich, Jahre bevor ich der Übereinstimmung dieser beiden Muster begegnete[2]: also bevor ich auf das Problem der stammesgeschichtlichen Grundlagen unserer Vernunft aufmerksam wurde.

Getrennte Zugänge

Zum Unterschied von Konrad Lorenz und noch mehr von Karl Popper war mein Zugang zur Evolution der Erkenntnisprozesse nicht die Evolution des Verhaltens oder der Forschung. Mein Zugang wurde durch das Studium der Evolution der anatomischen Strukturen, der somatischen Evolution der Organismen, eröffnet. Die Unstimmigkeiten zwischen unserem Lehrbuchwissen und den Phänomenen der Morphologie sowie der Makro-Evolution oder Cladogenese hatten mich beschäftigt und denselben Komplex von Fragen von ganz anderer Seite aufrollen lassen.

Diesen Vorgang will ich im folgenden schildern. Seine historische Bedeutung mag bescheiden sein. Der Umstand jedoch, daß die ersten Schritte ins unerforschte Land der Stammesgeschichte unserer Vernunft unabhängig voneinander und von ganz verschiedenen Richtungen aus erfolgten, ist für das System der wechselseitigen Bestätigung in der Entwicklung der Wissenschaften von Interesse.

Ich werde, um diesen Hergang darlegen zu können, auch Nichtpubliziertes und Persönliches zu entwickeln haben, wo der Leser fachlicher Schriften gewohnt sein mag, den Autor im Hintergrund seiner Fakten ganz verschwinden zu sehen. Kurz, ich muß den Stil des Fachartikels dort verlassen, wo wir uns so verhalten, als gebe es den Autor nicht; selbst so, als gebe es nur Druckwerke und zwischen diesen keine Freiräume menschlicher Ratlosigkeit, Sackgassen und Fallgruben der Forschung. Und daß es nicht mein Selbstwertgefühl sein kann, das mich veranlaßt, hier von meiner persönlichen Denkwelt zu reden, wird man daran erkennen, daß die Schilderung meiner

Unkenntnisse und Irrungen mehr Aufschlüsse werden bieten können als die geglätteten und von Widersprüchen schon gesäuberten Ergebnisse, die ja als Publikationen alle zur Verfügung stehen.

THOMAS KUHN hat die Vorgänge, die mit dem Wandel eines Paradigma, einer Theorie oder eines Weltbildes einhergehen, überzeugend dargestellt. Und ich kann seine Sicht, wenn auch aus einem anderen Forschungsbereich, an dessen Wandel ich beteiligt war[3], ganz bestätigen. Die Übergänge haben etwas Sprunghaftes, Revolutionäres. Zu den für mich aber noch immer ganz undurchsichtigen Phänomenen zählt der Umstand, daß sich manche Einsichten wie ein Lauffeuer verbreiten, während andere zunächst totgeschwiegen, dann bis aufs Messer bekämpft werden, um erst nach solch quälender Prozedur für selbstverständlich genommen zu werden[4]. Man vergleiche den Lebensgang LUDWIG BOLTZMANNS mit dem von CHARLES DARWIN. Oder man frage sich nach dem Hergang der Evolutionstheorie, hätte es nicht DARWIN, sondern nur ALFRED RUSSEL WALLACE gegeben[5].

Urteile und Vorurteile

Der Leser verdient es, angemessen informiert und dennoch mit meiner Person nicht belastet zu werden. Ich muß darum Einblick in meine Vorurteile geben, ohne ausführlich zu werden.

Zoologen haben, wie ich glaube, zwei alternative Zugänge zu ihrem Fach. Die einen kommen vom Wahrnehmen des Problems Leben, die anderen von der Wundersicht der Mannigfaltigkeit. Ich zähle zu den letzteren. Das Problem, das mir als erstes begegnete, entsprach der Sicht LUDWIG PLATES[6]. Manche betrachten ihn als verkappten Lamarckisten. Und da ich von den Konsequenzen der Auseinandersetzung um die Evolutionsmechanismen nichts wissen konnte, war ich wahrscheinlich auch einer. Daß die Selektion wahlloser Zufallsprodukte das natürliche System der Organismen nicht erklären konnte, blieb eine Grundfeste meiner Opposition während meines Studiums[7].

Von den prägenden Erlebnissen, die mich zu dem Irrtum führten, die Lehrbuchweisheit ganz zu lassen und den Weg allein gehen zu können, darf hier nur eines berichtet werden. Früh in meinem Studium wurde als Attraktion die erste Gen-Karte der *Drosophila* angekündigt. In ihr erwartete ich oder deutete ich mir die Genetik-Vorlesung so, als ob diese Anordnung der Gene auf den Chromosomen den Schlüssel oder den tiefsten Grund des Wunders organischer Ordnung enthalten müßte. Heute noch steht mir das Entsetzen vor Augen, das mich faßte, als sich diese Aufreihung der Erbmerkmale als völlig chaotisch erwies: Augenfarben, Krüppelbeine, Flügeladern in närrischer Mischung. Hier, so entwickelte ich mein nächstes Vorurteil, konnte der Weg zur Erkenntnis organischer Gestaltung am wenigsten sein[8].

Die Gründe organischer Gestalt mußten also aus der vergleichenden Anatomie, der Morphologie hervorgehen; ferner aus ihren Funktionen. So wandte ich mich den Lebensbedingungen, der Ökologie zu. Es zeigte sich jedoch, daß die Mehrzahl der Strukturen aus ihrer Funktion nicht zu verstehen waren[9]. Ihre Geschichte mußte betrachtet werden. Da aber fand ich mich nach zwanzig Jahren wieder vor der Ausgangsfrage: Um das Gesetzliche einer Geschichte prüfen zu können, bedarf es einer konsistenten Theorie. Diese aber, so war ich überzeugt, besitzen wir nicht. Sie mußte also als nächstes entwickelt werden.

Die Evolutionstheorie

Mein Ansatz war das Selektionsphänomen; ich sah ein Selektionsprinzip voraus, welches sich von der darwinistischen Selektion am Milieu so unterscheiden mußte wie die Betriebsorganisation von der Marktselektion. Ein Essay von mir aus dem Jahre 1966 hatte den Titel »Korrelative Selektion«. Meinen Kollegen, wie damals noch einigen meiner Lehrer, bescherte ich damit nur peinliche Ratlosigkeit. Es wurde nie veröffentlicht. Das war ebenso glücklich wie der Umstand, daß ich nicht bemerkte, hier gegen meine akademischen Blutsverwandten vorzugehen, die, wie ich, ohne molekulare Genetik ihr Evolutionskonzept vertraten.

Mein zweiter Ansatz gehört in meine Lehrjahre in den USA. Und hier erst begann ich zu ahnen, wieweit das, was man für einen solchen Vorgang wissen mußte, von dem entfernt war, was man in modernen Ländern unter moderner Biologie verstand. Die Konfrontation mit der zeitgenössischen Genetik war nun unvermeidlich. Aber sie koinzidierte mit JAMES WATSONS »Double helix«, dessen Vorgehensweise ich abstoßend fand[10]. Ich blieb beim morphologischen Ansatz, ich versuchte die Synthese von ADOLF REMANES Kriterien der Homologie[11]. Sie löste sich als Wahrscheinlichkeitstheorem. Das ließ zweierlei zu. Zum einen wurden die Gründe einiger der Grundmuster der organischen Ordnung klarer, zum anderen begriff ich die präzise Faßbarkeit der Wahrscheinlichkeiten der Homologien; nach der Anzahl der bestätigten Prognosen. Der Fachmann wird darin die ›Wiederentdeckung‹ des BAYESschen Theorems[12] erkennen. Ich erkannte das nicht (so wenig wie meine Kollegen oder die Rezensenten meiner nun folgenden Bücher).

Meine Versuche koinzidierten ferner mit der ersten, starken Ausbreitung der ›Numerischen Taxonomie‹, deren irreleitenden Ansatz ich, wenn auch nur instinktiv, doch, wie ich heute weiß, zu Recht vorausgeahnt hatte. Man mißtraute dem Homologietheorem und versuchte es zu umgehen[13]. Die Numerische Taxonomie lag in ihrer ersten Auseinandersetzung mit den schon Konservativen der Moderne, den Vertretern der ›Synthetischen Theorie‹ der Evolution, prominent repräsentiert durch THEODOSIUS DOBZHANSKY, GEORGE GAILORD SIMPSON und ERNST MAYR. MAYR klagte ich die Unkenntnis des Homologiekonzeptes, überhaupt der Morphologie in den USA und führte dies darauf zurück, daß ADOLF REMANES Hauptwerk nie ins Englische übertragen wurde. Eine Art missionarischen Eifers trieb mich wohl. Doch MAYR tat REMANE mitsamt der ganzen Morphologie seit GOETHE als Philosophie des Deutschen Idealismus ab[14]. Ich wußte aber schon genug, um überzeugt zu sein, daß das nicht richtig sein konnte.

Mein zweiter Essay, nun englisch, »The cause of living Order«, teilte das Schicksal des ersten. Tiefgehende Freundschaft bewahrte mich vor dem Bruch mit manchen kopfschüttelnden Kollegen. Im Prinzip aber wußte ich Bescheid. Die Wahrscheinlichkeit der Adaptierungschancen oder die Ökonomie des evolutiven Umgangs mit kostbarer genetischer Information ließ vier Grundmuster organischer Ordnung entstehen: Norm, Interdependenz, Hierarchie und Tradierung. Und diese erklären die Homologien, die Bahnen der Cladogenese und die Natur des Natürlichen Systems; nebst einer Fülle von Phänomenen, welche nach der ›Synthetischen Theorie‹ der Erklärung entbehrten[15], unter diesen oft zitierte und so offensichtliche Zusammenhänge wie die des HAEKKELschen Gesetzes.

Aber erst zurück in Wien, als ich den Gegenstand in dem Buch »Die Ordnung des Lebendigen« abfaßte, traten drei Erfahrungen zusammen, die mir meine ›Systemtheorie der Evolution‹ abzuschließen verhalfen und mich gleichzeitig mit dem Problem der Stammesgeschichte unserer Vernunft konfrontierten.

Zunächst ergab das Studium, daß die Wahrscheinlichkeiten der Homologien und damit der Ordnung der Baupläne wie des Systems der Organismen aus den Erfolgswahrscheinlichkeiten der Gen-Wechselwirkungen verstanden werden konnten. Gene, die für Bauteile kodierten, welche in funktionelle Wechselabhängigkeiten traten, mußten dann beträchtliche Vorteile in der Anpassungsgeschwindigkeit gewinnen, wenn sie selbst, durch den Zufall der Mutationen, eine Wechselabhängigkeit gewannen. Und wird die Verflechtung dieser Gen-Wechselwirkungen, wie zu erwarten, sehr umfangreich, dann wird auch die Aussicht auf Entflechtung nur mit Hilfe des Zufalls verschwindend gering. Die Beständigkeit der Ordnung der Homologien und der Baupläne, der Entwicklungsbahnen, wurde kausal verstehbar[16].

Zu diesen Ordnungsmustern zählt auch ein besonders auffallendes. Dies ist, wie erinnerlich, das der Hierarchie. Es ist ein Ordnung-in-Ordnung-Prinzip, wobei jedes System Subsysteme enthält und selbst wieder mit anderen, gleichrangigen Systemen in einer Serie von Supersystemen eingebettet ist. Zu den weiteren Eigenschaften einer solchen hierarchischen Ordnung zählt, daß jedes System durch seine Untersysteme seinen Inhalt und nur innerhalb der Hierarchie seiner Obersysteme seinen Sinn, Zweck oder seine Bedeutung erhält. So hat der Atlaswirbel nur im System der Halswirbelsäule, der Wirbelsäule, des Skeletts, des Bewegungsapparates eines Wirbeltieres seinen Zweck. Und so sind die speziellen Baumerkmale des Menschen nur im Rahmen der Hominiden, der Primaten, Säuger, Vierfüßer und Wirbeltiere sinnvoll.

An dieser Stelle war es mein Freund Bernhard Hassenstein[17], der mich auf eine wesentliche Übereinstimmung kritisch aufmerksam machte: Die Ordnung, die ich in der Natur zu sehen meinte, entspricht unserer Denkordnung. Und die Möglichkeit war nicht von der Hand zu weisen, daß ich meine Denkordnung in die Natur projizierte, weil auch ich, in Ermangelung einer anderen, die Welt nicht anders denken konnte. Diese alternative und durchaus einleuchtende Hypothese hätte meine Theorie auslöschen müssen. Aber ich besaß bereits ein sehr umfangreiches Material an Problemen aus Morphologie, Cladogenese und Systematik, das sich jedem anderen Erklärungsversuch entzog. Und ich hatte das Modell einer kausalen Erklärung. HASSENSTEINS Alternative konnte zwar auch das ganze Arsenal überdecken, aber woraus sollte nun eine hierarchische Denkordnung erklärt werden?

Bald zeigte es sich, wie recht HASSENSTEIN mit seinem Vergleich hatte. Das riesige Arsenal unserer Kategorienbegriffe kann nur hierarchisch gedacht werden. Der Begriff ›Apfel‹ beispielsweise enthält seinen Inhalt tatsächlich nur aus der Serie seiner Unterbegriffe, und er verliert seinen Sinn, nimmt man ihn nur aus einem seiner Oberbegriffe heraus: den Baumfrüchten, Früchten, Pflanzen, Organismen. Die Übereinstimmung zwischen Denk- und Naturordnung erwies sich als so groß, daß der Zufall als Erklärung nicht in Betracht kommen konnte. Eine mußte die Ursache der anderen sein.

Nun aber war die Naturordnung aus sich selbst begründbar; die Denkordnung war das nicht. Man konnte, wie es schon ERNST MACH getan hatte[18], ein Prinzip der Denkökonomie ins Treffen führen. Aber warum sich derart spezielle Eigenschaften aus jener herausbilden sollten, das blieb undurchschaubar. Wenn die beiden Muster aber einander Ursache sein konnten, warum sollte dann nicht das ältere Muster die Ursache des jüngeren sein? Die Denkordnung konnte ein Selektionsprodukt an der Naturordnung sein. Dann galt sogar das Ökonomieprinzip in einer höheren Form. Das ökonomischste Verfahren, einer Welt von Erscheinungen möglichst viel zu entnehmen, mußte jenes sein, das dem Verfahren folgt, welches diese Welt von Erscheinungen selbst gegliedert hat. Die Denkordnung war als ein Selektionsprodukt an der Naturordnung zu verstehen!

Mit diesem Zustand der Theorie koinzidierte das Erscheinen von KONRAD LORENZ' »Die Rückseite des Spiegels«. Mit diesem Werk wurde meine Selektionshypothese in einer umfassenden Theorie selbst begründet, die nun aus der Lehre vom Verhalten abgeleitet war. Heute weiß der Kenner der Literatur, daß LORENZ das Grundkonzept in »Kants Lehre vom Apriorischen im Lichte gegenwärtiger Biologie« schon vor einer Generation (1941) veröffentlichte. Und schon dort hätte ich lesen können, daß unsere angeborenen Anschauungsformen wohl aus demselben Grund in diese Welt passen, wie die Flosse des Fisches ins Wasser, noch bevor er aus dem Ei geschlüpft. Aber ich kannte die Arbeit nicht. Diese Denkrichtung hatte auch keine Fortsetzung gefunden. Die Verhaltenslehre schien mir weit entfernt von meinem morphologischen Problem. Und noch ferner »Die Blätter für deutsche Philosophie«, worin die Arbeit erschienen war[19].

Die Kenntnis dieser Arbeit hätte mir beträchtlichen Umweg erspart. Doch für die Festigung der evolutionären Lehre von der Erkenntnis betrachten wir es heute als einen Gewinn, die Wege getrennt gegangen zu sein[20]. Denn, wie schon erwähnt, nicht nur ich, KONRAD LORENZ ist den Weg seiner Erkenntnis auch wiederum unabhängig von jenem Sir KARL POPPERS gegangen[21]. Eine Einsicht auf drei voneinander unabhängigen Wegen gewonnen zu haben, so meinen wir, muß beträchtlich zur Wahrscheinlichkeit einer Übereinstimmung zwischen Theorie und hypothetischer Realität beitragen.

Natur und Denken

Nun sahen die Dinge anders aus. Alle vier Grundmuster der Organisation wie der Verwandtschaft der Organismen hatte ich in der »Ordnung des Lebendigen« als Denkmuster wiedergefunden. Und ich hatte gezeigt, daß wir weder ohne die Ordnungsform der Norm noch ohne jene der Interdependenz, der Hierarchie oder der Tradierung zu denken vermögen. Und meine Lösung, die Übereinstimmung könne sich nur als Selektionsprodukt erklären, fand nun von ganz anderen Seiten ihre Bestätigung.

Denn durch LORENZ' ›Rückspiegel‹, wie die »Rückseite des Spiegels« im Laborjargon bald hieß, wurde ich auch auf POPPER und DONALD CAMPBELL und von diesen wieder auf BERNHARD RENSCH' und HANS MOHRS Beiträge zum evolutionären Konzept der Erkenntnis aufmerksam[22]. Ich konnte auf diese Literatur zwar nur mehr in (einem Dutzend) Fußnoten verweisen. Aber was noch mit Zurückhaltung in meinem Text gesagt werden mußte, weil die verglichenen Muster zu weit auseinanderlagen, nämlich in den Gebieten der Morphologie hier und jenen der Denkpsychologie und der Sozialwissenschaften dort, durch die Verhaltens- und Erkenntnislehre wurden sie verbunden.

»Denn wiewohl ich weiß«, dachte ich zum Phänomen der Normen, »wie vorsichtig mit der Verschiffung von ›Weisheit‹ zu Kontinenten völlig anderer Komplexität zu verfahren ist, die alte Frage ist ja wieder mit uns: Wie sollen wir uns nun die Koinzidenz der organischen und zivilisatorischen Normen erklären? Ein Zufall? Wir wissen bereits, daß vom Zufall als Ordnungsbaumeister dann das meiste zu halten ist, wenn er die geringste Freiheit hat. Und wenn das normative Denken als eine Konsequenz des normativen Evolutionsergebnisses zu erklären ist, sollten wir dann nicht erwarten, daß das Normative der Zivilisation auch eine Konsequenz unseres normativen Denkens ist; jenes Denkens, das sie ja geschaffen hat?« Und in der Fußnote kann unter Berufung auf LORENZ' ›Rückspiegel‹ bestätigt werden, »wie ich es meinem eigenen Text unterlegte, daß wir hier mit echten Zusammenhängen rechnen müssen«[23].

Ferner: »Die Realität der Hierarchiemuster in der Natur schließt aus, daß es sich um eine Projektion des Denkens handelt, und der Umfang der Koinzidenz, daß diese auf den Zufall zurückgeführt werden könnte. Wenn nun nur mehr ein ursächlicher Zusammenhang angenommen werden kann, das Denkmuster aber nicht Ursache des Naturmusters sein kann, so muß das Hierarchiemuster der organischen Strukturen die Ursache des hierarchischen Denkmusters sein.«[24]

Zum Interdependenzmuster in der Natur, das sind die Wechselabhängigkeiten, die nicht beliebige Kombinierbarkeit der Merkmale, heißt es: Da es »ganz unwahrscheinlich ist, daß es sich um die Projektion unseres in Interdependenzen funktionierenden Denkens handelt, dann wird auch dieses wieder ein Produkt der Evolution sein«[25].

»Und die Koinzidenz von Natur- und Denkmuster« schließlich der Tradierung, der Weitergabe durch Vererbung oder durch Tradition, kann »wieder nur aus jenen Lektionen erklärt werden, welche die tradierende Ordnung der selektiven Evolution unseres Gehirnes erteilt hat«. Und in der Fußnote (32): »Erinnern wir uns auch nochmals daran, daß diese Konsequenz, die wir aus den Fakten der vergleichenden Anatomie ein viertes Mal zu ziehen haben, ganz unabhängig auch von LORENZ (1973) gezogen wurde; aus den Fakten verglichenen Verhaltens.«[26]

Kurz: Die Entstehung der Denkmuster als Selektionsprodukt an den Naturmustern schien mir bereits eine ausgemachte Sache. Und das Problem der ›Isomorphie‹, von dessen Existenz ich, wie ich zugeben muß, damals gar nichts wußte, war bereits gelöst[27]. Dies ist das philosophische Problem einer Begründung der Übereinstimmung der Denkformen mit der Natur. – Was mich beschäftigte, war vielmehr die Frage, warum es gerade vier Grundmuster wären und in welchem Zusammenhang sie stünden. Bei dieser Untersuchung zeigten sich Symmetrien zeitgleicher (simultaner) und zeitfolgender (sukzedaner) Abhängigkeiten identischer wie nicht-identischer Strukturen.

Ein System von Hypothesen

Man erinnere sich, daß meine Fragestellung die Evolutionstheorie betraf und daß ich eine konsistentere Theorie mit größerem Erklärungswert aus den ›Systembedingungen der Evolution‹ gewann – oder doch zu gewinnen beabsichtigte. Denn die selbstverständliche Art meiner Ausdrucksweise ruht bislang nur auf den sogenannten Fakten, auf meiner Überzeugung und der meiner Schüler. Die Biologen schweigen noch[28]. Wir sind davon ausgegangen, daß man der Theorie, die Denkmuster als Selektionsprodukt an den Naturmustern auszulegen, rasch gefolgt ist, nicht aber jener Theorie, welche den Ursprung der Naturmuster erklärt.

Wenn nun auch die Theorie der Naturordnung noch nicht zum Range auch einer ›sozialen Wahrheit‹ aufgestiegen war, mein weiteres Fragenstellen konnte das nicht berühren. Und die nächste Frage lag auch schon auf der Hand: Wenn unsere Denkmuster ein Produkt unserer Stammesgeschichte waren, so mußte man zeigen können, wann und in welcher Reihenfolge sie unseren Vorfahren eingebaut wurden.

Nun wird man, angesichts einer solchen Absicht vor Augen haben, daß uns das Verhalten unserer stammesgeschichtlichen Vorläufer nicht mehr zugänglich ist. Das ist zwar im Prinzip richtig. Die vergleichende Methode, allen voran die Methode der vergleichenden Anatomie und der Phylogenetik, hat aber längst einen Ausweg in der Praxis entwickelt. Sie arbeitet mit dem Aktualitätsprinzip und mit rezenten Arten. Das bedeutet anzunehmen, daß das, was einer Stammes- oder Verwandtschaftsgruppe gemeinsam ist, auch deren gemeinsamen Vorfahren gemeinsam gewesen sein müßte. Diese Methode hat sich widerspruchslos bewährt. Und wir stellen mit ihr beispielsweise fest, daß ein bestimmter Augenreflex, zeigt er vom Hai bis zum Menschen stetig dieselbe Leistung und Bahnung, allen unseren gemeinsamen Vorfahren eigen gewesen sein muß. Schließt seine Gleichheit bei Tausenden Arten und seine Komplexität den Zufall mehrfach unabhängiger Entstehung aus, so ist die Bildung homolog und muß mindestens so alt sein wie unser letzter gemeinsamer Vorfahre. Das war an der Abzweigung der Knorpelfische von der Serie Knochenfische – Vierfüßer – Säuger – Primaten – Mensch, vor mindestens vierhundertfünfzig Jahrmillionen.

Das anscheinend Wahre

Verfolgt man diese Geschichte der Organismen weit zurück, so findet man, hinsichtlich ihrer Weise, sich anzupassen – wir können auch sagen: lebenserhaltende Information aus dem für sie relevanten Milieu zu gewinnen –, ein grundsätzliches Prinzip. Man kann es eine Re-Etablierung des Etablierten nennen. Übersetzt in unsere Vorstellungswelt, entspricht ihm die Erwartung, mit dem einmal Erfolgreichen wahrscheinlich am ehesten wieder Erfolg haben zu können. In der Sprache der Biologie ist dies die ›identische Replikation‹, die Vermehrung durch eine den Eltern möglichst gleiche Nachkommenschaft. Aber schon diese Erwartung ›rechnet‹ (wie wir uns ausdrükken) nur mit Wahrscheinlichkeiten, mit Erfolgen im Durchschnitt, nicht mit irgendwelchen Gewißheiten.

Hierin bildet das Lebendige bereits zwei sehr grundsätzliche Eigenschaften seiner Welt ab. Zum einen das Gleichbleiben der Naturgesetze, zum anderen aber die relative Ungewißheit deren Auftretens. Es ›rechnet‹ beispielsweise damit, daß ein Zuckermolekül auch morgen noch jene Eigenschaften haben werde, auf welche es sich bislang mit Erfolg eingestellt hatte. Aber das Lebendige ist nicht minder darauf eingestellt, daß nicht gewußt werden kann, wann das nächste Zuckermolekül, in den Gefällen durch Diffusion und die Stöße molekularer Wärmebewegung, daherkommen werde. Das bewährte Milieu oder Futter, der bewährte Unterschlupf oder Fluchtweg werde sich finden lassen; nur wann und wo bleibt ungewiß.

Das Lebendige kompensiert diese Unsicherheit mit einer Repetier- oder Schrotschußmethode. Läßt sich's nicht sagen, ob der Lebensweg des identischen Nachkommen Erfolg haben werde, so werden doch einige Lebenswege vieler Nachkommen Erfolg haben. Läßt sich das Futter oder der Unterschlupf an der angepeilten Stelle nicht finden, so sorgt ein erblicher Appetenz-, ein Begehr-Erfüllungs-Mechanismus, dafür, die Suche nur um so intensiver fortzusetzen. Wie fest diese triebhafte Erwartung in den Organismen verankert ist, kann man an manchen Zootieren beobachten, die ruhelos, den Ausweg suchend, an den Gitterstäben hin- und herlaufen, obwohl die Jahre der Gefangenschaft, sollte man meinen, von der Ausweglosigkeit der Suche hätten schon überzeugen können. Doch auch wir hegen in rational hoffnungslosen Situationen eine lebenswichtige Hoffnung und pflegen, wie wir uns ausdrücken: auf ein Wunder zu warten.

Die Erwartung, die uns mit Wahrscheinlichkeiten operieren läßt, ist uns vererbt worden; sie ist eine der fundamentalsten der angeborenen Formen unserer Anschauung. Sie ist Teil unseres ratiomorphen Apparates[29], unserer nicht-bewußten Entscheidungshilfen, wir können auch sagen: unseres gesunden, unreflektierten Hausverstandes, und sie ist damit eine der stammesgeschichtlichen Grundlagen unserer rationalen, bewußten oder reflektierenden Vernunft. Diese ratiomorphe Erwartungshaltung birgt zuletzt zwei entscheidende Eigenschaften. Erstens steuert sie die Entscheidung, zwischen Zufall und Notwendigkeit zu unterscheiden, und damit das Interesse aller höheren Organismen, wie der Menschen, sich einer möglichen Gesetzmäßigkeit mit Aufmerksamkeit, Neugierde forschend zuzuwenden oder aber von der Sache abzusehen. Zweitens erweist sie sich, und zwar meist zu unserem Vorteil, als rational unbelehrbar.

Ein Beispiel möge das illustrieren. Welche Zahlenfolge hat beim Würfeln die größere Wahrscheinlichkeit: 2–5–2–6 oder 6–6–6–6? Die rationale Kontrolle sagt uns: sie haben dieselbe, alle Zahlenfolgen haben dieselbe Wahrscheinlichkeit. Sie beträgt stets 1/6, potenziert mit der Zahl der Fälle[30]. Hier also $(1/6)^4 = 1/1296$. Wäre dies ausschließlich so, so könnten wir Schwindel von ehrlichem Würfelspiel nicht unterscheiden, Absicht oder Gesetzmäßigkeit nicht vom Zufall trennen. Würde unser Gegenspieler in einer Wettsituation stets die gewinnende Sechs werfen, wir wären bald davon überzeugt, daß es hier nicht mit ›rechten Dingen‹, also nicht mit dem Zufall zugeht. Regelmäßige Bestätigung unserer Prognose (Re-Etablierung des Etablierten; hier das Fallen der Sechs) läßt uns ratiomorph das Herrschen von Gesetzmäßigkeit erwarten; je öfter um so gewisser.

Man kann dies eine ›Hypothese vom anscheinend Wahren‹ nennen. Sie enthält die Erwartung, daß sich gemachte Erfahrung unter gleichen Bedingungen wahrscheinlich prognostizieren, durch Wiedereintreten bestätigen lassen werde.

Das Vergleichen

In derselben Weise entwickelte ich aus den Bedingungen der Evolution drei weitere Vorgänge des Informations- oder Erkenntnisgewinns der Organismen. Drei weitere Hypothesen des Lebendigen ließen sich als die ratiomorphen Vorbedingungen vernünftigen Handelns darlegen. Und zwar im Rahmen eines interdisziplinären Seminars zur ›Theorie der Naturwissenschaften‹[31]. Ich werde darauf zurückkommen.

Ein zweites solches ›Erkenntnisprinzip‹ des Lebendigen ist nicht minder grundsätzlich und von vergleichbarem Alter. Es beruht darauf, das Ungleiche im Ähnlichen wegzulassen. In ihm spiegeln sich zwei weitere Struktureigenschaften dieser Welt, daß sich nämlich ihre Zustände und Ereignisse zwar oft, meist beliebig oft und ähnlich, aber nie völlig identisch wiederholen; seien es Sandkörner, Wogen, Tannen, Singstrophen der Meise, Menschen oder Violinen.

Dieses Weglassen des Ungleichen, dieses Gleichmachen, entspricht jenem Vorgang, welchen wir als Abstraktion erleben. Wir kennen sein Ergebnis jedoch schon von den angeborenen Verhaltensprogrammen der Einzeller. Das Prinzip wird daher ein bis zwei Jahrmilliarden alt sein. Der Ausweichreflex des Pantoffeltieres ist ein oft zitiertes Beispiel. Trifft das Vorderende auf einen Widerstand, so wird der Wimpernschlag umgekehrt, das Tier fährt kurz zurück, um nach einer Wendung seine Bahn fortzusetzen. Alles, was Hindernisse unterscheiden mag, wird fortgelassen. Alles, was ihnen gemeinsam ist: Undurchdringbarkeit, fixe Lage und begrenzte Ausdehnung, ist in diesem abstrakten Programm berücksichtigt.

Aller genetischer Lernerfolg folgt diesem Prinzip, bis hinauf zu den komplizierten Hierarchien der Instinkte höherer Organismen und den sogenannten AAM, den angeborenen Auslösemechanismen. So wird beispielsweise das Weibchen von einem Vogelmännchen ausschließlich an dem für die Art kennzeichnendsten und stetigsten Farbfleck erkannt. Alles Variierende wird zur Sicherheit und Vereinfachung weggelassen.

In ganz entsprechender Weise operiert unser individuelles, unreflektiertes Lernen. Man halte sich vor Augen, was etwa nach einer Waldwanderung von den tausend Fichten und Buchen, welche die Netzhaut mit allen Einzelheiten abgebildet hat, im Gedächtnis verblieben ist; neben einigen ungewöhnlichen Eigentümlichkeiten findet sich nur mehr der Typus: ›die Tanne‹ und ›die Buche‹.

Man kann dies eine ›Hypothese vom Ver-Gleichbaren‹ nennen. Sie enthält die Erwartung, daß das Ungleiche im Ähnlichen weggelassen werden dürfte und daß Ähnliches auch in seinen noch nicht wahrgenommenen Eigenschaften ähnlich sein werde.

Dies erklärt nun, mit welcher Selbstverständlichkeit wir die Gegenstände unserer Wahrnehmung normieren, normierte Vorstellungen und Begriffe bilden und Normen in unserer Zivilisation etablieren. Es läßt erkennen, warum wir mit Koinzidenzen selbst noch nicht wahrgenommener Merkmale rechnen; daß die Systeme unserer Begriffe wie die Systeme in der Natur eine hierarchische Anordnung zeigen und daß wir ohne diese Anleitung gar nicht denken können. – Dem Denkprinzip der Tradierung werden wir noch begegnen.

Die Ursachen

Ein drittes Prinzip spiegelt die Zeitfolge: die zumeist nicht beliebige Abfolge von Zuständen oder Ereignissen in der Natur. Daß alle physiologischen Prozesse jener Zeitfolge entsprechen, wird selbstverständlich erscheinen. Beim angeborenen Abwehrreflex des Säuglings ist eine solche Leistung schon auffallender. Führt man einem Säugling einen Film vor, in dem ein Ball in scheinbarem Kollisionskurs auf ihn zukommt, so wird er sofort die Arme in Abwehrstellung bringen.

Auch das individuelle Lernen folgt diesem Prinzip; beginnend mit der bedingten Reaktion. Dem Hund muß nur regelmäßig genug die

Futterglocke geläutet werden, um ihn bald, wie wir uns ausdrücken, die Glocke für die Ursache des Futters halten zu lassen. Jedenfalls vollführt er vor ihr sein ganzes Repertoire sozialen Futterbettelns[32].

Bei uns Menschen kann schon eine einzige Koinzidenz genügen, um uns sogleich und unreflektiert einen notwendigen Zusammenhang zu suggerieren. Man braucht nur einen zerbrechlichen Gegenstand rasch anzufassen und gleichzeitig ein Knacken zu hören, um sofort zu befürchten, etwas zerbrochen zu haben.

Weiter noch nehmen wir unbedenklich an, daß beispielsweise die gleichen Schrauben einer Packung, die gleichen Banknoten derselben Maschine entstammen, auch wenn wir nie eine solche Maschine gesehen haben und obwohl wir uns irren, selbst betrogen finden können. Doch braucht man diese Anleitung nur umzukehren: von gleichen Dingen sogleich auf ungleichen Ursprung zu schließen, um die Unwahrscheinlichkeit, selbst die Absurdität solche einer Gegenannahme zu erkennen.

Kurz: Man kann eine ›Hypothese von den Ur-Sachen‹ erkennen. Sie enthält die Erwartung, daß Koinzidenzen meist in einem Zusammenhang stehen, daß ihre Wiederholung dies bekräftigt und daß gleiche Zustände oder Ereignisse dieselbe Ursache und Folge haben werden.

Das Zweckvolle

Das jüngste dieser vier Prinzipien unserer Denkanleitung sortiert gewissermaßen die Richtung, aus welcher eine Ursache ihre Wirkung tut. Es ist stammesgeschichtlich das jüngste; vielleicht nicht älter als die ersten Formen der Reflexion, die Frühformen des Bewußtseins, der Repräsentation des Raumes im zentralen Nervensystem. (Mit der Darlegung dieses Prinzips schloß ich damals meinen Beitrag im interdisziplinären Seminar.)

Diese letztgenannte unserer ratiomorphen Denkanleitungen spiegelt eine bereits komplexere Eigenschaft dieser Welt. Und zwar den Umstand, daß im hierarchischen Schichtenbau der Welt eine Polarität der Ursache-Wirkung-Richtungen auftritt, je nachdem die Wirkung von den Ober- auf die Untersysteme erfolgt oder aber umgekehrt. Und daß uns diese Ursache-Wirkung-Verhältnisse jeweils nach ihrer

Wirkrichtung in ihren Grundeigenschaften verschieden erscheinen. Oder genauer: daß wir für die Wahrnehmung von Ursachen, je nach ihrer Herkunft, erblich verschiedene Anschauungsformen, unterschiedliche ›Organe‹ der Wahrnehmung besitzen[33].

Fragen wir uns beispielsweise nach den Ursachen, welche unseren *Bizeps* gestaltet haben, so sehen diese verschieden aus: je nachdem, ob wir nach seiner Zusammensetzung oder nach seiner Anordnung im Körper fragen. Wir können auch sagen: je nachdem, ob wir meinen, seine Funktion aus seinen Teilen oder aber aus seinem Anteil am Ganzen erklären zu können. Im ersteren Falle erklären wir uns den *Bizeps* aus seinen Muskelfasern, diese aus ihren Fibrillen, deren Sarcomeren[34] und ferner deren Myosinmolekülen. Wir erklären uns damit seine Struktur und die Herkunft seiner Kräfte. Im anderen Fall erklären wir ihn aus seiner Überbrückung des Ellbogen- und Schultergelenks, seinen Ansätzen am Schulterblatt und an der Speiche *(Radius)*, seinen Funktionen bei der Bewegung des Unterarms, des Armes, des ganzen Schultergürtels und des kompletten Lokomotionsapparates, sagen wir: der Primaten. Wir erklären uns damit seine Lage und Funktionen sowie die Herkunft seiner Zwecke.

Und auf diese Weise erscheinen uns Kräfte und Zwecke als zweierlei: unvermischbare Qualitäten. Daß Zwecke – also die Frage, wozu etwas dient oder ›gut ist‹ – schon im Tierreich erfaßt werden, ist unbestritten[35]. Jedenfalls handeln zumindest Primaten danach; und die Vorstellung davon, was das Ziel – wir sagen: der Zweck – solcher Handlung ist, muß sich auch auf diesem Wege entwickelt haben.

Hier ist nicht der Ort, darin ausführlicher zu werden. Worauf es mir ankommt, ist zu zeigen, daß organische Systeme ihre Funktion stets im nächsten Obersystem erfüllen, das Myosinmolekül im Sarcomer, der *Bizeps* im Arm, der Mensch in seiner Gruppe. Und erfolgreiche Funktionsentsprechung erleben wir als zweckvoll. Diese Anschauungsform von den Zwecken in der Natur ist nun auch unserer ratiomorphen Denkanleitung unverlierbar eingebaut.

Als meine Kinder erstmals eines Nashorns ansichtig wurden, noch dazu eines staubigen Stopfpräparates hinter Glas, waren sie einen Augenblick perplex und stellten fest: »Das böse Tier stößt mit der Nase.« Und nicht minder unbezwinglich nimmt irgendein abgestelltes, wunderliches Gerät sogleich unsere Suche nach seinen Zwecken in Anspruch.

Man kann den Inhalt dieser erblichen Anschauungsform als eine ›Hypothese vom Zweckvollen‹ beschreiben. Sie enthält die Erwartung, daß ähnliche Systeme als Unterfunktion desselben Obersystems zu verstehen seien, daß gleiche Strukturen demselben Zweck entsprechen.

Das erklärt nun auch das Denkmuster der Tradierung. Die beiden erblichen Anschauungsformen von den Ursachen und den Zwecken lassen uns begreifen, daß wir nichts ohne seine Herkunft verstehen, daß wir überall Kräfte und Absichten vermuten, selbst dort, wo keine sein können; in dem die Erde tragenden Atlas, in dem die Sterne tragenden Himmelsgewölbe.

Natur- und Denkordnung

Man wird sich erinnern, daß es mir bei dieser Entwicklung um die Lösung der Erkenntnisgrundlagen meines Faches, der Biologie, ging. Es sollte begründet werden, wieso die Biologen nicht nur die Zusammenhänge der organischen Organisation, sondern auch des Natürlichen Systems der Organismen richtig erkennen konnten, ohne ihre Methode rational begründet zu haben. Woher kam die schlafwandlerische Sicherheit, Typus und Homologien, Arten und Verwandtschaftsgruppen zu begreifen? Worin lag die Anlage, alle Strukturen nach Normen, Interdependenzen, Hierarchien und tradierter Gesetzlichkeit zu erkennen, zu Begriffen zu machen, welche nun ihrerseits die Strukturen unseres Denkens und unserer Zivilisation dominieren?

Nun, ich meinte die Anlage aus den grundlegendsten, gewissermaßen den voraussetzungsvollsten unserer erblichen Anschauungsformen ableiten zu können. Ich verstand sie als Anpassungsformen, Selektionsprodukte aus unserer Stammesentwicklung. Als eine Extraktion der für das Überleben unter Konkurrenzbedingungen wichtigsten Zustände dieser Natur: die Wiederholung ähnlicher Zustände und Ereignisse, deren Zeitfolge und deren Polarität im hierarchischen Schichtenbau all ihrer komplexen Systeme. Dies war mein Vorhaben in jenem Seminar. Mit der Aussage: Vertrauen wir unseren ratiomorphen Anlagen, denn in ihnen spiegeln sich die Grundstrukturen dieser Welt.

Einen weiteren Gedanken aber brachte dann Erhard Oeser[36] in die Diskussion. »Was du hier beschreibst«, stellte er fest, »entspricht nun der ganzen Reihe der Kantschen *Apriori.*« Dies sind die grundsätzlichsten Voraussetzungen unserer Ratio oder bewußten Vernunft; und als deren letzte Vorbedingungen sind sie durch unsere Vernunft allein auch nicht zu begründen. Ihre Erörterung als die sogenannten Kategorien hat unsere ganze Kulturgeschichte durchzogen und den Rationalismus-Idealismus-Streit unlösbar gemacht.

Denn wenn die Rationalisten mit ihrer Behauptung recht hatten, daß jeder Erkenntnisgewinn lediglich aufgrund von Erkenntnis-im-voraus möglich ist, so haben auch die Empiristen recht, wenn sie behaupten, daß Erfahrung nur durch Erfahrung zu gewinnen ist. Unser Ergebnis war zunächst ein zweifaches. Einmal lag hier eine Bestätigung der Kantschen *Apriori* von ganz anderer Seite vor. Sie erweisen sich auch biologisch, stammesgeschichtlich, als *a priori*-Bedingungen für jeden Erkenntnisgewinn eines jeden Individuums. Für den Stamm selbst sind es jedoch *a posteriori* -Lernprodukte, Anpassungsprodukte, das Ergebnis phylogenetischen Erfahrungsgewinns. Unterscheidet man nun stammesgeschichtlichen und individuellen Kenntnisgewinn, dann folgt auch eine rationalistisch-empiristische Synthese.

Aber noch einige Parallelen kamen zutage. (Sie haben wieder mit meinen mangelnden Kenntnissen zu tun; wir sind ja davon ausgegangen, daß gerade diese Mängel einigen Aufschluß erlauben würden.) Es stellte sich nämlich heraus, daß auch die Reihenfolge meiner Darlegung jener in Kants kritischen Werken entspricht. Auch Kant diskutiert das *Apriori* der Wahrscheinlichkeit an fundamentaler Stelle in der »Kritik der reinen Vernunft«, während er das *Apriori* der Zwecke mit einigem Abstand, nach jenen der Vergleichbarkeit und der Ursachen, in der »Kritik der Urteilskraft« behandelt[37].

Für viele scheinen Kants kritische Werke eine schwierige Lektüre zu sein. Ich nehme dies zum Anlaß, um Nachsicht einzukommen; denn für mich als Biologen sind sie nur sätzeweise analysierbar. Kurz, ich hatte den ganzen Kant beiseite gelassen – wohl weil ich ihn gar nicht verstand – und Lorenz' deutliche Hinweise[38] als eine Art Metapher auf sich beruhen lassen. Auch tragen die Kategorien ganz andere Namen als die Hypothesen in meinem System der erblichen Entscheidungshilfen des Lebendigen.

Was bei mir die ›Hypothese vom anscheinend Wahren‹ genannt wurde, das findet sich unter den Kategorien als ›Modalität‹ (auch Möglichkeit, Dasein und Nichtsein); der ›Hypothese vom Ver-Gleichen‹ entsprechen die Kategorien ›Quantität‹ und ›Qualität‹ (mit Einheit, Vielheit usf.); die ›Hypothese von den Ur-Sachen‹ und die ›Hypothese vom Zweckvollen‹ stehen in der Kategorie der ›Relationen‹ (mit Dependenz, Gemeinschaft, Wechselwirkung)[39]. Dabei ist eine genaue Übereinstimmung weder gegeben noch zu erwarten. Es ist der Übereinstimmung aber genug, um die Theorien der Evolution und der Vernunft wechselseitig zu stützen.

Auch müssen die angeborenen Anschauungsformen nicht mit den Kategorien zur Deckung kommen. Denn weder war hier von den Anschauungsformen von Raum und Zeit die Rede, wie sie sich bei Kant in der »Transzendentalen Ästhetik« finden[40], noch wären bei Kant jene komplexeren Entscheidungshilfen zu erwarten, welche, vom Demutsverhalten bis zu den angeborenen Tötungshemmungen reichend, den Biologen interessieren.

Rückblick

Mit der gefundenen Parallele zwischen den Kategorien und den Entscheidungshilfen des Lebendigen war jedenfalls der Entwurf der ›Stammesgeschichtlichen Grundlagen der Vernunft‹ möglich, den ich darauf als »Biologie der Erkenntnis« publizierte[41]. Und damit schließt mein Bericht, dessen Aufgabe nur sein sollte, den Weg oder Umweg zu zeigen, der mich vom Problem der Evolutionstheorie zu dem der Erkenntnistheorie geführt hat.

Wir sind, wie erinnerlich, von dem Umstand ausgegangen, daß unsere Theorie, die Denkordnung sei ein Selektionsprodukt an der Naturordnung, rasch Verbreitung gefunden hat. Und wir stellen fest, daß in einem solchen Fall die Frage übrigbleibt, wie denn jene so spezielle Ordnung der Natur zu erklären sei, namentlich die der organischen, an welcher die Organismen Maß nehmen mußten. Diese Frage ist, wie ich zu zeigen versuchte, lösbar. Nur ist die Lösung schwieriger.

Und zwar ist diese Lösung aus einem sehr einfachen Grund schwer zu verfolgen. Wir besitzen, wie wir jetzt wissen, komplementäre Anschauungsformen von den komplexen Ursachenzusammenhängen. Sie erscheinen einmal wie Kräfte, ein andermal wie Zwecke; und wir besitzen kein Organ, sie zusammenzusehen. Das aber wäre schon zum Verständnis der Dynamik der Evolution erforderlich gewesen.

Als ich jedoch meine ›Systemtheorie der Evolution‹ entwickelte, konnte ich den Leser auf diese Falle unserer unangepaßten Anschauungsformen nicht aufmerksam machen. Denn erst aus den Konsequenzen meiner Evolutionstheorie schälten sich mir jene angeborenen Formen unserer Anschauung heraus.

Aber wie in jedem Erkenntnisprozeß ist es auch hier von zweitrangiger Bedeutung, wo der Zufall den Anfang, die erste Hypothese, bilden läßt. Legen wir die aus der Theorie möglichen Prognosen immer wieder der Natur an, so wird die stete Korrektur uns das Problem schließlich doch als Ganzes aufdecken lassen. In Wahrheit bilden auch Evolution und Erkenntnis solch ein Ganzes. Und wenn es allmählich zur Lebenserfahrung meiner Forschungspraxis gehört, das Pferd immer wieder vom Schwanz her aufgezäumt zu haben, so kommt das wohl daher, daß unser ›Pferd‹ in Wahrheit weder einen Anfang noch ein Ende hat.

Anmerkungen

[1] Dies nimmt Bezug auf die beiden Bücher von K. Lorenz »Die Rückseite des Spiegels« (1973) und auf R. Riedl »Biologie der Erkenntnis« (1980), die in kurzer Zeit mehrere Auflagen und Übersetzungen erlebten. Tatsächlich ist aber auch die hier grundlegende Einsicht eine Generation alt; sie wurde von K. Lorenz schon 1941 formuliert. Aber erst heute scheint der ›Zeitgeist‹ dem Thema aufgeschlossen. [2] R. Riedl: »Die Ordnung des Lebendigen« (1975). Der Satz des Bandes war 1973 abgeschlossen. Das zögernde Erscheinen muß das Zögern vorweggenommen haben, mit welchem die Fachwelt den Band aufgenommen hat. [3] Vgl. Th. Kuhn 1967. Meine Erfahrung hat mit der Durchsetzung der Unterwasserforschung, der meeresbiologischen Forschung mit Hilfe des Tauchge-

räts, seit ihrer Pionierzeit Ende der vierziger Jahre zu tun. (Übersicht in R. RIEDL 1980a). [4] Diesen dreistufigen Vorgang hat KONRAD LORENZ oft im Gespräch betont. Ähnlich heißt es bei MAX PLANCK: Der wissenschaftliche Fortschritt beruhe darauf, daß die Alten allmählich abtreten und die Jungen das Neue für selbstverständlich nehmen. [5] BLACKMAN, A.: (1980) »The delicate arrangement«. The Times Press, N. Y. [6] LUDWIG PLATE war Schüler und Nachfolger ERNST HAECKELS am Phyletischen Museum der Universität Jena. Meine PLATE-Ausgabe ist jene von 1925. [7] Eine Opposition, die sich mehr gegen meine Lehrbücher als gegen meine Lehrer richtete. ADOLF REMANE, den ich kurz in Kiel, LUDWIG VON BERTALANFFY, den ich kurz in Wien hörte, ließen die Diskussion offen. Und mein Lehrer WILHELM VON MARINELLI stand GOETHES Morphologie nahe (vgl. W. MARINELLI u. A. STRENGER 1953 ›Einführung‹) [8] Professor für Genetik in Wien war FELIX MAINX. Heute muß ich ihm zugute halten, daß man damals, Ende der vierziger Jahre vom System der Gen-Wechselwirkungen wenig wußte und es folglich leicht unterschätzen konnte. Freilich war meine Haltung nur vorurteilsvoll. Aber sie erweist sich heute als berechtigt. Wir haben inzwischen erkannt, daß mit zunehmender Organisation der Organismen die einheitsstiftenden Regulatorgene die (damals erst bekannten) Strukturgene um Größenordnungen an Zahl übertreffen. [9] In dieser Zeit hatte ich Gelegenheit mich im Zusammenhang mit der Erforschung der ›Biologie der Meereshöhlen‹ und der ›Fauna und Flora der Adria‹ mit jeweils 1500 Arten auseinanderzusetzen; einem Reichtum an Formen und Funktionsbeziehungen, der mir Eindruck machte. [10] J. WATSON (1968). Bald stellt es sich heraus, daß ich meine Abneigung mit Persönlichkeiten teilte, die dem Gegenstand des Buches sehr nahestehen. [11] A. REMANE (1971)². Die erste Auflage erschien 1952 (bei Geest und Portig in Leipzig). [12] THOMAS BAYES, Pastor, Mathematiker, Statistiker, 1702 (?)–1761 in England. 1763 erschien posthum »An essay towards solving a problem in the doctrine of chances«, dessen erkenntnistheoretische Bedeutung erst in jüngster Zeit erkannt wurde. [13] Der Band von SOKAL und SNEATH (1963) betrachtete das Homologisieren als einen Zirkelschluß (niemand ahnte die Verwandtschaft mit der Methode der Hermeneutik und dem sog. ›hermeneutischen Zirkel‹, einen Bezug zur Methodologie der Geisteswissenschaften, den zu veröffentlichen ich eben erst dabei bin).

Die umfängliche Diskussion, die das auslöste, ist zitiert in R. RIEDL 1975 und in P. SNEATH und R. SOKAL (1973), einer zweiten Auflage, in welcher die Autoren ihr Argument (S. 79 und 518) bereits abschwächen. – Das Homologietheorem formuliert die Bedingungen des Vergleichens, die es erlauben, ursprungsverwandte Organe trotz ihrer Abwandlung nach Form, Lage und Funktion zu identifizieren. Es bildet die Grundlage der vergleichenden Anatomie, damit der Erkenntnis von Verwandtschaft, der Stammesgeschichte und des Natürlichen Systems der Organismen. [14] Unbegründet war ERNST MAYRS Urteil nicht. Denn GOETHES Auffassung (z. B. von 1795) wurde tatsächlich von dem sich anschließenden Deutschen Idealismus fehlgedeutet. So versteht GOETHE den Typus aus einem ›esoterischen‹ Prinzip (in seinem Sinne im Unterschied zu einem ›exoterischen‹), was irrtümlich als ›geheimnisvoll‹ gedeutet wurde, wo es ›systemimmanent‹ hätte heißen sollen. Sein Irrtum bestand darin, REMANE für einen idealistischen, d. h. der Methode nach nicht naturwissenschaftlichen Morphologen zu halten. Und der Umstand, daß REMANES Hauptwerk (deshalb?) nie ins Englische übertragen wurde, hat die Verständigung zwischen der europäischen und amerikanischen Biologie wesentlich behindert. [15] Über die ›Selbstimmunisierung‹ gegen mögliche Widerlegung siehe TH. KUHN (1967 und H. ALBERT (1968). Entsprechend wurden auch in den Darstellungen der Evolutionstheorie von der gängigen Schulmeinung die widersprüchlichen Phänomene so lange in ihrer Bedeutung verkleinert, bis sie weggelassen werden konnten. [16] R. RIEDL (1975), eine Zusammenfassung der Theorie in R. RIEDL (1977). [17] BERNHARD HASSENSTEIN, Schüler von ERICH VON HOLST, teils von KONRAD LORENZ, war aufgrund seiner Forschung tierischer und menschlicher Verhaltens- und Wahrnehmungsmuster für diesen Einwand besonders ausgewiesen. [18] Vgl. E. MACHS Studien von 1905 und 1910. [19] K. LORENZ (1941) wie in Anmerkung 1. [20] Meine Unkenntnis von LORENZ' Vorgehensweise ist um so unwahrscheinlicher, als wir uns als Lehrer und Schüler aus dem Ende der vierziger Jahre kannten. Ich war auch so beeindruckt von der damals neuen Verhaltenslehre, daß ich mich gerne angeschlossen hätte. Aber LORENZ hatte bei einem solchen Gespräch und in weiser Einsicht in meine unruhige und theorienbeladene Art gesagt: »Weißt du, für einen Verhaltensforscher bist du nicht faul genug.« [21] Als KONRAD LORENZ die Nähe seiner

Sicht zu jener von KARL POPPER entwickelten erkannte, schrieb er diesem, wie er erzählt, einen achtungsvollen Brief; worauf POPPER antwortete: »Lieber KONRAD, erinnerst Du Dich nicht, daß Du mich in Altenberg an den Marterpfahl gebunden hast?« Auch sie hatten sich gekannt, als Kinder, vom ›Indianerspiel‹ in LORENZ' väterlichem Park. Und nur die Lebenswege hatten sie getrennt. [22] Dies sind die Beiträge von D. CAMPBELL (1966), H. MOHR (1965), von K. POPPER (1935, 1962) und jene von B. RENSCH (1961 und 1968). [23] Beide Zitate aus R. RIEDL (1975, S. 150). [24] R. RIEDL (1975, S. 219). Freilich war das optimistisch gesagt. Die »Realität ... in der Natur« ist ja selbst Theorie. Nur im Prinzip ist die Feststellung richtig: denn die Theorien der Systembedingungen der Evolution und die der Selektion der Denkmuster ist schlüssiger als MACHS Theorie der Denkökonomie (siehe Fußnote 18) und die Theorie der Projektion. Denn letzteres Theoriensystem läßt die Frage der ›Isomorphie‹ offen: die Begründung einer Übereinstimmung von Natur und Denken. [25] R. RIEDL (1975, S. 246). [26] Beide Zitate aus R. RIEDL (1975, S. 282). Die unabhängig entstandene Übereinstimmung der Ereignisse aus vergleichender Anatomie und Verhaltensforschung gehen so weit, daß dieselben Quellen und selbst dieselben Abbildungen wiederkehren. Vgl. K. LORENZ 1973, Abb. 3 und 4 zu R. RIEDL 1975, Abb. VII 52–64 (zudem Fußnote 36, S. 285). [27] Was nämlich bei mir ›Isologie‹ hieß (R. RIEDL 1975, S. 362), bezieht sich auf analoge Ähnlichkeit chemischer Strukturen und hätte besser ›Isomorphie‹ genannt werden sollen. [28] Vgl. Anmerkung 4. [29] Der Begriff des ratiomorphen (vernunftähnlichen) Apparates geht auf E. BRUNSWIK zurück (z. B. 1955), jener der angeborenen Anschauungsformen auf K. LORENZ (1941). [30] Die Wahrscheinlichkeit eines Zufallsereignisses, bei gleicher Chance (›ehrlichem‹ Würfel), entspricht dem Kehrwert des Repertoires des Zufalls. Bei 6 Seiten des Würfels also $\frac{1}{6}$. Bei zwei Würfeln = $\frac{1}{6} \cdot \frac{1}{6}$ usf. [31] Dieses Seminar an der Universität Wien hatte schon Tradition, als ich, Anfang der siebziger Jahre aus den USA zurückgekehrt, von meinen Freunden ERHARD OESER (Wissenschaftstheorie) und ROMAN SEXL (Theoretische Physik) zur Teilnahme eingeladen wurde. [32] Dieses Beispiel und viele andere findet man bei I. EIBL-EIBESFELDT (1978), B. HASSENSTEIN (1973) und K. LORENZ (1973 und 1978). [33] Dies ist hier komprimierter dargestellt, als ich das seinerzeit vermocht hätte. Denn bis heute ist der Zusammenhang (vgl. R. RIEDL 1978–79 und 1980) schon wiederholt durchgeprüft worden. [34] Dies sind die sich wiederholenden Ultrastrukturen oder Großmolekülsysteme, welche die Bänderung aller quergestreiften Muskeln ausmachen. [35] Eine vorzügliche Übersicht in B. RENSCH (1973). [36] Die gehört in den ersten Anfang unserer fachlichen Berührung. Diese wurde für uns in einem späteren Arbeitsvorgang noch wichtiger, als es sich herausstellte, daß wir den Schraubenprozeß, welcher allem Erkenntnisgewinn zugrunde liegt, wieder parallel zueinander entwickelt hatten. Vgl. R. RIEDL 1975 und E. OESER 1976 mit E. OESER 1979 und R. RIEDL 1980. [37] I. KANT 1781 und 1790. [38] Man erinnere sich der frühen Studie von K. LORENZ (1941) sowie 1973. [39] Die Kategorientafel in I. KANT (1781, S. 93). [40] I. KANT (1781, S. 49). [41] R. RIEDL (1980).

I 6 Eine Wissenschaft von der Erkenntnis

Am Ende unserer ›Gedanken im voraus‹ ist die ›Evolutionäre Erkenntnistheorie‹ zu überblicken – die zweite Säule des vorgelegten Theorems. Und wenn ich auch hier die Erkenntnistheorie wie selbstverständlich auf die Evolutionstheorie folgen lasse, so erlaubt dies erst die heutige Retrospektive. Denn diese ›evolutionäre Theorie der Erkenntnis‹ hat sich freilich auch selbständig entwickelt – unabhängig von meiner ›Systemtheorie der Evolution‹.

Das Wesentliche an ihr ist, daß sie die Erforschung der kenntnisgewinnenden Prozesse aus dem Bereich der Philosophie in jenen der empirischen Wissenschaften erweitert; daß die Vorbedingungen wie die Grenzen und Mängel unserer Vernunft einem objektiven Aufschluß zugänglich werden. Und wesentlich ist auch, daß sie es ist, welche das öffentliche Interesse erreicht hat. Soweit das ganze Theorem Interesse gefunden hat, geht dieses von ihr aus. Für mich ist sie Glied des Gesamttheorems; unentbehrlich für das Ganze, wie ohne das Ganze sie unerklärlich ist.

Dieses öffentliche Interesse war wohl auch der Anlaß zu dem folgenden Überblick, zu welchem mich (einen Anatom) die »Deutsche Philosophische Gesellschaft«, die »Rheinisch-Westfälische Akademie« und Universitätsinstitute (für Biologie, Psychologie, Soziologie, Pädagogik) eingeladen haben. Und immer war die Diskussion lebhaft und lehrreich, denn vielen Naturwissenschaftlern scheint meine Lösung naheliegend, und manche Philosophen befürchten einen Einbruch in ihr Territorium.

Der Text entspricht meinem Plenarvortrag auf der Philosophentagung 1981 in Innsbruck. Er ist darum wieder etwas fachlicher. Zum eventuellen Nachschlagen der Literatur sind die Anmerkungen beibehalten und am Ende des Kapitels verzeichnet.

Es ist wohl nicht von ungefähr, daß sich manche Begriffe in unserer Sprache fest mit der Vorstellung einer Theorie verbunden haben. Denkt man an die Weise, in welcher wir uns den Vorgang der Evolution oder den Gewinn von Erkenntnis erklären, so wird man sogleich die Begriffe ›Evolutionstheorie‹ und ›Erkenntnistheorie‹ vor Augen haben.

Wie wir wissen, verbirgt sich hinter solcher Wortwahl weniger eine Unterscheidung von theoretischen und konkreten oder praktischen Begriffen; denn jeglicher Begriff hat eine theoretische Komponente. Vielmehr scheint solches Verbinden die Vorstellung von einem besonders umfassenden Konzept auszuzeichnen.

Wenn nun der Biologe mit LORENZ feststellt: ›Evolution ist ein erkenntnisgewinnender Proßes‹[1], dann kann dies als der Versuch verstanden werden, zwei bereits umfassende Konzepte in ein noch umfassenderes einzureihen; man sagt auch: über zwei Theorien eine Über- oder Metatheorie zu errichten. Und wir erwarten dann die Vorgänge oder Zustände im Evolutions- wie im Erkenntnisprozeß mittels jener Metatheorie gemeinsam prognostizieren oder, wie wir uns ausdrücken: aus ihr erklären zu können.

Die Methode,

welche wir Biologen dabei verwenden, ist zunächst die der vergleichenden Anatomie. Wir bilden aus den Körper- und Verhaltensstrukturen der Organismen Reihen, Verzweigungen, letztlich ein hierarchisches System von Feldern von Wesensähnlichkeiten, den Homologien, und deuten diesen Baum von etwa zehn Millionen Homologien als natürliche Verwandtschaft[2].

Bezogen auf die Interpretation der Evolution als einen Prozeß, welcher stets jene Formen ausliest, die durch verbesserte Anpassung (gleich Milieu-Entsprechung, gleich Kenntnis vom Milieu im weitesten Sinne) ihre Prognostik und damit ihre Überlebenschancen verbessern – bezogen auf diesen Wissensgewinn über die Welt, bedeutet dies eine Einsicht in die Vorbedingungen der Vorbedingungen und so fort eines jeden möglichen Gewinns von Wissen[3].

Dies hat Ähnlichkeit mit dem Rationalismus, nach welchem jeder Wissensgewinn des Vorwissens bedarf, aber ebenso mit dem

Empirismus, nach welchem Erfahrung nur durch Erfahrung zu gewinnen ist. Wir werden aber entsprechend, dies sei vorweggenommen, bald Langzeiterfahrung von Kurzzeiterfahrung zu untersuchen haben.

Freilich darf nicht übersehen werden, daß unser Erkenntnisapparat, mit welchem wir uns an diese Untersuchung machen, selbst das Produkt des erkenntnisgewinnenden Prozesses ist, welchen wir untersuchen. Wir legen gewissermaßen die uns vorgegebenen Erkenntniskategorien den Phänomenen evolutiven Erkenntnisgewinns an. Dabei stellen wir eine Gleichstrukturierung oder Isomorphie fest. Zunächst durch den Umstand, daß sich diese Entwicklung mittels unserer Denkkategorien verstehend verfolgen läßt. Aber mehr noch: Unsere Denkmuster erweisen sich in einem solchen Maße in Übereinstimmung mit den von der Evolution geschaffenen Naturmustern, daß der Zufall als Erklärung ausscheidet. Beide müssen dieselbe Ursache haben; und das ältere, das Naturmuster, muß die Ursache des jüngeren, unseres Denkmusters sein[4]. Wir verstehen diese Isomorphie als ein Selektionsprodukt unserer Denkmuster an den Evolutionsmustern und diese als ein Selektionsprodukt an den Grundstrukturen der anorganischen Natur.

Dies, so vermuten manche, hat wieder Ähnlichkeit mit dem Problem der Transzendenz im Sinne eines Hinübersteigens oder Hinüberreichens in weitere, hinter dem Gegenstand liegende Bereiche. Jedoch in einem gänzlich unmetaphysischen, nämlich einem nun naturwissenschaftlichen Sinne, nach welchem wir erwarten, daß sich die Kette dieser Isomorphie von unseren Denkstrukturen bis auf die Grundstrukturen dieser Welt empirisch bestätigen lasse.

Nun noch ein Wort zu dem, was wir biologisch als einen Kenntnisgewinn betrachten. Nehmen wir ein Sinnesorgan: unser Auge. Dann stellen wir fest, daß hier alle für einen Organismus relevanten Gesetze der Optik diesem im Erbmaterial, in der Form von Aufbau- und Betriebsanleitungen eingebaut worden sind. Wir können auch sagen: Der Evolutionsprozeß hat die für das Überleben jeweils entscheidenden Naturgesetze seinem Milieu extrahiert und dem Organismus als Entscheidungshilfen erblich appliziert. Und zwar auf unverlierbare Weise in dem Sinne, als alle Mutanten mit irgendwelcher Seh-Untüchtigkeit aus dem Strom genetischer Weitergabe stets wieder ausgeschlossen werden.

Solcherlei Gewinn von Kenntnis zählen wir zur Langzeiterfahrung[5]. Denn sie bleibt bei aller Flut von Kurzzeiterfahrungen, welche wir mit Hilfe unserer Augen ständig machen, erhalten. Einmal, weil sie von jedem optischen Erfahrungsgewinn vorausgesetzt und fortlaufend selektiv kontrolliert wird; zum anderen, weil es sich um das isomorphe Widerbild eben der grundlegenden Gesetze der Optik handelt. Dies ist ein wichtiger Punkt.

Das, so wird man sich vergegenwärtigen, hat nun wieder Ähnlichkeit mit dem Produkt sozialen oder wissenschaftlichen Kenntnisgewinns. Denn was dort durch den wissens- oder erfahrungsgewinnenden Prozeß des Keimmaterials erlernt wurde, das ist hier von den Physikern gewissermaßen wiederentdeckt worden, und nun im Wissen einer Kultur durch Tradierung ihren Populationen unverlierbar geworden.

Die Erklärung

dieser Prozesse, nämlich des Wissensgewinns in der Evolution der biologischen wie der sozialen Strukturen, meinen wir mit OESER[6] in einem ›allgemeinen Algorithmus schöpferischen Lernens‹ gefunden zu haben. Ich verwende das Wort ›Lernen‹ hier der Kürze halber, habe aber das originale Gewinnen von Erkenntnis im Auge, also von Wissen oder Einsicht, das vordem keine Kreatur besaß. Wenn ich nun vom Lernen spreche, so in einem weiteren wie engeren Sinne. Erweitert, weil wir das genetische oder mutative Lernen genauso wie das individuelle (besser: somatische) oder assoziative Lernen behandeln; denn es erweist sich auch das eine als die Voraussetzung des anderen. Verengt, weil nur vom schöpferischen, originalen Wissensgewinn die Rede ist und nicht von der Wissensverbreitung, für welche im genetischen Lernprozeß Kreuzung und Rekombination der Gene die Verbreitung in der Population bewerkstelligen, für den somatischen Lernprozeß das, was wir Nachahmung, Anleitung oder Unterricht nennen.

Denn gewiß ist die Verbreitung gewonnenen Wissens in der Population, sei es durch Kreuzung oder Nachahmung, die Voraussetzung jedes evolutiven Erfolgs, weil jedes nicht verbreitete Wissen, ob aufgrund einer Mutation oder Entdeckung und Erfindung, von seinem Besitzer mit in sein Grab genommen wird. Der kreative Akt aber bleibt stets ein individueller, sei das neugewonnene Wissen eine genetische Mutante oder eine kulturelle, die wir dann das Schöpferische in einem Menschen nennen.

Ein Algorithmus ist der Wissensgewinn in dem Sinne, wie (vereinfacht) eine Division mit wenigen, aber beliebig oft wiederholbaren Operationen, Umlauf für Umlauf das Resultat optimiert oder genauer macht[7]. Dieser Algorithmus schöpferischen Lernens kann als ein Schraubenprozeß vorgestellt werden. Und jeder Umlauf besteht aus zwei Hälften.

Die eine Hälfte enthält eine genetische, in späterer Evolution eine physiologische bis psychologische Dimension. Man kann sie in unserer Ausdrucksweise als eine Erwartung beschreiben. Als Prozeß ist sie der Induktion verwandt[8], wenn man darunter die Erwartung versteht, aus den Fällen ein Gesetz, vom Speziellen das Allgemeine vorhersehen zu können. Mit logischem Schließen hat dies nichts zu tun[9].

In dieser Hälfte des Kreislaufs gibt es zwei Alternativen. Entweder die Re-Etablierung des Etablierten, die Wiedererwartung des Bekannten, oder den schöpferischen Versuch. Ersterem entspricht im genetischen Lernprozeß die identische Replikation, die originalgetreue Vermehrung, im somatischen Lernprozeß die Erwartung, mit dem bisher erfolgreichen Handeln oder Urteilen wieder Erfolg haben zu können. Die zweite Alternative enthält den schöpferischen Versuch, die Sache etwas anders zu probieren. Genetisch entspricht dem die Mutation, somatisch das Fassen irgendeiner noch unerprobten Assoziation oder Idee. Beides birgt, neben aller Entscheidungshilfe aus allem bisherigen Wissen, eine Zufallskomponente, einen Schritt ins Ungewisse. Das ist für die blinde Mutation wohlbekannt, gilt aber auch für die schöpferische Assoziation oder Idee. Denn bekanntlich geht keine Erfindung oder Entdeckung restlos auf ihre Prämissen zurück. Denn wäre dies so, wir könnten alle noch möglichen Erfindungen oder Entdeckungen heute schon machen.

Die andere Hälfte des Kreislaufs enthält das Korrektiv. Im genetischen Bereich spricht man von Auslese, ferner von natürlicher und künstlicher Zuchtwahl, im somatischen Bereich von Wahl- oder Entscheidungsweise, zu der Reflexion und Bewußtsein, Urteil und Vernunft hinzutreten. All das hat mit dem zu tun, was wir als Gewinn von Erfahrung erleben. Als Prozeß ist dies nun der Deduktion verwandt, und zwar durchaus im Sinne logischen Schließens, gemäß unserer (auch formalisierbaren) Erwartung, das Gesetz an seinen Fällen prüfen zu können wie den Obersatz an seinen Sätzen oder das Allgemeine am Speziellen.

Auch in dieser Hälfte des Kreislaufs harren zwei Alternativen: Erfolg und Mißerfolg. Im genetischen Bereich spricht man von Selektion, von Förderung oder Verhinderung der Weitergabe des Erbguts. Im somatischen von Verstärkung und Minderung, Bekräftigung und Frustration, Bestätigung und Widerlegung, von Verifikation und Falsifikation.

Mit jeder gemachten Erfahrung ändert sich die darauf folgende Erwartung. So, wie auch jede neue Erwartung neue Möglichkeiten des Erfahrungsgewinns eröffnet. Damit schließen sich die Kreishälften nur im gewinnlosen Totgang zum Zirkel. Jeder erfolgreich veränderte Umlauf kehrt hingegen nicht in sich zurück. Vielmehr enthält er eine Aufwärtsdrehung der Schraube, die bildlich dem Wissens- oder Erfahrungsgewinn entspricht.

Aus diesem Schraubenprozeß, den wir freilich schon viel differenzierter sehen, will ich hier nur noch einen Sektor näher darlegen: den der erwähnten Entscheidungshilfen. Er gehört in die induktive Kreishälfte, in die der Erwartungen und blinden Versuche.

Der Mechanismus der Evolution unterliegt selbst der Evolution. Und diese Evolution des Evolutionsmechanismus beruht in erster Linie darauf, keine bisher bewährte Langzeiterfahrung preiszugeben, sondern sie sämtlich und Schicht auf Schicht als Entscheidungshilfen einzusetzen; alles als Unsinn ›Erkannte‹ auszuschließen. Wir können auch sagen: um das Suchfeld des schöpferischen Zufalls, das sich mit der Komplexität weitet, immer wieder einzugrenzen. Denn eine Evolution, die darauf angewiesen ist, mit Hilfe des Zufalls schöpferisch zu sein, kann es sich nicht leisten, die Möglichkeiten des Zufalls ausufern zu lassen. Die Chance des Haupttreffers entspricht ja dem Kehrwert der Zahl der Lose.

Schichtenweise wurden in der Evolution zunächst die genetischen Codices optimiert und unverbrüchlich festgehalten. Auf ihnen aufbauend geschieht dasselbe mit dem System der Gen-Wechselwirkungen (dem sogenannten epigenetischen System). Auf diesem bauen die Taxien und Instinkte auf, die angeborenen Auslösemechanismen und die Lehrmeister unserer Vernunft (darauf komme ich zurück). Und auch im folgenden bewußten und kulturellen Lernen entwickeln sich stets soziale Wahrheiten wie Einstellungen, Überzeugungen und Selbstverständlichkeiten, um uns eine Flut von Alltagsentscheidungen abzunehmen[10].

Schichtweise absteigend werden nun all jene Vorbedingungen und deren Vorbedingungen des Kenntnisgewinns deutlich, von welchen wir ausgegangen sind. Sie haben alle mit einer Qualität zu tun, die wir rational als Erwartungsinhalte erleben. Da steht es nun außer Frage, daß zum Beispiel unsere Fähigkeit, Ideen zu entwickeln, die psychologische Fähigkeit der Assoziation voraussetzt. Diese wieder setzt die Physiologie der bedingten Reaktion voraus, die selbst wieder auf einer Kombination, also dem Vorbesitz von unbedingten Reaktionen, Regelkreisen, Reflexen und Taxien beruht, welche wiederum ein Nervensystem, Nervenzellen, diese Reizleitung und weiter das genetische Gedächtnis zur Voraussetzung haben.

In diesem Kontinuum gibt es allerdings einen charakteristischen Knick. Er befindet sich an der Stelle, wo das genetisch-schöpferische Lernen in jene Phase übergeht, welche wir bislang das somatische oder assoziative Lernen genannt haben. Der Wendepunkt liegt also dort, wo der genetische Wissensspeicher von dem der sozialen oder kulturellen Tradierung überbaut wird – eigentlich überrannt wird, denn der Wissenserwerb erfolgt nun um das etwa Milliardenfache schneller. Man kann darum von einer ersten, genetischen und einer zweiten, kulturellen Phase der Evolution sprechen.

Und da wir kulturelle Lernfortschritte höchstens in Jahrhunderten, maximal in Jahrtausenden messen, die genetischen aber in Jahrmillionen und hundert Jahrmillionen, so können wir für unsere Kultur allen genetischen Lernerfolg getrost zur Langzeiterfahrung rechnen.

Von den Erfolgen der Langzeiterfahrung

interessieren uns naturgemäß am meisten die höchsten oder komplexesten Schichten, da sie die unmittelbaren Vorbedingungen unserer Vernunft enthalten. BRUNSWIK hat (wie erinnerlich) schon von einem ›ratiomorphen Apparat‹ gesprochen, LORENZ von den angeborenen Lehrmeistern der Vernunft[11].

Ich will jedoch wenigstens mit einigen Beispielen aus tieferen Schichten zeigen, wie alt die wesentlichsten Errungenschaften dieses

Lernalgorithmus' sind. Auf seine Grenzen und Mängel werde ich am Schluß zurückkommen.

Ein Einzeller, zum Beispiel das Pantoffeltier, besitzt (wie man sich erinnert) ein Programm, welches beim Auftreffen des Vorderendes auf ein festes Objekt den Wimpernschlag umkehrt, dann kurz einseitig bewegt, um darauf wieder auf das Vorwärts zu schalten. Der Erfolg ist eine Rückwärtsbewegung und die Fortsetzung der Fahrt nach einer kurzen Wendung. Schon in dieser Schicht erkennt man die Abstraktionsleistung. Das Programm schält alle Eigenschaften dessen heraus, was wir ein Hindernis nennen: Undurchdringlichkeit, begrenzte Ausdehnung und die Erwartung, daß es den neuen Kurs nicht verlegen werde, also umgangen werden könne.

Aus einer nächsten Schicht erwähne ich die Zecke. Sie bedarf zur Reifung Säugetierblutes. Und sie besitzt ein Programm, nach welchem sie sich bei Geruch von Buttersäure aus dem Gesträuch fallen läßt und beim Berühren eines Objektes von 37°C den Saugstachel einbohrt. Ein verläßlicheres Programm, mit dem Sensorium einer Zecke zu definieren, was ein Landsäuger sei, ist schlechthin nicht denkbar. Hier fällt neben der Abstraktionsleistung noch auf, mit welch hohen Wahrscheinlichkeiten operiert wird.

Beispielsweise haben alle Bodenorganismen, Fadenwürmer, Urinsekten, Milben, unabhängig voneinander ein Programm erworben, welches sie bei zunehmender Trockenheit in die Tiefe steuert. Aus dem einfachen Grunde, weil es am Wahrscheinlichsten ist, daß es dort (und nur dort) feuchter werde.

In einer dritten Schicht finden wir zum Beispiel bei einem Kücken das Programm, sich bei Wahrnehmung eines langsam kreisenden Punktes am Himmel sofort in eine Deckung zu drücken. Grund: Eine Erscheinung von solcher Art wird sehr wahrscheinlich ein Raubvogel sein.

Dasselbe Kücken besitzt auch ein Programm, das ihm jene Erscheinung, welche in frühen Lebensstunden am Nestrand auftaucht, zeitlebens als das Bild seiner Eltern einprägt. Denn jede andere Erscheinung am Nestrand war unter natürlichen Bedingungen unwahrscheinlich, ein Wissen um die Eltern aber von lebenserhaltender Bedeutung.

Selbst das explorative Lernverhalten ist voll der vernünftigen Programme oder Entscheidungshilfen. Eine Jungdohle wird einen ihr unbekannten Gegenstand, zum Beispiel ein Diwankissen, zuerst als Feind attackieren. Erweist sich die Feindhypothese als widerlegt, wird das Kissen als Futter geprüft. Erweisen sich nun seine Teile als ungenießbar, dann wird auf eine dritte Hypothese weitergeschaltet, die Teile als Nistmaterial einzutragen. Die Reihenfolge entspricht deutlich der Gefahr-Nutzen-Relation.

Daß viele, vielleicht Hunderte solcher Entscheidungshilfen das Verhalten eines höheren Organismus lenken, hebt jede Überlebenschance, ja ist dafür die Voraussetzung. Auch sind sie zweckgemäß hierarchisch ineinander verschachtelt. Was aber hier besonders interessiert, ist ihr gemeinsamer Charakter von Urteilen im voraus. Es sind alles Voraus- oder Vorurteile über die Zustands- oder Ereignisfolgen in der Umwelt des Organismus.

Das aber hat, so urteilen manche, Ähnlichkeit mit den ›synthetischen Urteilen *a priori*‹, welche seit langem ein Gegenstand des Interesses der Philosophen sind. Denn zweifellos enthalten sie ›die Einigung mehrerer Erkenntnisinhalte zu einem Ganzen‹. Selbst im Sinne Kants mögen sie dies sein, da bei ihnen »das Prädikat nicht im Subjekt enthalten ist, sondern ihm durch das Urteil neu hinzugefügt wird«[12].

Daß solche Urteile jeder Kreatur *a priori*, also vorgegeben sein müssen, liegt auf der Hand, denn keine Möglichkeit solcher Entscheidungsfindung durch individuelle Erfahrung ist auch nur denkbar. Zugleich sind sie aber alle *a posteriori*-Lernprodukte aus den Ketten ihrer stammesgeschichtlich vorauslaufenden Populationen.

Und will man die erkenntnistheoretische Position solcher Art von Wissensgewinn angeben, so kann man mit Campbell die Organismen bei den »hypothetischen Realisten« einreihen[13].

Die Grundlagen unserer Vernunft

stammen aus derselben Quelle, demselben Algorithmus schöpferischen Lernens des Erbmaterials unserer Vorfahren; aus einer Kette von einer Million bis wohl hundert Millionen Generationen.

Es liegt ohne Zweifel ein Kontinuum vor. Und wenn ich hier mit der Reihe der Beispiele abbrach, um sie gleich wieder aufzunehmen, so hat dies seine Berechtigung lediglich darin, daß wir nun jenen vorausurteilenden Entscheidungen begegnen, welche wir selbst als unsere Anschauungsformen miterleben und rational zu reflektieren vermögen. Wobei sich diese unserer angeborenen Lehrmeister als rational unbelehrbar erweisen; jedenfalls was die Möglichkeiten unserer erlebbaren Anschauung betrifft. Dies ist von einigem Interesse.

Hier ist aber auch der Ort, wo die Frage angebracht ist, was an diesem ratiomorphen, also vernunftähnlichen Apparat, welchen wir als die stammesgeschichtliche Grundlage der Vernunft betrachten, das Vernünftige sei. Im Bereich aller erblichen Anleitungen betrachtet der Biologe jene Entscheidungshilfen als vernunftverwandt, welche zunächst dazu beitragen, die Überlebenschancen eines Organismus zu vergrößern, Schmerz und Unheil zu vermeiden sowie Enttäuschung und Frustration zu reduzieren, kurz: lebensfördernd, erfolgs- und befindlichkeitsfördernd zu wirken. Und das leisten jene Programme allesamt.

Freilich steht außer Frage, daß von einer menschlichen Vernunft ungleich mehr zu fordern ist. Aber wir sind noch im Bereich der Biologie. Und man erkennt leicht, daß die Umkehrung einer jeden dieser Entscheidungsweisen auch in unserem Sinne höchst unvernünftig erschiene. Wäre Lebenserhaltung ganz allgemein keine Grundaufgabe aller Vernunft, so wäre unser Stamm längst ausgestorben, was uns auch der Gelegenheit enthoben hätte, hier über Vernunft zu reden.

Nun aber zu unseren angeborenen Anschauungsformen. Von ihnen sagte LORENZ schon 1941, daß sie wohl aus demselben Grunde in diese Welt passen, aus welchem die Flosse des Fisches ins Wasser paßt, noch bevor er aus dem Ei geschlüpft[14]. Schon damals wurde die Beziehung zu den KANTschen *Apriori* gesehen; aber erst heute ist die Diskussion darüber in Gang gekommen.

Ein Urteil über den Ablauf und damit über die Existenz der Zeit liefert ein Netzwerk unserer Lebensprozesse, welches vereinfacht ›physiologische Uhr‹ genannt wird. Wir erleben sie als eindimensional, wie einen laufenden Wasserfaden. Und da unsere erbliche Anschauungsform keine Vorstellung von ihrem Beginn oder ihrem Ende birgt, sind im kulturellen Überbau die unterschiedlichsten Mythen über den Zeitschöpfer oder über zyklische oder kreisförmige Zeitläufte entstanden.

Unser Vorausurteil über die Struktur des erwarteten Raumes hingegen enthält drei Dimensionen. Schon die Anordnung der Bogengänge in unserem Gleichgewichtsorgan, die Nervenableitung aus dem Auge und aus unserem Geh- und Greifraum schreibt dies vor. Diese sind wieder Konsequenzen unseres bilateral-symmetrischen Bauplans, welcher selbst wieder eine Konsequenz aus der Gravitationsachse und den Bewegungsachsen ist. Der rational unbelehrbare Zwang zur dreidimensionalen Deutung aller Figuren ist bekannt. Man denke nur an das ›Umspringen‹ des NECKERschen Würfels, weil seine Zeichnung Drauf- und Druntersicht gleichwertig konkurrierend interpretieren läßt. Die Notwendigkeit solchen Programms beleuchtete G. G. SIMPSON mit der Bemerkung, daß ein Affe ohne ein solches Programm ein toter Affe ist und daher nicht zu unseren Vorfahren zählt[15].

Bei KANT finden sich diese beiden Vorbedingungen in seiner »Transzendentalen Ästhetik«. Und was den Raum betrifft, so erlaubt unsere erbliche Anschauungsform wieder keine Vorstellung von seinem Ende oder von einem vierdimensionalen Raum-Zeit-Kontinuum, welches der Realität, wie EINSTEIN zeigt, näher kommt. Aber für unseren im Kosmos mikroskopischen Lebensbereich konnte das Programm genügen. (Die sich anschließenden Programme kennen wir schon. Es mag aber lohnen, sie von dieser Seite nochmals zu überblicken.)

Ein weiteres Programm erleben wir wie eine *›Hypothese vom anscheinend Wahren‹*. Sie enthält die Erwartung, daß ähnliche Ereignisse unter ähnlichen Bedingungen wiederkehren würden, sich daher wiedererwarten und vorhersehen ließen. Wir erwarten sogar, daß beim Würfeln, sagen wir die Sechs, um so eher wieder fallen werde, je länger sie ausgeblieben ist. Und wir erwarten zu alledem, daß mit der Zunahme bestätigter Prognosen die Wahrscheinlichkeit der Folgeprognose steigen werde. (Ähnlich dem Huhn, welchem die tägliche Fütterung, sagte RUSSELL, die Gewißheit über seinen Wohltäter erhöht, ohne zu ahnen, daß es jede Fütterung dem Tage näher bringt, an welchem ihm dieser Wohltäter den Hals umdrehen wird.) Dennoch enthält dieses Programm den uns möglichen Zugang zur Gewißheit, der sogenannten empirischen Wahrheit.

In der Hypothese vom anscheinend Wahren spiegelt sich die Redundanz der Zustände und Ereignisse in dieser Welt und ihre nicht völlige Determiniertheit. Ohne Wiederholung und experimentelle

Wiederholbarkeit wäre mit dem uns gegebenen Algorithmus schöpferischen Lernens tatsächlich nichts zu lernen. Und dies gilt für Tier und Mensch in gleicher Weise. Nun ist aus identischer Wiederholung zwar wieder nichts zu lernen. Aber in dieser Welt wiederholen sich die Dinge eben in nur sehr ähnlicher Weise.

Ein viertes Programm wird als *›Hypothese vom Ver-Gleichbaren‹* erlebt. Es steuert unsere Haltung, das Ungleiche ähnlicher Dinge einfach auszugleichen, von ihm glattweg abzusehen. Die vorbewußte Begriffsbildung schreitet sogar von den weitesten zu den engen, den sogenannten konkreten Begriffen vor; um sich im System der sozialen oder kulturellen Begriffsbildung wieder zur Synthesenbildung umzukehren. So können Kleinkinder alles handlich-runde als ›Apf!‹ bezeichnen, alle Säugetiere zunächst als ›Wauwau‹. Viel verdanken wir bereits Piaget[16]. Das Ergebnis dieser Anleitung spiegeln unsere, erkenntnistheoretisch gesehen, primitiven, von ganz oberflächlichen Analogien durchsetzten Sprachen. Aber noch eines enthält dieses Programm. Es leitet uns zur Ergänzung an, dem Wahrgenommenen das Erwartbare gewissermaßen unbesehen hinzuzufügen. So wird jedermann, der einen Apfel kennenlernte, beim Anblick eines gelbroten Gegenstandes bestimmter Größe und Form sogleich das Fruchtfleisch mit all seinen Eigenschaften hinzuerwarten. Ja, dem Durstenden wird reflektorisch das Wasser im Munde zusammenlaufen. Die ganze komplexe Gestaltwahrnehmung wird wohl über dieses Programm gesteuert.

In dieser ›Hypothese vom Ver-Gleichbaren‹ spiegelt sich die nicht beliebige Kombinierbarkeit der Merkmale in den Gegenständen und Zuständen dieser Welt sowie deren hierarchische Ordnung. Ohne sie würde ein Organismus nicht überleben. Ein Mensch dem sie abgeht, überlebte nur unter Hospitalisierung.

Das fünfte Programm erleben wir wie eine *›Hypothese von den Ur-Sachen‹*; mit der Erwartung, daß gleiche Dinge dieselbe Ursache haben werden. Obwohl niemand bei der Befruchtung der Heringseier dabeigewesen ist, auch nicht beim Eierlegen einer Meise, nicht einmal bei der Fertigung seiner Zündhölzer, sind wir doch davon überzeugt, daß alle Fische in der Konserve von derselben Spezies, alle Eier in einem Nest von derselben Vogelmutter und alle Hölzchen in der Schachtel von derselben Maschine stammen. Das Merkwürdige an dieser erblichen Erwartung ist, daß sie uns einen Ursachenzusammenhang in Kettenform vorspiegelt. Seine Vernetzung und die Rückwirkung der Wirkungen auf ihre Ursachen sind in der unmittelbaren Anschauungsform nicht vorgesehen. Folglich sieht es so aus, als ob die Ursachenketten auf eine Ur-Ursache zurückgingen. Die griechischen Philosophen meinten sie im ›Unbewegten Beweger‹ zu finden, die heutigen Physiker suchen sie im Urknall.

In dieser ›Hypothese von den Ur-Sachen‹ spiegelt sich die nicht beliebige Abfolge der Gegenstände und Zustände in dieser Welt. Und wieder ist sie eine entscheidende Überlebenshilfe, da ihre Prognose in den allgemeinsten Fällen zutreffen wird. Man braucht die Erwartung, welche sie enthält, nur umzukehren, um zu einem völlig unbewältigbaren Weltbild zu gelangen.

Die bisher angeführten Hypothesen haben Ähnlichkeit mit den KANTschen *Apriori* der Zufälligkeit (oder Modalität), der Qualität (und Quantität) sowie der Kausalität (oder Relation), wie sie sich vollzählig in der »Kritik der reinen Vernunft« finden. Ein *Apriori* der Zwecke hingegen findet sich in der »Kritik der Urteilskraft«[17].

Eine *›Hypothese vom Zweckvollen‹* steht nun auch aus biologischer Sicht am Ende dieser aufeinander bauenden und stammesgeschichtlich nacheinander entstandenen Formen der angeborenen Lehrmeister unserer Vernunft. Diese Hypothese suggeriert die Erwartung, daß gleiche Dinge, wie wir uns ausdrücken, denselben Zwecken dienen werden. So wird jedermann, der die Funktion eines Schnabels, einer Schere, eines Motors erlebt hat, in allen Schnäbeln, Scheren und Motoren denselben Zweck vermuten. (Hier wird man sich auch des Beispiels meiner Kinder beim Anblick des Nashorns erinnern.) Dieses Programm ist besonders eigentümlich. Einmal suggeriert es wieder die Zusammenhänge in Kettenform; Zweck in Zweck, mit einem letzten Zweck aller Dinge am Ende. Dies ist der Ort, wohin die Endzwecke der Weltschöpfer projiziert werden. Ein andermal läßt es vermuten, daß die Zwecke aus der Zukunft in die Gegenwart wirken, in umgekehrter Weise zu unseren Anschauungen von den Ursachen.

In dieser ›Hypothese vom Zweckvollen‹ spiegelt sich der Funktionsbezug aller Systeme auf ihr Obersystem, man kann auch sagen: die selektive Wirkung aller Systeme auf ihre Untersysteme. Man sieht, nach unserer Ausdrucksweise, wozu etwas gut ist. Es ist wieder die nicht beliebige Selektivität der Bauteile in dieser Welt. Und so oft uns dieses Programm auch irreleitet, es ist doch wieder die überwiegende Zahl der Fälle, in welcher diese Entscheidungshilfe die richtige Prognose suggeriert; von nicht minder lebenserhaltender Bedeutung ist es, Zweck und Absichten sofort und richtig zu prognostizieren.

All das gehört in den Bereich der staunenswerten Errungenschaften der Anpassung, in den Erfolgsbereich schöpferisch genetischen Lernens. Das ganze System ratiomorpher Hypothesen zählt zu solchen Langzeiterfahrungen, wie sie von der steten Flut der Kurzzeiterfahrungen fortgesetzt auf ihren Erfolg oder Mißerfolg hin kontrolliert werden.

Die Grenzen und Mängel

dieses Lernalgorithmus' werden erst an den Grenzen der Adaptierung sichtbar. Dieser Mechanismus schöpferischen Lernens ist von rigoroser Kontrolle, von Selektion und Falsifikation abhängig. Ganz im Sinne POPPERS. An den Grenzen des Selektionsbereichs werden seine Prognosen unsicher, jenseits desselben werden sie rundweg falsch[18].

Dieselben Bodenorganismen, welche eine positive Geotaxis bei Trockenheit weise zum Feuchten steuert, fallen im Berlesetrichter (dem Sammelgerät des Bodenbiologen) aufgrund eben derselben Taxie mit Sicherheit in die Tötungsschale. Dasselbe Kücken, das angesichts eines kreisenden Punktes am Himmel dank seines Instinkts klugerweise in die sichere Deckung läuft, verhält sich genauso, wenn eine große Fliege an der Käfigdecke kriecht. Oder bewegt man ihm in der Prägephase eine Spielzeuglokomotive vor Augen, so wird es dieselbe ein Leben lang und unbelehrbar für seine Mutter halten.

Grund: Berlesetrichter, Käfigdecken und Spielzeuglokomotiven sind im Selektionsbereich weder in der Stammesgeschichte der Bodenorganismen noch des Federviehs je vorgekommen oder vorherzusehen gewesen. Wo keine Herausforderung und keine Kontrolle wirken, kann dieser Algorithmus Wissen eben nicht gewinnen.

Nicht anders steht es mit unseren Anschauungsformen. Die Vereinfachungen, welche sie enthalten, müssen wir aus den bescheidenen

Umwelten unserer weit zurückliegenden Vorfahren verstehen. Für SIMPSONS Affen mußte ein lineares Zeitprogramm und ein davon unabhängiges dreidimensionales, des Raumes, die optimale Lösung sein. Selbst wir müßten fast mit Lichtgeschwindigkeit reisen, um den Mangel an Übereinstimmung mit unserer angeborenen Anschauung sinnlich wahrzunehmen. Für unsere mikroskopische Erdenwelt genügt es. Das ist anders mit den weiteren Hypothesen, denn sie wirken dimensionslos. Wir rechnen mit dem ›Gesetz des Zufalls‹, also mit ›Kausalität‹, wo keine existiert. Wir sehen Gestalten, wo es keine gibt. Man denke an die Sternbilder. Wir suchen die ersten Ursachen und die letzten Zwecke dort, wo man sie nicht finden kann. Wir haben Kausalität und Finalität getrennt, weil sie sich im Zeitlauf zu widersprechen scheinen. Und all dies hat tief hineingewirkt in die Verwirrungen unserer Kulturgeschichte und wirkt hinein in das Dilemma unserer Tage.

Grund: Wir haben unsere Umwelt weit über die Grenzen unserer bewährten Anschauungsformen ausgedehnt. Wir machten uns mit einer Anpassung für gestern die Welt von morgen untertan. Solange die Welt noch nicht aufgeteilt war, wurden die seltsamsten Weltbilder toleriert. Aber da sie nun aufgeteilt ist, kommen wir mit ihr nicht mehr zurecht.

Angeführt aber wird der Schlamassel, den wir anrichten, von dem Dilemma des Menschen selbst. Dieses entstand mit dem Bewußtsein, welches als der unmittelbarste Erlebnisinhalt eine Überlegenheit der rationalen vor der empirischen Kontrolle versprach. Die Kontrolle der Ideenhälfte des Kreislaufs konnte von der Realität abheben und ins Innere menschlichen Vorstellens verlegt werden. Hier sind aber wieder die alten, unangepaßten Lehrmeister das Maß der Erwartung. Und die Extrapolation eines unangepaßten Ansatzes muß nur um so irriger werden, je weiter sie geht.

Unsere angeborenen Anschauungsformen werden sich nicht mehr ändern. Wir vermögen aber durch Forschung ein Urteil über sie zu gewinnen, indem wir die Widersprüche zwischen ihnen und der Erfahrung nicht vertuschen, sondern systematisch aufsuchen und untersuchen. So wie EINSTEIN unsere Anschauung von Raum und Zeit überstieg, mögen auch wir die übrigen Hypothesen prüfen können. Freilich ist dies noch Utopie. Praktisch besitzen wir aber eine Theorie, die auf empirischem Wege widerlegt werden oder aber zur Vertiefung unseres Verständnisses des Menschen beitragen kann. Mit dem Ziel, auch einem Milieu nach dem Maß des Menschen näher zu kommen.

ANMERKUNGEN

[1] Bei K. LORENZ, 1971. [2] Vgl. K. LORENZ 1973 und R. RIEDL 1975. [3] Ausführlich in R. RIEDL 1980. [4] Die Monographie zu diesem Thema von R. RIEDL 1975. [5] Die Unterscheidung von Kurzzeit- und Langzeiterfahrung wurde vor allem von K. LORENZ (1973) ausgeführt. [6] Parallel und wieder unabhängig von K. LORENZ und vom Autor hat E. OESER (1976) denselben Lernalgorithmus für die Vorgänge in der Wissenschaftsdynamik dargelegt. [7] R. RIEDL 1980. [8] Vgl. E. OESER 1976 und R. RIEDL 1980. [9] Wie dies besonders K. POPPER (1973) ausgeführt hat. [10] Z. B. schon bei H. ROHRACHER 1965. [11] Bei E. BRUNSWIK zuletzt 1955, bei K. LORENZ zusammenfassend 1973. [12] I. KANT 1781; zit. n. BROCKHAUS-Enzyklopädie. [13] Vgl. D. CAMPBELL 1974 und G. VOLLMER 1975. [14] Aus der frühen Studie von K. LORENZ (1941). [15] Aus G. G. SIMPSON 1963 (S. 84). [16] Unter den vielen Studien von J. PIAGET verwende man z. B. das Werk von 1973. [17] I. KANT 1790. [18] In diesem Sinne eines Falsifikationismus steht meine Auffassung (R. RIEDL, 1980) jener K. POPPERS (1973) besonders nahe.

Teil II Einiger Wandel im Weltbild

Wenn vom ›Wandel eines Weltbildes‹ die Rede ist, dann, so meinten wir, muß dies zunächst aus einem Wandel der wissenschaftlichen Weltsicht begründet werden. Diese Meinung hat ihre Richtigkeit. Ich beginne auch mit der Diskussion um die Wissenschaft. Aber Wissenschaft ist auch immer von einer Gesellschaft getragen und diese von Glaubenssätzen. Die Dinge hängen im Kreise zusammen. So auch hier.

Die Reihe der Beiträge um den Wissenschaftsstandpunkt beginne ich (1) mit einer Frage nahe der Pädagogik. Sie ähnelt einem Zivilisationslamento. Sie ist auch nicht die grundlegendste, führt aber den Kreis der Irrungen an. Dann schließe ich (2) eine Auseinandersetzung mit den Wissenschaftsstandpunkten an, versuche diese (3) aus unseren erblichen Anschauungsformen zu verstehen und (4) jenen Punkt darzulegen, an welchem sich die Geister am deutlichsten scheiden.

Die Reihe, welche sich mit ›Erkenntnis und Gesellschaft‹ befaßt, muß ich mitten im Thema (5) der Meinungen und Ratlosigkeiten beginnen, um diese aus den angeborenen Mängeln unseres (6) Ursachenverständnisses, unserer (7) Vorbestimmung oder Determinierung und unserer (8) Anpassungsschwäche an die technische Welt zu verstehen. Und zuletzt will ich begründen, daß selbst die Mängel (9) unseres Bildungswesens, von dem wir ausgingen, tief in der biologischen Struktur von uns Menschen ihre Wurzeln haben.

Die Reihe der Beiträge zum Thema ›Erkenntnis und Glaube‹ schließlich kreist um die Debatte: Evolution oder Schöpfung. Ich beginne sie mit (10) Teilhard de Chardin, schildere (11) Auseinandersetzungen zwischen Kirche und Naturwissenschaft, die sogenannten ›kopernikanischen Wenden‹, und schließe meinen Standpunkt (12) zur Frage Evolution oder Schöpfung an.

Von hier aus, so vertraue ich, wird der Leser wieder die Rückwirkung auf die Gesellschaft und deren Wissenschaft sehen; jenen Kreis, der alle Kultur, ihre Stetigkeit und ihren Wandel zusammenfügt.

Erkenntnis und Wissenschaft

II 1 Der vergessene Hintergrund

Ein erfahrener Anatom, Hans-Rainer Duncker, *veröffentlichte 1978 eine mutige Schrift. Er sagt darin nicht weniger, als daß »das Denken in komplexen Zusammenhängen und die Fähigkeiten zum kreativen Handeln« schwindet. Und zwar schwinden die Fähigkeiten nicht trotz unserer Bemühungen, sondern – schrecklich, dies einzugestehen – gerade aufgrund der Bemühungen um die Lehrkonzepte an unseren hohen und höchsten Schulen. Die »Studienstiftung des Deutschen Volkes« war verantwortungsbewußt und beherzt genug, dies zu veröffentlichen. Schon im August 1979 beriefen die Stiftung und mein Freund* Duncker *ein Symposium Gleichgesinnter ein (wenn auch nur eine Minorität). Und deren ›Fallstudien‹ ergaben, das Problem ist überall dasselbe: von der Systematik und Morphologie über die Medizin, Anthropologie und Archäologie bis in die Kunstgeschichte, die bildende Kunst und selbst die Theologie.*

Nur zu deutlich fanden wir uns einem allgemeinen Verfall des Zeitgeistes auf der Spur, der in die kulturelle Katastrophe münden kann, steuerte man nicht der Simplifikation und Nivellierung der Wissenschaften entgegen, der Art, wie diese seit Galileis *Revolution, der Aufklärung und dem Positivismus mit der Methode der ›exakten‹ (anorganischen) Wissenschaften das Weltbild dominieren. Systemtheorie und Evolutionäre Erkenntnistheorie, so fanden wir, lassen die Ursachen verstehen und damit die Lösung finden. Das Folgende, die »Fallstudie zur Morphologie«, war mein Beitrag auf dieser Tagung. Der Symposienband ist nie erschienen. Aber auch das verstehen wir seit* Thomas Kuhn *(1967) und* Hans Albert *(1968): Weltbilder (der Majorität) entwickeln eben einen Mechanismus der Immunisierung gegen Kritik und Widerlegung.*

IRENÄUS EIBL-EIBESFELDT erzählt von seinem noch nicht zweijährigen Söhnchen, wie es, der neugeborenen Schwester in der Wiege erstmals ansichtig, diese lebhaft als »Wauwau« bezeichnet hat: Sie war als Säugetier erkannt und klassifiziert.

Zum Hintergrund

Unsere Fähigkeit, Systematik zu betreiben, muß so alt sein wie die der Begriffsbildung; so alt wie die Menschheit. Seitdem wir bildnerische Artefakte und seitdem wir Schriften des Menschen kennen, kennen wir typisierte Bilder von Wisent und Mensch, von Fisch und Vogel und für sie eben diese Begriffe. Die Abstraktion vom Speziellen, Unsteten, sowie die Synthese des Allgemeinen, Typischen, stand an aller Anfang; und heute ist die systematische Begriffsbildung mancher Naturvölker so gut wie die der Fach-Ornithologen. In allen Kultursprachen entstand eine immer differenziertere Hierarchie systematischer Begriffe, und die Wissenschaft hat diese von ARISTOTELES bis LINNÉ zu einem immer differenzierteren System geordnet; zu einem ›Künstlichen System‹, wie man zu sagen pflegt.

Aber auch jener Systematik schwebte nichts Künstliches vor, vielmehr eine Ordnungspraxis zu eindeutiger Verständigung und die Wiedergabe von etwas in der Natur Gegebenem. Dies wird besonders bei GOETHE (1790) deutlich. Er ist der erste, der dies Gegebene als den Typus der Organismengruppen formuliert; als eine Regel, ein Prinzip, wonach, wie wir erwarten, die Natur verfahren werde, und ihm gegenüber eine Metamorphose, welche die im Typus festgelegten Teile fortgesetzt verändert. Was die Ursache dieses Systems von Typen sei, läßt GOETHE offen. Ein esoterisches Prinzip nennt er es. Und seine Exegeten deuten dies als ein transzendentales, erfahrungsjenseitiges Prinzip, was ganz irrig ist. Esoterisch ist vielmehr mit innerlich – wir sagen heute: systemimmanent –, erst der Forschung erschließbar, zu übersetzen. Und eben dies bestätigt sich heute in den Selbstorganisationsprozessen der Evolution. Unser Wortgebrauch hat lediglich den Gegenbegriff ›exoterisch‹ vergessen. Der Typus ist das stetige inmitten allen Wandels; und »aus der allgemeinen Idee des Typus folgt, daß kein einzelnes Thier als ein solcher Vergleichskanon aufgestellt werden könnte; kein Einzelnes kann Muster des Ganzen seyn«. Wie könnte auch die Fledermaus das Maß für den Delphin sein oder umgekehrt. Nur mit dem allen Säugetieren Gemeinsamen ist ihre Metamorphose im Rahmen der Säuger zu vergleichen. Aber der Deutsche Idealismus machte aus Goethes Typus eine platonische Idee, die durch eine innere Schau *a priori* gegeben sein sollte. Ein weiterer Irrtum, der noch schwerer wiegen sollte. Denn bald wurden nicht mehr Goethes morphologische Schriften gelesen, sondern die der deutschen Idealisten, und die Morphologie wurde idealistisch, zu einem finalistischen Verfahren, und die Finalität wurde zum Gegensatz der Kausalität, welchen die Erfahrungswissenschaften aus ihrer Methode ausschlossen. Die erste Wurzel der Irrungen war gesetzt.

Dabei heißt es bei Goethe noch auf derselben Seite weiter: »Die Erfahrung [sic!] muß uns vorerst die Theile lehren, die allen Thieren [eines Typus] gemein sind, und worin diese Theile verschieden sind. Die Idee [die Vorstellung, Hypothese oder Theorie] muß über dem Ganzen walten und auf eine genetische [vergleichend abstrahierende] Weise das allgemeine Bild abziehen. Ist ein solcher Typus auch nur zum Versuch [zu neuerlich rekurrierender Prüfung] aufgestellt, so können wir die bisher gebräuchlichen Vergleichsarten zur Prüfung derselben [und zwar wieder an der Erfahrung] sehr wohl benützen.« Genauso sieht jüngst die Wissenschaftslehre und die Evolutionäre Erkenntnistheorie den Kreislauf allen Erfahrungsgewinns.

Die Fallstudie

So aber wurde Goethe nicht gedeutet. Die Wissenschaft besaß und sie besitzt auch heute noch kein verbindliches allgemeines Vergleichstheorem. Goethes Zeilen stammen aus dem Jahr 1795. Bis 1830 publizierte er über dieses induktive, heuristische Element der Methode des Vergleichs. Aber nur eine weitere Generation von Wissenschaftlern hat es beachtet. Mit Freges »Begriffsschrift« (1879) zieht sich die Logik endgültig auf das deduktive Element zurück und wird von einer ›Wissenschaft vom richtigen Denken‹ zu einer ›Wissenschaft vom richtigen Ableiten‹. Sie reduziert sich von den Methoden der Wahrheitsfindung auf die der Wahrheitsübertragung. Und sie ignoriert, daß sie das, was sie überträgt, nicht findet. Die zweite Wurzel der Irrungen ist gesetzt.

Die dritte entsteht mit der Suche nach der Ursache von System und Typus. Nach ihr stellte sich bislang noch nicht die Frage. Auch GOETHE läßt sie, in seiner weisen Art, als ein zu erwartendes, eben systemimmanentes Prinzip der Natur offen. Die Versuche einer Erklärung der abgestuften Ähnlichkeiten beginnen ernstlich erst mit der Theorie der Deszendenz, mit der Abstammungslehre. Und diese beginne, wie man heute aus einer Scheu vor LAMARCK zu sagen pflegt: mit CHARLES DARWIN. Sie beginnt aber mit LAMARCK (1809). Nach ihm beruht die Ursache der abgestuften Ähnlichkeiten auf den abgestuften Graden der Verwandtschaft.

Es ist kennzeichnend und beklagenswert, daß GOETHE davon nichts erfuhr; wiewohl er das Erscheinen von LAMARCKS »Philosophie Zoologique« (1809) dreiunddreißig Jahre überlebte und die Vorgänge an der Pariser Akademie bis in sein letztes Lebensjahr (1832) verfolgte, vertrat und übersetzte. Aber LAMARCKS epochemachende Perspektive verlor man aus der Sicht durch CUVIERS Katastrophentheorie, einem paläontologischen Anachronismus der Sintflut-Sage, da sie anmaßend vertreten wurde und auch die Perspektive der einfacheren Zeitgenossen nicht überstieg. Kurz: GOETHE blieb im Streit der Vulkanisten und Neptunisten befangen, in welchem sich die Diskussion um CUVIERS Erklärung von den Ursachen der Katastrophen bald verlief. So war der Einwirkung des Deutschen Idealismus auf die Naturgeschichte nichts entgegenzusetzen. Sie bereitete sich mit SCHILLER und den Deutern KANTS schon in GOETHES Umgebung vor und hat zuletzt mit dem Vitalismus die Biologie gespalten.

Zurück aber zu den Ursachen der Ähnlichkeiten. Mitte des 19. Jahrhunderts entstand als induktive Wissenschaft die Vererbungslehre (wobei die Umstände, die DARWIN nunmehr MENDELS Entdeckung vorenthielten, jenen der Zeit GOETHES und LAMARCKS ganz analog sind); und dies zwei Jahrhunderte nachdem die Physik mit KEPLER und GALILEI als erste Wissenschaft diesen Schritt in die Neuzeit bereits getan hatte. Und seither verstehen wir die Grade der Verwandtschaft genetisch als Grade der Ähnlichkeit des Erbgutes. Wir sind damit in den Tagen CHARLES DARWINS und aus den Wurzeln der Irrungen inmitten des Stammes der Entwicklung, zu dessen Zweigen noch voranzukommen ist.

DARWIN steht wie immer ohne Anmaßung. Die Irrungen lediglich, deren Werdegang wir verfolgen, berufen sich auf ihn; wieder irrigerweise. Fast alle Darwinisten, so müssen wir beginnen, halten DARWIN für ihresgleichen. Dies ist der erste Irrtum: DARWIN war Lamarckist. Folgen wir also den einzelnen Zweigen; zunächst dem Seitenzweig des Disputes um die Art der Ursache selber.

War die Ursache der abgestuften Ähnlichkeit, der Hierarchie des Natürlichen Systems der Organismen also, ein abgestufter Grad von Verwandtschaft, von Ähnlichkeit des Erbgutes, so war die Deszendenz selbst, Abstammung und Wandel der Arten, bereits Voraussetzung allen weiteren Folgerns. Nicht, den »Ursprung der Arten« als erster postuliert zu haben, ist DARWINS Leistung, was er auch nicht behauptete, sondern eine der Ursachen des Artenwandels erkannt zu haben, nämlich: die »durch natürliche Selektion«. Hier ist etwas Umsicht am Platze; denn zu gewohnt ist uns das falsche Bild, das die Lehrbuchmeinung vertritt. War die Deszendenz die allgemeine Ursache des Wandels der Ähnlichkeiten, dann waren die speziellen Ursachen der Deszendenz ja erst zu suchen. Das wußte schon LAMARCK. Und er entschied sich für die Annahme, daß die unbestreitbaren Änderungen eines Organs durch die Weise seines Gebrauchs erblich würden. Sie hat sich nicht bestätigt. Diese irrige Annahme aber hat später die Kurzbezeichnung ›Vererbung neu erworbener Eigenschaften‹ gefunden, was wieder ein Irrtum ist, denn genau dies bewiesen mittels der Mutationstheorie im folgenden Jahrhundert seine Gegner, die Neodarwinisten.

DARWIN fand mit der Selektionstheorie nun die eine der Ursachen des Artenwandels, nämlich Antwort auf die Frage, warum aus gewandelten Individuen der Arten nur bestimmte übrigbleiben. Den Wandel an sich mußte auch er voraussetzen, und naturgemäß hielt er sich an LAMARCK. Er war (wie wir schon wissen) sogar lamarckistischer als LAMARCK; so schenkte er beispielsweise Reisenden Glauben, die berichteten, daß das durch Generationen geübte Beschneiden der Vorhaut bei manchen Naturvölkern bereits zu deren erblicher Verkürzung geführt hätte; ja er erwartete sogar, individuell Erlerntes könne erblich werden. Er sah deutlich, daß nicht nur die Ursache der Auslese, sondern auch die Theorie der Erklärung bedurfte. Sie mußte zudem jene ›Vernunft‹ begründen, wie sie in den Prozessen der Knospung und Regeneration, der Korrelation der Organe, der Ordnung der systematischen Kategorien nur zu offensichtlich war. Es sind dies jene noch immer in ihrer Erklärung umstrittenen Phänomene, die wir heute die der Regulation oder Homöostase, die der Groß-Systematik und die transspezifische Evolution, des Typus und der Natur des ›Natürlichen Systems‹ nennen. Als Denkansatz entwarf er die ›Pangenesis-Theorie‹ (1868 und 1873). Sie nimmt an, daß ein Nachrichtensystem von den Organen und deren Leistungen zu den Keimzellen laufen müßte. Ein Konzept, das wieder lamarckistisch gedacht ist, ohne lamarckistisch sein zu müssen. Und es ist wiederum eben das, wofür nun, ein Jahrhundert später, die Erforschung der Regelkreise, der Systembedingungen und Selbstorganisationsprozesse, kurz, die Erforschung der Evolution der Evolutionsmechanismen die Beweise zusammenträgt.

Die Darwinisten aber stilisierten Darwin, nun aus Scheu vor dem Marxismus, der sich des reinen Lamarckismus bediente, zur Widerlegung Lamarcks zurecht und übergingen oder verschwiegen, wie sie sich ausdrücken, das linkische, ja dilettantische Produkt des Meisters. (Wobei wieder vergessen war, daß Engels und Marx die Selektionstheorie Darwins sofort zur Stütze ihrer Lehre verwandten.) Dieser Darwinismus wurde nun durch die Mutationstheorie ab der Jahrhundertwende zum Neodarwinismus und mit der Populationsdynamik der vierziger Jahre zur Synthetischen Theorie. Die Lehrbuchmeinung ist dabei geblieben, daß durch die Auswahl von Fehlern in der Weitergabe des Erbgutes alle Phänomene der Evolution zu erklären wären. Und das Unbehagen darüber ist nie zur Ruhe gekommen. Das Zentrale Dogma der molekularen Genetik hat sogar den Informationsfluß von den Organen zum Erbmaterial verboten, wiewohl zu fragen ist, was das Erbmaterial überhaupt lernen könnte, würde ihm die Rückantwort über Erfolg und Mißerfolg seiner Produkte verwehrt.

Dies also der Seitenzweig, die Kontroverse über die Ursache der abgestuften Verwandtschaft, also der Ursache der Ursache der abgestuften Ähnlichkeit. Sie ist mit ihren Doktrinen und weltanschaulichen Affekten dramatisch und hinderlich genug. Für unsere Hauptfrage aber, die der Verwirrung von Ähnlichkeit und Ursache, ist sie nur der Hintergrund; aber eben jene verwirrte Szene, die dazu beitrug, das Hauptproblem vollends aus dem Gesichtsfeld zu verlieren. Dieses besteht in der Verwirrung des Erkenntnis- mit dem Erklärungsweg der Ähnlichkeit, des Typus, des Natürlichen Systems. Und das ist der Hauptast, dem wir weiterfolgen.

Nach den fünfziger Jahren entstand Unruhe an den sonst stillen Gewässern der Systematik: die *numerical taxonomy.* Sie entsprang dem Bedürfnis nach metrischer Präzision und dem Verdacht eines Zirkelschlusses im Fundament der Methode der Systematik. Die klassische Systematik wurde verdächtigt, sie erklärte erst Merkmale als kennzeichnend für einen Typus, um sich dann die Richtigkeit dieses Vorurteils zu bestätigen, indem die Arten nach eben diesem Merkmal geordnet würden. Man konnte auch fragen: Woher kennt der Systematiker das Gewicht, das er den Merkmalen zu seinen Ordnungszwecken gibt? Dies ist als das Wägeproblem bekannt geworden. Die Führer der klassischen Systematik (wiewohl schon ›Neue Systematik‹ genannt), nun bedrängt, ihre Methode zu definieren, zogen sich auf die Ansicht zurück, daß das Taktgefühl des erfahrenen Systematikers noch immer verläßlicher sei als das beste Computerprogramm. Dann aber, erwiderte die Numerische Taxonomie, erweise sich ihre Methode als unbekannt, im Ideenland der Systematiker beheimatet, und die klassische Systematik als eine Kunstform, keinesfalls als eine Wissenschaft. Man müsse, entgegnete die Systematik, eben den Gesamtzusammenhang aller Verwandtschaft, das ganze Hintergrundwissen des Erfahrenen berücksichtigen, und das könne der Computer nicht. Aber so, replizierten die ›Taxonomisten‹, werde die Verwandtschaft zugrunde gelegt, die ja erst zu bestimmen sei. Sie schlossen die Phylogenetik aus, wurden Phänetiker und zählten nur mehr die Merkmale und nur mehr im engsten Kreis des Vergleichs. Die Systematiker aber wiesen ihnen nach, daß ihre Methode in der Systematik nicht funktionieren könne.

Nun war nicht zu verkennen, daß die klassische Systematik bereits zwei Millionen Arten mit noch viel mehr Millionen systematischer Merkmale zum Natürlichen System geordnet hatte. Und unabhängig von der Frage, ob sie ihre Methode zu formulieren wußte, mußte die Systematik ja so einheitlich und erfolgreich gewesen sein, daß aus ihrem Ergebnis allein die Deszendenztheorie, die Evolution der Organismen und selbst die Herkunft des Menschen erkannt werden konnte. Wie ist die richtige Systematik der Naturvölker möglich? Wir sind zur Grundfrage zurückgekehrt: Wie konnte Eibl-Eibesfeldts Söhnchen das Neugeborene als Säugetier erkennen?

Wie also kann es möglich sein, die selbst verwendete Methode nicht zu verstehen, ja den Verstand dazu einzusetzen, dieselbe Methode, obwohl sie sich fortgesetzt bewährt, in Frage zu stellen, selbst zu widerlegen und außer Kraft zu setzen? Ist hier zweierlei Vernunft im Spiel? Wir werden sehen: dies ist tatsächlich der Fall. Die Fabel vom Tausendfuß und der Spinne ist für derlei ein Gleichnis: Die Spinne, so wird erzählt, beneidete den Tausendfuß ob seiner überlegenen Behendigkeit. So näherte sie sich tückisch mit der Frage, wie man denn mit so vielen Beinen laufen könne. Der Tausendfuß, geschmeichelt, begann zu erklären. Er bewegte das zweite Glied des vierzigsten Beines links und das dritte des fünfzigsten rechts und verhedderte sich bald. Er versuchte es nochmals. Und als er sich auch beim dritten Mal verwirrte, stellte es sich heraus: Er konnte nicht mehr laufen. Die Spinne aber lief davon.

Die Systematik und ihre Grundlagen, vergleichende Anatomie und Morphologie, kannten also den Vorgang nicht, der zur Erkenntnis von Ähnlichkeiten führt, vermeinten aber deren Erklärung zu kennen. So konnte es kommen, das Selbst-Verständliche für das Unverstandene zu nehmen und die Erklärung für die Erkenntnisweise zu halten. In den Lehrbüchern begann man Ähnlichkeit aufgrund von Verwandtschaft zu ›verstehen‹, so, als ob man sie deshalb als ähnlich erkenne, weil man weiß, was verwandt sei. Noch in dem modernsten unserer Lehrbücher heißt es (1969) bei Ernst Mayr: »Mitglieder einer systematischen Organismengruppe sind ähnlich, weil sie verwandt sind, und sie gehören nicht deshalb zu einer systematischen Gruppe, weil sie ähnlich sind, wie die Nominalisten, die Phänetiker, meinen.«

Die paradoxe Konsequenz dieses Irrtums ist, daß nun jener Idealismus, den man mit der endgültigen Verbannung der morphologischen Methode zu vermeiden meinte, durch den Führungsanspruch der Erklärung erst recht in die Biologie gebracht wird. Die auf diesem Irrglauben entstehenden neuen Puristen halten nun sogar die hypothetische Konstruktion von Verwandtschaft für die alleinige Legitimation des Erkennens von Ähnlichkeit. Nun substituiert die Theorie gänzlich ihre Gegenstände; was ›um so schlechter für die Fakten‹ ist. Man ist wieder bei Hegel; ein idealistischer Funktionalismus ist aufs neue in die Biologie gekommen, und keine Instanz der Wahrheitsfindung bleibt mehr jenseits der Widersprüche der sich widersprechenden Ideenreiche.

Soweit unsere Fallstudie der Systematik. Drei Sektoren sind ihr geblieben. Der größte enthält die klassische Systematik; sie macht ihre Sache oft sehr gut, aber man weist ihr nach, im Zirkelschluß zu argumentieren. Der nächst kleinere entspricht der Numerischen Taxonomie (SNEATH und SOKAL 1973); sie betrachtet die unumgängliche phylogenetische Theorie als unerlaubtes Vorurteil. Der kleinste ist der Ideen-Funktionalismus; er hält die Idee für die Erklärung. 1975 veröffentlichte ich die fachliche Klärung dieser Verwirrung und will sie kurz referieren:

Zunächst ist der Erkenntnisweg vom Erklärungsweg zu trennen, denn sie liegen auf verschiedenen Ebenen des Erkenntnisprozesses. Was wir als Erklärung erleben, muß sich zu den erkannten Dingen so verhalten wie das Gesetz zu seinen Fällen. GALILEIS Fallgesetze beispielsweise enthalten die quantitative Beschreibung jener Koinzidenzen (von Zeit und Weg), die allen beobachteten Fällen von Würfen gemeinsam sind; seine irdische Mechanik die Koinzidenzen aller Beobachtung an Würfen, Hebeln, schiefen Ebenen. Der nächst übergeordnete Satz erlaubt also eine Prognose noch weit zahlreicherer Fälle. Entsprechend enthält KEPLERS Himmelsmechanik eine Beschreibung dessen, was in allen Fällen von Planetenbewegung koinzidierte, und damit aus dem übergeordneten Satz prognostizierbar werden kann. Solche Gesetze erleben wir als die Erklärung ihrer Fälle. Selbst erklären sie sich natürlich nicht. Wir empfinden sie erst als erklärt, wenn sie selbst wieder, wie im Gravitationsgesetz NEWTONS, zu Fällen eines nunmehr weiter übergeordneten Satzes oder Gesetzes werden. Und das Gravitationsgesetz ist wieder nicht mehr als die Beschreibung einer Koinzidenz (von Masse und Entfernung), bis es zum Fall der nächst übergeordneten Koinzidenzen wird, zu einem der Fälle im Geltungsbereich der Relativitätstheorie EINSTEINS.

Für die Systematik gilt entsprechend, daß alle Fälle ähnlicher Bauformen, sei es zwischen Farnen oder Vögeln, als allgemeinen Satz den der erwarteten Verwandtschaft aufstellen lassen, mit der Prognose, daß jeder Fall eines Organismus, an dem zum Beispiel Schnabel und Federn koinzidieren, den Aortenbogen rechts, die Lungen mit Luftsäcken und viele andere Koinzidenzen vorhersehen lassen werde. Und es gilt weiter, daß alle Fälle von abgestuften Ähnlichkeiten durch

Deszendenz zu erklären seien. Dieser Satz läßt nunmehr die wesentlich erweiterte Prognose zu, daß sich alle beobachtbaren Fälle durch Zwischenformen in allen Teilen ihrer Organisation verbinden lassen werden, wir sagen: daß sie voneinander abstammen.

Erkennt man nun in dem, was wir eine Serie übergeordneter Sätze oder Erklärungen nennen, allgemein die Beschreibung der ihren Fällen gemeinsamen Koinzidenzen, so wird man auch den Zweck solcher Sätze sehen. Psychologisch entsprechen sie der Ökonomie, mit immer begrenztem Informations- oder Gedächtnisaufwand mehr und mehr in dieser Welt prognostizieren, wie wir uns ausdrücken, ›verstehen‹ zu können. Erkenntnistheoretisch enthalten sie immer zahlreichere Fälle, welche die Probe aufs Exempel, Verifikation und Falsifikation unserer Theorie an der Natur zulassen. Und in der Zahl der lückenlos bestätigten Fälle ruhen die Grade der uns möglichen Gewißheit.

Selbstverständlich aber rangieren im Erkenntnisprozeß die Fälle vor ihrem Gesetz. Wie absurd wäre es zu erwarten, die KEPLER-Gesetze wären aus der Gravitationstheorie, die Planetenkonstellationen aus den KEPLER-Gesetzen erkannt worden. Es ist natürlich umgekehrt. Durch die Planetengesetze wird nur die Prognose der Planetenpositionen einfacher und genauer, sofern alle Beobachtungen jene lückenlos verifizieren. In der Biologie ist man in dieser Sache noch unsicher und vermeint allen Ernstes die Ähnlichkeit dreier Eier im Nest, zweier Schädel aus der Kreide aufgrund der Deszendenztheorie zu erkennen.

Die Erkenntnis mutmaßlich ähnlicher Fälle und der Gewinn einiger Wahrscheinlichkeit über diese Mutmaßung folgen den Gesetzen des Vergleichs und den verifizierten Prognosen. Den Ansatz zu diesem allgemeinen Theorem des Vergleichs und der Gewißheitsfindung publizierte ich 1976 und 1980 und fasse wieder zusammen:

1. Unsere Aufmerksamkeit rechnet mit der Wiederbeobachtbarkeit von ähnlichen Zuständen und Ereignissen. Unser Interesse wird wach, wo immer die Frage auftritt, ob denselben, wie wir sagen, Notwendigkeit oder Zufall zugrunde liege; das heißt, ob wir meinen, deren Wiederauftreten prognostizieren zu können oder aber nicht. Die eine wie die andere Erwartung kann, da sie bei Unkenntnis des Zusammenhangs rein subjektiv sein muß, bestätigt oder enttäuscht werden. Wird unsere Erwartung – ein Zustand oder ein Ereignis

werde unter definierten Umständen wieder eintreten – lückenlos bestätigt, dann werden wir besonders rasch davon überzeugt, einen Zusammenhang vor uns zu haben, der aufgrund von Notwendigkeit, Gesetz oder Absicht zu verstehen sei. Fällt beispielsweise bei einer Wette, die über Münzwürfe ausgetragen wird, bei meinem Gegner ausschließlich der ›Adler‹, auf den er gesetzt hat, dann werde ich bald überzeugt sein, es walte Absicht wiewohl ich bereit war, zunächst mit der Herrschaft des Zufalls zu rechnen.

2. Der Grad möglicher Gewißheit hinsichtlich unserer Erwartung hängt also einmal von der Anzahl bestätigter (versus enttäuschter) Prognosen ab; weiter aber von dem Inhalt möglicher Einzelprognosen, welchen wir als den Merkmalsreichtum eines Zustandes oder Ereignisses erleben. Denn die Zufallswahrscheinlichkeit, daß etwa zehn Münzen gleichzeitig mit dem ›Adler‹ fallen werden, ist ebenso gering wie bei zehnmaligem Werfen einer Einzelmünze deren lückenlose Serie (nämlich $(1/2)^{10}$, also 1/1024). Bei den meisten Gegenständen der biologischen Systematik ist dieser Merkmalsreichtum groß bis enorm, so daß schon wenige wiederholte Bestätigungen vom Herrschen von Naturgesetzlichkeit zu überzeugen vermögen. Beginnt ein Ausgräber einen Schädel freizulegen, so werden ihm beispielsweise starke Augenbrauenwülste, deren er zuerst ansichtig wird, Hunderte Einzelprognosen zu erwartender, koinzidierender Merkmale erlauben. Und bestätigen sie sich alle, dann wird er an der Naturgesetzlichkeit des Gegenstandes nicht zweifeln können und mit einer an Gewißheit grenzenden Wahrscheinlichkeit annehmen müssen, den Schädel beispielsweise eines Neandertalers vor sich zu haben.

Der Prozeß des Erkenntnisgewinns hat somit eine schraubenförmige Struktur, in welcher Erwartung und Erfahrung stetig kreisen; wobei die Aufwärtsbewegung in der Verbesserung der Hypothese der Erwartung aus verbesserter Erfahrung besteht und in der verbesserten Prognose zu machender Erfahrung aus der verbesserten Hypothese der Erwartung. Dies wurde sowohl durch die Erforschung der ›Stammesgeschichtlichen Grundlagen unserer Vernunft‹ sowie, zunächst unabhängig davon, besonders durch Erhard Oeser, (1976) bei der Erforschung der ›Struktur und Dynamik erfahrungswissenschaftlicher Systeme‹ aufgedeckt. Der Halbkreis der Erwartung entspricht dem Prozeß der Heuristik und Induktion, der der Erfahrung dem der Logik und Deduktion.

3. Und erst dann, wenn aus diesem Kreisen verbesserter Prognostik die Wahrscheinlichkeit, daß es sich um notwendigerweise gleiche Gegenstände handelt, groß genug wurde, wird das Stellen der dritten Hypothese sinnvoll. Nun erst kann mit Aussicht auf Erfolg gefragt werden, welche übergeordnete Hypothese all das offenbar notwendig Gleiche zu den Fällen derselben Prognose werden lasse; zu den Fällen desselben Gesetzes. Und die Koinzidenzen, welche dieses Gesetz beschreibt, erleben wir, wie erinnerlich, als dieselbe Erklärung für gleiche Zustände oder Ereignisse.

Jegliche Erklärung kann also nur auf die Erkenntnis ihrer Gegenstände folgen. Und selbstredend kann die Koinzidenz, die wir durch ein sogenanntes Gesetz beschreiben, um nichts gewisser sein, als es die Gleichheit der Koinzidenzen ist, aus welchen es entwickelt wurde. Die vergleichende Lösung im Prozeß des Erkennens muß also der sogenannten kausalen Lösung im Prozeß des Erklärens vorausgehen. Das wird überraschen, wenn man an die Ränge denkt, welche Kausalforschung und ›exakte‹ Wissenschaften beanspruchen. Man wird aber vor Augen haben, daß keine Gesetzeserkenntnis präziser sein kann als die Erkenntnis ihres Geltungsbereiches. Wovon sollte es handeln, wären seine Gegenstände nicht bestimmt. Ließen wir deren Bestimmung auch nur ungenau, wir träten aus unserer Welt in die des Hieronymus Bosch, des Don Quixote oder in die des Till Eulenspiegel, der einen Vogel wirft, um zu beweisen, er könne bis in den Himmel werfen.

Über die Ursachen des Falls

Wir stellen also fest, daß die morphologische Methode des Vergleichens Grundlage und Voraussetzung der kausal erklärenden ist, wo uns gleichzeitig die soziale Wirklichkeit unserer Zivilisation das Gegenteil anzunehmen nahelegt. Und wir räumen ein, daß die morphologische Methode erst heute und wahrscheinlich gegen vielerlei Widerstände aufgeklärt wird, wo doch die kausale, die seit der Moderne entwickelt und unterrichtet wird, den ganzen Erkenntnisprozeß beanspruchend, zu einer Selbstverständlichkeit geworden scheint. Angesichts so widersprüchlicher Positionen wird eine Erklärung zu geben sein.

Soweit mein Fach, die Biologie, es vermag, läßt sich die Ursache für diese Diskrepanz in der eigentümlichen Herkunft unserer Vernunft finden. Es ließ sich zeigen, daß die Vorbedingungen unseres Erkenntnisvermögens tief in der Stammesgeschichte der Organismen wurzeln. Diese angeborenen Lehrmeister unserer bewußten Denkoperationen, wie sie KONRAD LORENZ nennt (1959, 1973), sind in einem Stufenbau von Erbprogrammen verankert, welche die Lösungsfindung von Lebensproblemen – auch schon lange vor dem Entstehen des Bewußtseins – lenken und bis in den unreflektierten, gesunden Hausverstand hineinwirken. Auf ihrer Grundlage bilden die uns bewußten Denkvorgänge einen sich allmählich verselbständigenden Überbau. Der Stufenbau dieser Vorbedingungen reicht von der endogenen Erwartung einer wahrscheinlich realen Welt über die der Vergleichbarkeit ihrer Gegenstände bis zur Erwartung, für Gleiches dieselbe Ursache annehmen zu dürfen, wenn auch in vereinfacht exekutiver Form.

Nun zeigt es sich, daß im Gehirn des Menschen die heuristisch-induktiven, also synthetischen Lehrmeister für den Kreisprozeß der Problemlösung der rechten Hemisphäre eingebaut sind, die logisch-deduktiven, also analytischen, der linken. Aber nur die Prozesse der linken Hemisphäre haben eine ziemlich vollständige Verbindung zum Bewußtsein. Die synthetischen Leistungen dagegen lassen sich nicht ganz verfolgen, sondern sie tauchen als das bekannte BÜHLERsche ›Aha-Erlebnis‹ wie von fremder Hand aus dem Unbewußten auf.

In der Folge hat unsere Zivilisation einen elaborierten Apparat analytisch-deduktiver Methoden entwickelt, so die Systeme der Mathematik und Logistik. Die Synthesevorgänge der Heuristik aber hat sie abgeschoben in das unwissenschaftliche Gebiet der Künstler, Träumer und Phantasten. Sogar die Logik, die, wie erinnerlich, als eine Wissenschaft vom richtigen Denken begann, hat seit FREGE die Heuristik als unpräzise ausgeschlossen und sich als Logistik von der Wahrheitsfindung auf die Gesetze der Übertragung hypothetischer Wahrheit zurückgezogen, die sie real gar nicht finden kann. Als wissenschaftlich galten nur mehr die zwingend verfolgbaren Deduktionsprozesse; die Wissenschaft wurde in ihren notwendig induktiven Prozessen verunsichert; und wo immer diese von entscheidender Bedeutung sind, wurden sie für unwissenschaftlich erklärt. Dies trifft nun ganz besonders die Naturwissenschaften von den komplexen

Gegenständen. Allen voran wurde die Morphologie mit der vergleichenden Anatomie und Systematik im methodischen Gefolge, wie wir schon wissen, zu einer Art Idealismus, einer Metaphysik, bestenfalls zu einer Kunstform herabgewürdigt (zu solcher Dynamik vergleiche man THOMAS KUHN, 1967).

Die unentbehrlichen Induktionsprozesse wurden unwissentlich der nicht-bewußten Lösungsfindung überlassen, aber man vermeinte den Vorgang der Erkenntnis durch den der Erklärung ersetzen zu können. Die bewußte Vernunft verleugnete ihre nicht-bewußten Lehrmeister und damit den Auftrag, diese zu erforschen. Sie hielt darum ihre exekutive Kausalvorstellung für naturgegeben, sah nicht mehr die Rückwirkung aller Wirkungen auf ihre Ursachen, stritt sich um die Ur-Ursache, fand diese in widersprüchlicher Weise materialistisch in den Kräften, idealistisch in den Zwecken und spaltete unsere Kultur eben dort, wo es für das Verständnis unserer selbst am empfindlichsten sein muß.

Die Kausalität von Technokratie, Kapital, Ideologie und Lebensquantität begann ihr Regime über den Menschen. Und wir sind dabei, gerade die komplexesten Systeme mißzuverstehen, sie durch unsere exekutiven Eingriffe zu ruinieren; vornehmlich unsere eigene Umwelt.

Eine Lösung aus der Sicht des Biologen

Nun steht also außer Frage, daß sowohl GOETHE wie auch alle klassische Systematik, die ihm folgte, recht gesehen hatten. Der Typus ist eine Konsequenz der Selbstorganisation, über deren Einhaltung die Naturgesetze der Erfolgschancen wachen; und er ist empirisch zu erfassen sowie durch Verifikation und Falsifikation in seinen hunderttausend Fällen systematischer Gruppen im Natürlichen System der Organismen bestätigt worden. Auch ist mit der Wägung der Typusmerkmale keinerlei Zirkelschluß verbunden. Die Wägung erfolgte immer *a posteriori*, nach der beobachteten Koinzidenz der Merkmalsgrenzen aus dem Kreislauf von Erwartung und Erfahrung; allerdings unbewußt unter der Anleitung unserer angeborenen Lehrmeister. Die Entwicklung der Logistik hat, so sehr sie sich selbst förderte, die Erforschung von Induktion und Heuristik im Kreislauf unseres Erkenntnisgewinns behindert. Und diese soziale Wirklichkeit irrtümlicher Maßstäbe für Wissenschaftlichkeit haben den Erklärungsweg für den Erkenntnisweg halten lassen, noch dazu in seiner irreführenden exekutiven Form.

Auch DARWIN hat selbst mit der ›Pangenesis-Hypothese‹ recht gesehen. Die Selektion allein, wie man heute sagt: blinde Zufallsänderungen, kann nicht die ganze Evolution erklären. Wir sind dabei, einen Rückfluß nunmehr höchst zweckvoller Information von den Funktionszusammenhängen aller Organisation eines Organismus zu den Regulationszusammenhängen seines Erbmaterials aufzudecken, welcher durchaus die Natur des Typus und des Natürlichen Systems erklärt. Die Entwicklung der dogmatischen Genetik hat, so sehr sie sich selbst förderte, die Erforschung der Rückkoppelkreise im Kreislauf des Erkenntnisgewinns des Lebendigen behindert.

Ein doppelter Irrtum führt uns im Kreise. Ein zu einfaches Ursachenkonzept verhindert, die Ordnung der Natur zu sehen, an der unser Erkenntnisapparat gebildet wurde; und ein zu einfaches Erkenntniskonzept verhindert, seine Grundlagen zu sehen, welche die Ordnung der Natur widerspiegeln. Unsere bewußte Vernunft hat ihre nicht-bewußte Anleitung nicht wahrgenommen, und sie irren beide wo immer sie einander nicht kontrollieren oder gar ausschließen.

Dies ist aus der Sicht des Biologen vielleicht das Problem des Menschen schlechthin. Was dagegen zu tun wäre, scheint dem Prinzip nach einfach; eine weitere Öffnung der Erforschung des Menschen und eine weitere Öffnung des Teilnehmenlassens, also der Bildung. In der Realität wird dies jedoch nicht einfach sein. Denn es ist kein Zufall, daß die Leugnung der Rückkoppelkreise unseres Erkenntnisprozesses des Lebendigen und der Ursachenprozesse überhaupt Hand in Hand gehen. Die Verdrängung der schöpferischen Induktion, der synthetischen Heuristik, der Kunst aus den Wissenschaften, die Doktrinen und Dogmen, die sie errichtet, die Ansprüche, mit der Antriebsursache alle anderen auszuschließen, bilden einen Ring der Immunisierung gegen Kritik und Widerlegung. Und wiewohl all diese drei Glieder vor der Realität nicht zu bestehen vermögen, stützen und bestätigen sie sich doch gegenseitig.

Sie haben unsere okzidentale Zivilisation geprägt und beanspruchen Stabilität, denn sie tragen das Weltbild unserer Kultur und diese hat Anspruch auf Stabilität. Sie haben sich gegenseitig gefördert und den Erfolg unserer Erfolgsgesellschaft. Ein tieferes Verständnis dafür, was wir selber sind, aber haben sie verhindert. Und all das hier Gesagte wäre in den Wind gesprochen, akademisches Querulieren, nichts sonst, bemerkte nicht schon mancher, was die Folge sein muß, wenn wir uns selber nicht tiefer verstehen.

II 2 Szientistische oder dialektische Theorie?

Das Gespräch über Dinge der Evolution war zwischen West und Ost recht getrübt gewesen. Neben die politische Kontroverse war eine evolutionstheoretische getreten. Im Osten war ein neuer Neolamarckismus um Lyssenko *entstanden. Der Westen reagierte affektbetont. Dann wurde die dialektische Auslegung der Evolution wieder so darwinistisch wie die westlich-szientistische. Als meine »Ordnung des Lebendigen« in der Sowjetunion zur Besprechung kam, wurde ich von den rascheren Rezensenten zunächst als dialektischer Materialist des Westens gelobt. Professor* P. V. Malekin *las absichtsvoller; fand die idealistisch aussehende Gegenläufigkeit in meinem Ursachenkonzept und entdeckte, daß darin »eine neue und interessante Form des Idealismus liegt, die man ›molekular-systemhaften Idealismus‹ nennen könnte«. (»Neue Bücher aus dem Westen«, 1975, Heft 9.) Nun war ich als Molekular-Idealist deklassiert.*

Die Akademie in Brünn lud mich 1981 zu einem Evolutions-Symposium. Ich nahm dies folglich gerne an und referierte »A dialectic approach to epigenetics and macroevolution«, mit dem Wunsche, das Gespräch zu beleben. Das Folgende ist meine Übersetzung der hier einschlägigen Einführung in das Thema (in Klammern mit Erklärungen für den Leser dieses Buches).

Ich möchte einen Beitrag zu unserem wechselseitigen Verstehen liefern und muß zu diesem Zwecke ein Thema wählen, das schon viel (die meiste?) Kontroverse auf sich gezogen hat. Und ich glaube, daß man folglich das Recht hat, zureichend vor dem Kommenden gewarnt zu werden. Ich meine damit: Das Thema: ›Die Erklärung der Phänomene der Stammesgeschichte‹ ist nachgerade ein Tummelplatz der Mißverständnisse.

Wir müssen nämlich nicht nur mit terminologischen Verwirrungen und Fallstricken rechnen. Wir müssen auch mit recht grundlegenden Differenzen rechnen zwischen meiner und der uns vertrauten Interpretation der Evolution. In einer dritten Schicht müssen wir mit einem (scheinbaren) Widerspruch rechnen zwischen meiner und der herkömmlichen Auffassung vom Paradigma (dem Weltbild) der wissenschaftlichen Methode. Und in einer vierten Schicht werden wir uns sogar noch in jene Mißverständnisse verwickelt sehen, welche offenbar zwischen den erkenntnistheoretischen ›Selbstverständlichkeiten‹ in Ost und West gegeben sind.

Man lasse mich aber auch sogleich bekennen, daß ich solch einen Gegenstand nicht deshalb gewählt habe, um provokativ zu wirken. Ich will im Grunde nichts anderes, als eine Aufklärung für jene Phänomene der Makro-Evolution (der Groß- oder transspezifischen Evolution) anbieten, welche durch die gegenwärtige (synthetische) Evolutionstheorie nicht erklärt sind. Zu diesem Zwecke entwickelte ich eine ›Systemtheorie der Evolution‹ (1975, englisch 1977), in welcher ich eine Erweiterung der Synthetischen Theorie sehe, wie diese wohl allgemein anerkannt wird. Meine Bemühung war *bona fide* unternommen, um die weißen Flecken unseres Evolutionskonzeptes zu schließen. Und in geradezu naiver Weise rührte ich damit an den wundesten Punkt unserer gängigen Weltbilder.

Damals hätte ich eine Einführung wie diese auch gewiß noch nicht zu verfassen vermocht. Denn was ich hier im voraus an Warnungen anbiete, ist ein Konzentrat dessen, was ich seit dem Erscheinen des Bandes zu erfahren hatte.

Und wie man weiß, kann man solch eine Abenteuergeschichte auf zweierlei Weise entwickeln. Entweder man hält den Leser durch alle Ereignisse mit der Lösung bis zum Ende hin oder man beginnt gleich mit der Lösung. Ich werde nach der letztgenannten Weise vorgehen.

Soweit dies in der nötigen Kürze gelingen kann, seien nun die

Mißverständnisse, soweit ich sie vorhersehen kann, auseinandergelegt. Freilich berühren wir nur die Hauptpunkte. Aber man soll wenigstens erkennen, wie sie zusammenhängen.

Erste Schicht: Systemtheorie versus Milieutheorie

In der ersten Schicht ist der Begriff der Selektion als ein Ursachenzusammenhang zu betrachten, der tief in die Organismen hineinwirkt. Selektion ist also nicht nur als Marktselektion zu verstehen, wo das Milieu jeweils das beste Produkt wählt. Auch jene Form der Selektion ist einzuschließen, wie sie im Produktionsprozeß einer Industrie wirkt (mit Normen, Standardisierung, Management, Ökonomisierung, Rentabilität und Automatisierung). Die Herstellung komplexer Produkte macht die Vorwegnahme möglichst vieler (aller?) Kontrollen notwendig, noch bevor das Produkt den Markt erreicht. Keine Automobilindustrie würde im Konkurrenzkampf überleben, würde sie es dem Käufer überlassen herauszufinden, ob die Kolben wohl eingebaut wurden oder nicht. Folglich ist der unmittelbarste Selektionsvorgang nicht jener durch den Markt (das Milieu). Es ist dies die Produktionsbedingung des Produktes selbst.

Das Maß beispielsweise für die optimale Anordnung der Myosinmoleküle (auf welchen die Kontrahierbarkeit beruht) ist die Muskelfaser, für die Lage der Fasern ist es der jeweilige Muskel, und für den Muskel ist die beste Einfügung von dem Gelenk bestimmt, das er überbrückt, von den Hartteilen, welche jenes verbindet; kurz: von der Funktion des Organs, dem er angehört. Erst in letzter Konsequenz ist es das Milieu, welches nach der Tüchtigkeit der Organe, nun im Verhältnis zu deren Funktionen im Organismus, das tüchtigste Individuum wählt. So, wie die Zylinder das unmittelbarste Maß für die Tüchtigkeit der Kolben sind, die Käufer hingegen das entfernteste. Material und Selektion muß man in ihrer Wechselwirkung in jeder Schicht einer Organisation erkennen.

Zweite Schicht: Systemtheorie versus Darwinismus und Lamarckismus

Eine Konsequenz in zweiter Schicht ist, daß sich meine Systemtheorie der Evolution von der gängigen Synthetischen Theorie der Evolution so unterscheidet wie eine einseitige zu einer zwei- oder wechselseitigen Betrachtung der Bedingungen. Seit der nach WEISMANN benannten Doktrin (aus der Jahrhundertwende) und neuerdings nach dem ›Zentralen Dogma‹ der Molekulargenetik wird der Fluß von Information in den Organismen in nur einer Richtung als existent zugelassen. Nur ein Fluß von chemisch kodierten Nachrichten von den DNS (den Desoxyribonukleinsäuren) des Erbgutes zu allen übrigen Körperstrukturen, von den Genen zu den Phänen, wird anerkannt. Nichts anderes als zufällige Änderungen in den DNS-Ketten würde die Variablität der Organismen bedingen, und das Milieu selektierte die Tüchtigen.

(Der Leser wird sich dieses Gegenstands erinnern; und es mag hier eine geeignete Stelle sein, jenen molekularen Vorgang zu erläutern. Es ist oft von einer genetischen oder molekularen Sprache die Rede. Wie ist das zu verstehen? Die DNS, die Kernsäuren, sind in vier Arten vorhanden; vier Zeichen stehen also am Ausgangspunkt. Nach dieser Zeichenzahl läßt sich dies am besten mit unserem Morseprinzip vergleichen, das, sagen wir, drei Zeichen enthält; Punkt, Strich und Spatium. Diese Botschaft wird jeweils an der richtigen Stelle vom Original kopiert und wandert als Abschriften in Morsebändern, den Boten-DNS, zu molekularen Übersetzungsmaschinen, den Ribosomen. Übersetzungsmoleküle, die Transfer-DNS, sind nun an ihren beiden Enden ›sensitiv‹. Das eine ihrer Enden ist befähigt, an der Boten-DNS eine spezifische Dreiergruppe in der Kernsäurekette aufzufinden, ein sogenanntes Triplet. Das andere ihrer Enden findet eine bestimmte Aminosäure unter den etwa zwanzig ihrer Umgebung. Auf diese Weise werden in den Ribosomen Triplet für Triplet Ketten von Aminosäuren molekular zusammengehäkelt. Die Ketten sind die Proteine oder Eiweiße. Da sie nun aus zwanzig verschiedenen Zeichen bestehen, kann man das mit einer Übersetzung einer Morse- in eine Buchstabenschrift vergleichen. Die Eiweiße wären dann mit langen Worten vergleichbar. Was auch in dem Sinne richtig ist, als die Anzahl der damit formulierbaren Worte wie Eiweißarten enorm groß wird. Aber, und da endet die Analogie: Worte machen noch lange keine Sprache. Erst Semantik, Syntax, Grammatik beginnen aus Worten einen Sinn zu machen. Ohne eine Differenzierung in Worte für Sachen, Vorgänge, Eigenschaften und Beziehungen und einem Netzwerk von Gesetzlichkeit zwischen diesen, ist wohl eine Sprache nicht denkbar, wenn sie Komplexes ausdrücken soll. Woher also kommt jene Vernunft in der Wortfolge der Eiweiße?)

Ganz offensichtlich ist ein Fluß von chemisch kodierten Nachrichten von den Phänen zu den Genen nicht zu erwarten (nicht einmal von der Übersetzung auf das Morseoriginal). Aber gäbe es keinerlei Informationsfluß in Richtung auf die Gene, wie wäre dann zu verstehen, daß diese so viel gelernt haben?

Hier sind wir im Kern meiner Theorie. Ich sehe einen Informationsfluß von den Phänen zu den Genen über ein stochastisches, über ein Zufallsprinzip voraus. In derselben Weise, wie ein Industriemanagement aus seinen Mißgriffen und Irrtümern lernt. Solch ein Nachrichtenfluß in Richtung auf das Erbgut sieht nach Lamarckismus aus (und viele meiner Rezensenten scheinen das zu glauben). Dies ist jedoch nur scheinbar so (bei ganz oberflächlicher Betrachtung). Während nämlich in der Theorie von LAMARCK (1809) und (wie erinnerlich) nach DARWINS ›Pangenesis-Theorie‹ (1868, deutsch 1873) das Milieu selbst durch die Organe auf das Erbmaterial wirkt, ist es nach meiner Theorie lediglich die funktionelle Wechselabhängigkeit der Phäne, die Organisation des Organismus selbst, welche schrittweise von der Entwicklung einer Wechselabhängigkeit zwischen den Genen kopiert wird. Und dies macht einen fundamentalen Unterschied. Denn die Grundlage, von welcher nach dem LAMARCKschen Prinzip das Erbmaterial lernt, hängt wiederum vom Zufall ab (vom Zufall der Begegnung mit neuen Anforderungen des Milieus), dagegen ist die Lerngrundlage nach meinem Prinzip unverrückbar mit der Organisation des Organismus selbst verbunden. Damit liegt eine Systembedingung vor, die stets mit ihrem Träger verbunden bleibt, ein inneres (nach GOETHE ein ›esoterisches‹) Prinzip. Und erst ein solches endogenes Prinzip kann »Die Ordnung des Lebendigen« (RIEDL, 1975) verständlich machen. Die Lösung also liegt eher zwischen dem lamarckistischen und dem darwinistischen Modell.

(Hier wird sich der Leser des lamarckistischen Lösungsversuchs von CHARLES DARWIN erinnern. Aus diesem Grunde wäre es ungenau zu sagen, die Lösung läge zwischen LAMARCK und DARWIN. Es sind vielmehr die Darwinisten, welche das Konzept DARWINS auf die Zufälle der Milieuselektion reduziert haben. Und als aus dem Darwinismus mit der Entwicklung der Genetik der Neodarwinismus wurde, ist man bei jener einschränkenden Auslegung des DARWINschen Opus geblieben; man hat es durch die WEISMANN-Doktrin sogar noch verschärft. Heute, da der Neodarwinismus mit der Entwicklung der Populationsdynamik und der *new systematics* zur ›Synthetischen Theorie‹ wurde (mit HUXLEY, MAYR, DOBZHANSKY und SIMPSON an der Spitze), ist man weiterhin bei jener Einschränkung geblieben. Durch die Gleichzeitigkeit der Entwicklung der Molekulargenetik ist dieser Standpunkt nochmals verhärtet worden; und zwar durch jenes ›Zentrale Dogma‹ der Biochemiker.)

Dritte Schicht: Systemtheorie versus Szientismus

In einer dritten Schicht unterscheidet sich mein systemtheoretischer Ansatz von dem heute gängigen Paradigma (den Grundannahmen im Weltbild) der Naturwissenschaft überhaupt; und zwar in dem Sinne, als ich von einer zwei- oder wechselseitigen, funktionellen Kausalauffassung ausgehe.

Schon ARISTOTELES hat vier verschiedene Formen von Ursachen unterschieden, wenn es darum ging, das Entstehen eines komplexen Systems zu verstehen (dies wird gut am Beispiel eines Hausbaues illustriert). Er unterscheidet die Bedingungen der Energie (oder Kräfte, *power*), die des Materials, die der Form (diese entsprechen dem, was wir hier unter Selektionsbedingungen verstehen) und die der Zwecke. (Wir werden in den Folgekapiteln diese Ursachengliederung des ARISTOTELES noch ausführlicher erörtern.)

Die Methode der Naturwissenschaft, die ›szientistische Methode‹, jedoch (wie sie HAYEK 1959 trefflich analysiert), hat seit GALILEO GALILEI versucht, mit einer einzigen jener Ursachen zu einem Verständnis ihrer Objekte zu gelangen; nämlich allein mittels der Kräfte. Dies unterscheidet sich bereits deutlich von der Methode der Geisteswissenschaften, der Hermeneutik, die (betont seit WILHELM VON HUMBOLDT und DILTHEY) nach wie vor an einem wechselseitigen Ursachenbezug (einer wechselseitigen ›Erhellung‹) festhält; am sogenannten ›Hermeneutischen Zirkel‹.

Der Szientismus dagegen ist im Wesen als ein praxisbezogener, daher ›pragmatischer Reduktionismus‹ zu verstehen; und zwar aufgrund der Erwartung, ein System (eine Struktur oder Funktion) ganz aus seinen Teilen erklären zu können; man kann auch sagen: es zur Gänze auf seine Teile zurückführen (reduzieren) zu können. Beispielsweise unser Atmungssystem auf seine physiologischen Funktionen, diese auf seine biochemischen und diese wieder auf ihre chemischen und letztlich physikalischen Gesetze oder Komponenten. So erfolgreich diese Methode ohne Zweifel auch ist, sie zerstört Schritt für Schritt jedes System, um sich lediglich auf seine Teile zu beschränken. Nun mag auch dies noch angehen, solange man die mit den Reduktionen zusammenhängenden Verluste nicht aus den Augen verliert.

Doch der Erfolg (in einer Richtung) muß wohl der Grund dafür sein, daß sich die Ansicht durchgesetzt hat, die Methode erlaube das Gewinnen eines vollständigen Verständnisses. Es ist natürlich ein grober Irrtum zu glauben, ein System wäre ›nichts-anderes-als‹ eine Häufung seiner Teile.

(Wird dies, wie es häufig geschieht, angenommen, so wandelt sich der ›pragmatische‹ zum ›ontologischen Reduktionismus‹, zum groben Irrtum. Es wird mit ihm geleugnet, daß, Schicht für Schicht aufbauend, aus deren Teilen neue Qualitäten, neue Systembedingungen entstehen, welche auch in Ansätzen in den Komponenten nicht enthalten sind. Beispielsweise hat die Feststellung Sinn, daß die 10^{11} ›kleinen grauen Zellen‹, welche unser Gehirn enthält, denken. Aber zu behaupten, daß deshalb eine dieser Zellen denkt, ist glatter Unsinn.)

Dieser ›ontologische Reduktionismus‹ führt zu einer Atomisierung, zu einer Zerstörung der Systeme, einer Leugnung aller Systembedingungen (aller im Schichtenbau dieser Welt entstehenden neuen Qualitäten). Jedenfalls ist das, bezogen auf die lebenden Systeme, von katastrophaler Bedeutung.

Dennoch, versucht man dieses szientistische Paradigma zu kritisieren und zu verlassen, wird man rasch als Lamarckist, als Vitalist oder überhaupt als Obskurantist abgestempelt; jedenfalls als jemand, der nicht zur Zunft der (Natur-) Wissenschaftler zu zählen ist. (Beispielsweise werden die Bedenken und Korrekturen, die man ausführt, ignoriert, weil, wie ich erfahre, man sich mit solchen Leuten nicht auf eine Stufe stellen kann.) Diese Situation ist für den Biologen um so merkwürdiger, als er keinen seiner Gegenstände, ob Tier, Organ oder Zelle, nur aus ihren Materialien oder Kräften ganz verstehen kann.

Immer muß an die Selektion (Form-, Lage- und Auswahlbedingungen) und nicht minder an die Zwecke aller Strukturen mit Funktionen gedacht werden.

(Die Systemtheorie verdankt ihr Entstehen der frühen Einsicht in manche dieser Irrungen des Szientismus. Und sie ist charakteristischerweise von Biologen, und wieder in Wien, entworfen worden. Ihre Begründer sind Ludwig von Bertalanffy, er war mein erster Lehrer in Biologie, und Paul Weiss, er war mir ein väterlicher Freund. Dies füge ich hinzu, um jenen Männern auch an dieser Stelle nochmals zu danken für jene Perspektive, die ich damals, als wäre sie selbstverständlich, in meine Erwartungen gegenüber der Natur aufgenommen habe.)

Den Grund für diese methodischen Mängel können wir heute erkennen. Er liegt, wie wir unserer ›Evolutionären Erkenntnislehre‹ entnehmen, in den Anpassungsmängeln unserer ererbten Anschauungsformen. Diese enthalten die Erwartung, daß Kräfte und Zwecke unvereinbare Qualitäten seien und daß man sie nur getrennt und in kettenförmigen Reihen ihrer Vorbedingungen betrachten (erwarten) müsse.

Vierte Schicht: Systemtheorie versus Idealismus und Materialismus

In einer vierten und nochmals tieferen oder grundsätzlicheren Schicht finden wir die Szientismus-Problematik eingebettet im ›Zeitgeist‹ der Philosophien und Ideologien. Da haben wir den Neopositivismus und die analytische Philosophie im Westen und den dialektischen Materialismus im Osten. Bezogen auf unsere Position der Systemtheorie kennen wir im Westen die Frage: Was wäre Systemdenken anderes als Kybernetik? (die Lehre von den Steuerungsvorgängen; vorwiegend nach dem Prinzip der ›negativen Rückkoppelung‹). Im Osten ist die Frage daheim: Was könne Systemdenken anderes sein als die dialektische Denkweise?

Gewiß, beide, Kybernetik wie Dialektik, ziehen Wechselbezüge von Materialien und Selektionsbedingungen in Betracht. Im einen Fall spricht man von Meßgrößen (Parametern) und Stellgliedern (Stellgrößen oder Regulatoren); im anderen Fall von These und Antithese oder von Spruch und Widerspruch. In beiden Fällen ist ein Antagonismus von Größen oder Ursachen ins Auge gefaßt; etwas wie eine zweiseitige Kausalität. Was aber kaum anerkannt ist, das ist der Umstand, daß diese beiden Ursachenbezüge im Hinblick auf den hierarchischen Bau dieser Welt einer spiegelbildlichen Wirkrichtung entsprechen.

Wir anerkennen zwar, daß Quanten Atome zusammensetzen, diese Moleküle und weiter System auf System Biomoleküle, Ultrastrukturen, Zellen, Gewebe, Organe, Organismen, Sozietäten bis hin zu Kulturen. Wir erkennen auch, daß jegliche Schicht alle vorausgehenden voraussetzt. Aber wir nehmen nicht auch sogleich wahr, daß diese Schichten alle in Wechselwirkungen stehen; ja, daß sie überhaupt nur durch solche Wechselwirkung zustande kommen.

Beide zeitgenössischen Paradigmen nehmen wahr, daß alle energetischen wie die Materialursachen stets von den tieferen Schichten gegen die höheren wirken. Man kann auch sagen, daß alle realen Dinge auf die Kräfte und Materialien der Unterschichten zurückgeführt werden können. Dies ist das Ursachenschema (oder Paradigma) des Materialismus. Es ist im Szientismus ebenso beheimatet wie im dialektischen Materialismus. Dahingegen machen sich diese zeitgenössischen Paradigmen alle beide nicht zureichend klar, daß die Formursache stets in der Gegenrichtung, nun von den Ober- gegen die Untersysteme wirkend, wiederum alle Schichten miteinander verbindet. Dies sind alle Formen der Auswahl: Randbedingungen, Selektion, Zuchtwahl, Wahl (Konkurrenz), Entscheidung und Vernunft. Und noch mehr wird übersehen, daß mit jenen Formbedingungen das entsteht, was wir Zwecke nennen; und daß diese Zweckursachen wiederum von den Obersystemen gegen die unteren wirken. Man kann auch sagen, daß alle Zwecke aus den Bedingungen ihrer Obersysteme zu erklären sind. Denn zweifellos (so erinnert sich der Leser) ist der Zweck kontraktiler Moleküle in der Funktion der Muskelfaser, deren Zweck im Muskel und der Zweck des Flugmuskels im Flügel des Vogels zu finden.

Aber die Verwendung von Zwecken als ursächliche Erklärung scheint den materialistischen Paradigmen in Ost und West gleichermaßen zu widersprechen. (Wo, hört man fragen, gibt es Zwecke in der Chemie? Wer aber, so muß man dann gegenfragen, behauptet, daß ein Weltbild der Chemie schon alles sei?) Von Zwecken (vor allem vom Sinn der Welt, von letzten Zwecken) auszugehen, dies gehört zum Ursachenschema (oder Paradigma) des Idealismus.

Und nun ist es unserer Zivilisation unterlaufen zu glauben, daß die materialistischen Ursachenbezüge mit den idealistischen unvereinbar wären. Man beruft sich auf Glaubenssätze; und wenn es Glaubensdinge sind, kann über sie nicht mehr verhandelt werden. Unsere ganze Kultur ist, wie SNOW nachwies, kulturell gespalten; sie ist schizophren. Und tüchtig, wie diese Erfolgszivilisationen sind, beginnt man diese Glaubenssätze schon mit Erziehung und Unterricht (Prägung und Indoktrinierung) ihren kommenden Geistern überzustülpen. Und bis in die höchsten Instanzen der akademischen wie politischen Körperschaften immunisiert man sich (wie wir schon von HANS ALBERT und THOMAS KUHN wissen) gegen Kritik und Widerlegung; ja verfolgt die Abweichler mit sozialen oder politischen Strafen.

Von hier aus wirken die Absichten (Vorsätze oder Zwecke) der vier Problemschichten ineinander. Die ideologische stützt die szientistische und materialistische, diese stützen die darwinistische und diese die einseitige Sicht der Form- und Selektionsbedingungen. Und von dieser einseitigen Sicht stammt nun wieder das Material, welches den Darwinismus, den Materialismus und die Ideologien der Erfolgszivilisationen begründen. Dies ist das Prinzip der sich ›selbsterfüllenden Prophezeihung‹, wie es PAUL WATZLAWICK (1976 und 1980) so überzeugend aufgeklärt hat.

In Wahrheit entstehen alle realen Dinge dieser Welt in Wechselwirkungen, wenn man will: dialektisch oder hermeneutisch. In meinem Sinne unter Wirkung gleichermaßen materialistischer wie idealistischer Ursachenbezüge. Was aber sollte dann ein dialektischer Materialismus sein. Entweder er anerkennt den Wechselbezug, wie er zwischen den Schichten dieser Welt besteht, dann wäre er auch idealistisch. Anerkennt er aber den Ursachenbezug nur von der materialistischen Seite, dann wäre er nicht dialektisch.

(Von dieser Stelle an ließ ich in meinem Brünner Vortrag meine ›Systemtheorie der Evolution‹ folgen, um den Mechanismus der Rückkoppelung zwischen Gen- und Phäninformation zu erläutern. Diesen meinen Standpunkt kennt der Leser schon aus dem 4. Kapitel des I. Teiles. Ich brauche mich daher nicht zu wiederholen. Da aber an dieser Gen-Phän-Wechselwirkung die Systemtheorie der Evolution überhaupt stehen oder fallen wird, mag der Hintergrund der Auseinandersetzung es wert sein, dargelegt worden zu sein.)

II 3 Die Ursachen des Ursachendenkens

In der Auseinandersetzung um unser wissenschaftliches Weltbild geht es immer wieder, ja, in erster Linie um die Frage, wie der Ursachenzusammenhang zu denken, eigentlich wie er zu postulieren sei. Denn: Sind Ursachen, wie schon David Hume *meinte, nicht bloß »ein Bedürfnis der Seele?« Finden wir sie nicht wieder unter den* Kantschen *Apriori der reinen Vernunft; als Vorbedingung jeder Vernunft, von der Vernunft daher nicht hinterfragbar?*

Anläßlich von Fernsehaufnahmen im Studio Hamburg (November 1977) plauderte ich mit Hoimar von Ditfurth. *Sein Buch »Der Geist fiel nicht vom Himmel« war eben erschienen; meine Arbeit an der »Biologie der Erkenntnis« hatte begonnen. Unsere Geistesverwandtschaft war daher bald entdeckt. Er lud mich ein, in dem von ihm herausgegebenen »Mannheimer Forum« meine evolutionistisch-systemtheoretische Version unserer Anschauung der Welt zu publizieren. »Unser Gehirn«, sagte er damals, »ist nicht für die Wissenschaft, sondern fürs Überleben geschaffen worden.« Ich wußte: So ist es. Und ich machte mich nun kritisch an die vier Ursachen des* Aristoteles *(die ich schon seit einem Kamingespräch mit* Konrad Lorenz*) ernst zu nehmen begonnen hatte. Das Folgende ist das ungekürzte (wenn auch nicht illustrierte) Ergebnis.*

Die Verknüpfung von Ursache und Wirkung, so versichert uns des BROCKHAUS wohlmeinende Art, »ist einer der wichtigsten Grundsätze der menschlichen Erkenntnis«; im Physikunterricht meiner Schulzeit allerdings war er der beziehungsloseste und in meinem Biologiestudium der verwirrendste. Dies gebe ich zu, weil ein Leser das Recht hat, vor den Vorurteilen eines Autors gewarnt zu werden. Und er wird voraussehen, daß ein Fachaufsatz bevorsteht. Eine Literaturgattung, die es zuwege bringt, sogar Konfusion und Beziehungsloses zu einem Ganzen zu vereinen. Dabei steht außer Frage, daß unser Verständnis für den Zusammenhang der Ursachen entscheidend unser Wohl auf dieser Welt bestimmt. Wir werden finden, daß unsere heutigen Mängel an diesem Ursachenverständnis eine Hauptverantwortung tragen und an dem Schlamassel, in dem sich unsere erfolgreichen Zivilisationen befinden. Mit den Methoden der Biologie, ihrer Evolutions- und Systemtheorie will ich eine Lösung versuchen. Wir sind mitten in unserem Gegenstand.

Ich will mit der Konfusion beginnen. Denn sogleich erweist es sich als unbestimmbar, was wohl von dem Unterschied zwischen Gründen, Ursachen und Bedingungen zu halten sei. Zudem unterscheiden wir schon seit ARISTOTELES viererlei gegensätzliche Ursachen. Doch die Naturwissenschaft besteht darauf, die Welt allein aus der Wirkursache, die Geisteswissenschaft darauf, sie aus der entgegenlaufenden Zweckursache zu erklären. Zwecke scheinen dabei in der Zukunft ihren Ursprung zu nehmen, und man fragt sich, wie wohl Zukünftiges die Gegenwart verursachen könne. Aber alles, was ist, sollte im gemeinsamen Faß der zureichenden Gründe seine ganz bestimmten Ursachen haben. Und das, obwohl man seit DAVID HUME Kausalität nicht als einen Gegenstand der Außenwelt, sondern als einen Zustand des Erlebens, seit KANT hingegen als *Apriori*, als eine Voraussetzung, eine nicht hinterfragbare Erwartung betrachtet. Während nun dies die Widersprüche von Empirismus und Rationalismus und die Unverträglichkeit von Materialismus und Idealismus nährt, und diese die Welt mittels unverträglicher Wahrheiten durch einen eisernen Vorhang bereits mitten durchteilen, wurde dem Faß der naturwissenschaftlichen Kausalität auch noch die Krone der Finalität aufgesetzt und von WERNER HEISENBERG unten ein Loch geschlagen; ganz unten, durch die Entdeckung indeterminierter Quantenvorgänge, wodurch die Bestimmtheit der Ursachen zur Gänze auszufließen drohte.

Gewiß ist nur, daß Ursache, griechisch *aitia*, ursprünglich Schuld (!) bedeutet und nach Anaximanders erster Fassung die Wirkung so herbeizöge, wie die Schuld die Strafe. Nach der Strafe will ich hier noch nicht fragen; denn es wird erst zu zeigen sein, wie sehr uns unsere eigene Kausalvorstellung schon über die Maßen bestraft hat. Aber was an alledem die Schuld habe, das werden wir wohl sogleich fragen dürfen.

Wie wir uns die Ursachen denken

Die tröstliche Vorstellung der Ursache als einer Schuld, die zu Recht mit Krankheit oder dem Elend eines Hagelwetters über uns hereinbräche, hat sich in ihrer lupenreinen Form vorerst nur bei den Naturvölkern erhalten. Auch wenn sich in unseren Erfolgszivilisationen die Psi-Kräfte, fliegende Untertassen und die Weltraumbesuche bei unseren Steinzeitvorfahren dank dem Ethos vieler Verlage noch immer am besten umsetzen – wir müssen zugeben, daß uns bereits die technischen Errungenschaften der viktorianischen Zeit durch ihre wahren Erfolge zu sehen lehrten, wo die wahren Ursachen zu suchen wären. Der Fetischismus der Erfolgsgesellschaft ist eben dunkel und verkappt. Darum kann weder mit den Naturvölkern noch mit der Antike ernsthaft begonnen werden, sondern mit unserer, der westlichen Moderne.

a) *Ob die Ursache ein reales Ding wäre:* Unter den Männern nun, die am Beginn der Moderne stehen, befindet sich, wie man versichert, auch David Hume. Er hatte wohl allen Grund, des Philosophierens seiner Zeit überdrüssig zu sein, und stellte fest, daß man niemals sagen könne: »Wenn oder weil die Sonne scheint, erwärmt sich der Stein«, sondern nur: »Jedesmal, wenn die Sonne scheint, ist auch der Stein warm«. Aus dem *propter hoc* wurde das *post hoc*, also aus einem ›deswegen‹ ein ›nachher‹. Kausalität sei keine Realität, sondern, wie schon festgestellt, ein Bedürfnis der Seele aus Gewohnheit. Darum hätte es auch keinen Sinn, die Ursache selbst zu suchen. Da hätte es nun, wie Paul Watzlawick bemerkt, der Philosophie des Königs in »Alice im Wunderland« bedurft, der den Vorteil des unsinnigen Gedichtes des weisen Kaninchens erkannte: »Wenn kein Sinn darin ist, so spart uns das eine Menge Arbeit, dann brauchen wir auch keinen zu suchen.« Diese Philosophie aber kam nicht zum Tragen.

Zum Tragen kam vielmehr ein Monument des Denkens: KANTS kritische Schriften; und in ihnen wird die Kausalität zu den *Apriori* gestellt. Dort finden wir sie in einem Bereich zwischen Realität und Fiktion wieder, als eine durch die Erfahrung nicht begründbare Voraussetzung aller Erfahrung. Neben dieser Komplikation aber stehen noch immer

b) *die vier Gesichter der Ursache:* Diese haben seit ARISTOTELES das Denken ebenso wie die Denker in Lager gespalten und die unterschiedlichsten Renaissancen erfahren: So in SCHOPENHAUERS Dissertation »Über die vierfache Wurzel des Satzes vom zureichenden Grunde«. Der Leser aber bleibt davon verschont. Hier ist weder Anlaß noch Raum, alledem nachzugehen. Nur der Klartext der klassischen Version ist für uns von Bedeutung.

Zumeist werden die vier Formen am Beispiel der Ursachen des Hausbaus folgendermaßen illustriert. Dieser hat erstens eine Antriebsursache, die *causa efficiens,* einen Aufwand nötig, Arbeitskraft oder Geld; zweitens eine Materialursache, die *causa materialis,* das Baumaterial, Sand, Ziegel, Balken und so fort; drittens eine Formursache, die *causa formalis,* Baupläne, die den Grundriß, Räume und Wände bemessen; und viertens eine Zweckursache, die *causa finalis,* das ist irgend jemandes Absicht, ein Haus zu bauen.

Tatsächlich, so wird man mit mir übereinstimmen, kann nicht eine der vier Ursachen bei einem vernünftigen Hausbau fehlen. Oder wäre ein reales Haus denkbar, das jemals ohne irgendeinen Aufwand oder ohne Material oder ohne Plan, welcher Art auch immer, gebaut worden wäre. Oder hätte es ohne irgend jemandes, wenn auch noch so mißverstandener oder versehentlicher Absicht entstehen können? Ganz offensichtlich nicht. Selbst für den Bau des Bibers und den Köcherbau einer Fliegenlarve kann keine der vier Ursachen fehlen. Warum aber gerade vier Ursachen? Und dieser zweiten Komplikation einer zersplitterten Ursachenvorstellung folgt eine dritte auf dem Fuß.

c) *Die Suche nach der Ur-Ursache:* Haben wir nicht noch immer zu Recht erwartet, daß eine Ursache über der anderen steht, Ursachen sich wie Glieder einer Kette reihen? Und war nicht noch immer Anlaß gegeben unter verschiedenen Erklärungen die einfachste als die richtige zu wählen? Tatsächlich ist dies so. Aber, wie wir noch sehen werden, der Anlaß liegt primär in unserem Vorurteil. Und auch das nur deshalb, weil sich zunächst das bestätigt, was man zu erwarten meint. Und da dies so ist, wurde sogleich die ursächlichste unter diesen Ursachen gesucht und – gefunden. Freilich in zweierlei, unverträglicher Weise.

Zum einen wurden sich schon die frühen Exegeten des ARISTOTELES einig, daß der Meister die Zweckursache als die Ursache der Ursachen gemeint haben mußte. In der Scholastik, in der die Interpretation von Texten als eine Interpretation der Welt gelten konnte, wurde diese Ansicht noch erhärtet. Zudem waren Gottes, allem vorangehende Zwecke offenbar. Auch daß im Menschen Sinn und Zweck, die *causa finalis,* über allem regiert und er erst in der Folge Pläne, Geld und Baumaterial zusammenholt, im Sinne seiner Zwekke, das war doch wohl zu offensichtlich. Und da Ursachen, wie erwartet, Ketten bilden, kann die erste, die Ur-Ursache nur ein Weltenzweck, der Sinn des Kosmos, die Absicht seines Schöpfers, eine *causa exemplaris* sein. Die Geisteswissenschaften haben darin gewurzelt.

Zum anderen aber entstand die Naturbeobachtung der Moderne mit NEWTON und GALILEI bekanntlich an Gegenständen, die mit Zielen und Absichten nichts zu tun haben konnten. Auch Material und Form gingen weder in die Bewegung des freien Falls noch in die der Himmelskörper ein. Es war zu offensichtlich, daß man nach den Kräften zu fragen hatte, nach Antrieben, um Gegenstände in Bewegung zu setzen. Man urteile selbst. Zeigte es sich nicht, daß die *causa efficiens* für die Beschreibung der Gesetze genügte? Bei diesem Schluß ist die Naturwissenschaft seither geblieben; denn alles, was geschieht, erweist sich als angetrieben. Die Ur-Ursache mußte, wie es schon THEOPHRASTUS, ein Schüler ARISTOTELES' vermutete, die Kraft oder Energie sein.

d) *Der Widerspruch der Ursachenrichtung* kam durch die Trennung erst recht zur Geltung; und man gewöhnte sich daran, zwischen Kausal- und Finalerklärung zu unterscheiden. In der ersten steckt die *causa efficiens* oder auch alles, was aus der Gegenwart in die Zukunft wirkt. In der zweiten steckt der Zweck, das Motiv, die *causa finalis*, die in vielen, wenn auch nicht in allen Fällen erkennen macht, daß sie wohl nur aus der Zukunft in die Gegenwart wirken könne. Denn, man frage sich selbst, ist der Zweck eines Hauses, bevor es gebaut ist, nicht in die Zukunft hineingedacht? Und wirkt diese zukünftige Funktion nicht in der Zeit zurück auf alle weiteren Entscheidungen, die mit dem Werden des Hauses zusammenhängen?

Und wenn das so ist, wie es den Anschein hat, dann müßte Finalität wohl etwas grundsätzlich anderes als Kausalität darstellen. Denn im materiellen Weltbild der Kausalzusammenhänge können Wirkungen aus der Zukunft in die Gegenwart gewiß keinen Platz finden.

Kaum aber war dieser Widerspruch der Ursachenvorstellung durch die Spaltung der Wissenschaften in Geist und Natur in den Fakultäten zementiert, als die Naturwissenschaften eine vierte Verunsicherung bescherten: einen

e) *Zweifel an der Universalität des Ursachenkonzeptes:* Auch dieser hat eine zweifache Wurzel. Einerseits war es die Quantentheorie, die mit HEISENBERGS Unschärferelation entdeckte, daß es nicht mehr möglich ist, von der genau definierten Bahn eines Teilchens zu sprechen. Und die Physiker versichern, daß dies nicht durch Grenzen der Experimentierkunst, sondern in positiven Naturgesetzen begründet sei. Dabei zeigt sich diese mikrophysikalische Unschärfe in langen Kausalketten bis in den Makrobereich vergrößert. Schon die Berechnung ergibt, daß auch in einem mathematischen Billard von mathematisch idealer Präzision, die siebente die achte Kugel nicht mehr mit Sicherheit treffen muß; so sehr potenziert sich, bei Abständen von einem Meter, die Lage-Unbestimmtheit der Oberflächenmoleküle. Kurz: Die Universalität der Ursache-Wirkung-Regime, das deterministische Weltbild, bekam ein indeterministisches Loch; und man konnte sich mit Recht fragen, was dann vom Determinismus überhaupt noch zu halten wäre.

Andererseits waren die Entwicklungsbiologen inzwischen mit ihrem der Physik entnommenen Determinismus päpstlicher als der Papst geworden. Und eben da fanden sie sich vor dem Phänomen der Selbstregulation der Embryonen, die nur mehr aus dem Zielsuchen des Systems verstanden werden konnten. So blieb einzig der Ausweg, die universelle Kausalvorstellung nun von der komplexen Seite her einzuschränken, und man begann sich so zu verhalten, als wären Kausalität und Finalität zwei sich ausschließende Erklärungsprinzipien der Natur.

Ungewißheit, Widerspruch, Spaltung und Verunsicherung durchzogen das Ursachendenken, als man sich just mit NIKOLAI HARTMANN daran machte, die Einheit der Natur aus ihrem Schichtenbau zu begreifen. Was also nimmt es wunder, daß sich Gereimtes und Ungereimtes mischen.

Wie wir uns das ursächliche Werden der Welt denken

Was nun gerade angesichts dieser Verwirrung unsere Bewunderung verdient, das ist der von alledem fast unberührte Fortschritt der Forschung. Bis zu einem bestimmten Grad scheint es gleichgültig zu sein, wie man sich sein Denken denkt. Das Denken reguliert sich offenbar von selbst. Oder wäre uns überall dort der Lebenserfolg versagt geblieben, wo wir versäumt hätten, darüber nachzudenken, wie wir uns wohl den Vorgang unseres Denkens denken? Tatsächlich funktioniert die Forschung selbst in Biologie und Physik, obwohl ihre modernen Lehrbücher längst darauf verzichten, das leidige Problem der Kausalität überhaupt noch zu berühren.

In den Einzelwissenschaften reimen sich die Dinge gewissermaßen von selbst; daß sich aber das Gesamtbild nicht mehr schloß, das schien jenseits ihrer Einflüsse zu liegen. Worin man jedoch einig wurde, das ist

a) *der Schichtenbau der realen Welt:* Er folgt übereinstimmend aus dem Werden wie aus der Zusammensetzung, dem Grad der Komplexität, der Differenzierung oder Organisation der Naturdinge.

In den ersten Sekundenbruchteilen nach dem Urknall konnte es im Kosmos nur Unmengen der schwersten Quanten geben. Erst mit der Dehnung und Abkühlung konnten auch die leichten entstehen und aus beiden die Elemente des Wasserstoffs und bald des Heliums. Mit der Verdichtung zu Sonnen und Protoplaneten bilden sich die weiteren Elemente und ihre Verbindungen. Zwischen Urmeer und Uratmosphäre folgt die Chemie der Lebensprozesse, und in diesen folgt Schicht auf Schicht, Stoffwechsel, Reizleitung, Reflex, Assoziation,

Lernen, Sozialstruktur, Bewußtsein, Werkzeug und Sprache, Zivilisation und Kultur mit Kunst und Wissenschaft. Wie mittels eines Baukastens schien sich Stein auf Stein zu setzen.

Diesem Baukastenkonzept ist die Suggestion seiner Einfachheit um so weniger abzusprechen, als ja offensichtlich das Ältere stets die Voraussetzung des Jüngeren sein muß. Und dies wieder bestätigt die Erfahrung, daß die Gesetze der jeweils tieferen Schicht in alle höheren hineinreichen. Die Quantenphysik ist die Voraussetzung der Atomphysik, der Chemie, diese sind zusammen Vorbedingungen der Molekularbiologie, der Stoffwechsel-, Neuro- und Verhaltensphysiologie und diese wiederum gemeinsam Grundlagen des Sozialverhaltens, der Kommunikation, der Sprache und Kultur. Niemals ist dies umgekehrt. Es scheint, wie man sieht, alles sehr einfach.

Die Widersprüche und Unverträglichkeiten treten aber auf, sobald nach den Ursachen gefragt wird, aus welchen dieser Schichtenbau nun zwingend folgen sollte. Schon die Einzelwissenschaften hatten auf einen Konsens zu verzichten; wie gegensätzlich mußten erst Natur- und Geisteswissenschaften werden. Hier wird die Ursachenfrage zum Prüfstein unseres Weltbildes und führt zu seinem Zerfall.

b) *Die Ursachenverbindung der Schichten* mußte, so lehrte ja die Geschichte der Erkenntnis, von einer der Ur-Ursachen ausgehen. Wovon auch sonst? War in den Naturwissenschaften noch am Wirken der Antriebsursache, in den Geisteswissenschaften dagegen an der Domäne der Zwecke und Motive zu zweifeln? Hätte nicht jeder Zweifel jeweils ihr ganzes Gebäude in Frage gestellt?

Man hat in den Naturwissenschaften nicht ernsthaft am Primat der *causa efficiens* gezweifelt. Es war von der Doktrin auszugehen, daß die Ursachenkette von der Materie aus zu interpretieren ist. Dies wurde die Doktrin des Materialismus.

Die Widersprüche folgten auf dem Fuß. Wenn sich die Atomgesetze zwangsläufig aus den Quantengesetzen ergeben und so, den Schichten entlang, die Gesetze des Lebendigen aus der Chemie, die des Denkens aus der Nervenphysiologie, dann enthält auch das Denken letztlich nicht mehr als Quantengesetze. Dann ist der Geist eine vertrackte Form der Materie, und es ist legitim, die Psychologie verlustlos auf Biologie, die Biologie rückstandslos auf Biochemie zu reduzieren. Diese Konsequenz heißt Reduktionismus, und sie dekretiert durch Forschungserfolg und Mehrheitsbeschlüsse die Auflösung des Menschen in Stoffe und Reaktionen; gerade an jener Stelle, wo wir ein geschlossenes Menschenbild suchen.

In den Geisteswissenschaften war wiederum nicht am Primat der *causa finalis* zu zweifeln: ausgehend von der Doktrin, daß die Ursachenkette von der obersten Schicht her einem letzten Zweck, einer obersten Absicht oder Idee zu lesen ist. Dies wurde die Doktrin des Idealismus.

Nun laufen die Widersprüche verkehrt herum. Nach HEGELS konsequenter Art ist der Geist zum Zwecke seiner Ideen, das Leben zum Zweck des Geistes und die Materie zum Zweck des Lebens geschaffen. ›Die Ideen verhalten sich als die Seelen der Dinge.‹ Und es folgen die drei bekannten Widersprüche: daß sich der Geist schon in der Idee der Materie äußern müsse oder daß die Schöpfung des Geistes nichts mit der realen Welt zu tun haben könne oder am konsequentesten im absoluten Idealismus, im Solipsismus. Letzterer behauptet, daß nur des Lesers Geist existiere und alle Welt dessen Fiktion sein muß. Und so absurd dies scheint, es ist durch die Vernunft tatsächlich nicht zu widerlegen. Während wir also dabei sind, unsere Welt zu ruinieren, sagt Sir KARL POPPER, kann die Philosophie ihre Realität bezweifeln.

Wer sich in eine der beiden Parteien verfügt, wird von den Idealisten zum extremen Materialisten, von den Materialisten zum Obskurantisten diskreditiert. Und obwohl die lupenreinen Parteigänger seltener wurden, ist doch kein alternatives Ursachenkonzept zur Hand, das ihre Position begründete. Da wird beim Indeterminismus, dort bei der Ganzheitsbetrachtung Schutz gesucht, bei Lebenskräften und Panpsychismen. Das Menschenbild aber zerfällt einstweilen an der Frage seiner Ursachen. Da wird es zerstückelt, dort aus seiner Welt vertrieben.

Wie wir uns die Ursache des Denkens der Ursache denken

Inmitten dieser Unverträglichkeiten des Ursachendenkens scheint es mir nun nötig, nach den Ursachen des Denkens selbst zu fragen. In seiner eigenen Naturgeschichte müßte die Lösung liegen, des Problems nämlich, wie die Ursache der Widersprüche, in die sich die sogenannte Vernunft verstrickt, zu verstehen sei. Den Weg dazu bereitet die jüngste der biologischen Methoden; die evolutionistische Erkenntnistheorie. Sir Karl Popper hat sie aus der Kritik des Erkenntnisvorgangs, Konrad Lorenz aus der Verhaltenslehre und ich habe sie aus der Evolutionstheorie entwickelt; wir kommen zu dem übereinstimmenden Ergebnis:

a) *Leben selbst ist ein erkenntnisgewinnender Prozeß:* In seiner Entwicklung wird darum nicht nur die Entstehung der Voraussetzungen, sondern auch die Anleitung zur Etablierung des bewußten Erkenntnismechanismus zu erwarten sein. Konrad Lorenz nennt dies die angeborenen Lehrmeister.

Bereits die einfachsten Lebensmerkmale – Strukturen wie Funktionen – sind durch Versuch und Irrtum zu einem der Wahrnehmung ähnlichen Abbild ihrer Umwelt geworden. Und schon die einfachsten, im Erbgang vorprogrammierten Systeme der Datenverrechnung sind ›Weltbildapparate‹, welche die Selektion zu einer völlig zweckmäßigen Verarbeitung und Entscheidungsfindung zusammenexperimentierte. Die Zecke beispielsweise, die (wie erinnerlich) darauf angewiesen ist, aus allen Naturdingen die Säugetiere herauszufinden, enthält das Programm, sich beim Geruch von Buttersäure aus dem Geäst fallen zu lassen und bei Berührung eines Objektes von 37° C sich in dieses einzubohren. Tatsächlich ist keine einfachere Definition und kein verläßlicheres Finde-System für Säugetiere möglich.

Werden später die Sinnespforten, wie das Wirbeltierauge, so leistungsfähig, daß sie eine Vielfalt von Wahrnehmungen erlauben, so werden auch sogleich Filter für die verschiedensten Reizmuster eingebaut. Und diese garantieren wiederum, daß ein schematisches Bild der Mutter, des Konkurrenten, des Feindes jeweils verläßlich zum entsprechenden lebenserhaltenden und ebenso genetisch verankerten Reaktionsprogramm geleitet wird. Ja, die ganze Hierarchie der Instinkte stellt ein realistisches Abbild der jeweils vernünftigerweise zu erwartenden Lebensbedingungen dar.

b) *Der Sinn und der Unsinn der Weltbildapparate* wird am Maß der Selektionsbedingungen klar. Innerhalb des jeweiligen Selektionsbereichs wirken die Reaktionen wie ein Walten höherer Vernunft. Je weiter sich die Aufgabe aber von jenem natürlichen Bereich entfernt, für welchen die erblichen Programme selektiert wurden, um so unsinniger erscheint das Ergebnis.

Es ist für Insekten höchst vernünftig, in der Natur einen Ausweg stets in der Richtung auf das Licht zu suchen; für Bodenorganismen bei bedrohlicher Trockenheit in die Tiefe zu kriechen. Aber jede Lichtfalle oder die Trocknung einer Bodenprobe auf einem Netz über dem Sammelglas führt sie aufgrund desselben Programms in den sicheren Tod. Es ist höchst vernünftig, daß das Kücken vor einem im Zenit kreisenden schwarzen Punkt, dem Raubvogel, die schützende Deckung sucht. Aber es ist enttäuschend zu sehen, daß es bei einer an der Käfigdecke kriechenden großen Fliege das gleiche tut. Es ist von lebenserhaltender Bedeutung, daß schon der Säugling Abwehrreaktionen zeigt, wenn ein Gegenstand auf Kollisionskurs auf ihn zukommt. Aber es ist komisch, wenn sich ein Kinosaal voll Erwachsener bei einem Raumbild-Film vor demselben Effekt fürchtet.

Hinter all diesen Lernvorgängen, hier noch des Lernens der Erbprogramme des genetischen Materials, steckt

c) *ein System von Hypothesen:* Dieses verhält sich so, als könne das Wahrnehmbare sich durchaus, aber eben durchaus nicht gewiß, als wahr erweisen: So, als ob es ausschließlich auf das ankäme, was wir im bewußten Bereich die Wiederholung bestätigter Erwartung nennen. Nur wenn sich eine Reaktion unzählige Male unwidersprochen bewährt hat, wird sie von der Selektion im Erbmaterial fest verankert. Leben ist »hypothetischer Realist«.

Nun zeigt die Erfahrung, daß auch das individuelle Lernen bei Tier und Mensch mit derselben *Hypothese des scheinbar Wahren* operiert. Einem Hund (wie wir schon wissen) muß beim Futterreichen sehr regelmäßig die Essensglocke geläutet werden, damit ihm dann auch beim bloßem Glockenton schon der Speichel trieft. Ganz entsprechend bedarf es bei dem vergleichbar analytischen Lernen des Menschen, etwa bei der Beobachtung der Münzwurf-Ergebnisse meines Gegenspielers, vieler Wiederholungen, um Zufall und Absicht unterscheiden zu können. Und die Gewißheit über die Richtigkeit meines Vorausurteils wächst nur mit der Anzahl der bestätigten Prognosen.

Auf dieser Wahrscheinlichkeitshypothese baut eine *Hypothese des Ver-gleichens* mit der Annahme, daß das, was sich in ähnlichen Gegenständen wiederholt zeigt, kennzeichnend ist, das aber, was sich nicht bestätigt, zum Gleichmachen weggelassen werden könnte. Und tatsächlich ist die Natur so geordnet, daß sich auch diese Hypothese bewährt. Nach diesem Verfahren entstehen die Abstraktionen der Erbprogramme, wie auch im tierischen und menschlichen individuellen Lernen. Dies ist aus Attrappen- und Dressurversuchen wie von unserem Abstraktionsverhalten bekannt.

Und auf jener Vergleichshypothese baut nun die *Hypothese von der Ur-Sache,* deren Einrichtung uns hier in der Hauptsache interessiert. In seinem Prinzip ist die Befolgung des Ursachen-Wirkung-Zusammenhangs in den Erbprogrammen so alt wie diese selbst. Im Verhalten wird ihm nicht minder von den einfachsten Ausweichreaktionen bis zu den kompliziertesten Hierarchien der Instinkte stets entsprochen. Auf ein Bewußtsein dieser Programme, das ist ein der Reflexion ähnliches Handeln nach Anleitung dieser angeborenen Lehrmeister, läßt erst das Verhalten der höheren Säuger schließen. Bei höheren Affen jedoch bewältigt dieses Einsicht- oder Planhandeln schon Ursache-Wirkung-Ketten von einiger Länge. Die ›Konversation‹ mit Schimpansen und mit Hilfe von Symbolen hat gezeigt, daß sie sogar den Begriff ›wenn – dann‹ sinngemäß verwenden.

Das Kausalprinzip ist damit in seiner einfachsten Form, in seinem Kettenzusammenhang vorprogrammiert und erscheint mit der Entstehung jenes Handelns mittels Vorstellungen im gedachten Raum, im Bewußtsein, als unsere Erwartung dieses Zusammenhanges in der Natur. HUME hat also recht. Kausalität ist in diesem Sinne ein Zustand unserer Erwartung. Aber der hypothetische Realismus der Lebensvorgänge hat diese Erwartung als eine Entsprechung der Natur extrahiert. So bezeichnet KANT die Erwartung von Kausalität ebenso zu Recht als ein *Apriori.* Für das Individuum nämlich kann sie nur eine Voraussetzung des Erkenntnisgewinns sein. Für die Geschichte seines Stammes aber ist sie das Lernergebnis der angeborenen Lehrmeister, ein *Aposteriori* des Erkenntnisvorganges der Evolution.

Diese kausale Verrechnung erfolgt jedoch in sehr einfacher Weise; in der Kettenform ›wenn *a,* dann folgt *b,* wenn *b,* dann folgt *c*‹. Man bezeichnet dies sehr treffend als eine exekutive Form der Kausalität. Und tatsächlich wird jedem Organismus die Erwartung bestätigt, daß kausale Ketten von Folgeereignissen von jeder der von ihm exekutierten Handlungen ihren Ausgang nehmen würden. Dem werdenden Bewußtsein wurde also fortgesetzt vorgeführt, daß Kausalketten von handelnden, absichtsvollen Individuen ihren Ausgang nehmen.

Eine frühe Form des Urteilens, eine *Hypothese vom Zweck*, konnte sich bilden. Da war das Erlebnis der eigenen Absichten und Zwekke, die am Anfang seiner Handlungen standen. Da waren die auf den Menschen zulaufenden Zwecke der Handlungen von Freund und Feind. Und es konnte nichts näher liegen, als sich den Ursprung unbekannter Ursachen als die Zwecke übergeordneter Wesen zu denken; den Antrieb der Sonnenbahn, die Trennung von Himmel und Erde, den Aufruhr des Meeres oder den Wandel der Jahreszeiten.

Und war es nicht zu offensichtlich, daß Zwecke wie von oben herab oder wie von einem Ziel aus wirkten, aus einer Zukunft, in der sich jede Absicht erst realisiert? War das Übergeordnete, in der Zukunft Liegende, nicht schon in den Zwecken des Gebärens, der Jahreszeiten, der Lebensspanne deutlich genug? Ein animistisches Weltbild stand überall am Anfang, und es hat sich als die Grundlage aller menschlichen Kulturen erwiesen; auch dieser Lehrmeister, diese Erwartung unseres Bewußtseins, hat sich bewährt. KANT hat dies ein *Apriori* der Urteilskraft genannt. Wieder bestätigt es sich als ein *Aposteriori* unserer Geschichte.

Dieses Hypothesensystem des Erkenntnismechanismus vom Lernen der Moleküle bis zur wissenschaftlichen Theorienbildung habe ich in meiner »Biologie der Erkenntnis« übersichtlich zu machen versucht. In diesem Band möge der Interessierte die Einzelheiten begründet finden. Hier bin ich angehalten, mich kurz zu fassen.

Dem Richtigen wie dem Falschen dieser Hypothesen werden wir überall begegnen.

Wie es zum Denken der Ursachen in Systemen kommt

Die Art, in der sich die vorprogrammierte Erwartung von Kausalzusammenhängen äußert, nennt man also ›exekutive Kausalität‹. Dies ist ein recht illustrativer Begriff, denn erstens bezeichnet er das Einfache der Erwartung: das ›wenn – dann‹, das sich zu einer Kette ›wenn *a*, dann *b*, wenn *b*, dann *c* und so fort‹ verlängern kann. Zweitens aber entspricht er dem Lernvorgang, der ganz überwiegend auf dem Erfolg selbst exekutierter Handlungen beruht. Was wäre denn auch die Rückwirkung auf mich selbst, wenn ich das Fallenlassen dieses Buches exekutierte? (Die Bestätigung meiner Erwartung ist es, die ich als Rückwirkung hier übersehe.)

Tatsächlich bedarf es einer ganz anderen Stufe der Abstraktion, eines durch keinerlei Erbprogramm mehr angeleiteten Lernens, um zu erkennen, daß Kausalzusammenhänge im ganzen nicht in exekutiven Ketten, sondern in funktionellen Netzen vorliegen. Die Gesamtkausalität enthält zwar Ketten: Dies sind winzige Ausschnitte aus dem Netz. Gewissermaßen Fadenstücke aus jeweils einer seiner Maschen. Diese Ausschnitte waren für jene Umwelt, für welche das System hypothetischer Erwartungen selektiert und verankert wurde, groß genug. Innerhalb des Selektionsbereichs wirken seine Vorausurteile weise. Außerhalb derselben, für ein Ursachenverständnis des Schichtenbaus der realen Welt zum Beispiel, führen sie in die Irre.

Hier verlassen uns nicht nur die alten Lehrmeister, jene fast unreflektierten Urteilsweisen, die wir den natürlichen Hausverstand nennen. Hier wirken sie sogar systematisch gegen die weitere Erkenntnis. Schon

a) *die Entdeckung der Rückwirkung der Wirkung auf die Ursache* scheint bereits von den angeborenen Lehrmeistern verlassen und allein eine Aufgabe der Vernunft zu sein. Die Vernunft ist aber das jüngste und daher am wenigsten bewährte Regulativ der biologisch erkenntnisgewinnenden Prozesse. Ihr können wir, wie erinnerlich, nicht ohne Bedenken vertrauen.

Behaupte ich etwa, daß in einem Schokoladenautomaten der Einwurf auf die Ausgabe wirkt, so wird man das sogleich bestätigen. Behaupte ich aber, daß die Ausgabe nicht minder auf den Einwurf wirkt, so wird man das wohl nicht sofort anerkennen. Zu deutlich läuft im Kasten die Kausalkette von Einwurf über die Messung und Wägung der Münze zur Entriegelung der Ausgabe. Ja, alle Technik im Kasten scheint darauf angelegt, jede rücklaufende Wirkung gerade zu verhindern. Im ganzen jedoch ist ein Münzautomat eines unter tausend exekutiven Fadenstücken im Netzwerk unserer Zivilisation, und er verdankt sogar seine ganze Existenz lediglich dem Zusammentreffen von Hartgeld, Technologie, Gewinn- und Naschsucht in derselben. Damit wird auch die Rückwirkung der Ausgabe auf den Einwurf sichtbar. Über die Ursachenketten von Prosperität, Wirtschaftswachstum und Inflation wirkt die Schokolade stets zurück auf die Größe der einzuwerfenden Münze.

Im Kasten verläuft zwar eine exekutive Kette. Der Kasten selbst aber hängt in einem fast unentwirrbaren Gespinst funktioneller Ursachenkreise. Ihre Entwirrung ist nur mehr Sache der Wissenschaften.

b) *Die Entdeckung der Ursachenkreise* entspricht gewissermaßen unserer rationalen Leistung, der Maschen in den Netzen ansichtig zu werden. Zunächst erscheinen diese Rückwirkungen von Wirkungen auf die Ursachen in komplexen Systemen nach ihrer Lage und Ausdehnung regellos. Bald zeigt sich jedoch ein Unterschied zwischen den einen, die ihre Schicht nicht verlassen und anderen, die Schichten untereinander verbinden.

In Mengen kennt man schon jene gewissermaßen horizontal liegenden Wechselbeziehungen in den einzelnen Schichten, und zwar von den physikalischen hinauf bis zu den kulturellen: von der wechselseitigen Gravitationsabhängigkeit, etwa von Erde und Mond, bis zur Wechselbeziehung zwischen, sagen wir, Kunstschaffenden und Kunstfreunden. Besonders entwickelt ist die Kenntnis in der biologischen und technischen Kybernetik, die in diesen Wirkungskreisläufen noch die erstaunlichsten Regelmechanismen entdeckt beziehungsweise entwickelt hat.

Und dennoch fällt es nicht leicht, in diesen Kreisläufen auf die Vorstellung eines exekutiven Standpunktes, auf eine wenigstens insgeheime Interpretation des Kreislaufs als einer Kette mit Anfang und Ende zu verzichten. Das illustriert der bekannte Psychologen-Witz von der Laborratte, die überzeugt ist, ihren Versuchsleiter nun wirklich konditioniert zu haben. Denn jedesmal wenn sie auf die Taste im Kasten drückt, wirft er ihr Futter herein. Nun, man wird meinen, der Witz sei eindeutig. Der Versuchsleiter könne in Wahrheit von der Konditionierung der Ratte überzeugt sein, denn jedesmal, wenn er ihr ein Signal gibt, drückt sie auf die Taste. Tatsächlich aber handelt es sich um zwei subjektive Wirklichkeiten und um zwei unerlaubte exekutive Vereinfachungen eines Kreislaufs zwischen Futter-Signal-Taste-Futter-Signal und so fort. Er hat keinen echten Anfang, und er bräche zusammen, gleich welches Glied des Kreises ausbliebe. Die Komik des Witzes ist es, daß uns die Wirklichkeit der Ratte absurd erscheint. Viel komischer ist es aber, daß wir unsere eigene, nicht minder subjektive Wirklichkeit, keineswegs absurd finden. Was uns hier fehlt, das ist der ›Sinn‹ für den fast endlosen Regreß, der in den Ursachenkreisen steckt. Er fehlt uns so, wie der Sinn für die vierte Dimension. Dies ist unser Problem.

c) *Ursachenkreise zwischen den Schichten:* Es wird daher nicht wundernehmen, daß die Ursachenkreisläufe, die, gleichsam vertikal, Schichten unterschiedlicher Komplexität verbinden, der Vorstellung noch mehr Mühe machen. Aber auch ihre Existenz ist erwiesen; (zunächst) im Anorganischen wie in den Sozialwissenschaften.

Im Gleichgewicht einer chemischen Reaktion beispielsweise bestimmen die beteiligten Atome die realisierbaren Molekülstrukturen nicht minder, wie die mögliche Moleküle die Auswahl der aufnehmbaren Atome bestimmen. Das erscheint trivial. Hier ist es kaum notwendig, die Wirkungen nach ihrer Richtung, hinunter zum Atom und hinauf zum Molekül, zu unterscheiden, denn sie sind allesamt bekannt. Was für ein Pedant, würde man sich sagen, der darauf besteht, daß die Zahl der Bücher, die ein Schrank aufnehmen kann, nicht nur von den Abmessungen des Bücherschranks, sondern ebenso von jenen der Bücher abhängt.

Man wird aber vor Augen haben, daß in unserer Geschichte jahrhundertelang mit Revolution und Gegenrevolution um die Frage gestritten wurde, ob nun die Gesellschaft das Individuum oder das Individuum die Gesellschaft zu regieren hätte. Und man wird sich erinnern, daß die Soziologie überhaupt erst zu einer Wissenschaft wurde, als man bemerkte, daß das Individuum nicht minder seine Gesellschaft von unten beeinflußt, wie die Gesellschaft seine Individuen von oben, und zwar unabhängig davon, ob man die Soziologie links mit Karl Marx oder rechts mit Max Weber beginnen läßt. Denn heute ist die Diskussion längst zu den Subkreisen dieses Faktums, jenen zwischen Käufer und Markt, Wähler und Partei und so fort, weitergegangen.

Kurzum: Auch die schichtenverbindenden Ursachenkreise sind in den untersten wie obersten Schichten der realen Welt erkannt worden. Unbekannt blieb bislang ein umfassendes Prinzip der Wechselwirkung in der neuralgischen Mitte in den Schichten der Lebensprozesse. Und sein Vorhandensein oder Fehlen mußte zu einem Test werden. Zum Test der Existenz universeller Systembedingungen in der Einheit der Natur.

d) *Ein* missing link *anstelle von Doktrin und Dogma* kann man die zu fordernden Ursachenkreise zwischen den Schichten des Lebendigen nennen. Es ist zwar für den Biologen unverkennbar, daß sich Zellen und Gewebe, Gewebe und Organe, Organe und Körperabschnitte wechselseitig beeinflussen. Daß aber dieses Auf und Ab der Ursachenkreise letztlich einen Wechselzusammenhang zwischen dem ganzen Körper und dem Erbmaterial erwarten ließe, das hat man durch die Doktrin der klassischen Genetik nun seit hundert Jahren ausgeschlossen und diese Doktrin durch das Zentrale Dogma der modernen Molekulargenetik noch verschärft.

Daß eine Naturwissenschaft Doktrinen und Dogmen errichtet, ist an sich schon bemerkenswert und weist auf den emotionellen, ideologischen Hintergrund. Es geht um die Zurückweisung des Lamarckismus durch die darwinistische Genetik. Denn jener postulierte eine Rückwirkung der Milieubedingungen auf die Erbsubstanz; und das mochte uns einer wissenschaftlichen Berechtigung der Manipulierung des Menschen ausliefern. Die zunächst hypothetische Zurückweisung hat die molekulare Genetik nun insofern untermauert, als sie zeigen kann, daß die Nachrichtenübertragung durch stoffliche Nachrichtenträger tatsächlich nur vom Erbmaterial zum Körper möglich ist. Dieser neue Darwinismus läßt aber die Ordnung, die im Lebendigen herrscht, und die Großabläufe der Stammesgeschichte unerklärt. Und er liefert uns einer nicht minder häßlichen Milieutheorie aus, in der auch der Mensch, wie MONOD behauptet, keinen Sinn hätte, Recht und Erfolg nur der Tüchtigere diktierte.

Ich habe mich darum bemüht, die Ursachen, »Die Ordnung des Lebendigen«, zu bestimmen, fachlich zu begründen und daraus die tatsächliche »Strategie der Genesis« übersichtlich zu machen. Und diese läßt eine Rückwirkung nicht des Milieus, sondern des Körpers auf die Erbsubstanz vorhersehen. Es ist dies (wie man sich erinnert) genau das Problem, für das CHARLES DARWIN selbst mit seiner ›Pangenesis-Theorie‹ noch bis in sein hohes Alter eine Lösung suchte. Ich finde diese nun darin, daß der Zufall der Mutationen die Nachrichtenträger der Erbsubstanz in Wechselabhängigkeit bringt, wobei die Selektion aber stets jene Schaltmuster bevorzugt, welche den Funktionsmustern ihrer Produkte entsprechen; und zwar deshalb, weil deren funktionelle Anpassungschance dadurch beträchtlich gefördert wird. Die Erbmaterialien kodieren also nicht nur hinauf die Ausformung der Körperfunktionen, sie kopieren, aus Gründen der Erfolgswahrscheinlichkeit, im herunterführenden Kreislauf auch die Funktionszusammenhänge ihrer Körper.

Ich muß es mir in diesem Aufsatz natürlich versagen, meine Evolutionstheorie näher auszuführen, und den interessierten Leser bitten, nach meinen zuletzt erschienenen Büchern zu greifen. »Die Ordnung des Lebendigen« enthält die ausführliche Begründung für den Biologen. »Die Strategie der Genesis« will dieses Theorem von der Evolution des Kosmos bis zur Evolution der Kultur dem gebildeten Laien zugänglich machen. Die Diskussion um diesen Wandel des Weltbildes ist damit in Gang gekommen.

Das neuralgische Glied in der Mitte der Ursachenkreisläufe, zwischen den Schichten, beginnt sichtbar zu werden. Und wenn sich diese Lücke schließt, schließen sich auch die auf- und abwärtsführenden Ursachenkreisläufe, durch den ganzen Schichtenbau der realen Welt. Erst damit wird die vorliegende Gesamtübersicht möglich. Das Ergebnis sind

e) *geschlossene Ursachenkreise in einer Hierarchie von Systemen:* Das funktionelle Denken in ganzen Systemen von Ursachen hat dazu beigetragen, eine Vorstellung von der Vernetzung der Ursachen zu entwickeln. Die Realität bestätigt, daß die exekutive Kausalvorstellung nur Fäden in den Netzmaschen, kaum die Maschen selbst und nie das ganze Netz abbildet. Und da ein Netzzusammenhang keine vorgegebene Richtung der Ursachen hat, wird man vorhersehen, daß eine Ursachenerklärung, die ausschließlich entweder von den Quanten oder von den Phänomenen des Geistes ausgeht, das Ganze nie fassen kann. Materialismus wie Idealismus sind Sackgassen des Denkens.

Es ist vielmehr eine funktionelle Betrachtung einzuführen, welche sowohl die auf- wie die absteigenden Ursachenzusammenhänge zwischen den Schichten der realen Welt im Auge behält. Und dazu müssen wir weder dem Stein der Weisen neue esoterische Kräfte extrahieren noch unter unverträglichen Wahrheiten die wahre Wahrheit wählen; es genügt, jene bewährten Kenntnisse zusammenzustellen, die zusammenzustellen die Einzelwissenschaften allerdings einander bislang jedoch versagten.

Nicht einmal mit neuen Benennungen der gegenläufigen Ursachen muß ich den Leser bemühen. Denn alles ist, wenn auch in verwirrender Abwandlung, schon dagewesen. Man mag sich zum Beispiel erinnern, daß für ARISTOTELES die Formursache – griechisch *energeia* – das eigentliche Wirkprinzip, das Aktualitätsprinzip gewesen ist. Von *energeia* aber leitet sich nun unser Wort Energie ab, mit dem das Gegenteil, die Kraft der Antriebe bezeichnet wird. ARISTOTELES hat auch noch eine fünfte Ursache, die *steresis,* eine Zerstörungsursache gekannt. Sie ist mit dem Entropie-Begriff der Physik von heute verwandt, mit der notwendigen Tendenz alles Irdischen, in Verfall und Unordnung überzugehen. Und die scholastische Philosophie hat noch die erwähnten *causae exemplares* für die Ideen Gottes, die exemplarischen Ursachen der Schöpfung, etabliert. Diese kann man sich als eine Ur-Zweckursache vorstellen. Aber alledem brauchen wir hier nicht nachzugehen.

Ich werde vielmehr, wie schon auf Seite 126 erörtert, nur die vier klassischen Ursachen beim Namen nehmen. Und ich werde die Antriebsursache gegen die Zweckursache und die Materialursache gegen die Formursache wirken lassen.

Denn es wird sich ein doppeltes Verhältnis der vier zueinander herausstellen. Materialien und Antriebe wirken von den unteren, Form- und Zweckbedingungen von den jeweils oberen Schichten der Komplexität. Während aber die Antriebs- und Zweckbedingungen in einem weiteren Sinn durch das ganze Schichtensystem der realen Welt unverändert hindurchreichen, ändern die Material- und Formbedingungen von Schicht zu Schicht nicht nur ihre Zustände, sondern wechseln auch in ihrem Charakter zwischen Ursachen und Gründen.

Das Hindurchreichen der Antriebsursache

In allen Kulturen zählt es offenbar zu den Eigenschaften der Muttermilch, mit ihr stets noch allerlei anderes als bloße Nahrung aufnehmen zu können. In den Erfolgszivilisationen ist dies unter den Ursachenvorstellungen die Antriebsursache. Hüben wie drüben wird schon der Pennäler (z. T. mit der Akribie seiner Physikbücher) in abgemessenen erg (Energieeinheiten) und Newtonmetern, Kalorien und Pferdestärken, selbst in Joule und Wattsekunden auf das Wesentliche seiner künftigen Wirklichkeit vorbereitet. Und nur kurze Weile dauert es, bis die Gesellschaft den einen die tiefere Weisheit einer Beachtung der Kalorien, den anderen die der Pferdestärken des Wagens (nunmehr in Watt) auch überzeugend demonstriert; bis beide dann vereint mit Hilfe der allgemeinen Selbstverständlichkeiten die Kilowattstunden ihrer Lebensleistung, hier der Bankkonten, dort des Plansolls, zu messen verstehen.

Kurzum: Wenn es um das Verständnis der *causa efficiens* geht, findet man uns aufgeschlossen. Seitdem es den Faustkeil und das Bewußtsein gibt, steht uns die umfassende Bedeutung der Kräfte vor Augen, und die Weltnachrichten bestätigen sie uns noch heute tagtäglich.

a) *Die Einheit der Kräfte* ist jedoch nicht in Frage zu stellen. Und es ist nicht zuletzt ihre Erhaltung und Meßbarkeit, die uns davon überzeugt hat, daß sie in unveränderter Form durch die ganze Geschichte wie durch den gesamten Schichtenbau der realen Welt hindurchreichen.

Wo die Kraft dieser Welt herkommt, das wissen wir kennzeichnenderweise nicht. Der Urknall ist bereits als ein Ausbruch von Energie errechnet, in dem Massen schwerster Quanten aus unvorstellbarer Dichte fast mit Lichtgeschwindigkeit auseinanderrasen. Und von hier aus sind die Energiekosten vom Bau des Wasserstoffs über den der Nebel, Protoplaneten und schwereren Elemente zu den Verbindungen stets bestimmbar. Wir können die Energieaufwände der präbiotischen Phase, die aller Lebensprozesse, der Gesellschaften, Zivilisationen und der Biosphäre in gleichen Maßen berechnen. Zwar wechselt Energie ihre Erscheinungsformen; sie erreicht die Biosphäre als Strahlung der Photonen, durchwandert sie in kinetischer und chemisch-gebundener Form und verläßt uns wieder degradiert, meist als nächtliche Wärmeabstrahlung, um irgendwo die Weltraumkälte ›anzuwärmen‹.

Tatsächlich kann man den Herstellungs-, Erhaltungs- und Betriebsaufwand, sei es eines Kristalls, eines Eisschranks, eines Virus oder Menschen, einer Ameisen- oder Religionsgemeinschaft, einer Familie, eines Staates, einer Kultur, in identischen Energiemaßen beschreiben. Und wenn die Energieformen auch in den unteren Schichten potentielle und freie Energie heißen, dann Reservestoffe, Futter und Ertrag, in den obersten aber Geld, Macht, Kapital, Nationalprodukt oder Rüstung, sie sind alle, wie schon das englische Wort *power* vorwegnimmt, ineinander überführbar. Die *causa efficiens* reicht unverändert durch alle Schichten.

b) *Das Wesen und Unwesen eines Monopols der Kräfte* besteht in der Leistungsfähigkeit wie in der Einseitigkeit der sogenannten exakten Wissenschaften und deren Konsequenzen.

Auf der einen Seite entsteht in knapp drei Jahrhunderten von Europa aus das größte und gesichertste Wissensgebäude der Menschheit. Zunächst in Physik und Chemie, in Technik und Ökonomie und in der Folge, wo immer sich deren Kausation anwenden läßt. So ist die Physiologie eine chemo-physikalische Analyse der Lebensprozesse, die sich bis in die Physiologie des Gehirns, der Therapie und der Pharmaka erweitert. Es entsteht das Wunderwerk an Gewißheit und Voraussehbarkeit jener Wissenschaften, die von sich behaupten, allein über das zulässige Kausalkonzept zu verfügen. Sie haben uns Wohlstand, Erkenntnis und bislang Gesundheit in einem vordem unvorstellbaren Maß gebracht. Dies ist die wesentliche Folge erkannter Kräfte.

Auf der anderen Seite entstand damit jene garstige Welt, die nun meint, daß mit Geld, also mit Energie, Macht oder Kapital alles zu haben wäre. Es entstehen die technokratischen Machtgesellschaften und ihre noch bedauernswerteren Nachahmer, die nur mehr vom Wachsen des Energiedurchzuges leben können und die ihren Individuen nur mehr ein Lebensziel belassen: mehr umzusetzen als der Nachbar und morgen mehr als heute. Jene so erfolgreichen Gesellschaften also, die – um dieses traurige Kapitel kurz zu machen – den Menschen vermassen, seine Umwelt zerstören und an sich selber bersten werden, wenn sie sich dem selbstgeschaffenen Teufelskreis nicht entziehen. Aber niemand hat die Macht, mit der Macht zu brechen. Die Evolution hingegen hat schon mit Millionen Arten, falls sie ausuferten, kurzen Prozeß gemacht. Unser Geschäft mit der Macht ist ausgeufert. Dies ist das Unwesen des Monopols der Kräfte.

Von der Antriebs- zur Materialursache begeben wir uns gleichzeitig aus dem Gedröhne unserer Zivilisation in die Stille zwischen fast Selbstverständlichem und Vergessenem. Und es bedarf darum einiger Wachsamkeit, um sich nicht ebenso aus der Welt der harten Fakten in die der Fiktionen zu begeben. Was also hat der Autor zu vermelden?

Ich melde hier zunächst eine Exegese unserer Gemeinplätze an und behaupte, daß für Geld zwar vieles, keineswegs aber alles zu haben sei. Dabei habe ich durchaus nicht Allwissenheit oder Unsterblichkeit im Auge. In meinem modernen Märchen bitte ich mir lediglich das Bruttosozialprodukt der Nationen aus und biete es für jeden von fünf Gegenständen; einen für je eine Schicht der realen Welt. Ich wünsche mir ein Atom mit dem doppelten Atomgewicht des Urans, ein Molekül aus sieben Wasserstoffatomen, ein Erbmaterial aus Plastik, ein kiemenatmendes Säugetier und eine Kommunikation ohne materiellen Träger. Unsere Exegese kommt damit zu dem Schluß, daß in dieser Welt zwar für nichts wieder nichts, aber für alles durchaus nicht alles zu haben ist. In unserem Klartext: Ohne Antriebsursache entsteht zwar kein neues Material, aber auch aller denkbarer Antrieb schafft nicht alle denkbaren Materialien. Kurz: Dieser Kosmos hätte zwar alles haben können, nun aber kann er nicht alles enthalten.

Wenn beispielsweise dem Baumeister für sein Gebäude einmal nur Marmor, ein andermal nur Schnee, Gezweig oder Kanisterblech zur Verfügung ist, so wird selbst bei unbegrenzten Antrieben das Baumaterial die Form des Baus mitbestimmen. Die Zufälle der *causa materialis* werden von der Antriebsursache unabhängig ihre Wirkung tun. Die Selbständigkeit der Materialursache hängt also von der Frage ab, wieso diesem Kosmos nur eine ebenso beschränkte wie zufällige Auswahl von Aufbauteilen verfügbar ist: und zwar in jeder seiner Schichten.

a) *Die Ursachen beschränkter Materialien* ist eine zweifache. Erstens werden beim Entstehen neuer Materialien keineswegs alle Möglichkeiten durchexperimentiert; vielmehr erweist sich das Zusammentreffen ihrer Komponenten oft als zufällig. Man wird sich erinnern, daß lange Kausalketten die mikrophysikalische Unbestimmtheit bis in den Makrobereich verlängern. Ob also die siebente die achte Kugel im idealen Billard bewegen oder in welcher aller möglichen Richtungen sie diese bewegen wird, das muß auch dem universellsten Weltgeist vorauszusehen prinzipiell verwehrt sein. Genaugenommen sind es immer Rechts-Links-Entscheidungen an Scheidewegen, die sogenannten Bifurkationen der exakten Wissenschaft, an welchen letzten Endes der echte, mikrophysikalische Zufall die Wahl trifft; Entscheidungen, welche sich im Strom der Ereignisse dann nicht mehr rückgängig machen lassen. Der Zufall wählt unter allen prädisponierten Möglichkeiten nur eine und diese in unvorhersehbarer Weise der Entscheidung.

Von der Seite des Materials gesehen können also die Ursachenwege der Entwicklung ihrer Komponenten zwar prädisponiert, aber keineswegs prädestiniert sein, einander in der nächsthöheren Schicht zu begegnen. Da es nun unserer Vorstellung Schwierigkeiten macht, Naturdinge zu denken, die realisierbar gewesen wären, aber zufällig nicht realisiert wurden, will ich einfachste Beispiele nur des Zusammentreffens geben.

Das zufällige Zusammentreffen der Masse eines Protoplaneten etwa mit seinem Abstand zur Sonne führt zu einer sehr speziellen Planetenart; beispielsweise unserer Erde. Das Zusammentreffen einer Schwefelwasserstoffatmosphäre mit der abkühlenden Lava der Kruste führt zur chemischen Evolution der präbiotischen Aminosäuresysteme. Das zufällige Zusammentreffen der sich ebenso unabhängig entwickelnden Schwimmblase und Nasengrube bildet unsere Atemwege. Das Zusammentreffen von Greiffingern und Lippen erlaubt das Blasen der Mundharmonika, was mit Huf und Kiemendeckel nicht möglich wäre. Das gleichermaßen unerwartete Zusammentreffen von Geige und Mundharmonika führt zur Volksmusik der Südstaaten. Zahllos sind aber die möglichen, tolerierbaren Kombinationen, die nicht zusammentreffen.

Zweitens wird sich die Einengung von der Seite des Milieus her ebenfalls als rigoros und zufällig erweisen. Welches Material, selbst wenn seine Komponenten zusammentreffen, vom nächst übergeordneten System toleriert werden wird, das ist ebenso wenig prädestiniert. Doch sind dies Ursachen, die von den Oberschichten ausgehen. Als Formursachen werden wir sie besprechen. Aber bereits die Folge der Zufallsbildung unter den möglichen Materialien führt nun schon zu

b) *Kanalisierung und Wechsel in den Aufbaubedingungen:* Zunächst wissen wir charakteristischerweise wiederum nicht, welchen Vorbedingungen die Urmaterialien, Quanten oder Quarks, ihre Etablierung verdanken. Aber sobald sie sich zur Materie konstituieren, baut ein System der Einschränkungen, wir nennen sie Naturgesetze, auf dem anderen auf; auf den Atomgesetzen bauen die der chemischen Bindungen, auf diesen die einschränkenden Möglichkeiten des Stoffwechsels, der Vermehrung und der Nachrichtenübertragung vom Erbmaterial in die Aufbau- und Betriebsanleitung der Organismen.

Und je höher wir in die Schichten der organischen Welt aufsteigen, um so überzeugender wird die Kanalisierung der möglichen Bauformen sowie der Wechsel in den Prädispositionen der neuen Materialien. Unter den unübersehbaren Alternativen, die allem organischen Werden möglich gewesen wären, erweist sich immer nur eine verschwindende Anzahl als realisiert. Es sind das die Alternativen des Stammbaums mit Pflanzen – Pilzen – Tieren, dann mit Wirbellosen und Wirbeltieren, Fischen und Vierfüßern bis hinauf zu den Alternativen der Säugetiere, Primaten, Hominiden, zur Gattung und Art des Menschen. Und was immer Tier, Wirbeltier, Säuger, Mensch geworden ist, erweist sich nurmehr innerhalb all dieser Materialeinengungen zu Weiterem disponiert; ist also entweder Tier und Wirbeltier und Säuger und Mensch geblieben oder von der Evolution verworfen worden.

Dem Delphin wird folglich das Material der Kieme, der Fledermaus die Feder immerfort fehlen, wie uns ein zweiter Zahnwechsel oder der Verlust der Aggressivität offensichtlich nur zu nützlich wäre.

Dabei wird gleichzeitig der schichtenweise Wechsel der möglichen Dispositionen deutlich. So stehen bei den Alternativen der Urtiere, Chordatiere, Säuger und Primaten jeweils die Dispositionen der Reizleitung, des Gefäßsystems, der Extremitäten und des Großhirns im Vordergrund. Eine Vielzahl anderer, dringend nötiger Materialien stehen nicht mehr zur Debatte. Aber trotz deutlichster Einschränkung, eindeutiger Prädisposition, ist von Prädestination weiterhin keine Rede. Weder wurden den Tieren die Wirbeltiere noch diesen die Säugetiere an der Wiege gesungen; und den Säugern schon gar nicht die hierarchische Gesellschaft, das Indogermanische und der Deutsche Idealismus.

Stets wählt der Zufall eine Fügung unter den Prädispositionen der neuen Materialien und schließt gleichzeitig die Fülle anderer tolerierbarer, ja nützlicher Prädispositionen, die Prädestinationen der Materialien aus.

c) *Ein Wechsel von Materialbedingungen* begleitet also den Schichtenbau der realen Welt, wobei die Materialien ebenso wechseln wie die Wirkungen, die von diesen ausgehen. Der Wechsel der Materialien ist die erste Voraussetzung eines Wechsels der Wirkungen. Er beruht darauf, daß das, was in der Unterschicht etwa zum Bau der Oberschicht fehlt, nicht mehr ergänzt werden kann und daß die Dispositionen der Oberschicht von unvorhersehbar neuer Art sind. Neu sind sie, weil das Zusammentreffen von Systemen neue Systemeigenschaften liefert; unvorhersehbar, weil der Zufall nur eine einzige Kombination aus den zahllosen möglichen wählte. So kann die Fledermaus die verpaßte Feder nicht ergänzen. Ihr Echoloten ist dagegen neu und mehr als Schreien plus Hören. Und die Kombination ist unvorhersehbar, weil der Leistungskombinationen in der Disposition der Säugetiermaterialien unzählbar viele sind.

Im Werden der Schichten setzen sich nun die Wirkungen der Untermaterialien in alle Obermaterialien fort. Aber trotz ihrer Repräsenz schwächt sich die Bedeutung der Wirkung ab. Die Wirkung der chemischen Bindungsgesetze beispielsweise dominiert noch die Struktur der Zellwände, sie bestimmen aber nur mehr abgeschwächt die Gewebswände der Organe, kaum mehr die Struktur etwa eines Krebspanzers und nicht mehr die Form des Harnischs. Niemand zweifelt am Wirken der Quantengesetze auch in der Gotik, aber niemand sieht in ihnen die Ursachen der gotischen Formen. Lediglich die Materialbedingungen des individuellen wie des erblichen molekularen Gedächtnisses wirken ungeschmälert in alle jene übergeordneten Systeme, mit welchen sie ein gemeinsames Schicksal teilen.

Dies macht auch den Wandel in der Wirkung der Materialbedingung anschaulich. Im Bereich der Fulgurationen, so lange sich also Bedingungen aktiv beteiligen, verhalten sie sich wie Ursachen. Je später dieselben in einer Nachfolgeschicht betrachtet werden, um so mehr wandeln sie sich zu einer zwar festen Voraussetzung, aber gleichzeitig zu einer sich nicht mehr wandelnden Größe: zu einer Grundlage jener Oberschicht. Von einem ›Seinsgrund‹ sprechen dann die Philosophen. Bei der Synthese des Kohlenstoffatoms etwa finden wir in den Eigenschaften der beteiligten Quanten die Ursachen. In den Kohlenstoffverbindungen eines Nervs ist ihre Stetigkeit längst eine Voraussetzung. Bei der Synthese des Auges finden wir in Linse und Bulbus ihre wechselseitigen Ursachen. In den Augäpfeln der Musiker eines philharmonischen Orchesters ist deren Stetigkeit wiederum eine Voraussetzung.

Kurz gesagt: Die Materialbedingungen bilden einen Strom erst von Ursachen, dann von Gründen, die, einander überfließend und überformend, stufenweise durch die Schichten der realen Welt aufsteigen.

Die Stufen der Ursachen und Gründe der Form

Von den Material- zu den Formursachen wechselt die Richtung der Wirkungen wie von den Baumaterialien zu den Bauplänen. Wir wirken weiter im stillen. Dort wirkte das vorhandene spezielle Baumaterial, die Ziegel, auf die mögliche Struktur der nächsthöheren Schicht, die Wand. Da nun soll der Plan der Wand auf die Wahl der für ihre Struktur möglichen Materialien wirken. Hier wird man einwenden, man hätte sich mit dem Konzept der Baumaterialien noch abgefunden; es ginge aber zu weit, in dieser realen Welt auch noch mit dem Vorliegen von Plänen rechnen zu sollen. Tatsächlich etabliert aber der Schichtenbau der Welt Funktionen, deren Wirkung den Aufgaben von Plänen entsprechen.

Ich gebe allerdings zu, daß das aristotelische Beispiel vom Hausbau, wenn auch didaktisch nützlich, universell nicht überzeugt. Es beschreibt zwar die Bedingungen eines komplexen Aufbauvorgangs, bezieht sich aber auf den Bereich menschlicher Absichten. Wir müssen also das Modell schrittweise verallgemeinern.

Was nun die allgemeine Funktion eines Planes betrifft, so enthält diese die Auflage, das Material und dessen Lage zu bestimmen. Zur Erfüllung einer Form und Funktion ist eine geeignete Auswahl, eine Selektion, zwischen vorhandenen Materialien zu treffen und deren Position festzulegen. Planen wir einen Kamin, so werden wir die hitzebeständigen unter den Ziegeln zur Kaminmauer ordnen, planen wir die Zucht einer Zwergrasse, so werden wir stets die kleinsten Individuen für die Paarung wählen. Eben das geschieht in der Natur. Die Bedingungen eines Lebensraums oder einer Tiergesellschaft selektieren selbst, und die getroffene Auswahl an Arten und Individuen zu den möglichen Populationen entspricht den gesetzten Formen und Funktionen genauso wie die Teile eines Baus dem Bauplan.

Und nun ist es von Interesse festzustellen, daß diese Auflage auszuwählen, allen Schichten der realen Welt eigen ist. In keiner dieser ihrer Entwicklungen könnte sie fehlen. Diese Funktion ist auch überall gut erforscht. Nur wird sie in verschiedenen Schichten verschieden benannt. Im Bereich der Physik und Chemie spricht man von den Randbedingungen, in der Biologie von Organisation, Selektion und Zuchtwahl, in den Sozialbereichen von Wahl und Entscheidung und in den Kulturwissenschaften von Kritik und Urteil. In jeder Schicht wählt aber stets die Konstellation eines Obersystems jene Untersysteme aus, die geeignet sind, ein neues Zwischensystem zusammenzusetzen.

a) *Die universelle Wirkung der Selektion:* Es ist zwar wiederum kennzeichnend, daß wir die Bedingungen der Ur-Selektion nicht kennen, doch wird man auch hier Verständnis dafür haben, daß wir die Ur-Entscheidung dieses Kosmos, zuerst nur Quarks zuzulassen, noch nicht zu verstehen vermögen. Aber schon mit der Evolution der Quanten werden die Bedingungen, die ihrer Zulässigkeit und Lebensdauer gesetzt werden, deutlich. Und daß das System des Atoms nun seinerseits die passenden Quanten in passender Zahl wählt, ist allgemein bekannt.

So setzt sich der Schichtenbau der Formbedingungen weiter fort. Das Molekül entscheidet durch die Bindungsgesetze, welche Atome, das Bio- oder Großmolekül darüber, welche Einzelmoleküle es in seinen Verband nehmen kann. Differenzierter wird dies noch in den Organismen, da die Evolution bekanntlich mittels der Bedingungen der Lebensräume die Arten und in jeder Art durch Milieu und natürliche Zuchtwahl die tüchtigeren Individuen selektiert. In der Organisation der Individuen wiederum, so zeigt die Entwicklung, bestimmen die Organe die Differenzierung ihrer Gewebe, die Gewebe die ihrer Zellen und so fort bis zu den ultramikroskopischen Strukturen. Nicht anders wählen die Sozietäten ihre Gruppen, und die Gruppe entscheidet über Aufnahme und Verstoßung der Individuen. Und nicht minder urteilt das, was wir eine Kultur oder einen Zeitgeist nennen, kritisch über die Zulässigkeit der Theorien und Vorurteile, die diese zusammensetzen, und Theorie und Vorurteil des einzelnen bestimmen sein Wählen im Repertoire seiner Handlungen. Ausgewählt wird durch alle Schichten von den Kulturen bis zu den Quanten.

b) *Aufbaubedingungen und Selektivität:* Die Entwicklung der Formbedingungen bedeutete mir lange ein Problem. Wie sollte man sich in einem schichtweise von unten aufbauenden Kosmos ein Vorauseilen der ja stets von oben wirkenden Formursachen denken? Die Lösung danke ich dem biologischen Selektionsprinzip. Es zeigt, daß jegliches System, ob Individuum, Art oder Lebensgemeinschaft, in einem Obersystem eingebettet ist. Und diese Bedingungen der Obersysteme türmen sich übereinander und reichen stets in einem spiegelbildlichen Aufbau, ausgehend von jenen der Biosphäre, des Planeten Erde, des Sonnensystems und unserer Galaxie bis zu den Bedingungen des Kosmos im ganzen.

Die Entwicklung der Formbedingungen geht von dem ja stets vorhandenen Ganzen aus, und deren Differenzierung beruht auf dem Einschub immer neuer Zwischenschichten zwischen dem Teil und dem Ganzen. Ob sich nun galaktische Nebel bilden, in diesen Sonnen und Planeten, stets folgen die Teile den jeweils übergeordneten Bedingungen des Kosmos, der Galaxien und der Sonnensysteme. Ob sich Quanten, Atome, Moleküle formen, sie folgen dem jeweils etablierten Obersystem, zunächst wieder den Randbedingungen des Kosmos, dann der Nebel, der Sonnen und Planeten. Das Leben wiederum folgt den Selektionsbedingungen der frühen Biosphäre, die Arten den Lebensräumen, die Individuen den Konkurrenzbedingungen in den Arten und der ganze Schichtenbau der Biostrukturen den Funktions- und Formansprüchen der Organisation ihrer Individuen. Und wird aus einer Art eine Sozietät und weiter noch eine Kultur, so selektiert die Sozietät ihre Gruppe wie diese die Individuen, und die Kultur wählt ihren Zeitgeist und so fort bis zu den Theorien, Vorurteilen, Einzelurteilen und Handlungen des Menschen.

Die eliminierende Wirkung ist stets rigoros. Obwohl unser Kosmos in seiner Grundstruktur nur wenige Typen an Quarks enthalten mag, bereits hundert Quantenarten sind bekannt. Von diesen bilden nur drei die stabile Materie. Obwohl auch aus diesen noch Tausende Elemente kombinierbar wären, die Formbedingungen der Atomgesetze lassen nur hundert stabil sein. Obwohl ferner aus hundert Elementen Trillionen Molekülkombinationen möglich wären, die Formgesetze der Chemie lassen etwa nur eine Million zu. Und obwohl aus den tausend häufigen Biomolekülen eine alle kosmischen Dimensionen übertreffende Anzahl verschiedener Arten möglich wäre, die Formbedingungen der Lebensräume haben nur zwei Millionen überleben lassen. Und nicht minder sind von den unzähligen möglichen Sprachen und Kulturen von jenen nur rund tausend, von diesen nur hundert realisiert.

Obwohl sich also Schicht für Schicht die Möglichkeiten der Materialbedingungen sprunghaft weiten, bestimmen die Formbedingungen Schicht für Schicht die Auswahl der stabilen Bauteile zum stabilen Bau der nächst höheren.

c) *Ein Wechsel der Formbedingungen* ist nun wieder die Folge der sich abwechselnden, ebenso zufälligen wie selbständigen Formschichten. Zunächst zeigt sich die Zufallskomponente der langen Kausalketten bereits in der Lage unserer speziellen Galaxie, unseres Sonnensystems und unserer Erde. Die formgebenden Bedingungen der Urmeere, die ersten bevölkerten Kontinente, der Savannen und Höhlen für die ersten Menschen und des Zeitgeistes, der die ersten Hochkulturen selektierte, waren noch weniger prädestiniert.

Und nochmals weniger Prädestination enthält das Zusammentreffen dieser Formbedingungen mit den von ihnen zu selektierenden Subsystemen. Nun kann, umgekehrt wie bei den Materialbedingungen, in der Oberschicht nichts, was an Bauteilen fehlte, ergänzt werden. Sie bleiben ebenso unbeeinflußbar selbständig.

So wirken nun Formgesetz und Formgesetz in jeweils spezieller Weise auf ihre jeweils untergeordnete Schicht; und alle zusammen wirken sie vom Ganzen bis zum kleinsten Bauteil des Kosmos; unabhängig davon, wie viele Schichten sich im Differenzierungsprozeß in den Bau der Welt eingeschoben haben. Ob nun im intergalaktischen Raum der Kosmos allein über die Auswahl der beständigen Quanten wacht oder ob in einem Organismus eine ganze Serie von Formgesetzen von der Galaxie bis zum Lebensraum und vom tolerierbaren Individuum bis zu seiner kleinsten molekularen Nachrichteneinheit seines Erbmaterials Ort und Position des Elektrons einer Wasserstoffbrücke selektiert.

Aber wie bei den Stufen der Materialbedingungen nach oben,

schwächen sich die Wirkungen der Formbedingungen nach unten mit der Entfernung ab. Die Formbedingungen der Jagd im Wasser zeichnen noch die Gestalt des Delphins, in der Struktur seines Herzens werden sie undeutlich, in den Fasern des Herzmuskels sind sie verschwunden. Die Formbedingung der Muskelfaser aber prägt ihrerseits ganz ihre Zellularstrukturen, selektiert nur mehr teilweise die Formen der Moleküle und verschwindet bei den Strukturen der Atome.

Dies macht nun von der Gegenseite den Wandel gestufter Bedingungen anschaulich. Im unmittelbaren Bereich des Scheidens stabiler und instabiler Bauteile, während des Vorgangs der Auswahl also, erscheinen uns Formbedingungen wiederum als Ursachen. Je ferner aber die Unterschicht ist, in der das Ergebnis solcher Auswahl betrachtet wird, um so deutlicher wird jene übergeordnete Bedingung zur unveränderlichen Voraussetzung, zur bloßen Rahmenbedingung der Existenz der Schicht. In der Sprache der Philosophen wird sie wieder zum ›Seinsgrund‹ – nun aber nicht des Materials, sondern der Form. Der Lebensraum des Delphins etwa ist die unmittelbar selektive Ursache der Stromlinie seiner Flosse; aber für die Kontraktion einer Faser in einem Muskel dieser Flosse ist seine Existenz nur mehr eine Voraussetzung. Die Kultur der Gotik ist die unmittelbare Ursache der Lebenshaltung des Dombaumeisters; aber für das Begleichen seiner Schusterrechnung ist sie wiederum nur mehr eine der Voraussetzungen.

Kurz gesagt: Die Formbedingungen bilden einen Strom, erst von Ursachen, dann von Gründen, die, einander überfließend und überformend, stufenweise durch die Schichten der realen Welt absteigen.

Das Hindurchreichen der Zweckursache

Von der Form- hinüber zur Zweckursache wechseln wir nochmals die Szene. Nun von der Stille des Vernachlässigten zurück in das Stimmengewirr des Alltags. Denn unser Sinn dafür, was einen Zweck habe, muß wieder uralt sein. Jedermann scheint in jenem Wirkungsbereich, den man ernst nimmt, den man meint zum sogenannten Ernst des Lebens zählen zu müssen, auch die Zwecke seiner Tätigkeiten ernst zu nehmen. Will uns ein Kritiker davon überzeugen, daß das, was wir eben tun, keinen Zweck hat – wie beispielsweise das Schreiben dieser Zeilen –, so neigt man dazu, entweder ihn vom Gegenteil überzeugen zu wollen oder, sollte man sich überzeugen lassen, die ganze Sache aufzugeben.

In der Vorstellung von den Zwecken der eigenen Tätigkeit steckt die elementare Erwartung, nämlich ein Ziel mit passablen Erfolgschancen auch erreichen zu können. Da wir fortgesetzt irgendwelche Ziele setzen und bei zweckvollem Vorgehen auch manche erreichen, scheint diese Annahme durchaus legitim. Und weil ein Leben durch die Fülle der legitimiert zweckvollen Handlungen vielleicht auch seinen eigenen Zweck legitimiert, ist diese Erwartung so elementar. Zudem zeigen etwa Begräbnisriten schon des Neandertalers, die Bärenkulte der Steinzeit, daß die Erwartung des Herrschens von Zwekken nicht nur uralt, sondern auch längst bis ins Jenseitige verlängert wurde. Kein Wunder also, daß solch ein Erbe, nun zur Zweckursache rationalisiert, unsere Kultur weiter begleitet; von der Antike über die Scholastik bis in die Philosophie und die Wissenschaften vom Leben und vom Menschen.

Nur geriet aber die Zweckursache bald in einen Gegensatz zur Antriebsursache, zumal diese von den drei anderen Ursachenformen allein übriggeblieben war. Zum einen, weil man bemerkte, daß es keinen Sinn hat, Zwecke im Anorganischen anzunehmen, zum andern, weil man meinte, daß Zwecke aus der Zukunft wirkten, daß ein Zweck nur aus den Zielen eines bewußt handelnden Subjektes zu verstehen wäre. Und damit fand man sich berechtigt, auch den Strukturen und Handlungen der Tiere die Zweckursache zu versagen. Sie sollten ausschließlich von der Antriebsursache geschoben und keineswegs auch, was man teleologisch nennt, als von einem Ziele angezogen verstanden werden. Darin hat der dialektische Materialismus eine seiner Hürden. Ziele, so behauptet man, kann nur der denkende Mensch entwickeln. So war dann, wie noch bei Nicolai Hartmann, nachdem man alle Kausalerklärung zusammengepackt und zu dieser Finalerklärung in Gegensatz gebracht hatte, die Spaltung der Ursachen zementiert. Der folgenschwerste Irrtum in der Erforschung der Ursachen war eingerichtet.

a) *Wie die Formursache zur Zweckursache wird:* Diesen Irrtum, Kausalität und Finalität in Widerspruch zu bringen, können wir nun lösen. Denn tatsächlich entsteht die Zweckursache als eine Art Ehrentitel für das Hindurchreichen jener Formursachen, in die wir Menschen uns selbst verwickelt sehen.

Lupenreinen Natur- und Geisteswissenschaften ist es ein Greuel geworden, da Teleologisches ungefiltert in das Kausaltheorem, dort Kausalität in die Haine des Finalen einfließen zu sehen. Prüfen wir daher gleich einen der neuralgischen Punkte am Beispiel der Schere einer Krabbe:

Sagt der Biologe ›die Krabbenschere ist zum Zwecke des Schneidens gemacht, und ihre Entwicklung zielt auf noch besseres Schneiden ab‹, so ist das finalistisch ausgedrückt, so, als ob sich die Schere etwas vorgenommen hätte oder doch von einem Ziel aus der Zukunft gelenkt würde. Dasselbe beschreibt aber, wie man bei KONRAD LORENZ findet, ›die Selektion, die unter allen erblichen Zufallsvarianten eines Krabbenbeines fortgesetzt jene ausliest, die der Milieubedingung, damit Futter abzuschneiden, am nächsten kommen‹. Der finale Ausdruck ist damit zum kausalen gewandelt. Der scheinbare Gegensatz ist aufgelöst. In Wahrheit hat er nie existiert, sondern Material- und Formbedingungen wirken zusammen; die Untersysteme der Organisation haben geschoben, die Obersysteme der Milieuselektion haben gezogen. Der scheinbare Gegensatz enthält nichts anderes als den allgemeinen Antagonismus zweiseitiger Ursache. Das Ziel der Schere entspricht den Bedingungen des Milieus. Die Finalursache entspricht also der Formbedingung des nächst übergeordneten Systems.

Nur in zwei Hinsichten weicht unsere Vorstellung einer Zweckursache von der der Formursache ab. Zum einen bleibt die Zweckvorstellung subjektiv auf Formentsprechungen in jenen komplexen Systemen beschränkt, die sich mit den Zwecken unserer gezielten Absichten als verwandt erleben lassen. Ein Ehrentitel also, unter Einschluß einer Bewunderung unseres eigenen, in seinem Endziel nicht ganz durchschaubaren Lebenszwecks. Zum anderen aber behält jede Kette von Zwecken objektiv die Erscheinungsform des Zweckvollen unverändert bei, während die parallelen Formbedingungen von Schicht zu Schicht wechseln. Wir sagten schon, daß sich in diesem Sinne die Form zum Zweck wie das Material zum Antrieb verhält.

b) *Das Gleichbleiben und die Grenzen der Zwecke* werden sichtbar, wenn man nun auch die Zweckursache durch die Schichten der realen Welt verfolgt. Ist es der Zweck der Krabbenschere, Beute zu zerschneiden, so dienen auch alle ihre Substrukturen den Subfunktionen des Schneidens: Panzer, Schneide, Muskel, Muskelfaser und deren kontraktile Moleküle sind alle zum Zwecke der Gesamtfunktion des Schneidens zusammengebracht.

Verfolgt man nun den Schichtenbau der Zwecke vom Individuum abwärts, so stellt man fest, daß jedes seiner Organe dem Zweck des Überlebens dient. Und die Gewebe dieser Organe sind zu eben demselben Endzweck selektiert, die Zellen derselben nicht minder, ebenso deren Zellstrukturen und so weiter bis in die Tiefe der für Lebensfunktionen unentbehrlichen Moleküle und Atome. Erst außerhalb des Organismus entzieht meist die Vorstellung den Molekülen die Würde eines Zwecks. Erst wenn der Durstende einen Schluck Wasser trinkt, räumen wir den Wassermolekülen wieder einen Zweck ein und entziehen ihnen diesen wieder, sobald sie denselben Durstenden mit der Transpiration wieder verlassen haben. Materie, so sagt uns eine Empfindung, habe zwar an sich keinen Zweck, sie durchziehe jedoch mit den Zwecken der Selbsterhaltung das Lebendige.

Verfolgt man nun die Zwecke schichtweise aufwärts, so beginnen sie sich ebenso abzugrenzen. Die Zwecke unserer Handlungen anzugeben, sind wir nicht verlegen. Unseren Zweck als Individuum zu nennen, beansprucht schon eine Befragung unserer Einstellungen. Eine Zweckbestimmung unserer Art bringt uns in die Verlegenheit, unser ganzes Weltbild abfragen zu müssen. Die Frage nach dem Zweck der Biosphäre, in der wir Menschen zweifellos eines ihrer Subsysteme sind, findet uns schon ratlos. Und nach dem Zweck der Erde, der Milchstraße, des Kosmos zu fragen ist, ›wie jeder weiß‹, zwecklos oder doch nicht mehr Sache einer exakten Wissenschaft.

c) *Das Wesen und Unwesen eines Monopols der Zwecke:* Ein viertes Mal langen wir bei der Einsicht an, daß auch die Zwecke eine Einheit bilden, daß aber auch für sie der Ur-Zweck unbestimmbar bleibt. Die Ur-Ursache, der erste oder ursprünglichste Zweck, verschwindet ebenso wie die umfassendste der Formbedingungen in den unvorstellbaren Weiten des Kosmos. Und das muß wohl so sein, weil uns keine allerletzte, noch jenseitigere Form- oder Zweckbedingung rational zugänglich werden kann.

Das Wesen der Zweckvorstellung ist zweifellos im Universellen des Zwecks begründet; im unveränderten Hindurchreichen durch alle Schichten, von den Formen der Kulturen, des Zeitgeistes und der Theorien, durch die Gruppierungen und Handlungen der Massen, Klassen und Individuen und vom Individuum durch seine gesamte Organisation hinunter bis zu den elementarsten Lebensfunktionen von Molekülen. Die riesigen Gebiete der Geisteswissenschaften können darin eine vergleichbare Perspektive finden, Psychologie und Biologie wurden dadurch belebt. Die *causa finalis* reicht unverändert durch alle Schichten des Lebendigen; von seinen höchsten Produkten hinunter bis zur Materie seiner niedersten Bauteile.

Das Unwesen der Zweckvorstellung entsteht dagegen aus dem Absolutismus der Zwecke. Besteht man darauf, daß diese Welt ausschließlich aus ihrem allerhöchsten Zweck erklärt werden kann, so muß das zu einer doppelten Kalamität führen. Zum einen wird das Ungewisseste zur Gewißheit verkehrt und dafür die Realität in Frage gestellt. Man kann also die Realität eben jener Welt, die man gerade ruiniert, gleichzeitig leugnen. Das hat schon Karl Popper scharf kritisiert. Zum anderen kann es in den Himmeln der obersten Zwekke, der Fügungen, Destinationen und platonischen Ideen keine Instanz mehr geben, welche zwischen den entstehenden Unverträglichkeiten scheiden könnte.

So können die fiktiven Systeme nebeneinander weiterwachsen, uns miteinander unvereinbare Wahrheiten und unverträgliche Endzwecke der Menschheit lehren; und sie müssen zuletzt die Entscheidung den Machtansprüchen der von ihnen ernährten Ideologien überlassen, die ja noch immer, und zwar mit Pech und Schwefel, herausgefunden haben, was die wahre Wahrheit der Bestimmung des Menschen wäre. Dies ist das Unwesen des Monopols der Zwecke.

Wie wir uns nun die Wirkung des Ursachendenkens denken

Nun, da über das Werden des Ursachendenkens reflektiert und anstelle einer exekutiven Kausalität für eine gegliederte, funktionelle Kausalvorstellung plädiert worden ist, bleibt noch eine Frage. Und zwar, was mit alledem erreicht worden sei. Was kann an Erfahrung gewonnen sein, da nur unserer Erwartung von der Struktur der Kausalität eine vierteilige Form gegeben wurde? Und was soll derlei akademische Erwartung in einer Welt, mit der wir erfahrungsgemäß auch ohne, ja trotz solcher Spitzfindigkeit ganz passabel zurechtzukommen scheinen?

Gegen solche Bedenken wendet man wiederum ein, daß außerhalb dessen, worauf wir eingerichtet sind, noch nie etwas zu erfahren war; daß wir nicht frei sein können von den Einflüsterungen der Vorurteile und offenbar deshalb mit dieser Welt schlechte Erfahrung machen.

Dies ist nun der *Circulus vitiosus* zwischen Erfahrung und Erwartung in der Ursachenfrage. Denn welche Erfahrung könnte einer neuen Erwartung entspringen, wo diese doch nur aus der Erfahrung stammen kann? Was aber wäre zu erfahren, wenn man nichts erwartete? Die Frage, was zuerst sein müßte, die Erwartung oder die Erfahrung, ist so alt wie unser Grübeln und so paradox wie das Problem, was zuerst gewesen wäre: Ei oder Henne.

Erst die evolutionistische Betrachtung löst den Zirkel und die Paradoxie und begründet die Naturgeschichte einer Schraube des Erkenntnisgewinns entlang ihrer Zeitachse. Diese ist zwischen Ei und Henne so lang wie die Geschichte der Vielzeller, zwischen Erwartung und Erfahrung so lang wie die des Lebendigen. Und das einzige Korrektiv dieser Spirale war die Selektion.

a) *Das Ursachendenken als Funktion des Überlebens* muß so alt sein wie der arterhaltende Vorteil des Denkens selbst. Die Lehrmeister dieses Denkens fanden wir selektionsgeprüft und im Erbgut verankert. Und nicht minder verankert sich das Ursachendenken durch Sprache und Schrift in dem, was wir zu Recht das Erbe in den Kulturen nennen. Ein Anpassungsfehler oder eine Unfähigkeit, neuen Bedingungen durch ihre funktionelle Abbildung in diesem Erbe zu entsprechen, wird darum wieder zum Mangel des ganzen Kollektivs. Nun ist es die Sippenhaftung der Kulturen, welcher die Fehler unseres Weltbildes gegen Not und Unheil in unserem Leben durch die Evolution verrechnet werden.

Dabei wandelt sich fortgesetzt das Milieu. Was noch im Altertum, selbst am Beginn der Neuzeit unter unseren Ursachenkonzepten von der Selektion toleriert sein mochte, wird in einem Milieu globaler

Atom-, Energie- und Populationskrisen zum echten Anpassungsmangel. Das Ursachengefüge dieser Welt zu verstehen, wird neuerdings zur lebenserhaltenden Funktion unserer Spezies.

Es wird darum legitim sein, der Selektion durch Beachtung der aufgrund von Anpassungsmängeln in unserer Ursachenerwartung bereits offensichtlichen Selektionsschäden entgegenzuwirken. Stellen wir also abschließend die Lösungen aus dem Systemkonzept den Konsequenzen des exekutiven Konzepts der Ursachen gegenüber.

b) *Das Systemdenken als mögliche Lösung* kann, wie ich glaube, zunächst die Unverträglichkeit zweier Extrempositionen durch das Zusammenspiel von vier Ursachenformen ersetzen. Dabei sollte man nicht dem neuerlichen Irrtum verfallen und meinen, daß diese Welt tatsächlich viererlei Ursachen enthielte. War es doch schon müßig, darüber zu streiten, ob sie überhaupt genau das enthält, was unserer Ursachenvorstellung entspricht.

Als gewiß kann nur gelten, daß sich unsere bestätigten Voraussichten mehren, wenn wir das Bild von Ursache und Wirkung überhaupt anwenden. In derselben Weise stellen wir fest, daß sich weitere Widersprüche schlichten, wenn wir uns die Ursache in vier Formen vorstellen. Ich vermute, daß es die uns eingepflanzte Erwartung exekutiver Kausalketten ist, die Anlaß gibt, ein Netz von Zusammenhängen zunächst wieder kettenartig in seine von oben wie von unten durchlaufenden Fäden der Maschen zu zerlegen. Und ich meine, daß diese Zerlegung didaktisch von Wert ist, ein Leitfaden zum Denken in Systemen, wie es schon in vielen interdisziplinären Wissenschaften gepflogen werden kann.

Es enthält die unserer Vorstellungskraft angepaßte Verminderung einer Simplifikation, die sich unserem erweiterten Milieu als nicht mehr angepaßt erweist. Es trägt durch seinen Gegenlauf von Antrieb und Material versus Form und Zweck der Hauptachse des Schichtenbaus dieser Welt Rechnung. Und es berücksichtigt mit der Gegenposition von Antrieb und Zweck versus Material und Form unser Gefühl, daß in der einen Gruppe die Ursachen unverändert durchziehen, in der anderen die Kondition schicht- oder maschenweise wechselt, von den Ursachen zu den Gründen. Es berücksichtigt Fäden wie Maschen eines Netzes entlang einer vertikalen Analyse. Man sollte dabei wieder nicht dem Irrtum verfallen und meinen, daß Ursachenzusammenhänge nur aus Fäden und Maschen bestünden. Auch sie sind wohl nicht mehr als die Haltepunkte der Vorstellung auf der Reise unserer Erkenntnis. Sie sollen uns vor der Konfusion bewahren, die uns der Streit um den einzigen ›Faden der Weisen‹, den Königsfaden in einem Netz gleicher Fäden, bereits eingebracht hat.

Es behütet uns auch vor der Ur-Ursache. Denn auch den Ursachenzusammenhang dieser Welt vermag unsere Vorstellung nur als endlosen Regreß, als Ursache in Ursache in Ursache mitzuvollziehen. Und wir brauchen nicht an der Ursache zu zweifeln, wenn sich die letzten dieser Ursachen an den Enden der uns begreifbaren Welt unserem Verständnis entziehen. Da wir uns Ursachen nur aus immer weiteren Ursachen zu erklären vermögen, soll es uns nicht wundern, daß wir an einem, für unseren Begriff unendlichen Netz die Ränder nicht erkennen.

c) *Die Ursache der viererlei Ursachen* erkläre ich mir »nach der eigentümlichen Beschaffenheit meiner Erkenntnisvermögen« wie KANT daraus, »daß es bloß eine Folge aus der besonderen Beschaffenheit unseres Verstandes sei«. Zweifellos bestätigt die Erfahrung fortgesetzt die Gegenwart von empirischen Bedingungen, die vielen Zuständen und Ereignissen regelmäßig vorangehen. Diese unterscheiden sich aber für uns in drei Hinsichten.

Zunächst unterscheiden sie sich nach der Richtung, aus welcher sie, gemessen an der Achse der Komplexität oder der Hierarchie der realen Welt, ihre Wirkung tun. Diese Wirkungen von unten und innen sowie von oben und außen unterscheiden sich so, wie sich etwa ›Erstellungs-‹ und ›Bestandsbedingungen‹ in unserem Lebenskreis scheiden. Erstere enthalten die Antriebe und Materialien, letztere die Formen und Zwecke ihrer Anpassung.

In einem zweiten Bezug unterscheiden sie sich nach Stetigkeit und Wandel. Läßt sich die Bedingung, wie sie die Hierarchie der Schichten durchzieht, in einem einheitlichen Begriff fassen, so sprechen wir einmal von Antriebskräften, ein andermal von Erhaltungsbedingungen sowie von Zwecken, zum Beispiel der Arterhaltung, wenn sich deren Zusammenhang mit dem Erleben unserer Absichten und Motive vergleichen läßt. Wandeln sich aber die Bedingungen von Schicht zu Schicht, so sprechen wir von den jeweiligen Material- und Formbedingungen.

In einem dritten Bezug unterscheiden sich Bedingungen danach, ob sie gegenwärtig variieren und damit direkte Wirkung tun oder nicht. Mit ersterem scheinen wir bei den Antrieben, den Erhaltungs- und Zweckbedingungen stets zu rechnen. Bei den Material- und Formbedingungen aber rechnen wir damit nur so lange, als sie schichtbezogen ihre synthetisch-fulgurierende oder ihre restriktiv-selektive Wirkung tun. Diese nennen wir Ursachen. Außerhalb ihrer aktiv wandelnden Phase erscheinen sie als ruhende Voraussetzung, und wir stellen sie dann bloß zu den Gründen der Zustände und Ereignisse.

Den »ebenso altehrwürdigen wie fast undurchdringlichen Urwald«, wie Wolfgang Stegmüller das Problem von Teleologie und Finalität zu Recht kritisiert, ließen wir unbetreten. Zwecke, die aus der Zukunft wirken, sind nicht nur unmöglich, sie sind zur Begründung der Finalursache auch unnötig. Denn in aller Evolution laufen die verursachenden Erhaltungsbedingungen und Zwecke ihrer auswählenden Wirkung ebenso voraus, wie das Ganze der Differenzierung seiner Teile. Antriebe und Zwecke sind spiegelbildliche Ursachen. »Die beiden liegen« zwar auch für Nikolai Hartmann noch »zu weit auseinander«. Aber schon Kants Erwartung bestätigt sich, daß nämlich »die physikalisch-mechanische und die Zweckverbindung an denselben Dingen in einem Prinzip zusammenhängen mögen; nur daß unsere Vernunft sie zu einem solchen nicht zu vereinigen imstande ist«. Unsere Vernunft *a priori* enthält Antriebs- und Zweckerwartung in vereinfacht exekutiver Form und damit tatsächlich als unverträglichen Gegensatz. Erst die Biologie kann ihn mit Hilfe der Theorie der Evolution und der Systeme überwinden.

Nicht minder ist es unsere »faule Vernunft«, wie Kant sie nennt, welche uns die gegenwärtigen Ursachen, die Erfassung der Gründe, der Ursachen von damals, verdecken macht; wo doch die gegenwärtigen ohne die damaligen selbst nicht zu verstehen wären. Freilich bleiben im analytisch sich verengenden Fokus der Forschung nur mehr Einzelfäden einer Masche des Netzes sichtbar; und daher nur mehr die Veränderlichen, die Antriebe und Erhaltungsbedingungen. Ja die Kausalforschung gewöhnte sich an die Konvention, sogar nur mehr die Antriebe als variabel gegenüber den konstant gedachten Parametern der Erhaltungsbedingungen zu beschreiben. Daher kennen wir auch schon die Normen der Kraftwirkung, um die Antriebe zu messen, wo sie uns zu einer Messung der Auswahlwirkung parallel zu jenen von Randbedingung, Selektion, Differenzierung, Wahl und Urteil noch durchaus fehlen. Freilich liegt auch der Wandel der Material- und Formursachen meist weitab von den Lebensspannen eines Forschers und einer Kultur. Der Zustand dieser Welt aber, das Produkt der Evolution, kann ohne das Ganze seiner Bedingungen eben als Ganzes auch nicht verstanden werden.

Dieses Konzept funktioneller Kausalität ist, das gebe ich zu, schwer in unsere Vorstellung zu setzen, und auch dies nur durch Vereinfachung und Analogie. Es ist, wie das Raum-Zeit-Kontinuum, nur rational bestimmbar. Es verlangt eine Überwindung jenes Weltbildes, das uns die angeborenen Lehrmeister schon in die Seele unserer vormenschlichen Ahnen gezeichnet haben. Und wenn die Rationalisierungsmängel der Realität des vierdimensionalen Kosmos für uns Erdenwürmer noch keine Folgen haben, die Mängel des Ursachenkonzepts greifen längst strafend in unsere Zivilisation.

d) *Die Ratlosigkeit unserer Zivilisation* äußert sich folgerichtig, wo immer es um die Wirkungs-Rückwirkungen in komplexen Systemen geht. Die Frage, wie etwa der Markt über die Industrie auf den Markt zurückwirkt, ist umstritten. Die Frage, wie der Energiezuwachs über den Konsumzuwachs die Energieexplosion nach sich ziehen wird, ist umkämpft. Wie sich eine Industrie, die nur vom Wachsen leben kann, mit den Grenzen des Wachstums verträgt, läßt sich zwar sagen, aber es ist keine Lösung zu finden. Wie ein Staat darin Vernunft annehmen könnte, ohne von der Unvernunft der Nachbarn verzehrt zu werden, das wissen wir nicht. Und wo immer man ernsthaft versuchte, unsere Voraussicht in komplexe Ursachenzusammenhänge im Computer vorauszurechnen, so bei der Simulation von Entwicklungs- und Nothilfeprogrammen, ist das Ergebnis katastrophal. Alle zu rettenden Völker, wie DÖRNER zeigte, wurden ruiniert.

»Es ist mein Grundthema«, sagt ja schon JAY FORRESTER, »daß der menschliche Verstand nicht dazu geschaffen ist, das Verhalten von Sozialsystemen zu verstehen.« Für den angeborenen Hausverstand ist das richtig. Aber wir können uns diesen Mangel nicht mehr leisten. Dennoch wird weiter auf dem Ur-Faden im Netz beharrt. Wir beginnen uns zwar schon zu ängstigen, aber wir fürchten uns noch nicht.

e) *Das Dilemma des modernen Weltbildes* ist die zweite Konsequenz. Sie beruht nun auf dem Streit um den einzigen Faden im Netz. So eindrucksvoll die Entwicklung der Wissenschaften auch ist, sie hat mit ihrer Entwicklung auch die Spaltung unseres Weltbildes entwikkelt. Und in diesem schizophrenen Bereich ist die Erkenntnis zu ihrem eigenen Hindernis, zum Feind des Erkenntnisgewinns, geworden. Da entstehen die Natur-, dort die Geisteswissenschaften, und es wird von ihnen behauptet, daß die einen, die Naturwissenschaften, aufgrund ihrer Geistlosigkeit, die anderen, die Geisteswissenschaften, aufgrund ihrer Unnatürlichkeit wechselweise gemieden werden. Die Fakultäten wurden getrennt, ihre Vertreter gesetzlich geschieden, die Verhandlungen abgebrochen.

Die Lager wappnen sich mit Philosophie, und nun wird da der Materialismus, dort der Idealismus in seine Blüten getrieben. Da entsteht der Hochmut des Materialismus, der beansprucht, Erbgut, Denken und Gesellschaft manipulieren zu dürfen, dort entsteht der Hochmut des Idealismus, der beansprucht, daß der ganze Reigen der Evolution auf seine Zwecke hin getanzt worden wäre. Und wenn sich aufgrund der Reste des zu Recht so genannten gesunden Menschenverstandes auch die lupenreinen Materialisten, Idealisten, Deterministen und Indeterministen zu verlaufen beginnen, was bleibt uns, die wir uns in der Mitte sammeln? Da stellen sich Geist und Materie gegenseitig in Frage, dort beginnen Sinn und Freiheit einander auszuschließen. Und wir nehmen das alles hin und schämen uns nicht. Wir beginnen uns zu fürchten.

f) *Das Elend der Ideologien:* Da man zwar aus zwei halben Wahrheiten nie eine ganze machen kann, aber fortgesetzt auf der wahren Wahrheit besteht, wird da wie dort ein Widerspruch zum Rechtsanspruch zurechtmanipuliert. Denn da fortgesetzt behauptet wird, die einzige Wahrheit zu besitzen, und zumal sich diese für die Führung der Menschen als unentbehrlich zu erweisen scheint, will man auch das Recht haben, über die unwahren Wahrheiten zu richten. Dies ist die dritte Konsequenz: das Recht auf den falschen Faden. So werden hüben wie drüben, da ja immer jemand bestimmen muß, was wahr ist, von uns im Gedränge der Abhängigkeiten – jeweils aus dem, was wir befürchten, wissen zu sollen – auch jeweils jene Apostel der Wahrheit delegiert, hinauf in die gegenstandslosen Himmel der Eingebungen und Visionen, die dann uns, dem Volk, wiederum dekretieren, welche der Wahrheiten die wirklich wahre Wahrheit sei.

Und die unverträglichsten Wahrheiten finden ihre Gründe. Die widersprüchlichsten der beanspruchten Ursachen lassen sich ungestraft aus dem Debakel des Weltbildes fischen, und so wird für die jeweilige Ideologie das Weltbild und für das Weltbild die Ursache erlassen. Damit kann nun hüben das Individuum auf Kosten seiner Gesellschaft, drüben die Gesellschaft auf Kosten seiner Individuen ausufern, und beides erweist sich scheinbar naturbegründet. Die Ursache enthält ihren eigenen Widerspruch. Nun fürchten sich alle.

Denn die Kosten dieser Unverträglichkeiten waren schon hoch genug. Die Anpassungsmängel unserer widersprüchlichen Ursachenvorstellung haben schon zu beträchtlichen Selektionsschäden geführt. Die Angst ist jetzt wohl begründet. Und wir fürchten uns ja auch, aber wir schämen uns nicht.

Wir sagten schon am Anfang, daß die Kosten unseres Erkenntnisgewinns immer hoch waren. Es hat auch Zeiten gegeben, wo nichts einzuwenden war, wenn die Lehre auch Lehrgeld forderte. Wir finden uns ja nicht nur in der Lage, sondern auch immer wieder bereit, dazuzulernen: »Einer der wichtigsten Grundsätze menschlicher Erkenntnis.« Der Anlaß dazu mag gegeben sein.

II 4 Naturgeschichte von Sinn und Freiheit

Hier stehen wir an einem Scheidewege: diese Welt als von prä- oder aber von poststabilisierter Harmonie zu betrachten. Hat der Schöpfer den Sinn dieser Welt vorherbestimmt, oder hat er es ihr überlassen, einen solchen zu entwickeln? Mochten beide Reichshälften unserer natur- und geisteswissenschaftlich gespaltenen Kultur meine Ansichten vom Vergessen des Hintergrunds von der Dialektik, selbst von den aristotelischen Ursachen noch hinnehmen, am Zusammenhang von Zweck und Sinn scheiden sich die Geister. Das war mir aus den verschiedensten Diskussionen bekannt. Wir sind der causa finalis *zwar schon begegnet; schärfer aber noch sieht man diese Sache, wenn man sie vom Determinismus- und vom Zufallsproblem aus betrachtet.*

Als Max Himmelheber *(im April 1976) um einen Beitrag für die »Scheidewege« bat, sandte ich (Juni '78) einen Vortrag, der schon an zwei geisteswissenschaftlichen Symposien Überraschung, wenn nicht Befremden ausgelöst hatte. Bald schrieb er mir: »Wir können uns Ihren Satz ›der Sinn ist ein Kind des Zwecks‹ nicht zu eigen machen ... Sinn gehört einer grundsätzlich anderen Weltebene an ... nämlich der religiösen ... Da wir beide von verschiedenen Glaubensbekenntnissen ausgehen, bitte ich Sie um Verständnis, daß ich Ihre Arbeit nicht in die ›Scheidewege‹ aufnehmen kann« (16. Juni '78). Ich bin voll Verständnis. (Der Aufsatz erschien dann in den »Herrenalber Texten«, der Kirche noch näher.) Hat es einen Zweck, den Sinn der Dinge nur im Religiösen zu sehen? Der Leser wird urteilen. Das Folgende ist das ungekürzte Produkt.*

Mit vielen Menschen teile ich wahrscheinlich die Vermutung, in meinem Denken eine gewisse Freiheit zu besitzen, meinem Leben einen gewissen Sinn zu geben; oder jedenfalls etwas Mitleid mit mir selbst zu haben, falls die Lebensumstände andeuten, daß doch keine dieser Vermutungen zu Recht bestünde. Aber im Grunde sind wir sehr im ungewissen. Und diese Ungewißheit wird noch durch den Umstand gefördert, daß uns von Freiheit und Sinn des Menschen stets jene reden, welche unsere Gesellschaft dazu delegierte, uns nicht mit Wissen, sondern mit Lebensröstungen politischer oder metaphysischer Art zu versorgen. Sollten wir uns aber den Philosophien verschreiben, die schon durch ein feines Mischen von Glauben und Wahrheit tröstlich sind, so finden wir zwei unverträgliche Lager vor. Das eine garantiert uns den Sinn von Haus aus, indem es unsere Freiheit problematisch macht. Das andere garantiert uns die Freiheit, falls wir nicht auf dem Besitz eines Sinns bestehen: beide Lager mit der Würde einer tausendjährigen Geschichte.

So möge der Leser selber wählen – zwischen jenen unverträglichen Wahrheiten; für den Fall, daß er es kann. Denn längst hat seine Gesellschaft – weil ohne gemeinsame Wahrheit in ihrer Gemeinschaft nicht zu leben ist – ihre (seine) alternative Wahrheit zu wählen gehabt. Das kennt man. Und man ahnt, daß alternative Wahrheiten bestenfalls halbe Wahrheiten sein werden; und man weiß, daß zwei halbe Wahrheiten noch nie eine ganze Wahrheit gemacht haben. Was also jetzt?

Mußte die Welt so werden, wie sie ist?

Diese so philosophische Alternative von Sinn oder Freiheit hat nun ihr wissenschaftliches Gegenstück im Widerstreit von Determinismus und Indeterminismus. Aber während es da objektiv um die Reichweite der Naturgesetze geht, mag es dort um subjektive Erlebnisinhalte gehen, die miteinander so wenig gemein zu haben scheinen wie Natur und Geist oder Materie und Seele. Tatsächlich ist es erst die Biologie, die sich dem Gesamtproblem zu stellen hatte. Sie hat ihr Gebiet durch die Schichten der Natur mit MANFRED EIGEN hinunter bis zu den Zufallsspielen der Moleküle, mit KONRAD LORENZ hinauf bis zum Werden des Denkens gedehnt. Und damit erstreckt sich ihre Frage nach dem Werden der Natur von den Chancen chemischer Reaktionen über die Zwecke lebender Strukturen und die Absichten tierischen Verhaltens bis zum Sinn bewußten Urteilens und Handelns. Die Brücke zwischen Natur und Mensch wird wieder errichtet. Und eine der gefährlichsten Grenzen unseres Denkens, über die hinweg die halben Wahrheiten unserer Weltbilder jahrhundertelang uns selbst das Verhandeln verboten haben, erhält ihre ersten Übergänge.

Freilich ist die Maut noch hoch; weil die einen hüben ein Ausufern des Materialismus, drüben eine idealistische Unterwanderung befürchten. Aber auch der Andrang ist groß, denn im Rückstau warten auf beiden Seiten alle die anderen, welche noch hoffen, daß das Menschenverbindende der objektivierbaren Gesetze dieses Lebens die lebensgefährliche Unverträglichkeit der ideologischen Menschenbilder in die Schranken verweisen werde.

Was also an Naturgesetzen ist zur Hand? Haben uns die Gesetze der Evolution Freiheit und Sinn gemeinsam geschaffen, wie man dies hoffte; oder haben sie uns mit dem Werden eines Sinns die Freiheit oder mit dem der Freiheit, die Aussicht auf einen Sinn verpfändet? Sind wir ein Produkt des Zufalls oder aber unentrinnbarer Notwendigkeit einer Schöpfung; die entweder frei geschehen läßt, was da wolle, oder die nur entfalten läßt, was ihre Gesetze an Geplantem von allem Anfang an enthielten? Kurzum: Mußte die Welt so werden, wie sie ist? Dies will ich aus den Fakten und Theorien als Biologe beantworten.

Biologisch zeigen dabei sowohl der Determinismus als auch der Indeterminismus lebenserhaltende Funktionen. In ihren absolutistischen Ansprüchen aber werden die beiden von der Realität der Lebensprozesse widerlegt.

Was am Determinismus das Natürliche ist

Unser gespaltenes Denken läßt es wohl nicht wundernehmen, daß schon die deterministische Welterklärung zwei widersprüchliche Wurzeln hat. Die materialistische geht aus vom Faktum des Schichtenbaus der realen Welt, in der nacheinander auf einer Welt der Quanten die der Elemente, der komplexen Moleküle, des Stoff- und Energiewechsels entstand, der Reizleitung, des Gedächtnisses, des Bewußtseins und der Reflexion. Dabei reichen die Gesetze jeder Schicht in alle überschichteten hinein; womit sich – wie das NICOLAI HARTMANN zeigt – die universellen Gesetze der Atomphysik als die Voraussetzung jener der Chemie, diese gemeinsam als Voraussetzung der Etablierung jener der Molekularbiologie und so fort der Physiologie, der Wahrnehmung, der Kommunikation und des Denkens erweisen. Und wo immer Gesetzlichkeit metrisch faßbar wurde, erwies sie sich als universell und determinierend. Was also, außer determinativer Naturgesetze, sollte man in dieser Natur erwarten.

Der idealistische Determinismus anerkennt dieses Schichtengefüge, kehrt aber, weil er eine vorgegebene, eine prästabilisierte Harmonie der Natur annimmt, die Kette der Ursachen um. Um die bewußte Reflexion zu schaffen, hätte die Evolution die Hirne geschaffen, das Leben und so fort bis hinunter zu den Elementen und Quanten.

Das biologisch Natürliche des Determinismus beruht auf dem Lebenserfolg, den das Erkennen der Naturgesetze liefert. Schon die Haie, die Augen, die Steinbeile bilden die Gesetze der Hydrodynamik, der Optik, der Mechanik nach. Und wie weit wir es noch bringen mögen, wenn unsere Lehrbücher alles an Naturgesetzen nachgebildet haben werden, das ließe sich wohl kaum absehen.

Das Unnatürliche des Determinismus

Das Natürliche des Determinismus lag also in der Gewißheit und Geborgenheit, die jede Kreatur natürlicherweise sucht und die sich über die Erklärbarkeit und Vorhersehbarkeit dieser Welt unserem Bewußtsein bestätigt. Und es ruht in einer Begründung unseres Daseins, die sich von der bescheidenen Feststellung, eine Konsequenz der Natur zu sein, wie es der materialistische Determinismus deutet, im idealistischen zur Pracht einer himmlischen Sendung des Menschen entfaltet. Unseren Sinn also hält der Determinismus für gegeben, und wir finden uns überall, wenn auch widersprüchlich, dort als Diener der Gesellschaft, da als Diener Gottes wohl bestätigt.

Das Fatale des Determinismus ist das Ausweglose seiner Zwangsläufigkeit. So verfügen die Physiker, die naturgemäß Ursache zur Konsequenz besitzen, unter den lehrreichen Gespenstern ihrer Didaktik den LAPLACEschen Geist. Dieser müßte, da er, wie wir annehmen, Ort und Impuls aller Teilchen im Kosmos kennt, alle Ereignisse in ihm vorhersehen können: All unsere Todesstunden und Todesarten, meinen nächsten Satz sowie das, was jeder Leser darüber denken wird. Er besäße das Buch des unabwendbaren Schicksals. Das ist das Unnatürliche des Determinismus. Er läßt kein Entrinnen zu, von Freiheit ganz zu schweigen. Und das spricht nicht nur wider das Erleben, sondern, was wichtiger ist, wider jede biologische Erfahrung.

Wir sehen doch fortgesetzt, wie die getretene Pflanze immer wieder sich aufzurichten, das Käfigtier zwischen seinen Gitterstäben oder ein Gefangener bei seinen Richtern einen Ausweg sucht, oft ein Leben lang. Ebenso haben die Kirchenräte da und die Marxisten dort einen Ausweg aus dem lupenreinen Determinismus gesucht, eine Gasse für die Freiheit von Willen und Verantwortlichkeit des Menschen. Und sie haben jeweils ihre Wahrheit auch gefunden. Wen nimmt das wunder. Sie begründen unseren Sinn, aber in unlösbarem Widerspruch; sie suchen die Freiheit innerhalb des Determinismus; und sie werden vom Leben widerlegt. Das ist das biologisch Unnatürliche des Determinismus.

Was am Indeterminismus das Natürliche ist

Wieder finden wir zwei Wurzeln. Der idealistische Indeterminismus ist so alt wie der Determinismus. So alt wie das Reflektieren des Menschen. Nur geht er von der Ratlosigkeit, von der Ungewißheit aus, die das Erlebnis der eigenen Entscheidung vermittelt; von der Unberechenbarkeit der Willensentscheidungen des Nachbarn, von den Unvorhersehbarkeiten der Launen der Natur, des Schicksals und der Götter. Das biologisch Natürliche des Indeterminismus beruht auf dem Lebenserfolg der Vorsicht, des Mißtrauens, wie sie sich als Skepsis in den Bereich des Bewußten fortsetzen.

Der materialistische Indeterminismus ist ungleich jünger. Er ist ein Kind der modernen Physik, die uns seit HEISENBERG versichert, daß im Bereich des Kleinsten, der Quanten, Ort und Bewegung nie gleichzeitig exakt bestimmt sind; und zwar nicht aus unserem Unvermögen zu messen, sondern aufgrund von Naturgesetzen. Und wir erfahren, daß sich dieser mikrophysikalische Indeterminismus in Ursache-Wirkung-Ketten verstärken und durchaus im Makroskopischen sichtbar werden kann. So zum Beispiel, wie schon erwähnt, in einem mathematisch idealen Billard. Sollen Kugeln einander in einer Folge stoßen, so potenziert sich die Lage-Unbestimmtheit der Oberflächenmoleküle in einem Maße, daß schon die siebente Kugel die achte, je einen Meter entfernt, nicht mehr sicher treffen muß. Der Zufall, das Unvorhersehbare des Einzelereignisses, findet seine Begründung.

Das Unnatürliche des Indeterminismus

In einer Welt, die in ihren physikalischen Tiefen nicht-deterministisch ist, in der echter Zufall herrscht, in der sich die Freiheitsgrade der Vorgänge und des Handelns mit zunehmender Kompliziertheit noch vergrößern, in einer solchen Welt bedeutet die Willensfreiheit offenbar kein Problem.

Zum Problem wird vielmehr die Frage, was von dem Werdegang eines zufallsbestimmten Weltwandels zu halten wäre. Denn da der Zufall nachgerade das Gegenteil von Absicht und Folgerichtigkeit darstellt, kann eine Welt aus Zufällen und können noch weniger ihre Zufallsprodukte einen Sinn haben. Da nun im Werden der Organismen, selbst des Menschen, der Zufall der sprunghaften Erbänderungen eine fundamentale Rolle spielt, so folgert zum Beispiel JACQUES MONOD, »muß der Mensch endlich aus seinem tausendjährigen Traum erwachen und seine totale Verlassenheit, seine radikale Fremdheit erkennen«, er soll begreifen, daß auch er weder einen Sinn haben noch jemals einen gewinnen könne.

Eine solche Philosophie versucht die wissenschaftliche Begründung des Existentialismus und letztlich des Nihilismus. Aber sie wird sofort von allen Lebensprozessen widerlegt, die fortgesetzt von den winzigsten Zellen bis zu den kompliziertesten Verhaltensweisen höchst sinnvolle Zwecke und Absichten etablieren. Tatsächlich ist die ganze Evolution der Organismen ein Prozeß des Problemlösens und Erkenntnisgewinnens, indem immerfort der Zufall ausgeschlossen, Ordnung aufgebaut und das Vorhersehbare dieser Welt unermüdlich gesucht wird. Der Widerspruch von Nihilismus und Ordnungssuche, von Selbstaufgabe und Leben ist das biologisch Unnatürliche des philosophischen Indeterminismus.

Welt der Widersprüche oder der Systeme?

Welch wunderliche Welt der Widersprüche hat das Denken produziert. Erklärungs- wie Vereinfachungsbedürfnis haben vor den Wagen unseres Orientierungsdranges das Vierergespann materialistischer, idealistischer, deterministisch- und indeterministischer Welterklärungsgesetze gespannt, das in völlig diametrale Richtungen zieht. Da soll die Welt einmal aus den Gesetzen der Materie, die ein Ziel ausschließen, erklärt werden, ein andermal aus Zielen, welchen die Materie höchstens dienen kann. Da wird uns die Freiheit auf Kosten eines Sinns, dort unser Sinn unter Verzicht auf Freiheit geweissagt.

Zwischen all diesen einander aufhebenden Weisheiten aber entwikkelt sich das Leben, seine Gemeinschaften, Künste und Wissenschaften; lebensvoll angefüllt von einer Gleichzeitigkeit von Gesetzen und Zielen, von Sinn und Freiheitsgraden. Dem Biologen steht auch stets vor Augen, daß in jeglicher Entwicklung, wie etwa einer Krebsschere, weder das Ziel zu schneiden ohne Beachtung der Hebelgesetze zu erreichen wäre, noch diese Gesetze ohne ihren funktionellen Zweck etabliert werden könnten. Und unsere Reflexion belehrt uns ferner über etwas wie eine notwendige Gleichzeitigkeit des Erlebens von Sinn und Freiheit. Denn, merkwürdig genug, eine Freiheit ohne Sinn ist uns so wenig ein Freiheitserleben, wie ein Sinn ohne Freiheit für uns einen Sinn hätte.

Dort also, in den Weltbildern, besteht ein wechselseitiger Ausschluß von Sinn und Freiheit, im Erleben des Lebendigen dagegen ein System – ein Wechselzusammenhang zwischen dem Sinn der Freiheit und dem Freiheitssinn. Und was sich hier bloß als Wortspiel präsentiert, das kann die Natur als reales System erweisen. Diesen Systemzusammenhang will ich nun aus den Gesetzen der Evolution ableiten. Er entsteht aus der Wechselbeziehung von Zufall und Ordnung.

Die Wurzeln des Zufalls

Lange blieb es ungewiß, ob es den Zufall überhaupt gibt. Ob nicht all das, was uns zufällig erscheint, auf bloßem Mangel an Kenntnis beruhte. Der Würfel wie sein Becher folgen ja gewiß deterministischen Gesetzen, aber schon ist die Bewegung für unsere Voraussicht zu kompliziert. Die Physik jedoch zeigte uns den objektiven Zufall in den Freiheitsgraden des mikrophysikalischen Geschehens; und sie zeigte, daß sich diese in langen Kausalketten bis in den Makrobereich vergrößern. Damit scheint nichts von absoluter, sondern alles nur von einer abgestuften Gewißheit zu sein.

Aller Lernvorgang, den die Evolution mit Versuch und Irrtum dem Lebendigen eingebaut hat, trägt dieser graduellen Gewißheit Rechnung. Im Lernen des Erbmaterials, im assoziativen Lernen der höheren Tiere, im Lernvorgang des Entdeckers wächst der Gewißheitsgrad nur mit der Wiederholung; wir sagen: mit der Wiederholung bestätigter Voraussicht. Auch alle Wissenschaft, wie Karl Popper zeigt, muß und kann nur mit Graden der Gewißheit auskommen.

Selbst der Vorgang von Versuch und Irrtum bedarf einer Zufallskomponente. Wie in allem Suchen steckt im Versuch des Schöpferischen, der Bildung des noch nicht Etablierten, etwas Blindes oder Wahlloses – bis durch Erfolg und Mißerfolg die Fehlerausmerzung wieder deterministische Systematik in den Vorgang bringt. Wie könnte wohl auch ein determiniertes Suchprogramm etwas finden, was das Programm nicht kennen kann. Nur das Lernen des Vorgegebenen führt zur Systematik des Paukens und Büffelns. Das Schöpferische, das Erlernen des noch nicht Dagewesenen, braucht selbst einen Generator echten Zufalls.

Die Erhaltung der schöpferischen Freiheit

Die Weise, in der sich nun die Evolution des Lebendigen ihre schöpferische Freiheit erhält, grenzt ans Wunderbare. Der Lebensfaden der Erbinformation, der die Generationen der Arten wie Millionen von Perlen aneinanderreiht, ist buchstäblich einem molekularen Faden anvertraut. Eine Kette von Billionen Einzelmolekülen enthält auch noch beim Menschen die gesamte Aufbau- und Betriebsanleitung jeder weiteren Generation. Das Verblüffende ist dabei, daß die Evolution, die ansonsten alle wichtigen Funktionen vielfach, ja hundertfach absichert, das Wichtigste, das sie weitergibt, der Anfälligkeit von Einzelmolekülen überläßt. Sie hätte es auch anders gekonnt. Wir kennen Riesenchromosomen aus Körperzellen, die Hunderte solcher Fäden enthalten. Aber nur durch Einzelmoleküle kann die Evolution ihre Erbinformation im Wirkungsbereich des molekularen Zufalls belassen; jenem Zufallsgenerator exponieren, der da und dort, was wir Punktmutationen nennen, ebenso wahllos wie schöpferisch irgendeine Änderung setzt. Mit Riesenchromosomen in den Keimzellen hätte die Evolution zwar die Präzision der Nachrichten-Weitergabe enorm erhöht, aber die schöpferische Freiheit verloren.

Aber auch über den Weg langer Kausalketten erhält sie sich die Kreativität unvoreingenommenen Suchens. Welcher Fischart etwa sich der Lebensraum des Landes, welchem Reptil sich da der Weg zum Vogel, dort zum Säuger auftun würde, das war keineswegs vorbestimmt. Die Kausalketten der Anpassungsreihen ihrer Merkmale wie die Kausalketten, welche die eroberbaren Lebensräume wandeln, sind viel zu lang, als daß ihr Zusammentreffen vorherbestimmt sein könnte. Der Evolution war zunächst alles möglich und nichts gewiß. In diesem Sinn sind wir ein Produkt des schöpferischen Zufalls; aber eben nur in diesem.

Die Freiheit, die wir meinen

Freiheit ist ein strapaziertes Wort. Ich hätte es gerne vermieden. Aber unsere Sprache verlangt es, denn es bezeichnet zweierlei hier einschlägige Eigenschaften des Wählens. Einmal einen Ablauf, der frei ist von der Einsicht in Folgenotwendigkeit oder Zwangsläufigkeit. Dies ist die Zufallskomponente zunächst in dem Sinne, als in einem Falle keine Ursache, im anderen kein Motiv angegeben werden kann oder angegeben werden muß, die beziehungsweise das die Entscheidung erzwungen hätte. In allen Fällen ist uns dabei die Voraussicht des Folgeereignisses verwehrt.

Dabei haben wir auch keine Gewißheit darüber, ob dieser Mangel an Voraussicht objektive oder nur subjektive Gründe hätte. Die Ungewißheit, ob die Billardkugel trifft, hat zuletzt objektive Gründe: die Potenzierung mikrophysikalischer Indetermination. Die Ungewißheit, wie der Würfel fallen werde, hat nur kognitive Gründe: nur die Einsicht in ein determiniertes Geschehen ist uns verwehrt. In beiden Fällen sprechen wir aber landläufig von der Freiheit des Zufalls.

Nicht anders ist es mit den Motiven. Lassen sie keine Wahl, dann erscheint uns die Entscheidung zwar folgerichtig, aber nicht frei. Ist ein leitendes Motiv aber nicht anzugeben, so kann es tatsächlich fehlen oder nur uneinsichtig sein. Es kann sich im Filz unauswägbarer Widerstreite verstecken. Es kann sich aber auch angesichts der Billionen Schaltstellen, die ein Entschluß quer durch die Hirnzellen zu durchlaufen hat, um die Endverstärkung echter mikrophysikalischer Indetermination handeln. Unser neuropsychologisches Wissen läßt das noch nicht unterscheiden. In beiden Fällen aber sprechen wir landläufig von Willensfreiheit.

Dies ist es, was die übliche Definition im Auge hat: »das relative und sittlich zurechenbare Wählenkönnen in Entscheidungssituationen«. In diesem Sinne muß die Freiheit noch nicht mehr zulassen als die Wahl zwischen etablierten Mustern innerhalb eines begrenzten Repertoires, etwa zwischen gleichen Übeln; nicht anders als der Würfel wählt zwischen seinen gleichen Seiten. Dies ist aber erst die Voraussetzung jener ganzen Freiheit, wie sie die Evolution für ihre Entwicklung vorsieht. Ganz erfüllt sie sich erst dort, wo sie über die Wahl zwischen etablierten Mustern hinausgreift, schöpferisch wird, in ihren Bauplänen, Verhaltensweisen, Wissenschaften und Künsten.

Und diese winzigen schöpferischen Schritte, die die Evolution dem Erfahrungsgewinn des Erbmaterials jeder Kreatur, der Reflexion jedes Menschen, dem Weltbild jeder Kultur einräumt, erleben wir als eine Freiheit profunder Art. In ihr erst bleibt der Generator objektiven Zufalls ganz unentbehrlich. Und erst durch diese Freiheit des Schöpferischen wird jede Spezies unersetzlich, jeder Mensch zur nicht austauschbaren Individualität, zu einer, wie auch immer bescheidenen, unwiderbringlichen Einmaligkeit und jede Kultur unveräußerbar. Dies ist die Freiheit, die wir hier meinen.

Die Wurzeln der Ordnung

Aber auch die schmeichelndste Freiheit, die wir uns zugute halten möchten, schaffte, herausgelöst aus Gesetz und Ordnung, nur Unheil und Verwirrung, für das Individuum Desperation und Panik, für uns Menschen Anarchie und Chaos. Eine Evolution, die darauf angewiesen ist, nur durch den reinen Zufall schöpferisch zu sein, muß ein Regulativ besitzen, um sich die schwindenden Erfolgschancen des

Zufalls zu erhalten. Die Erfolgschancen des Zufalls nämlich entsprechen dem Kehrwert des ihm eingeräumten Repertoires, und dieses wüchse mit der Komplexität der Entwicklung. Die Sechs des Würfels ist im Durchschnitt noch jedes sechste Mal, der Haupttreffer einer Million Lose nur mehr jedes millionste Mal zu erwarten.

Dies ist von geradezu trivialer Einfachheit; und dennoch benötigte ich ein Jahrzehnt, bis ich »Die Ordnung des Lebendigen«, ihre Ursachen und damit »Die Strategie der Genesis« verstanden habe. Der Schlüssel steckt im Schöpferischen des universellen Lernvorgangs der Evolution.

Bis hinauf zum Menschen hat alles Lebendige zunächst fast nur mittels des Erbmaterials gelernt. Was nicht in diesem eingebaut und als erfolgreich befunden wurde, ging immer wieder verloren. Dieser molekulare Faden der Erbsubstanz enthält eine Art Morseschrift, die im Plasma in einer Art Buchstabenschrift übersetzt wird. Der Informationsgehalt des Fadens entspricht dabei etwa hundert inhaltlich verschiedenen Werken vom Gehalt der zwanzigbändigen Brockhaus-Enzyklopädie. Und der Schriftvergleich legte es nahe, sich die Zeilen dieser zweitausend Bände in Morseschrift auf diesem langen Faden aufgereiht zu denken.

Aber erst seit einem Jahrzehnt lernen wir, daß dies so nicht sein kann. Denn wie ließe sich ein Werk solchen Ausmaßes durch blindes Setzen gelegentlicher Druckfehler verbessern. Von der Entwicklung des Werkes selbst ganz zu schweigen. Heute beginnen wir zu verstehen, daß der Morsestreifen gleich einer algebra-ähnlichen Formel strukturiert sein muß. Ein so großes Volumen an Erfahrung kann nicht nur gehäuft werden. Es muß wie unser eigenes Lernen, um verwendbar zu bleiben, auch die Struktur seiner Erfahrung enthalten. Aber zurück zum Prinzip.

Die Wurzeln des Zwecks

Die Uhrmacher Mechanos und Bios, so erzählt man eine schon klassische Fabel der Wahrscheinlichkeitstheorie, sollten jeder eine Uhr aus hundert Teilen in der bloßen Hand um die Wette zusammensetzen. Dabei galt die Regel, daß sie, von Kunden in unregelmäßigen Abständen unterbrochen, das Zusammengesetzte aus der Hand legen müßten, wobei es wieder in seine Teile zerfiele. Beide beginnen; aber Bios macht sich die zusätzliche Mühe, Einrichtungen zu entwickeln, die jeweils zehn gemeinsam funktionierende Teile, sobald sie geordnet, zusammenhalten. Zunächst bleibt er daher zurück. Zuletzt ist er aber, wie wir voraussehen, unschlagbarer Sieger.

Um nun Strukturen von einer derartigen Komplexität, von einer solchen physikalischen Unwahrscheinlichkeit wie die eines Organismus und noch dazu nur mit Hilfe des blinden Zufalls zusammenzusetzen, bedurfte es der Methode des Bios. Es mußte im ewigen Spiel um das Überleben entscheidenden Erfolg bringen, die Bau-Aufträge, die der Morsestreifen enthält, nach eben jenen Funktionen zu verknüpfen, welche die Bauteile, die aus diesen Aufträgen entstehen, bereits verbinden. Und damit wird nun nicht mehr alles mögliche durcheinander gelernt. Es entsteht vielmehr ein Lernprozeß des Zweckvollen, indem, wieder durch Versuch und Irrtum, die zweckvollen Kombinationsmöglichkeiten des Lernbaren gefördert, die zwecklosen unterdrückt werden. Das Repertoire des Zufalls wird auf seine Zwecke reduziert. Es entsteht eine der Industrie entsprechende Betriebsorganisation, die sich nicht mehr der Zurückweisung durch die Marktselektion aussetzen muß, um etwa zu erfahren, daß man den Kolben nicht unabhängig vom Zylinder ändern darf.

Wo immer nun zwei Stützelemente zu einem Gelenk, Gewebe zu einem Auge, Organe zu einer Extremität, Regelkreise zu einer Verhaltensweise zusammentreten, mußte der Erfolg die Zusammenschaltung ihrer Aufträge fördern und der Erfolg dieser molekularen Verdrahtung wiederum die zweckmäßige Entwicklung der Funktionen. In derselben Weise, in der viele Aufträge ihre funktionell nutzlose, ja lebensbedrohlich werdende Unabhängigkeit verlieren, sinkt wieder die Zahl der Lose; und die Erfolgschancen des Zufalls wachsen. Nun steht keine Grenze mehr gegen die schöpferische Entfaltung einer ungeheuren Hierarchie von Strukturen und Funktionen.

Und was für die Funktionen der erblichen Strukturen gilt, muß auch für die Funktionen der erblichen Verhaltensweisen gelten; von den einfachsten Vermeidereaktionen bis zur kompliziertesten Hierarchie der Instinkthandlungen. Und dies muß aufgrund der vorbereiteten Schaltkreise ebenso für das individuelle Lernen gelten, von den bedingten Reflexen bis hinauf zum Erlernen der Sprache; angeborene Lehrmeister, die unser Vorbewußtes bis in die funktionelle Hierarchie unseres Denkens und Forschens hinein zumindest vor der ärgsten Verwirrung zweckloser Kombinatorik schützen.

Der Richtungssinn des Werdens

Aber selbst die ›Gesetze des Zufalls‹ lassen sich nicht beschwindeln. Was an Erfolgschance im Glasperlenspiel des Zufalls zu gewinnen war, das muß dem Spiel an Repertoire verlorengehen. Dies veranschaulicht eine gegenläufige Fabel.

Die blinden Spieler Archaios und Neos würfelten um die stets gewinnbringende Doppelsechs. Dabei gilt die Regel, daß alles mit den beiden Würfeln geschehen dürfe, vorausgesetzt, daß es eben blind geschieht. Während Archaios nun die Würfel getrennt ließ und im Mittel bei jedem sechsunddreißigsten Wurf Erfolg hatte, band Neos seine Würfel in immer neuen Stellungen zusammen. Zuerst fiel Neos weit zurück. Aber von dem Versuch an, der die beiden Sechsen nach derselben Seite band, gewann er mindestens jedes sechste Mal; stets sechsmal so oft wie Archaios. So verknüpfte er die Würfel immer fester. Als aber die Regel wechselte und die Doppelzwei honoriert wurde, die zufällig in verschiedene Richtungen gebunden war, vermochte Neos die Verknüpfung nicht mehr zu entwirren und verlor für immer; während Archaios weiterhin jedes sechsunddreißigste Mal gewann.

Auch die molekularen Wechselwirkungen verdrahten sich zur Unentwirrbarkeit. Was immer an Funktionszusammenhängen wichtig, verwoben und durch viele Jahrmillionen in seiner Entwicklung honoriert wurde, das kann nicht mehr aufgegeben werden. Wer immer die Grundmerkmale der Tiere, der Wirbeltiere, Säuger, Primaten erwarb, konnte keines von diesen mehr verlieren; was auch immer das Milieu an neuen Ansprüchen honorierte. Die Ursache der natürlichen Ordnung und der großen Bahnen der Evolution wird sichtbar.

Schicht auf Schicht lagern sich einengende Vorschriften übereinander und kanalisieren die Evolution zum hierarchischen Muster des Natürlichen Systems der Organismen. Wo immer neue Wege der Entwicklung gefunden werden mußten, mußte es mit den überkommenen Merkmalen geschehen oder mit neuen, die nur auf den alten aufbauen konnten und diese dadurch nur noch mehr fixierten.

Jenes Bios-Neos-Erfolgsprinzip, das es allein zuwege bringen konnte, aus Amöben Säugetiere zu schaffen, kann es nicht mehr zulassen, aus einem Säugetier einen Fisch oder einen Vogel zu machen. So sehr auch die ›Selektion des Marktes‹ durch Jahrhunderttausende und Generation für Generation darauf gedrungen haben muß. Fledermaus und Delphin sind in allem Säugetiere geblieben. Die Richtung des Zulässigen wird mit der Evolution immer eindeutiger. Sie schließt für Fledermaus und Delphin die Feder und die so nötige Kieme aus. Sie entspricht der Rückzahlung der Hypothek des Erfolgsrezeptes an die Konten des Zufalls. Und da nicht zu erwarten ist, daß das, was sich Jahrmilliarden aufbaute, morgen wechseln würde, zielt jede Richtung auf ein imaginäres Ziel. Aus der Richtung folgt ein Richtungssinn.

Wie der Zweck seinen Sinn bekommt

Das Lebendige ist, wie wir sahen, angefüllt von zweckvollen Strukturen und Funktionen. Sei es, daß sie ihre Zwecke noch unmittelbar erfüllen oder daß sich diese wandelten, indem sie nur mehr die historisch zu verstehenden Träger neuer Zwecke wurden. Dabei erhält ein jedes seinen Zweck dadurch, daß es im hierarchischen System der Zwecke Unterfunktionen eines nächsthöheren Zwecks erfüllt, deren Endzweck dann zusammen die Erhaltung der Art bedeutet.

So ziehen die Zwecke auch durch die hierarchischen Funktionen sowohl unseres Körpers als auch unserer Handlungen. Sie sind unverkennbar im Mittelbereich und verschwimmen nach unten und oben. Sie beginnen unten im Anorganischen, wo uns ein Stein, ein Schluck Wasser einen Zweck erfüllt. Auch nach oben ist der Zweck unseres Hausbaus noch klar, der Zweck meines Lebens noch der Überlegung zugänglich, der der Menschheit schon ein Problem und der Zweck der Biosphäre, für die unsere Art nicht minder eine ihrer Funktionen ist, ist (wie erinnerlich) nicht mehr auszunehmen.

Die deutlichen Zwecke liegen in der Mitte. Aber auch sie gewinnen erst dann den Ehrentitel eines Sinns, wenn an ihnen etwas Unverbrüchliches, Zeitloses zutage tritt. Die Mode etwa dürfte ihre Zwecke haben, aber einen Sinn hat sie wohl nicht. So, wie das kopflose Rennen des Huhns oder das Hin und Her der Weltpolitik Zwecke verfolgt, aber offenbar keinen Sinn zu haben scheint. Dagegen teile ich wohl mit vielen Menschen die Vermutung, daß Dinge wie Familie, Erziehung und Kultur, sofern sie die Humanität fördern und damit diejenigen Künste und Wissenschaften, die der Entdeckung des Menschen und seiner Welt dienen, ihren Sinn haben dürften. Der Sinn ist zwar ein Kind des Zwecks, aber er kann sich in der Kultur bis zum Sinn des Zweckfreien erheben.

Der Sinn, wie wir ihn meinen

Wer es noch unternimmt herauszufinden, welchen Sinn er wohl innerhalb der menschlichen Spezies besitze, der wird zunächst an die etablierten Muster religiöser und gesellschaftspolitischer Lösungen gelangen. Und wenn er nicht schon längst eines zu wählen hatte, kann er entweder wählen, oder er kann sich fragen, welche Instanz zwischen deren Widersprüchen entschiede. Und selbst wenn er, wie das nicht mehr selten ist, auch diese nicht mehr findet, dann kann er das Gemeinsame zwischen den Widersprüchen suchen. Und da endlich finden sich, wenn auch verschiedentlich verkappt, jene Universalien, die, jenseits aller Beschwörung, aller Rassen und Stände, etwas wie die Grundansprüche menschlicher Kreatur versammeln. Sie enthalten das Bedürfnis nach menschlicher Kommunikation und Verstandenwerden, nach der Anerkennung von Wirken und Zuneigung, nach dem Schönen und der Einsicht, nach dem Schutz der Individualität und des Freiraums, des Eigenartigen und der Minderen. Es sind das die Eigenschaften des Menschlichen, der Humanität.

Es entspricht dies genau jenem Zielfeld, das uns der Richtungssinn unserer Evolution gelassen hat, nachdem uns mit der Schaffung der Hominiden, der Gattung *Homo* und der Art *Homo sapiens* die Entwicklungschancen des äffischen, des nicht-menschlichen und des nicht-weisen endgültig entzogen wurden. Und es bedarf heute nicht mehr vieler Umsicht, um zu sehen, daß uns Menschen die Überlebenschance tatsächlich nur mehr in einer Vertiefung des Menschlichen verblieben ist. Die Entwicklung jener Humanität, die den meisten von uns als der uns verbliebene Sinn erscheint, fällt mit jenem Richtungssinn zusammen, den uns das Werden der natürlichen Ordnung gelassen hat.

Und wenn uns eine solche Humanität zwischen den Unerträglichkeiten der Weltanschauungen nur als eine ihrer widersprüchlichen Tröstungen erscheinen konnte, als Naturgesetz, das unser Überleben enthält, mögen wir es vielleicht ernster nehmen. Es enthält den Sinn, den wir hier meinen.

Ein System aus Sinn und Freiheit

Sinn und Freiheit bilden in der Naturgeschichte des Lebens ein untrennbares Doppelwesen als Gegensätze, als Antagonismen, als wechselseitige Voraussetzung, als gegenseitige Förderer. Denn diese Welt ist weder deterministisch noch indeterministisch. Sie entsteht im Wechselspiel der beiden. Sie mußte darum auch keineswegs so werden, wie sie ist.

Zunächst also erweist sich in der Evolution der Zufall als notwendig und die Notwendigkeit als zufällig. Man wird sich erinnern, daß sie zu erstaunlichen Mitteln greift, um sich die für alles schöpferische Lernen notwendige Freiheit des Zufalls zu erhalten: den physikalischen Indeterminismus. Zum anderen war zu sehen, daß als Konsequenz schöpferischer Zufallserfolge sofort Notwendigkeiten in der Form neuer Gesetze und Ordnungsmuster, neuen Zwecks und Sinns, auftreten: physikalische Determination. Nur daß diese Notwendigkeiten nicht vorherzusehen, als eine Schöpfung des Zufalls also zufällig sind. Das führt zu dem scheinbar paradoxen, aber sympathischen Resultat, daß für die Evolution die Zufälle unserer Freiheit eine Notwendigkeit, die Notwendigkeiten unseres speziellen Sinns aber ein Zufall sind.

Antagonisten sind Sinn und Freiheit in der Art eines selbstregulierenden Systems. Wenn immer nämlich die Freiheit des Zufalls zu groß wird, verliert er die Chance etwas Sinnvolles zu treffen; und wenn immer der Entwicklungssinn zu eng wird, beginnt er die Freiheit des Zufalls einzuengen und nimmt ihr damit nicht minder die Chance Sinnvolles zu suchen. Der Unterschied scheint nur darin zu liegen, daß der Zufall in dieser Welt stets da war, ihr Sinn aber erst mit dem Suchen entstand. Und erst im Wechselspiel stets neuer Freiheiten und stets neuer Sinnbezüge entsteht eine harmonische Natur. Tatsächlich ist sie weder ohne Harmonie, wie die Materialisten glauben, weil sie dieses Wechselspiel nicht sehen, noch ist sie prästabilisiert, wie es die Idealisten jenseits der realen Welt denken. Die Harmonie der Natur stabilisiert sich selbst; sie enthält eine post-stabilisierte Harmonie.

Das Anziehendste an diesem Paar ist aber ihr gegenseitiges Fördern. Aus ihrem Antagonismus klimmen sie fortgesetzt in komplexere, für uns relevantere Bereiche. Die Freiheit klettert von jener der Moleküle über die der Strukturen und Verhaltensweisen bis zu der des Denkens; begleitet von Zwecken, die ebenso von jenen der bescheidensten Organe über die der Instinkte und des Bewußtseins bis in den Sinn unserer Kulturen reichen. Und als die höchste Freiheit erweist sich darum jene, welche, wie die MICHELANGELOS oder BEETHOVENS, sich nicht nur aller menschlichen Gesetzlichkeit hinauf bis zu der der Renaissance oder des Barock unterwirft, sondern darüber hinaus dem strengsten Kanon selbstgeschaffener Ordnung. Höchster Sinn mag darum für das Individuum und die Kultur in der größten schöpferischen Freiheit liegen, höchste Freiheit in der Treue gegenüber dem strengsten Kanon.

Erkenntnis und Gesellschaft

II 5 Umwelt und Entwicklung

Zwischen den Synthesen und Einsichten, welche einem die stille Forschung erlaubt, und dem Eindruck, den einem Tageszeitungen oder die Abendnachrichten hinterlassen, quirlt ein wirres wirtschaftliches und politisches Getriebe. Dort sind die meisten Menschen verpflichtet daheim zu sein. Und da es in der Wissenschaft diesen Menschen zuliebe zugehen muß, so müssen wir uns ihnen anschließen.

Hier, wo es um den Wandel im Weltbild im Hinblick auf ›Erkenntnis und Gesellschaft‹ gehen soll, sei mit einem Kopfsprung begonnen. Meinung und Ratlosigkeit seien sogleich aus der Nähe betrachtet. Und einem Schulfuchs, wie dem Autor, sind zunächst seine Studenten die Nächsten. Von da aus wollen wir uns ins Abstraktere begeben. Dort wird die Sache zwar übersichtlicher, aber leider auch ferner. Ein Umwelt-Symposium (im Oktober 1981) des »Bundes sozialistischer Akademiker« in Wien war der Anlaß zum folgenden Vortrag (den ich vor der linken österreichischen Reichshälfte um so lieber gehalten habe, als ich – ich weiß nicht warum – ungleich öfter von der rechten Reichshälfte zu Vorträgen geladen werde). Der Vortrag erschien im Februar 1982 (35. Jahrgang 1/2) in: »Der Sozialistische Akademiker«.

Jüngst habe ich eine Gruppe tüchtiger Ökologiestudenten, die einen unserer großen Hörsäle füllen, in einem Umweltquiz befragt. Angenommen wurde: eine Papierindustrie hätte die Mur ruiniert, und die Schuldfrage sollte gelöst werden. Folgende Liste der Verschulden wurde geboten:

1. Der Schleusenwärter der Firma – er hat den Wasserhochstand nicht abgewartet. (Nun stieg ich in der Stufenleiter der Verantwortlichkeiten):
2. Der Abteilungsleiter – seine Direktiven waren zu wenig eindeutig.
3. Der Direktor – er setzte die Priorität des Baus der Kläranlage nicht durch.
4. Die Besitzer der Anteilspapiere – sie beeinflussen die Prioritätenliste.
5. Die Gewerkschaft der Firma – sie setzen Vollbeschäftigung vor Kläranlagen.
6. Die Nachbarindustrie – sie macht das gleiche Papier billiger.
7. Die deutsche Papierindustrie – sie exportiert Papier noch billiger.
8. Die Konsumenten – sie kaufen bei gleicher Qualität das billigere Papier.
9. Die Werbung – sie empfiehlt stets bessere Qualität.
10. Das Handelsministerium – es errichtet keine Schutzzölle.
11. Die EG – sie nimmt uns bei Schutzzöllen Landwirtschaftsprodukte nicht ab. (Nun stieg ich wieder ab):
12. Das Bautenministerium – es soll statt Straßen Umweltanlagen fördern.
13. Die Gewerkschaften – sie drängen auf Straßenbau (wegen der Pendler).
14. Der Schleusenwärter – er unterstützt die Gewerkschaft.

Das Ergebnis war lehrreich. Zunächst einmal: Kaum einer meiner begabten Studenten zögerte, einen Hauptschuldigen anzugeben. Wir begegnen hier dem tief in unserer Erwartung verankerten Verursacherprinzip.

Man erinnere sich der inquisitorischen Frage: »Wer hat den Zeigestab zerbrochen!?« Die Klasse verweist auf eine komplizierte Auseinandersetzung. Die Inquisition wechselt die Strategie: »Wer hat angefangen!?« Die Klasse verweist auf das Eindringen der Nachbarklasse ›4b‹.

Der Lehrer wird ungeduldig, denn die Klasse beginnt, jahrelange Fehden aufzudecken. Letztlich hätte der Schuldiener vor drei Jahren diese damalige ›1a‹ vor der ›1b‹ in beschämender Weise zurückgesetzt. Soll der Lehrer den Diener bestrafen? Nein! Und er findet den Schüler X, der den Stab im Moment des Brechens zufällig in Händen hielt. Er wird zum ›Exempel‹ bestraft.

Ist der Lehrer zu kritisieren? Auch nicht! Die Hälfte seiner Stunde geopfert zu haben, schon das war die Lappalie nicht wert. – Dahingegen aber muß Ordnung sein. Viel tiefer steht hinter diesem Entscheiden eine erbliche Anschauungsform, wie KONRAD LORENZ sagt, eine Vorbedingung jeder möglichen Vernunft, wie IMMANUEL KANT sagen würde, die uns zwar praktisch und erfolgreich anleitet, aber mit einem zu vereinfachten Konzept – und in einer rational unbelehrbaren Weise.

Instinktive Simplifikation

Diese Art instinktiver Simplifikation komplexer Ursachenzusammenhänge hat natürlich unsere ganze Zivilisation geprägt. Und so wird der Mangel an Instinkt von den Institutionen dieser Zivilisation nur noch verstärkt und gerechtfertigt. Man denke an die Zurechnungslehre unserer Rechtsprechung:

Eine alte Frau wird als Ladendiebin gefaßt. Sie hat einen Kinderpullover entwendet. Es ergibt sich: Sie ist mittellos. So auch ihre Nachbarin mit einem frierenden Kind. Deren Mann ist stellenlos, denn sein Arbeitgeber hatte zuviel Kredit aufgenommen, während man in den USA zur Hochzinspolitik gewechselt hat. Wer also ist zu bestrafen?

Auch meine Studenten waren folglich überzeugt ›den‹ Schuldigen finden zu können. Sie belasteten überwiegend den Direktor und in zweiter Linie den Bautenminister. Sie sahen deren Zwänge nicht. Wie hätte der Direktor die Prioritäten gegen Besitzer und Gewerkschaft zum Nachteil derer, die jene vertreten, verändern können? Wie hätte der Bautenminister sich den Zwängen seiner Fraktion zu entziehen vermocht, da er zu versprechen hatte, deren Versprechungen zu erfüllen?

Der kleine Mann wurde unterschiedlich beurteilt. Als Schleusenwärter fand man ihn fast unbelastet, als Konsument in der dritten Position der Hauptbelasteten. Man beurteilte ihn als Individualität ganz anders denn als Teil eines ganz anonymen Kollektivs. Man beurteilt sich selbst wohl in der gleichen Weise.

Und als völlig unbelastet wurde die Werbung betrachtet, die Gewerkschaft und die deutsche Papierindustrie. Man zog offenbar nicht in Betracht, daß die Werbung wesentlich zum zerstörerischen Wachstum beiträgt. Daß die Gewerkschaften gegen Produktionsminderung, Firmenreduktion und Abbau wirken müssen. Daß es in den überstaatlichen Verhandlungen aus Konkurrenzgründen nicht gelingt, der Industrie einheitlich hohe Reinhaltungsauflagen zu machen.

Kurz: Man erkannte nicht, daß wir alle zusammen, daß unser Wirtschafts-, Parteien-, Kapital-, Konkurrenz- und Lebenssystem Ursache der Zerstörung unserer Umwelt ist. Und nicht nur meine Studenten erkannten das nicht, wir alle erkennen es kaum; und sollten wir es erkennen, so anerkennt das unser Handeln nicht, und sollte es unser Handeln anerkennen, so können wir aus den meisten unserer Zwänge nicht heraus.

So wissen unsere Industriekapitäne, daß sie zum Überleben ihres Werkes einen selbstmörderischen Kurs zu steuern haben. Ihr Zugzwang überwiegt das Paradoxon der vorhersehbaren Selbstvernichtung. So errechnet die IASA, das ›Laxenburg-Institut‹ bei Wien, daß wir wiederum tüchtiger werden müssen, um uns die ausgehenden Ölreserven künftig noch leisten zu können. Eine diabolische Berechnungsweise; denn zunehmende Tüchtigkeit wird die Ölreserven nur um so schneller schwinden lassen. So drängen Physiker, Energie-Verbund und Gewerkschaft auf Atomstrom, obwohl sie wissen, daß man Macht nicht kumulieren und ein Raumschiff nicht überheizen darf. So wetteifern die Parteien um die Förderung der Wachstumsrate, obwohl sie wissen, daß jedes System, das nur vom Wachsen lebt, schon an sich selbst zugrunde gehen muß. So versprechen sie mehr Konsum als wir an Werten schöpfen. So verteilt man Nobelpreise an konkurrierende Geldtheorien, obwohl man weiß, daß nur eine stimmen kann. So verhandelt man die Abrüstung jeweils aus einer Position der Stärke, wiewohl man weiß, welch entsetzliches Ende das dann notwendigerweise nehmen muß.

Und wir? Hypnotisiert von diesem Getümmel, wollen das alles nicht. Auch ist eine ›Nein-danke‹-Jugend entstanden und wächst naturgemäß – nun schon zu Demonstrationen von Hunderttausenden. Wir müssen dringend wissen, woran wir sind.

Funktionale Kausalität

Fragen wir uns also selbst. Wir erkennen das Vorliegen von Netzzusammenhängen, von Ursachengeflechten und Systembedingungen. Gibt es in ihnen eine Stelle, wo einzugreifen wäre. Sind es die Obersysteme: internationales Kapital, Gefälligkeitsdemokratien in ihrer Konkurrenz mit den autoritären Systemen? Ist es die Konkurrenz selbst? Konkurrenz worum? Um Prosperität, um Macht? Aber woher stammen diese konkurrierenden Institutionen? Wir haben ihnen ihre Funktionen doch selbst delegiert!

Fragen wir also vorerst nach uns selbst: Wer ist dieses ›Wir‹? In uns finden wir einschlägig zunächst ein begehrliches Wesen. Die Begehrlichkeit ist wohl angeboren, aber ihr zerstörerisches Ausmaß ist ein Zivilisationsprodukt. Keiner von uns hat die Konsumgesellschaft, keiner die Wegwerfgesellschaft erfunden. Wir sind in sie hineingetaumelt. Denn wir waren für keines unserer Wirtschaftssysteme gescheit genug, sagt FRIEDRICH HAYEK, in sie alle sind wir hineingestolpert. Dann wären also Institutionen schuld, die wir selber nicht verstehen; Werbung wie Rüstung, freier Markt ebenso wie Zentralismus, Spareinlagen wie Zinsen. Aber, noch einmal: all das ist ja aus unserem eigenen Wunsch zur Lösung anstehender Probleme entstanden. Es ist ein Teufelskreis.

Man sagt: Die Dinge sähen anders aus, wenn die Politiker 400 Jahre alt werden würden. Sie würden, so meint man wohl, die Zugzwänge anders sehen. Aber auch wenn wir kleinen Leute alle 400 Jahre alt werden würden, sähe unsere Moral anders aus. Der Zugzwang ist also selbst eine Systemeigenschaft. So geht es also nicht.

Man wünscht uns eine andere Moral. Das wäre gut! Aber die Institutionen, welche sie predigen, haben keine Macht; diese haben wir stets jenen delegiert, welche solche Moral nicht predigen können. Denn mit Macht haben wir die ausgestattet, die uns nicht Bescheidenheit auferlegen, sondern immer neue Ansprüche zusprechen. So also geht es auch nicht.

Man wünschte sich eine andere Vernunft. Das wäre noch besser!

Aber wer setzte sie durch? Welche Nation wäre heute von einem Streik der Philosophen zu erschüttern, einem Ausstand der Cellisten oder Kupferstecher? Sind es nicht die Metallarbeiter-, Eisenbahner-Gewerkschaften, die Docker und die Müllabfuhr, die den Griff am Puls der Nation haben? Und wer hätte die Macht, mit der Macht zu brechen?

Wäre nicht wenigstens eine ›nationale Vernunft‹ (z. B. eine österreichische) denkbar? Der Entschluß unserer Regierung: »Wir machen da nicht mehr mit!«? Sehen denn unsere Minister nichts? Doch, sie sehen! Aber sie regieren nicht nur, sie werden regiert. Unsere Regierung wird wieder von internationalen Zwängen regiert. Gibt es aber Hoffnung auf eine internationale Vernunft? Gewiß nicht! Der Teufelskreis hat sich wieder geschlossen.

Da wir aber in diesen Umweltschlamassel nicht noch tiefer hineindürfen, muß noch weiter ausholend gefragt werden. Wir müssen nach der Ursache unserer sichtlichen Instinktmängel fragen. Und da findet sich bereits bei JAY FORRESTER und DENNIS MEADOWS, welchen wir »Die Grenzen des Wachstums« verdanken, aber auch bei BARRY COMMONER, FRIEDRICH HAYEK, JOHN GALBRAITH, die alle von verschiedenen Positionen antreten, die Einsicht: ›Der menschliche Verstand ist nicht dazu geschaffen, komplexe Systeme zu verstehen.‹ Wir sind zurück bei den Mängeln unserer erblichen und rational unbelehrbaren Formen der Anschauung.

Intelligenz und Kreativität

Läßt sich der Umgang mit komplexen Systemen beispielsweise durch Training verbessern? Oder ließe sich die Lage verbessern, indem wir die tiefgreifendsten Entscheidungen den jeweils Intelligentesten unter uns überlassen? Diese Fragen wurden jüngst experimentell überprüft.

Die Bamberger Studiengruppe um DIETRICH DÖRNER ist eben dabei, ihr großes ›Bürgermeister-Spiel‹ auszuwerten. Achtundvierzig Studenten und Studentinnen vieler Fachrichtungen wurden probeweise zu ›Bürgermeistern‹ der fiktiven deutschen Kleinstadt ›Lohhausen‹: »klein, aber dennoch überschaubar; friedlich und gesund, aber ohne Garantien für die Zukunft; regierbar, ohne sich ansehen zu lassen, wie und zu welchen Zielen hin regiert werden müsse.« Ein

Computer enthielt alle Daten und Wechselbeziehungen. Alles durfte verändert und im Ergebnis abgefragt werden. Das Endergebnis war folgendes.

»Den einen geriet ›Lohhausen‹ zu einem florierenden Gemeinwesen, die anderen hatten es in kurzer Zeit ruiniert.« Welche waren nun die guten und welche die schlechten Bürgermeister? Wie erwartet, ergab sich keine Korrelation mit dem Geschlecht, dem Alter und der Herkunft der Versuchspersonen.

Daß aber auch Trainingskurse in Kreativität, Management und Praxis nichts verbesserten, war schon überraschender. Zwar glaubten die Absolventen des Praxiskurses (und nur diese), daß das Training ihre Leistung verbessert hätte. »Tatsächlich verbessert hatte aber kein Training die Leistung. Auch Vorwissen half wenig ... (also durch Ausbildung, durch Erziehung) ist die Leistung kaum, auf jeden Fall nicht schnell und nicht tief zu beeinflussen.«

Wir müssen uns ja auch eingestehen, daß sich noch keine Theorie vom Erkenntnisprozeß gegenüber komplexen Systemen durchgesetzt hat. Auf der einen Seite steht die szientistische Methode der ›exakten‹ Naturwissenschaften. Sie beruht darauf, ein System auf seine Teile und diese auf die Teile der Teile zu reduzieren, man sagt: zurückzuführen. Diese Methode zerstört dabei das jeweils Ganze des Systems. Auf der anderen Seite steht die hermeneutische Methode der Geisteswissenschaften. Sie beruht auf einem Kreisprozeß, den man ›wechselseitige Erhellung‹ nennt. Aber die Frage blieb offen, wo im Kreise die Gewißheit stünde, von welcher man ausgehen dürfte. Tatsächlich stehen beide Theorien nach Fakultäten getrennt, unverträglich nebeneinander. Wie sollten wir also auch erziehen, wenn wir nicht entscheiden können, wozu?

Wie steht es nun mit der Intelligenz? Hier harrt eine noch größere Überraschung: Es »waren die intelligenteren Bürgermeister nicht auch die besseren! Zwischen der Intelligenz – oder vielmehr: der Intelligenz, wie sie in Tests gemessen wird, dem Intelligenzquotienten (IQ) – und dem Erfolg im Umgang mit dem System zeigte sich keinerlei Zusammenhang ... Test-Intelligenz« (ich zitiere nochmals aus dem Bericht) »schützt vor Dummheit nicht! ... Jemand kann ein Meister sein im Lösen der engen, unverbundenen Denksportaufgaben der IQ-Tests und versagen, wenn er sich seine Aufgaben erst selber definieren muß.«

Aber noch einmal müssen wir uns eingestehen, daß wir sogar von einer Korrelation zwischen Schulerfolg und Lebenserfolg nichts wissen. Wahrscheinlich besteht gar keine Beziehung. Vielleicht ist sie sogar negativ korreliert. Gewiß ist nur, daß wir die induktiven, kreativen Leistungen in die letzten Nebenfächer stellten (z. B. bildnerische und Musikerziehung). Die Hauptfächer, an welchen wir die Reife messen, prüfen dagegen die deduktiven Leistungen; die Fähigkeiten zur Ableitung aus mathematischen und sprachlichen Konstruktionsgesetzen. Und dasselbe tun jene Intelligenztests. Unsere ganze Kultur leidet an einer deduktiven Schlagseite. Das induktiv Schöpferische wird aus Bildung und Wertung fortgelassen. Dafür überschwemmt ein riesiger deduktiver, gesetzesexekutierender Apparat unsere gesamte Zivilisation. Wir werden nach dem Maß unserer unkritischen Gesetzesgläubigkeit gewertet sowie sozial plaziert. Das innovative und explorative Meistern der komplexen Lebens- und Überlebensaufgaben wird ausgeschlossen.

Ich habe jüngst die Ursache dieses gefährlichen, vielleicht sogar lebensgefährlichen Mangels kollektiver Vernunft aufgefunden. Der Wechselbezug induktiver und deduktiver Leistungen entspricht der Spezialisierung oder Arbeitsteilung der beiden Hemisphären unseres Gehirns. Die induktiv-schöpferischen Leistungen sitzen in der rechten Hemisphäre, die deduktiv-ableitenden in der linken. Aber nur die linke Hemisphäre enthält unser Bewußtsein. Wir können daher alle logisch-deduktiven Vorgänge verfolgen. Die kreativ-induktiven aber nicht. Nur deren fertige Lösungen tauchen hier auf – wie von fremder Hand. Es sind dies die längst bekannten BÜHLERschen ›Aha!-Erlebnisse‹.

Des Menschen ›faule Vernunft‹

Unsere »faule Vernunft«, wie KANT sie nennt, hat nun gemeint, daß das leicht Zugängliche auch schon alles wäre; und unsere kollektive Vernunft wertet und unterrichtet unvernünftigerweise nur, was leicht zu bewerten und zu unterrichten ist. Sie schließt das Schwierige und Komplexe aus. Und nun sind wir erstaunt ob unseres Unvermögens und des Schlamassels, den wir angerichtet.

»Alle Versuchspersonen«, so resümiert der Bürgermeister-Bericht, »gute wie schlechte, haben ganz bestimmte Schwierigkeiten beim

Umgang mit komplexen Systemen. Sie rühren aus den dem menschlichen Geist gezogenen Grenzen: daher, daß der menschliche Geist von der Evolution unter Bedingungen herausgebildet wurde, die vielerlei von ihm verlangen, aber nicht den Umgang mit eng vernetzten, dynamischen Systemen ... Zweitens denkt der Mensch Kausalität vorzugsweise in Linien und nicht in Netzen ... Daß jede Maßnahme Rückwirkungen und ganz unerwartete Nebenwirkungen haben kann und daß diese sein Ziel in Frage stellen, ja aufheben können, das will ihm nicht leicht in den Kopf.« Und »Was das heißt?« so schließt der Bericht, »es heißt: Der menschliche Geist ist nicht gut geeignet, die heutige Situation der Menschheit zu begreifen und zu bewältigen.«

Wir sind also ein drittes Mal zurück bei den Mängeln unserer Vernunft. Und ich bin in der Lage, die Ursache und die Art dieser Mängel aufzuklären. Als erster, soweit ich sehe. Und zwar auf der Basis der ›Evolutionären Erkenntnislehre‹, wie sie von KONRAD LORENZ aus der Verhaltenslehre, von POPPER, VOLLMER und OESER aus der Philosophie, von CAMPBELL aus der Psychologie und von mir aus der Evolutionstheorie entwickelt wurde.

Die Vorbedingungen jedes menschlichen Verstandes kennt man als die sogenannten Verstandeskategorien seit der Agora, dem griechischen Richtplatz. IMMANUEL KANT hat sie als die *Apriori* jeder Vernunft und Urteilskraft besonders dargelegt. Ihre Eigentümlichkeit liegt darin, als Vorbedingung jeder Vernunft von der Vernunft allein nicht begründet werden zu können. Sie waren, da nicht hinterfragbar, hinzunehmen.

Dies wurde durch die evolutionäre Betrachtung anders. Als Biologen beschreiben wir mit den Methoden der vergleichenden Anatomie die Entwicklung der erblichen Entscheidungshilfen wie die Entwicklung der erblichen Körperstrukturen. Und jene reichen in einem Kontinuum von den einfachsten Taxien über die ganze Hierarchie der Instinkte bis zu den erblichen Anschauungsformen als der Vorbedingung jeder bewußten Reflexion. Es sind dies unsere Erwartungen und Deutungen von Raum und Zeit, Wahrscheinlich- und Vergleichbarkeit, von Kausalität und Finalität (also von Ursachen und Zwecken).

Diese entsprechen nun wieder den KANTschen *Apriori.* Wir bestätigen ihren *a priori*-Charakter für jede individuelle Vernunft, aber wir erkannten sie gleichzeitig als *a posteriori*-Lernprodukte von Tausenden Generationen unseres Stammes. Es sind dies die erblichen Entscheidungshilfen aus den Langzeiterfahrungen des Lernprozesses unserer Gene. Sie extrahierten Grundgesetze dieser Natur zum Zwecke des Überlebens. Sie passen, sagte schon LORENZ, aus demselben Grund in diese Welt, aus welchem die Flosse des Fisches ins Wasser paßt, noch bevor er aus dem Ei geschlüpft.

Aufgrund der Langsamkeit der genetischen Evolution sind es aber Selektionsprodukte, die Millionen bis hundert Jahrmillionen alt sind. Es sind also Anpassungen und Entscheidungshilfen für das einfache Milieu des Früh- und Vormenschen, der Primaten und Säugetiere. Für sie alle genügte ein eindimensionales Zeitprogramm, eine dreidimensionale Erwartung des Raumes und die erbliche, daher rational unbelehrbare Anschauungsform, Ursachen wie Zwecke wären zweierlei und jeweils in Kettenform gegeben.

Mit dem Bewußtsein, mit Nachahmung und Sprache, baute aber auf der genetischen Evolution eine kulturelle. Und was sich im Erkenntnisprozeß der Gene erst in Jahrtausenden in den Populationen verbreitete, das verbreitet sich in der zweiten Evolution wie ein Lauffeuer. So läuft die zweite Evolution der ersten davon. Sie beschleunigt ihr Tempo um das Millionenfache. Und so finden wir uns mit unseren erblichen Entscheidungshilfen für ein Milieu von gestern vor den Entscheidungen für eine Welt von morgen; Bürger wie Minister.

Ein Wechselbezug von Umwelt und Entwicklung

Hier befinden wir uns in der Tiefe unseres Themas; der Beziehung von Umwelt und Entwicklung. Die Umwelt bestimmte unsere Entwicklung, und unsere Entwicklung formt unsere Umwelt. Jeder Selektionsdruck beruht darauf, daß alle Anpassung der Entwicklung gegenüber den Anforderungen der Umwelt nachhinkt. Und hält der Nachzügler nicht Schritt, so verfällt er der Selektion.

Wir sind überwiegend von unseren nachhinkenden Ursachen- und Zweckvorstellungen bedroht. Wir laufen Gefahr, den Schlamassel aus Wachstum, Rüstung, Energiekonsum und Umweltzerstörung nicht zu meistern. Und da keine Hoffnung besteht, dem Tempo der Zivilisation unsere erblichen Anschauungsformen anzupassen, haben wir nur mehr die Möglichkeit, sie durch die Forschung zu hinterfragen.

Daß dies möglich ist, hat bereits EINSTEIN gezeigt. Entgegen unserer Anschauung von Raum und Zeit als zweierlei unabhängigen Qualitäten, entdeckte er das Raum-Zeit-Kontinuum. Und anstelle jener drei- und eindimensionalen erblichen Deutung war der vierdimensionale in sich zurückgekrümmte Raum nachzuweisen, trotzdem er unseren Formen der Anschauung nicht anschaulich gemacht werden kann.

Was aber dort erst in kosmischen Dimensionen (z. B. bei Reisen nahe der Lichtgeschwindigkeit) als Irrtum der Anschauung offensichtlich würde, das wirkt bei irrigem Kausalitätskonzept sofort. Denn Kausalzusammenhänge sind unabhängig von der Dimension. Sie wirken im Mikro- wie Makroskopischen in irdischen wie galaktischen Abmessungen.

Und tatsächlich entsprechen unsere Ursachenvorstellungen nicht mehr der Komplexität unseres wissenschaftlich-technischen Milieus. Wir haben in unserem Glauben an lineare, unvernetzte Kausalität alles für machbar gehalten. Namentlich seit der GALILEIschen Wende zur Naturwissenschaft und beschleunigt seit der Aufklärung hat die Zivilisation der westlichen Prägung gemeint, alles zum Nutzen Denkbare auch zum Nutzen durchsetzen zu können. Immer tiefer hat sie in das Milieu des Menschen und in seine Umwelt eingegriffen. Und sie ist in jenen Teufelskreis von Zugzwängen geraten, den sie sich in ihrer Schulweisheit nicht hat träumen lassen.

Wir hängen am Verursacherprinzip, konkurrieren mittels Wachstum, verpuffen unsere Reserven, überhitzen die Atmosphäre, untergraben die Innovation, verteilen mehr als wir geschaffen haben, werfen das Steuer der Ökonomie hin und her, pendeln zwischen Inflation und Arbeitslosigkeit, also zwischen schleichender Enteignung und Verhinderung von Wertschöpfung; kurz: Wir steuern in allem einen selbstmörderischen Kurs.

Die Selektion, die der unangepaßten Spezies *Homo sapiens* harrt, ist nun keine Selektion am Einzelindividuum. Es ist die Selektion am nicht angepaßten Lebenskonzept der Populationen. Wir sind alle verbunden in einer Sippenhaftung für kollektiven Unsinn. Aber daß sich dies erkennen und sagen läßt, enthält eine gewisse Hoffnung.

Wir besitzen die Möglichkeit, mit Hilfe der Forschung hinter die Mängel der uns irreleitenden Anschauung dieser Welt zu gelangen. Was EINSTEIN für Raum und Zeit gelang, muß uns für die Ursachen und Zwecke gelingen. Und wenn wir schon keine Hoffnung haben, unsere erblichen Vorstellungsformen zu ändern, unser Wissen um ihre Mängel kann sich unterrichten und zum Allgemeingut machen lassen.

Wir haben die Chance, die Fehler der Aufklärung durch ein Zeitalter der Abklärung wiedergutzumachen. Ging es bei der Aufklärung um die Übergriffe von Kirche und Aristokratie und um das Machbare als Lebenshilfe, das Wissen als Hilfe für den Unwissenden und Einflußlosen, so liegen die Dinge heute verkehrt herum. Bei der Abklärung geht es um die Übergriffe von Ideologie, Kapital und Technokratie und um die Warnung vor dem Machbaren, um das Wissen um die Machbarkeitsgrenzen für den Wissenden und Einflußreichen. Ging es in der Aufklärung um das Sprengen der Grenzen, welche sich um die Erkenntnis der Menschen gezogen hatten, so geht es in der Abklärung darum, die Grenzen seiner Erkenntnisfähigkeit wiederzufinden.

Den Ausweg sehe ich im Gewinnen eines vertieften Menschenbildes durch die Forschung und in seiner Verbreitung; also in einer vertieften Bildung. Das verlangt freilich andere Fragestellungen, als wir sie gewohnt sind. Kein Fachwissen nach der Einteilung der Naturalienkabinette der Feudalzeit, wie sie noch heute die Universitäten gliedern, keine wechselseitige Ignoranz in natur- und geisteswissenschaftlichen Fakultäten. Die Probleme der Zeit legen heute ganz andere Schnitte durch unsere Wirklichkeit.

Aber diese Schnitte lassen sich finden und die Zusammenhänge aufdecken. Einer der wesentlichen ist der unseres Themas: der Wechselbezug von Umwelt und Entwicklung. Gewinnen wir, ohne die objektive Wissenschaft zu verlassen, jenes vertiefte Wissen vom Menschen, dann erfahren wir, was ihm für seine Entwicklung zusteht; und zwar jenseits der zivilisatorischen und ideologischen Doktrinen, die ihn entzweien.

Dann kann es gelingen, eine Umwelt nach dem Maß des Menschen zu schaffen, eine Form nationaler Vernunft und eine Politik der weiten Sicht; nicht eine, wie sie, von uns beauftragt, zwischen Zugzwängen in jenen Teufelskreis nur noch tiefer hineintreibt; in den selbstmörderischen Kurs dieser Erfolgszivilisationen auf dem Raumschiff Erde.

II 6 Die Folgen des Ursachendenkens

Solch einen sachlichen Titel muß ich mit einem Bekenntnis einführen; sein Hintergrund läge ansonsten nicht offen. Paul Watzlawicks *Buch »Wie wirklich ist die Wirklichkeit« hat mich seit seinem Erscheinen (1976) bewegt. Das Thema wie der Mensch dahinter sind von faszinierender Perspektive. Nicht weniger wird sichtbar als die Künstlichkeit der Lösung aller Lebensprobleme. Das aber, so wußte ich (1976), muß tiefe Wurzeln haben im Erkenntnismechanismus des Lebendigen überhaupt. Biene und Schwalbe haben das Problem des Fliegens in ebenso unvergleichbarer Weise gelöst wie das Problem des Sehens (mit Facetten- sowie Linsenauge). An ihnen schon muß sich diese Welt so verschieden wie wirklich abbilden. Wie erst müssen die Lösungen der Menschen, trotz ihres Erfolges, willkürliche Konstruktionen werden, da sie ihr Bewußtsein dazu verleitet, das Vorstellbare für real, ja für realer als die Realität zu halten.*

Wieder wurde eine Geistesverwandtschaft für mich durch eine Freundschaft mit meinem (in Kalifornien wirkenden) Landsmann ausgezeichnet. Und in Pauls *neuem Band »Die erfundene Wirklichkeit«, der sich als ein »Beitrag zum Konstruktivismus versteht« (1981), trug ich die Evolutionäre Erkenntnislehre zum Konstruktivismus bei (weil ja der Konstruktivismus wieder aus der evolutionären Lehre zu begründen ist). Das Folgende ist mein Kapitel. Es wiederholt sich in ihm zwar manches Fundament, welches der Leser aus dem Kapitel 3 (dieses II. Teiles) in Erinnerung haben wird. Dennoch kürzte ich nicht, weil nun von ganz anderer Seite, vom Alltag unserer Gesellschaft auszugehen ist.*

Es ist spät in der Dämmerung. Das Haus, das wir betreten, ist uns unbekannt, die Situation aber alltäglich. Der Flur zu dunkel, um die Namensschilder lesen zu können. Wo ist der Lichtschalter? Da: drei Knöpfe. Es wird der oberste sein. Wir drücken. Und schrecken auch sogleich zurück: denn solange der Finger an der Taste war, schrillte eine Glocke durch das ganze Treppenhaus (– im selben Moment geht flackernd das Neonlicht an). Zu dumm! empfindet man: Es war die Klingeltaste (oder waren wir gleichzeitig die Ursache des Lichtwerdens?). Hinter uns geht eine Tür auf. Haben wir also die Bewohner auch schon aufgescheucht? Nein! Es ist die Eingangstür. »Entschuldigen Sie«, sagt die Person, die hereinguckt, »ich dachte, die Haustür wäre schon geschlossen.« War also jene die Ursache des Glockentons und wir doch am Lichtschalter gewesen? Offenbar; woher aber stammt unsere Erwartung, Ursache einer durchaus nicht erwarteten Koinzidenz zu sein: hier des Zusammentreffens von Fingerdruck und Glockenton? Oder dann die Koinzidenz von Glockenton und Eingangstür, welche hingegen aus den Absichten oder Zwecken dessen zu verstehen wäre, der eintreten wollte? Kurz: Wie sind unsere Ursachen- und Zweckerwartungen zu begründen oder zu rechtfertigen?

Die unbelehrbaren Lehrmeister

Welche Logik oder Vernunft wäre also anzurufen? Steckt irgend etwas Zwingendes, eine notwendige Art des Schließens in der Anleitung unseres Verhaltens und unserer Erwartungen? Prüfen wir es an einigen (weniger trivialen) Beispielen:

Zunächst jenen Zusammenhang, welchen wir als ursächlich im Sinne eines Kausalnexus erleben.

Wir verstecken eine Autohupe unter einem parkenden Wagen und den Leitungsdraht von dieser zu unserem Beobachtungsposten unter etwas Sand im Straßengraben. Wir nehmen uns vor, die Hupe nur so lange tönen zu lassen, wie der Fahrer sitzt und die Türe geschlossen hält. – Nun kommt der Fahrer; sperrt auf, öffnet, setzt sich, schließt die Tür – die Hupe tönt – der Fahrer öffnet die Tür sofort wieder (die Tür als Ursache des Hupens!) – der Ton verstummt – der Fahrer guckt die Straße entlang (wenn nicht, woher also sonst?), nach hinten, nach vorn, steigt wieder ein, schließt die Tür – die Hupe tönt –

der Fahrer öffnet (also doch die Tür!) – der Ton erlischt – der Fahrer steigt aus, sieht sich um, geht ums Auto (also was?), klopft auf das Dach (wozu?), schüttelt den Kopf, steigt ein, schließt die Tür – die Hupe ertönt – der Fahrer springt heraus. Steht, sieht irgendwohin. Eine Eingebung! Schließt von außen, erwartungsvoll – die Hupe tönt nicht (-Aha!). Steigt ein, schließt – Hupe tönt –, springt heraus! Handzeichen der Resignation, affektbetont. Das Ganze noch einmal, schneller. Nun wird die Motorhaube geöffnet (–?), geschlossen, dann der Kofferraum (–? was suche ich da?). Dann wird die eigene Hupe versucht (–!), sie tönt anders (–!?). Und nun beginnt unser Fahrer Passanten anzusprechen. Das Ganze wiederholt sich unter Ratschlägen. Man holt den Tankwart – und so fort. Die Humanität des Experimentators beendet die Szene. Er wird mit Vorwürfen überhäuft.

Wie also konnte eine Tür zur spontanen Annahme führen, Ursache eines Huptons zu sein? Hat man so etwas schon erlebt? Gewiß nicht. Und dies war es gerade, was den Fahrer zur Lösungssuche zwang.

Und nun ein Beispiel jenes Zusammenhangs, in welchem wir einen bestimmten Zweck, einen Finalnexus erleben.

Eine Wiener Straßenbahn füllt sich. Unter den Passagieren eine einfache Frau mit Kind, sichtlich ihrem Söhnchen. Der kleine Junge trägt um den Kopf einen riesigen Verband (Furchtbar! Was kann passiert sein?). Man macht den beiden, so betroffenen, Sitzplätze frei. Der Verband ist nicht fachgemäß, offenbar daheim und in Eile angelegt; sie sind auf dem Weg in die Klinik (man guckt verstohlen nach dem Kindergesicht um Aufschluß und nach dem Verband um Blutspuren). Der kleine Junge quengelt und zieht hin und her (Anteilnahme auf allen Gesichtern). Die Mutter zeigt sich unbesorgt (wie unpassend!), sogar Zeichen von Unwillen (das ist erstaunlich). Der Kleine beginnt zu zappeln; die Mutter pufft an ihm herum. Die Haltung der Umstehenden wandelt sich von diskreter Beobachtung zu offener Wachsamkeit (das Verhalten der Mutter ist empörend!). Der Junge weint und macht Anstalten, die Bank, die sie besetzen, zu ersteigen. Die Mutter reißt ihn so grob zurück, daß selbst der Verband vibriert (das arme Kind! Das ist unerhört!). Die Umstehenden wechseln zur offenen Stellungnahme. Die Mutter wird gerügt; wünscht jedoch ihrerseits keine Einmischung. Nun wird sie mehrfach gerügt und das gröber. Sie verbittet sich darauf jede Einmengung und bezweifelt die Kompetenz nunmehr aller, die sie rügten (das geht zu weit, empfindet man! Man tritt die Humanität mit Füßen!). Die Szene wird folglich laut und tumultuös. Der Junge heult, die Mutter, mit rotem Kopf, affektbetont, erklärt, sie werde es uns schon zeigen, und beginnt (zum Entsetzen aller), mit heftigen Bewegungen den ganzen Verband zu entfernen. – Enthüllt wird ein blechernes Nachtgeschirr, welches sich der kleine Don Quixote so fest auf den Kopf getrieben, daß es sich als nicht mehr abnehmbar erwies; sie sind auf dem Weg zum rettenden Schlosser! Man steigt in Verwirrung aus.

Wie also konnten ein paar Tücher um den Kopf des Buben zur spontanen Annahme eines ernsten Unfalls führen, wo doch alle übrigen Indikationen dagegen sprechen mußten?

Die Unmöglichkeit der rationalen Begründung

Wie also ist unsere Haltung zu begründen (wo immer wir auch nichts wissen können), Ursachen und Zwecke, Kausales und Finales also, zu prognostizieren? Obwohl wir uns immer wieder irren, den Zweck verdreht, die Ursachenkette verkehrt herum ›sehen‹, obwohl wir schon oft beispielsweise einen Handschuhdehner für eine Zange, einen Kompressor für ein Stromaggregat, eine Flußmühle für einen Raddampfer gehalten haben; obwohl wir einen, der den Schlüssel nicht abziehen konnte, für jemanden hielten, der nicht aufsperren kann, Teppichdiebe für Transportarbeiter, Gemäldediebe für Restaurateure.

Was berechtigte zur Annahme, daß die Mondbahn die Ursache der Gezeiten, der Kunde die Ursache des Marktes und der Experimentator die Ursache des Verhaltens seiner Versuchsratte wäre? Denn es stellte sich heraus, daß die irdischen Gezeiten die Mondbahn bremsen, der Markt durch die Industrie die Käufer manipuliert und nicht minder das Verhaltensrepertoire der Ratte die Vorgangsweise des Versuchsleiters bestimmt (Riedl 1978–79).

Aber nicht nur Vorurteil und Irrtum sollten uns warnen. Seit dem Schotten David Hume sollten wir uns zur Einsicht bekehrt haben, daß jenes ›weil‹ in den Sätzen, mit welchem wir eine vermutete Ursache begründen, selbst nicht zu begründen ist. Tatsächlich, so müßten wir, ihm folgen, ist das ›weil‹ (das *propter hoc*) selbst nicht festzustellen, sondern nur das ›wenn-dann‹ (das *post hoc*). Darum könne man nie sagen, »weil die Sonne scheint, wird der Stein warm«, sondern nur, »immer wenn die Sonne scheint, dann wird der Stein warm«. Kausalität, so argumentierte Hume schon 1739/40 in seiner »Treatise on human nature«, ist in der Natur vielleicht gar nicht enthalten und darum wohl nicht mehr als »ein Bedürfnis der Seele«. Jede metaphysische, erfahrungsjenseitige ›Begründung‹ lehnte er ab.

Dem um dreizehn Jahre jüngeren Immanuel Kant hat derlei großen Eindruck gemacht; so großen, daß er seine Vorfahren (Cant) auf schottischen Ursprung zurückführte; wie wir heute wissen, irrigerweise. Worin er aber nicht irrte, war die Erkenntnis, daß ohne die Erwartung von Kausalität und Finalität gar nicht mit Vernunft gedacht werden könnte. In Königsberg begründete er deren Notwendigkeit in seinen großen kritischen Schriften: die Kausalität in der »Kritik der reinen Vernunft« (1781), die Finalität in der »Kritik der Urteilskraft« (1790). Diese *Aprioris,* so wies er nach, waren als eine Voraussetzung jeder Vernunft auch durch die Vernunft allein nicht zu begründen. Und dabei hatte es zweihundert Jahre zu bleiben. Einmal von Humes »Treatise« 1739/40 bis Konrad Lorenz' »Kants Lehre vom Apriorischen im Lichte gegenwärtiger Biologie«, die er 1941 (ausgerechnet von seinem Königsberger Lehrstuhl) herausgab; ein andermal von Kants »Kritik« von 1781 bis in unsere Tage.

Wie aber ist es um die Begründung unseres Ursachenkonzeptes bestellt, wenn sich die zwar als notwendig erkannte Erwartung selbst nicht durch die Vernunft begründen läßt? Sie blieb unbegründbar. Vielleicht also ist unsere Erwartung, es gäbe so etwas wie Kausalität und Finalität zwar ein Bedürfnis, aber eine völlig irrige Erwartung der Seele. Die traditionelle Lehre von der Erkenntnis vermag ihre Grundlagen selbst nicht zu begründen; erst die evolutionäre Lehre von der Erkenntnis kann es.

Die Naturgeschichte der Ursachenerwartung

Die Evolutionäre Erkenntnislehre betrachtet die Evolution der Organismen im ganzen als einen kenntnisgewinnenden Prozeß. Wir werden damit zu Beobachtern eines Vorgangs, der zum allergrößten Teile außerhalb von uns und in so vielen Organismenstämmen verlaufen ist, daß er sich naturwissenschaftlich objektiv und vergleichend betrachten läßt.

Der Lernerfolg zunächst des Erbmaterials, des genetischen Gedächtnisses also, beruht darauf, das Erlernte, Erfolgreiche genau in den Nachkommen zu wiederholen oder im Rahmen eben des Erlernten versuchsweise leicht zu variieren. Man könnte sagen: Die unveränderte Wildform enthält die ›Erwartung‹, mit dem bisher Erfolgreichen wieder Erfolg haben zu können; die veränderte Mutante enthält den (allerdings blinden) Versuch einer Verbesserung. Die Selektion entscheidet über Erfolg und Mißerfolg. Die Erfolgsrate wird klein sein. Dennoch aber extrahiert dieses Prinzip alle relevanten und dem Organismus zugänglichen Naturgesetze dem Milieu, um – wie in unserem Auge – deren Aufbau- und Betriebsanleitung seiner Art in Form von Strukturen und Funktionen unverlierbar einzubauen. Dieses Prinzip baut auf der Stetigkeit der Natur.

Und doch erkennt man schon an dieser Stelle, daß es sehr unterschiedliche Lösungen desselben Lebensproblemes geben kann. Vergleicht man unser Auge mit dem der Biene, den Adlerflügel mit dem des Schmetterlings, so sind es ganz differente Konstruktionen.

Auf diese Weise entstehen Sensibilität, Reiz, Reizleitung, Nervenzelle, Schaltung und Regelkreise, wie zum Beispiel unsere unbedingten Reflexe. So regelt schon ein Luftstrahl auf die Cornea den Lidreflex, das schützende Schließen des Augenlids. So regelt die Spannungsänderung in der Patellarsehne den Streckaufwand der Beinmuskeln, um das automatische Gehen zu gewährleisten.

Das alles ist noch ›genetisch‹ gelernt; von einzelnen Mutanten in kleinen Schritten ›erfunden‹, durch den Erfolg in der Art verbreitet und getreulich in deren Gedächtnis erhalten.

Nun erst beginnt das schöpferische individuelle Lernen; etwa mit dem bedingten Reflex. Läßt beispielsweise der Experimentator regelmäßig und kurz bevor er einen Luftstrahl auf die Cornea der Versuchsperson lenkt, ein Licht aufleuchten, dann wird das Auge bald schon allein auf den Lichteffekt hin geschlossen. Dieser vorauslaufende, bedingte Reiz wird stellvertretend, vorwegnehmend für den Luftstrahl, den unbedingten Reiz, genommen. Der Nutzen besteht im früheren, rechtzeitigen Reagieren auf die mögliche Störung. Und dieser evolutive Vorteil hat das individuelle Lernen denn auch, wo immer jene Vorbedingungen entstanden waren, durchgesetzt.

Schon die unbedingten Reflexe bauen nun nicht nur auf der Konstanz der Natur, sondern auch auf der Stetigkeit deren Koinzidenzen, also des Zusammenhangs oder des Zusammentreffens ihrer Merkmale und Ereignisse. So läßt jener scharfe Luftstrahl auf die Cornea die nahe Störung für das Auge erwarten und eine rasch verstärkte Spannung der Patellarsehne, daß wir einsacken und stürzen würden, falls sich die Streckmuskeln des Beines nicht rechtzeitig und stark genug kontrahieren.

Dieses ›Bauen‹ auf die nicht beliebige, ja stetige Koinzidenz der Merkmale in dieser Welt wird nun vom kreativen individuellen Lernen weiter genutzt. Und wo immer sich eine Koinzidenz durch ihre Wiederholung zureichend bestätigt, wird damit ›gerechnet‹, daß sich diese Koinzidenz auch weiterhin wiederholen und damit zur eigenen Voraussicht vorteilhaft nutzen lasse. Im bedingten Lidreflex wird, wie erinnerlich, der bedingte Reiz, das Licht, als Vorankündigung des Luftstrahles, des unbedingten Reizes, genommen. Hier hat nun freilich der Experimentator eine Koinzidenz konstruiert, welche die Natur, das Milieu des Organismus, nicht enthält. Denn man kann nicht ernsthaft erwarten, daß das Aufleuchten eines Lichtes konsequenterweise einen störenden Luftstrahl auf das Auge zur notwendigen Folge haben müsse. Und das zeigt schon die Begrenztheit dieses Lernprinzips. Daher ist es auch darauf eingestellt, rasch wieder zu verlernen, für den Fall, daß sich die Koinzidenz wiederholt nicht mehr bestätigt. Im allgemeinen aber und unter natürlichen Bedingungen muß es sich häufiger bewähren, wiederholte Koinzidenzen wieder zu erwarten, als dies nicht zu tun. Dies ist die einfache ›Erfahrung‹, die in das biologische Programm aufgenommen wurde.

In gewissen wichtigen Fällen wird eine wahrgenommene Koinzidenz sogar als unverlernbar und als nachträglich unabänderbar eingebaut. Dies ist das Phänomen der Prägung. Jene Gestalten beispielsweise, die ein Jungvogel bestimmten Alters vor Augen bekommt, werden weiterhin unbeirrbar als Eltern betrachtet; ob dies nun der Experimentator ist, ein Plüschhund oder selbst eine Spielzeuglokomotive. In der Natur aber ist diese Irrtumsmöglichkeit so gut wie ausgeschlossen, weil in der kritischen Zeit eben nur die Eltern und nie Plüschhunde am Nestrand erscheinen.

In anderen wichtigen Fällen wird ein angeborener Auslösemechanismus eingebaut, der sicherstellt, wann immer auf ein bestimmtes

Signal prompt und eindeutig zu reagieren sei: beispielsweise Aufmerksamkeit, Alarmiertsein oder sofortige Flucht auszulösen. Man kann sich leicht vorstellen, daß es besser sein muß, beim Vernehmen eines plötzlichen, nahen Raschelns oder eines nahen Knalls in stiller Nacht unbedenklich sich zur Flucht oder zur Sicherung zu wenden, als sich auf umständliche Erwägungen einzulassen.

Es liegen also Programme vor, welche sich nun gar nicht mehr auf die Wiederbestätigung einlassen, sondern im Falle von Koinzidenzen sofortiges Reagieren veranlassen. Vermutlich unter allen jenen Konditionen, wo der Nachteil im Falle eines blinden Alarmes geringer sein muß als jener Schaden, der durch das Ausbleiben sofortiger Reaktion möglich wäre. Nur das wiederholte Ausbleiben der erwarteten Störung, Gewöhnung also, kann die Reaktion kurzfristig dämpfen.

Hinzu kommen Programme, die fortgesetzt die Befriedigung eines Bedürfnisses erwarten lassen: Deckung, Jagd, Futter, Kumpane, Partner, und welche den Organismus in steter Bewegung halten, das jeweilige Ziel der Befriedigung des entstandenen Bedürfnisses auch zu erreichen. Derlei nennen wir Begehr-Verhalten, Appetenzen. Folglich kennt man auch bedingte Appetenzen. Wird einem Hund regelmäßig vor der Futtergabe die Essensglocke geläutet, so beginnt ihm schon beim Glockenton der Speichel zu triefen. So, wie uns Hungrigen schon bei der Schilderung einer begehrten Speise das Wasser im Munde zusammenläuft. Bindet man jenen Hund los, so zeigt sich's, daß er bellend und schwanzwedelnd die Glocke umspringt und ihr sein ganzes Repertoire sozialen Futterbettelns vorführt. Er mag, wie wir uns ausdrücken, die Glocke für die Ursache des Futters halten.

Wir Menschen, so kann man nachweisen, haben eine Fülle solch alter Programme geerbt. Die Erwartung, daß Koinzidenzen wahrscheinlich nicht zufälliger Natur sein werden, ist in uns sogar in einer solchen Verallgemeinerung eingebaut, daß wir fast in jeder Koinzidenz einen direkten Zusammenhang vermuten. Wie sehr solche Programme Ursache der phantastischsten Hypothesen sind, schilderte Konrad Lorenz in unserem ›Altenberger Kreis‹: Hotelzimmer einer fremden Stadt. Der Fensterladen pendelt im Wind, und als eine Turmuhr im gleichen Rhythmus zu schlagen beginnt, steht unbezwinglich die Erwartung vor Augen, das eine müsse die Ursache des anderen sein. Sobald man die versteckte Herkunft solcher Zwangsvorstellungen kennt, wird man sie immer wieder beobachten und überrascht sein, wie oft sie einen lenken. Und damit verstehen wir auch, warum wir uns am Lichtknopf zunächst selbst für die Ursache des Glockentones hielten und dann den Eintretenden; ferner die Autotür für die Ursache des Huptons und die Tücher für den Hinweis auf die erwartete Verletzung.

Mit der Potenz der großen Nervensysteme aber und deren Gedächtnis, also der Fähigkeit, einmal Wahrgenommenes zu speichern und wieder abzurufen, machte die Evolution den nächsten entscheidenden Schritt. Sie schuf die ›Zentrale Repräsentation des Raumes‹, die Fähigkeit, bei geschlossenen Augen die Gedächtnisinhalte zu reflektieren, aus dem Gedächtnisspeicher geholt zu betrachten. Es entsteht das Bewußtsein. Und der evolutive Vorteil ist wieder so groß, daß das Bewußtsein, wo immer jene Voraussetzungen geschaffen sind, auch durchgesetzt wird. Dieser Vorteil besteht darin, anstelle seiner eigenen Haut nur das gedachte Experiment zu riskieren; die Hypothese, sagt POPPER, kann stellvertretend für ihren Besitzer sterben.

Nun werden auch jene Erbprogramme sichtbar, die unsere bewußte Erwartung lenken; es sind unsere erblichen Anschauungsformen. Sie bestimmen die uns möglichen Vorstellungen und Erwartungen gegenüber unserer Welt. Sie werden freilich erst deutlich, wo sie uns nachweislich und unbelehrbar in die Irre führen. Wo immer sie uns richtig lenken, wirken sie weise und wie selbstverständlich, ein System vernunftsähnlicher Anleitungen. BRUNSWIK nannte ihr Zusammenwirken unseren ratiomorphen Apparat. Es ist dies die Leistung unseres unreflektierten, gesunden Hausverstands. Und seine Aufgabe ist es, uns eine feste Anleitung für die Beurteilung nicht nur der wesentlichsten Züge dieser Welt zu geben, sondern uns auch in Tausenden kleinen Alternativen des Alltags die Entscheidungsfindung lenkend abzunehmen, ohne daß wir uns fortgesetzt in Erwägung und Grübelei einlassen müßten.

Zwei einfache Beispiele solcher Anschauungsformen sind unsere angeborenen Vorstellungsmuster von Raum und Zeit. Und ich will sie hier kurz skizzieren, um die Limitation solcher Anleitung zu zeigen; denn gerade deren Beschränkung ist aufgeklärt.

Zeit, so wird man zugeben, erscheint uns wie ein Fließen; etwas zieht vorbei, kommt von irgendwoher, nie zurück und verschwindet irgendwohin. Zeit zeigt sich in nur einer Dimension; ähnlich wie ein

Wasserfaden aus dem Hahn, dessen Bewegung eindeutig, nicht umkehrbar ist und bei welchem wir gleichermaßen nicht anzugeben vermöchten, wo er zwischen den Bergen beginnt und in welchem Meer er endet. Ebenso ratlos sind wir vor unserem Zeitverständnis, wenn wir angeben sollten, wo Zeit beginnt und wie sie ein Ende findet.

Den Raum hingegen erleben wir dreidimensional, euklidisch, wie das die Geometrie nennt; ähnlich den drei Ebenen einer Schachtel oder den Grenzen eines Zimmers. Wir brauchen aber auch hier nur zu fragen, wie die Grenzen des Raumes zu denken wären, etwa die Grenzen unseres Kosmos, und schon ist unsere Anschauung wieder überfragt. Wir können uns einen Raum solcher Art nur wieder in einem Raum denken, ohne uns ein Ende vorstellen zu können.

In Wahrheit sind beide Anschauungsformen grobe Vereinfachungen. Denn wie wir seit EINSTEIN wissen, enthält diese Welt ein Raum-Zeit-Kontinuum, man sagt auch: einen vierdimensionalen, in sich zurückgekrümmten Raum, der zwar physikalisch unzweifelhaft nachgewiesen, niemals aber vorgestellt werden kann. Beispielsweise läßt dieses Kontinuum erwarten, daß wir, könnten wir beliebig weit sehen, in welcher Weltrichtung immer, stets unseren Hinterkopf sehen würden.

Diese Beispiele sollen uns eine Warnung sein dafür, daß unsere Anschauungsformen nur grobe Annäherungen an die Struktur dieser Welt sein können. Sie wurden für unsere, bereits weit zurückliegenden, tierischen Vorfahren an einem Milieu und für Lebensaufgaben selektiert, für welche ihre einfache Form damals genügte. Selbst für die kosmische Mikrowelt, die wir als Menschen bevölkern, genügen noch jene Anschauungsformen von Raum und Zeit. Denn wir müßten (wie man sich erinnert) fast mit Lichtgeschwindigkeit reisen, um den Irrtum selbst zu erleben.

Dies ist aber anders mit unserer Anschauung der Ursachen, die uns schon auf diesem Planeten eine bislang unüberbrückte Spaltung unseres Weltbildes eingetragen hat sowie einen Gesellschafts- und Umweltschlamassel, aus dem wir uns sichtlich nicht zu befreien vermögen. Deshalb war dieses Beispiel nützlich.

Wie erinnerlich, hat im Experiment der bedingten Appetenz jener Hund die Futterglocke wohl für die Ursache des Futters gehalten. Oder genauer: sein Verhalten der Glocke gegenüber entspricht genau dem, welches ein untergeordneter Wolf im Rudel vor einem übergeordneten zeigt, wenn es ihm darum geht, durch ›Unterwürfigkeit‹ und ›Schmeichelei‹ doch noch einen Happen der Beute überlassen zu bekommen. Und dies, das Programm, ist eingebaut, funktioniert nur durch Schwanzwedeln, Bellen, Jaulen und Springen, indem Kopf und Brust zu Boden gehen, die Kehle zum Angebettelten gewendet, dieser höchstens zart mit der Pfote berührt werden darf. Freilich wissen wir nicht genau, was der Hund erlebt, wenn er bettelt. Da er aber manchmal auch im Traume bettelt, mag er eine Vorstellung von dem haben, was er tut, wenn auch eine sehr einfache. Und da er die Glocke anbettelt wie seinen Leitwolf, mag dort wie da der wenn-dann-Zusammenhang vorgestellt sein. Eine Koinzidenz von Futter und Glocke weckt die Erwartung eines notwendigen, wir sagen: ursächlichen Zusammenhangs.

Unsere so ungemein ähnliche wenn-dann-Erwartung wird darum tief im Tierreich unseren Vorfahren eingebaut worden sein – als ein unverbrüchliches Programm, da es sich zumeist bewährte und sich immer wieder als von lebenserhaltender Bedeutung erwies.

Daß in dieser Welt die Glocken üblicherweise nicht Ursache von Futter sind, wird man vor Augen haben. Wie zwingend derselbe Mechanismus individuellen, schöpferischen Lernens zum Aberglauben führen kann und wie früh im Tierreich dies beginnt, das aber ist noch darzulegen.

Skinner setzte je eine Taube in eine, nun nach ihm benannte, ›Skinner-box‹. Das ist eine Schachtel, in die man hineinsehen kann, die dem darin eingesperrten Tier aber nur jene Nachrichten von außen zukommen läßt, die der Experimentator absichtsvoll in sie hineinschickt. Es steckte eine Reihe Tauben in einer Reihe solcher Schachteln, und die Anordnung war so getroffen, daß ein Uhrwerk in gleichen Abständen in jede Schachtel ein Futterkorn warf. Nun sind auch Tauben – was nicht immer bedacht ist – keine Reaktionsautomaten, denn auch sie haben Appetenzen und Programme und wollen und tun fortgesetzt irgend etwas: schreiten, gucken herum, putzen sich und so fort. Folglich mußte das Hereinfallen des Kornes stets mit irgendeiner Bewegung koinzidieren. Und nun ist es nur mehr eine Frage der Zeit, bis das Futterkorn mehrfach mit ein und derselben Bewegung zusammenfallen muß. Von diesem Augenblick an beginnt ein merkwürdiger Lernprozeß. Die jeweilige Bewegung wird mit der Futtergabe assoziiert, die Bewegung – sagen wir, ein Schritt nach links – wird nun öfter gemacht. Die Koinzidenz wird folglich häufiger. Die Taube wird in der ›Erwartung‹ des Zusammenhangs zwischen Futter und dieser Bewegung zunehmend bestärkt und gewinnt zuletzt eine sozusagen lückenlose Bestätigung dafür, daß jene spezielle, nun fortgesetzt gemachte Bewegung Futter zur Folge hat, da, wenn sie sich immer nur nach links wendet, jedes Futterkorn eine Belohnung und Bestätigung bringen muß.

Das Ergebnis sind lauter verrückte Tauben; eine dreht sich nur links herum im Kreise, eine andere spreizt fortgesetzt den rechten Flügel, eine schwenkt pausenlos den Kopf. Die ›Prophezeiung‹ des Zusammenhangs erfüllt sich von selbst. – In welchem Maße wir selbst das Opfer solch ›selbsterfüllender Prophezeiungen‹ werden, wird uns noch beschäftigen. Die Wurzeln dieses Aberglaubens aber sitzen tief im Erbgut.

Hat beispielsweise der Leser noch nie – toi-toi-toi – auf Holz geklopft? Um eine hoffnungsvolle Erwartung, ist sie einmal ausgesprochen, wie wir uns ausdrücken: nicht zu beschreien? Manch einer war sogar humorvoll genug, in Ermangelung eines Holzes an den eigenen Kopf zu klopfen. Und, man gebe es zu: ist nicht in den allermeisten der Fälle die böse Umkehrung der beschrienen Erwartung in der Folge tatsächlich ausgeblieben?

Hier aber sind wir schon wieder nahe der bewußten Reflexion. Man wird sich dabei des evolutiven Vorteils erinnern, der dieses Bewußtsein durchgesetzt hat; nämlich die Übertragung des Lebensrisikos vom Individuum auf dessen Hypothese. Dieses substituierende Handeln im gedachten Raum ist gewiß eine der bedeutendsten Errungenschaften der Evolution; die Fallgruben in der Folge dieses Fortschrittes seien aber nicht übersehen. Die fatalen Irrtümer, die die Folge sind, haben alle denselben Grund: es passiert, die Kontrolle im gedachten Raum für eine positiv absolvierte Kontrolle, für eine Bestätigung an der realen Welt, zu halten.

Etwas wie eine zweite Welt ist entstanden; neben der wahrgenommenen eine gedachte. Und wer entscheidet, im Falle diese Weltsichten widerstreiten? Sind es die trügerischen Sinne oder ist es das irrende Bewußtsein, worin wir Gewißheit finden? Hier schon beginnt das Dilemma des Menschen und die Spaltung seiner Welt, die so schmerzlich ist, weil sie ihn selbst mitten durchteilt; in Seele und Leib, in Geist und Materie. Dies ist die Wurzel des Streites zwischen Rationalismus und Empirismus, Idealismus und Materialismus, Geistes- und Naturwissenschaft, Zweck- und Kausalerklärung, Hermeneutik und Szientistik, der seit zweieinhalb Jahrtausenden unsere ganze Kulturgeschichte durchzieht. Weit aber reicht diese Spaltung in unsere Geschichte zurück. Aus über vierzig Jahrtausenden besitzen wir des Dilemmas Dokumente.

Die Geschichte des Ursachendenkens

Im Monte Circeo an der Tyrrhenischen Küste Italiens liegt eine Höhle, die den Schädel eines Neandertalers enthält. Der abgetrennte Schädel, auf einem Stock aufgepflanzt, war innerhalb eines Steinkranzes beerdigt. Sein Hinterhauptsloch aber ist gewaltsam erweitert, um das Gehirn zu erreichen. Es wurde wohl von der Sippe des Toten verzehrt. Vielleicht aus dem Grund, der uns noch von Naturvölkern bekannt wurde, die einen Angehörigen schlachten, um durch gemeinschaftlichen Verzehr des Gehirns den Namen des Getöteten für ein Neugeborenes wieder verwenden zu können. Denn woher sollte man sonst den Namen nehmen?

Im irakischen Zagros-Gebirge liegen Neandertal-Gräber, die solche Mengen an Pollen enthalten, daß an Bestattungen mit Lichtnelken, Malven und Traubenhyazinthen nicht zu zweifeln ist. Waren sie als Heilkräuter für das Gelingen des Wiedererstehens beigegeben? Wir wissen das nicht. Aber wir sehen, daß Zwecke erdacht waren, die vermutlich die ganze Sippe anerkannte.

In den Schweizer Berghöhlen hat der Neandertaler einen Bärenkult getrieben. Vielleicht in dem Sinne, wie noch heute Stämme in der Arktis den Bären als Mittler zwischen dem Menschen und seinen Göttern betrachten und, nachdem sie ihn verzehrt haben, Zeremonien der Beschwichtigung entfalten. Denn nichts geschieht ohne Grund; und überall herrscht bedrohliche Absicht, des Nachts wie überall im Unsichtbaren. Und daß Beschwichtigung Erfolg haben kann, das ist wohl nicht zu leugnen.

Heute noch beerdigen die verschiedensten Naturvölker ihre Toten weniger aus Gründen der Pietät. Vielmehr decken sie das Grab mit Steinen, um das Wiedererscheinen des Geistes zu erschweren, von welchem ja jedermann weiß, daß er in den Träumen immer wieder aufs Realistischste und Gräßlichste aufzutreten pflegt. Auch die Waffen und Wegzehrungen fügt man in der Hoffnung bei, ihn beschwichtigt und mit verbesserten Chancen weit fortreisen zu lassen.

Unbekanntes wird in Analogie der eigenen Zwecke und Kräfte interpretiert. »So wird das Unbekannte erklärlich«, sagt KLIX: »die Unsicherheit des Wissens wird durch die Sicherheit des Glaubens aufgehoben. Animistisches Denken schließt die weiten Lücken des Wissens über die Ursachen des Naturgeschehens. Es schafft Entscheidungssicherheit . . . wo vollständige Ratlosigkeit geboten wäre.«

Überhaupt wird das, was wir heute Ursache und Wirkung nennen, als etwas betrachtet, das wie die Schuld die Sühne nach sich zieht. Und folglich mag die Verhandlung mit ihr noch immer geraten sein. Auch im Griechischen herrschte noch diese frühe Bedeutung. Selbst wir, gestehen wir es unbeschämt, fragen uns: was wieder ›Schuld‹ hätte, daß der Wagen nicht startet; obwohl wir als Ursache bereits die Feuchtigkeit der Zündkerzen im Auge haben mögen.

Das ›Wilde Denken‹ der Naturvölker, wie das unserer Vorfahren, operiert mit nachgerade beliebigen Analogien und überträgt die eingeborene Anschauungsform der Kräfte und Zwecke, wo immer man einer Erklärung zu bedürfen meint.

Bei den Fang-Indianern müssen Schwangere das Eichhörnchen als Speise meiden; denn, evident genug, dieses Fleisch hat die Tendenz, in dunklen Höhlen zu verschwinden, während eine Geburt Fleisch ans Licht schaffen soll. Bei den Hopi-Indianern dagegen, müssen Schwangere Eichhörnchen oft verspeisen; denn, eindeutig genug, handelt es sich um Fleisch, das behende aus dunklen Höhlen herausfindet, was ja auch die Niederkunft anstrebt. Ich selbst habe als Kind viele Rüffel geerntet, bis ich begriff, daß bei Tisch die linke Hand auf der Tischplatte zu liegen habe; meine Kinder, die in den USA aufwuchsen, ernteten ebenso viele, bis sie begriffen, daß eben diese Hand unter'm Tisch auf dem Knie zu liegen habe. Dies gab Grund, die kulturgeschichtlichen Ursachen zu suchen. Meine einzige Erklärung, die unseren amerikanischen Freunden einleuchtete, war die, daß die Hand auf dem Tisch den Europäer an seiner angeborenen Absicht hindere, sie seiner Nachbarin aufs Knie zu legen.

Aufschlußreich für unsere frühen Ursachenvorstellungen sind die ältesten Kosmogonien. Unsere eigene geht auf die vorphilosophische Theogonie der Griechen zurück und diese auf das Kumarbi-Epos. Diese Weltschöpfung, wie sie Schwabl prüfte, zeigte etwa folgende Sukzession. Entfaltungen des Chaos, das am Anfang steht, sind Erebos, die Unterwelt, und Nyx, seine Schwester, die Nacht. Ihnen entstammen Aither und Hemene, der Äther und der Tag. Chaos, Eros und Gaia (die breitbrüstige Erde) sind die Urpotenzen. Gaia gebiert die Berge, Pontos (das Meer) und Uranos. Ihrer Verbindung mit Uranos entspringen die Titanen, Kyklopen und Hekatoncheiren (drei fünfzigköpfige, hundertarmige Riesen). Uranos aber haßt seine Kinder, drängt sie in die Erde zurück und läßt sie nicht ans Licht. Gaia wurde dadurch sehr beengt. Sie formt eine Sichel und fordert ihre Kinder zur Rache auf. Alle ergreift Furcht, nur Kronos (einer der Titanen) ist bereit. Darauf gibt ihm Gaia die gezähnte Sichel, verbirgt ihn, und als Uranos die Nacht heranführend naht, um Gaia liebend zu umfangen, trennt Kronos grausig mit dem gezähnten Eisen das Paar. Der Himmel trennt sich von der Erde. Der abgetrennte Penis des Uranos fällt ins Meer; sein weißer Schaum wird Aphrodite entstehen lassen. Blutstropfen aber fallen auf die Erde, und Gaia gebiert die Erinnyen, Giganten und menschlichen Nymphen. Die Titanen kommen nun aus der Erde ans Licht. Kronos verbindet sich mit seiner Schwester Rhea. Da er aber die Kinder, die sie gebiert, alle sofort verschlingt, um der Vertreibung durch seine Kinder, wie ihm Uranos und Gaia prophezeiten, vorzubeugen, gebiert Rhea Zeus in einer Höhle Kretas und gibt Kronos einen in Windeln gepackten Felsen, den nun Kronos anstelle des Kindes verschlingt. So bleibt der Griechen Göttervater erhalten. – Ein Tumult aus höchst vegetativen, wollen wir sagen: menschlichen (?) Absichten, Schwängerung, Vertreibung, Täuschung, schuf und erklärt diese Welt.

Darin sind alle Kosmogonien einander gleich. Die Erwartung von Zwecken und Ursachen steht vor jedem Sein und Werden. Das theologische und ontologische Nachdenken hängt ja eng mit dem kosmogonischen zusammen; »überhaupt«, sagt Schwabl, »ist die griechische Philosophie in ihren Anfängen nichts anderes als Kosmogonie und Darstellung des Werdens der Erscheinungen im Kosmos. Von einer Reinigung des mythologischen Weltbildes ausgehend, erfolgt die immer feinere Differenzierung der Denkmittel und damit auch der Wissenschaften.«

Seine höchste Form erreicht das Ursachenkonzept im Altertum bei ARISTOTELES, der (wie erinnerlich) etwa am Beispiel des Hausbaus das Wirken von viererlei Ursachen nachweist. Zunächst bedarf es der *causa efficiens,* der Antriebe oder Kräfte, sei es Arbeitskraft oder Kapital; dann der *causa materialis,* des Baumaterials. Denn aus Kräften allein ist noch nie ein Haus entstanden. Ferner bedarf es der *causa formalis,* des Bauplanes, der auswählend die Materialien ordnen läßt. Auch dies ist bis heute fachlich bestätigt; denn noch nie ist auch durch noch so oft wiederholtes Abkippen von Baustoffen ein Haus entstanden. Und nicht zuletzt verlangt ARISTOTELES die Wirkung der *causa finalis,* eines Zwecks; irgend jemand muß die Absicht haben, ein Haus zu bauen. Ernstlich wurde in der Moderne nur die Universalität dieser Zweckursache bezweifelt. MARX will dem Baumeister Zwecke zugestehen, nicht aber der Biene. Aber auch dies erweist sich als irrig. Denn selbstredend ist auch der Biene, der Spinne, der Köcherfliege die Auflage zum Handeln, zum Zweck der Arterhaltung, fest ins Erbprogramm eingebaut.

Was also nun? Das fragten sich schon die Exegeten des ARISTOTELES in der frühen Scholastik. Wieso viererlei Ursachen? Mußte nicht allen Ursachen eine einzige, letzte Ursache vorausgehen, um alle anderen zu verursachen? So begann – vor einem Jahrtausend – die Suche nach der Ur-Ursache. Sie ist nicht abgeschlossen.

Die Erfindung der Ur-Ursache

Die Exegeten des ARISTOTELES konnten bald einig werden: Als die Ursache aller Ursachen konnte der Meister nur die *causa finalis* gemeint haben. Denn wir erleben es doch stets, daß wir zuerst etwas beabsichtigen müssen, etwa ein Haus zu bauen, bevor es sinnvoll wird, sich um Geld, Material und Bauplan zu bemühen. Und bestimmt nicht die Absicht alles Weitere – Plan, Material und wirtschaftlichen Aufwand?

Aber, noch viel gewichtiger: man sieht doch einen zweckvoll geordneten Kosmos: Sinn in allen Zusammenhängen der Natur, in Biene, Löwe und Adler, im Säen, Werden und Reifen, in den Jahreszeiten. Und wie anders sollte diese Kette von Zwecken, jeder als die Konsequenz eines noch übergeordneteren, anders enden als in einem Gesamtzweck der Harmonie der ganzen Welt? Und da solch ein Endzweck außerhalb oder über dieser Welt gesetzt sein muß, konnte es nur der letzte Zweck ihres Schöpfers sein. Die *causa finalis* fand ihre letzte, höchste Instanz in den *causae exemplares* der Theologie. Wer wollte sich solch erhabener Sicht der Philosophen verschließen? Tatsächlich verschloß man sich nicht. Das Christentum lag zu tief im Weltbild des Mittelalters, als daß an der Harmonie des Schöpfungsplanes hätte gezweifelt werden können. Die Gestalt des Dr. Faust der Sage (wahrscheinlich GEORG FAUST aus Knittlingen) war nur warnendes Beispiel, ein Adept der Schwarzen Künste mit dem Teufel im Bunde; was er im übertragenen Sinne geblieben ist.

Man sah nicht, daß die übrigen Dimensionen des Ursachennetzes nicht aufgelöst, sondern ausgeschlossen waren. Eine künstliche Welt war konstruiert – ohne Sicht der Konsequenzen. Man konnte nicht voraussehen, daß einmal (nämlich am 22. März 1762) VOLTAIRE von dem absurden Inquisitionsmord an dem Toulouser Leinwandhändler CALAS hören und die ganze Macht seiner Feder gegen Fanatismus und Niedertracht einsetzen würde – mitten hinein in die Aufklärung und dicht vor der Französischen Revolution. Man konnte nicht ahnen, daß der in der Aufklärung wurzelnde junge Theologe HEGEL zum romantischen Idealisten werden und aus dem ›Ich-Wissen‹ und der letzten Instanz eines ›Weltgeistes‹ eine so anfällige Philosophie der Dialektik entwickeln würde, daß sie MARX als Ganzes in ihr Gegenteil verkehren konnte. Man ahnte nicht, daß bei der Berufung auf absolute, letzte Zwecke den Menschen in der Spaltung der Weltbilder absolut keine menschliche Instanz mehr bleiben konnte, die zur Verhandlung angerufen werden könnte.

In der Renaissance dagegen begann GALILEI mit dem freien Fall zu experimentieren. Und obwohl jedermann sehen kann, wie heute der Physiker PIETSCHMANN sagt, daß im herbstlichen Wald nicht zwei Blätter gleich fallen, entwickelte er die Fallgesetze. Das Konzept war ein prometheisches »Messen der Gestirne Lauf«, und er verlangte zunächst von sich, »was nicht meßbar ist, meßbar zu machen«. Was bedeutet das? Das bedeutet eine ungleich präzisere Prognostik eines sehr schmalen Bereichs von realen Ereignissen in dieser Welt, aber gleichzeitig den Ausschluß, die Ingnoranz aller anderen. Um die Wirkung des Gewichts auszuschließen, nahm GALILEI schwere Gegenstände, um die Form auszuschließen, Kugeln, um dem Luftwiderstand zu entgehen, wählte er die schiefe Ebene. Und was in der Formulierung der Prognose, der Gesetze, übrigbleibt, können jedenfalls nur Kräfte sein; von ARISTOTELES' *causa efficiens*, von Material und Form, ist keine Rede mehr, von Zwecken ganz zu schweigen. – Das Ergebnis ist ungeheuer, eine naturwissenschaftliche, dann technische, industrielle, militärische Revolution der Kultur, die Entstehung einer ungeheuren Macht des Menschen.

Man sah wieder nicht, daß die übrigen Dimensionen des Ursachenzusammenhanges nicht aufgelöst, sondern wieder, nur verkehrt herum, ausgeschlossen waren. Man sah und sieht noch immer nicht, daß mit Kräften allein nicht alles getan ist. Man konnte sich nicht selbst als Zauberlehrling sehen. Man konnte nicht voraussehen, daß einmal (nämlich am 2. 8. 1939) EINSTEIN in einem Brief an ROOSEVELT den Anstoß zum Bau der ersten Atombombe geben werde. Man sah nicht, daß man sich dem Teufelskreis von Technokratie, Wachstum, Rüstung, Macht und Angst werde nicht mehr entwinden können. Man konnte nicht sehen, daß dies die Folge der vermeintlichen Meßbarkeit von Effizienz, Produktion, Kommunikation und sogar der Intelligenz sein werde. Man konnte nicht voraussehen, daß eine Welterklärung aus Kräften und Zufallsstörungen die Existenz aller Zwekke wird leugnen müssen, ja den Menschen und seine Zivilisation ihres Sinns entblößen wird.

Die Trennung der Geister

Bei der Trennung dieser widersprüchlichen Welterklärungen ist es nun tatsächlich geblieben. Die Welterklärung aus ihren Zwecken wurde die Methode der Geisteswissenschaften, wie sie vor allem von DILTHEY formuliert wurde, die Auslegekunst oder Hermeneutik. Die Welterklärung aus den Antrieben oder Kräften wurde zur Methode der exakten Naturwissenschaften, zur sogenannten Szientistik. Die letztere operiert mit Kausalität, erstere mit Finalität. Wobei man annimmt, daß Kausalbezüge aus der Vergangenheit, Finalbezüge aber aus der Zukunft in die Gegenwart wirken; denn wirkt nicht das in die Zukunft geplante Haus von dort aus auf die Bauvorbereitungen, die ich heute treffe? Die Trennung dieser Fakultäten ist etabliert. Über ihre Grenzen hinweg wird nicht verhandelt; und wer es versucht, der hat mit sozialen Strafen zu rechnen, und zwar von beiden Seiten.

Die Trennung hat damit Ausschlußcharakter; es wird erwartet, sich dem finalistischen oder aber dem kausalistischen Bunde zu verschreiben; mit der Auflage, den jeweils anderen nicht zuzulassen. Und jeder der Bünde hat längst Doktrinen, Dogmen und Selbstverständlichkeiten des wissenschaftlichen Verhaltens etabliert, welche die Gegenposition als unzulässig ausweist, die eigene aber gegen jede denkbare Widerlegung immunisiert.

Und dies, obwohl jene einander scheinbar ausschließenden Erklärungswege spiegelbildlicher Natur sind und obwohl natürlich auch die Zwecke sowie die Kausalität von der Vergangenheit in die Gegenwart wirken. Denn das Haus, das ich mir in einem Zeitraum von zehn Jahren errichtet denke, befindet sich tatsächlich jetzt in meinem Kopf. Und wenn ich seinetwillen morgen ein Sparbuch eröffnen würde, so wirkte auf meine Handlung morgen eine Entscheidung von gestern.

Die Spiegelbildlichkeit selbst wird sichtbar, wenn man den hierarchischen Schichtenbau dieser Welt bedenkt. Ohne Frage setzen die Quanten die Atome, diese die Moleküle, Biomoleküle, Zellen, Gewebe, Organe, diese die Individuen, Sozietäten und Kulturen zusammen. Und fragt man nach der Erklärung beispielsweise des Flugmuskels des Huhnes, so wird seine Struktur und Leistung auf die seiner Zellen, deren Biomoleküle, Moleküle, Atome und Quantenkräfte zurückzuführen sein; seine Form und Funktion wird aber aus seinem Zweck im Flügel zu verstehen sein, Form und Lage des Flügels aus dem Vogel, der Vogel aus seiner Art und diese aus ihrem Lebensraum. Ganz entsprechend, wie wir das Ziegeltragen eines Menschen aus dem Errichten einer Mauer, diese aus einem Hausbau, den Hausbau aus den Absichten eines Menschen und dessen Absichten aus den Herkömmlichkeiten seiner Gruppe und deren Zivilisation verstehen.

Die Trennung aber blieb, obwohl nun die Wirkungen von Kräften wie jene der Zwecke unmittelbar evident sind; obwohl die Erwartung ihrer Wirkung offenbar jedem Menschen jeder Kultur als erbliche Anschauungsform fest eingebaut ist. Es ist vielmehr unsere »faule

Vernunft«, wie sie KANT genannt hat, die uns nicht anleitet, sie zusammenzuführen; die uns eher dazu verleitet, den einfacheren Weg des Ausschließens der Alternative zu gehen. Und dies, obwohl ihre Zusammenfügung uns vor geringere Denkleistungen stellen würde als die Vereinigung unserer Anschauungen von Raum und Zeit. Ich habe an anderer Stelle des Rätsels Lösung genauer ausgeführt. Hier sollen uns die Konsequenzen mehr interessieren.

Die Formen des Obskurantismus

Wie nicht anders zu erwarten, erscheinen nun überall höchst gespenstische Konzepte, wo immer ein Versuch unternommen wird, mit Hilfe eines der sich anschließenden Ursachenkonzepte zu einer einheitlichen Erklärung zu gelangen. Und wie vorherzusehen, werden nun finalistische gegen kausalistische Weltgespenster in Erscheinung treten, idealistische also und materialistische.

Beginnen wir mit den materialistischen, den Kausalitätsgespenstern. Zu den ehrwürdigen Repräsentanten dieses Geisterkreises zählt der Roboter; »Der Mensch eine Maschine«. Unter diesem Titel veröffentlichte 1745 der französische Militärarzt LAMETTRIE, ein Vorläufer der Aufklärung, sein Werk. Der Autor wurde auch prompt seines Materialismus wegen vertrieben und ebenso konsequent von FRIEDRICH II. aufgenommen und Mitglied der Berliner Akademie. Nie mehr hat dieser Geist die Szene verlassen; vielmehr hat er die Geburt eines ganzen Geisterreiches seiner Art nach sich gezogen, wo immer es um die Wissenschaft vom Lebendigen ging. Dabei gilt die Regel, daß ein materialistisches Gespenst ein idealistisches zur Folge hat und umgekehrt, ein Geisterreigen gewissermaßen. Aber der Unterhaltungswert erwies sich als gering; zu dramatisch wird auf den kleinen Lebensbühnen gespielt.

Nur einige Beispiele aus den folgenden zweieinhalb Jahrhunderten: ROUX entdeckt kausale Abläufe in der Embryonalentwicklung; es entsteht die Entwicklungsmechanik und als Gegengespenst der Vitalismus. In diesem finalistischen Lager wurzelt die alte Tierpsychologie, als Gegengespenst entsteht mit SKINNER der Behaviourismus, der das Tier als Reaktionsautomaten nimmt. Die Morphologie, die biologische Strukturforschung also, zog den Deutschen Idealismus an; als

Gegenreaktion entstand die Numerische Taxonomie von Sokal und Sneath, die vermeinte ohne Hintergrundwissen Organismen klassifizieren zu können. Mit der modernen Genetik entstand ihr ›Zentrales Dogma‹, das den Fluß von Information von den Körperstrukturen zum Erbmaterial verbietet. Mit der Entstehung der Zufallswirkung in allen Teilen der organischen Evolution verlangt Monod, wir Menschen sollten endlich unsere Sinnlosigkeit anerkennen.

Die Methode, die hinter dieser Bewegung steht, war aber ungemein erfolgreich. Diese ›Szientistik‹, wie sie mit Galilei entstand, hat unsere Welt gründlich verändert. Ihr Ursachenkonzept beruht auf der Erwartung, alle Phänomene durch eine Reduktion auf ihre Teile verstehen zu können. Dies ist der ›pragmatische Reduktionismus‹. So erklärt man heute die Psyche aus der Hirnphysiologie, diese aus der Reizleitung der Nervenzellen, den Impulsen, diese weiter aus den Molekültransporten zu deren Schaltstellen, diese aus der Kinetik chemischer Reaktion und letztlich aus den Elektronenbahnen der beteiligten Elemente, also aus den Eigenschaften der Quanten. Das Erklärungskonzept des Szientismus aber schließt zudem die Erwartung ein, daß das alles sei. Es schließt die anderen Ursachen aus. Dies ist der Irrtum des ›ontologischen Reduktionismus‹, der nicht wahrnimmt, bei jeder Zerlegung den Systemzusammenhang des jeweils Ganzen zerstört zu haben. Er gießt das Kind mit dem Bade aus. Er bemerkt nicht, daß zwar ein Gehirn denkt, die Behauptung aber keinen Sinn hat, daß eine Nervenzelle dächte; daß ein Nerv zwar Reize leitet, ein wanderndes Molekül aber noch keine Reizleitung bedeutet. »Dann hast du die Teile in der Hand«, wie schon Goethe voraussah, »fehlt leider nur das geistge Band.« Psyche ist dann entweder gar nicht existent, eine anthropomorphe Überschätzung der Bedeutung von Molekültransporten. Oder aber Psyche wird als Realität genommen, wie es Rensch vertritt, dann müßte ein immer kleineres Stückchen Psyche in jeder Zelle, jedem Molekül, Quant und Quark enthalten sein. Als Welterklärung kann die Sache also nicht stimmen. Der absolutistische Szientismus führt in den naturwissenschaftlichen Obskurantismus.

In solcher Lage wollte man hoffen, daß das Ursachenkonzept der Zwecke diese Fehler vermeidet. Hat nicht schon Aristoteles die Finalursache allen anderen vorangestellt? Steht nicht der Zweck vor einer jeden Handlung, zu welcher wir uns entschließen? So kann man, hält man an ihm fest, das Wesentliche der Welterklärung wohl auch nicht verlieren. Aber wieder stellt sich heraus: auch hier verliert man es noch einmal.

So fand DRIESCH im Gegensatz zu ROUX Embryonen, die Verluste, welche man ihnen beibringt, regulieren. Das Ganze weiß somit, was es soll; es hat ein Ziel eingegeben, eine Entelechie also, die aus bloßen Kräften nicht zu verstehen ist. Man wird darum eine zielführende Lebenskraft annehmen müssen, wie es BERGSON tut, einen *élan vital.* Und hatte nicht schon vordem GOETHE den Typus, die Baupläne der Organismen, nach einem ›esoterischen‹ Prinzip erklärt? War dieses ›innere Prinzip‹ nicht als ein geheimnisvolles, geistiges zu deuten? War die Philosophie, die folgte, der Deutsche Idealismus mit FICHTE, HEGEL, SCHELLING, welche die Welt nur als ›Teilhabe am Seinsgrund‹ versteht, nicht berechtigt, Morphologie – idealistisch die Ursache der Gestalten – als Realisation von Ideen zu verstehen? War doch ein ›absoluter Geist‹ ein letzter, jenseits des Kosmos gelegener Weltenzweck zu erwarten, wenn die lebendige Welt zum Zweck des Geistes und die Materie zum Zweck des Lebendigen geschaffen war. Mit der Entstehung des Richtungshaften in allen Teilen der organischen Evolution sieht nun TEILHARD DE CHARDIN auch uns Menschen, ungeachtet aller Gräßlichkeit, die wir anrichten, auf einer gottgewollten Bahn, der es vorausbestimmt war, auf den Schöpfer selbst zuzulaufen.

Die Methode, wie sie hinter diesem Finalismus und Idealismus steht, war auch nicht ohne Erfolg. Sie ließ nicht nur eine Vielfalt phantastischer, metaphysischer Systeme entstehen, sie versteht sich, wie DILTHEY empfiehlt, auch als ›Hermeneutik‹, die Kunstlehre des Verstehens, als die Methode der Geisteswissenschaften. Denn wie sollte man Texte, Absichten und Handlungen in Geschichte und Kultur anders als aus ihren Zwecken verstehen? Aber was erklärt DRIESCHS Entelechie? Und BERGSONS *elan vital* läßt uns das Lebendige nicht besser verstehen, als uns ein *elan locomotive* das Wesen der Dampfmaschine erklärte. Als ausschließliche Welterklärung muß sich das Konzept der Zwecke im Großen auf uns unerforschliche Letztzwecke des Schöpfers berufen, die jenseits des Kosmos liegen. Im Kleinen muß es in den Molekülen und Quanten vorgegebene Zwecke postulieren, die sich nicht minder jeder Erkenntnismöglichkeit entziehen. Als Welterklärung kann die Sache wieder nicht stimmen. Die absolutistische Hermeneutik führt nun in den geisteswissenschaftlichen Obskurantismus.

Das Dilemma der Gesellschaft

Nun mag man berechtigterweise einwenden, daß es lupenreine Szientisten und Finalisten kaum mehr gibt und wahrscheinlich nie gegeben hat. Jeder Szientist wird sein Leben nach Zwecken leben, und jeder Finalist wird sich den Kausalgesetzen beugen, sei es, daß er beim Feuermachen Umsicht walten läßt, sei es, daß er bloß den Folgen eines Steinwurfs ausweicht. Auch mag man einwenden, daß die Sachgebiete der Natur- und Geisteswissenschaften nicht ohne Bedacht sortiert wurden. Vielmehr erwies es sich ja, daß man in jenen szientistisch, in diesen hermeneutisch vorankäme. Tatsächlich sagt die Praxis dieser Teilung aber nur, daß wir uns an die Spaltung der Welterklärung schon fast gewöhnt, daß wir die Schizophrenie eines zerteilten Menschenbildes, den Widerspruch von Leib und Seele, Geist und Materie hingenommen haben.

Und dieses Schisma läuft durch alle Elemente der Zivilisation, es ist nicht nur ein akademischer Disput, der uns beschäftigt; unsere ganze Welt ist dadurch gespalten. Überall führt die Zweiseitigkeit wie das Eindimensionale unserer Anschauungsformen von den Widersprüchen halber Gesamtursachen zu jenem Dilemma, in welchem wir uns vom Individuum bis zur Gesellschaft befinden. Es ist von der Spaltung des wissenschaftlichen Weltbildes angeführt, bietet diesem die gesellschaftliche Grundlage und wird wieder aus diesem begründet.

Intelligenz, so sagen beispielsweise die einen, ist angeboren. Der Kreatur sind ihre Zwecke vorgegeben. Den Dummen ist daher kaum zu helfen. Folglich bedarf es der Eliten, um die Gesellschaft zu lenken. Und tatsächlich konkurrieren überall politische Eliten um die Zustimmung der Massen; in Parteien wie in Politbüros. Intelligenz, sagen die anderen, ist ein kausales Produkt des Milieus, und somit ist Mangel an erzeugter Begabung eine Schande der Ausbilder. Folglich entstehen überall egalitäre Schulen, und die Wahrheitsfindung, die geforderte Expertise, wird Mehrheitsbeschlüssen übertragen. Beider Positionen Konsequenzen sind bekannt, und aufs Verwirrendste wirken sie zusammen.

Erziehung, sagen die einen, ist Sache der Familie; denn diese ist der Träger des Lebenszwecks. In der Schule soll geübt werden. Wie sollte auch der Lehrer darüber verfügen, welche Bildungsart für mein Kind vorzusehen wäre. Wir verantwortlichen Eltern, nicht irgendein Kollektiv von Nachbarn, müssen über den Werdegang dieses unseres Lebensinhaltes wachen. So verfügen denn Trunkenbolde und Unterwelt ursächlich über den Fortgang ihrer Kinder und pflegen damit ihre Tradition. Erziehung, sagen folglich die anderen, kann nur von der Gemeinschaft formuliert werden; denn nur sie enthält der künftigen Lebensbedingungen kausale Ursachen. Wie sollten auch die Eltern von gestern wissen, was die Fächer von morgen verlangen. So beauftragt die Masse der Wähler die Partei ihrer Wahl, jene Experten zu bestellen, welche nun ihrerseits den Schulräten vorschreiben, was der Zweck des Unterrichtens der Masse sei und – noch wichtiger – was auf keinen Fall unterrichtet werden dürfe. Nun haben Ursachen und Zwecke zwei diametrale Enden; allerdings um einander in der Mitte nur wieder auszuschließen.

Wirtschaft und Markt werden vom ›König Kunden‹ dirigiert; so die einen. Was der Markt nicht wünscht, könne die Wirtschaft nicht vertreiben. Ihr Ziel ist die Befriedigung des Kunden. Es wird vertuscht, daß die Wirtschaft Ursache hat, den Markt zu präparieren, wenn sie unter Konkurrenz Vorteil haben will. Dagegen sagen die anderen: Wirtschaft und Markt haben die Entwicklung der Gesellschaft zum Ziel. Was aber das Ziel der Gesellschaft sein muß, das haben im voraus die Ideologen bestimmt; hier wird nun vertuscht, daß deren Ziele mit jenen der Menschen, werden sie nicht präpariert, nicht übereinstimmen. Um nun unter Konkurrenz in diesen sozialkapitalistischen Erfolgsgesellschaften die Widersprüche fortzuschieben, werden beider Industrien gezwungen, zum Zweck ihres Überlebens einen selbstmörderischen Kurs zu steuern. So laufen halbe Gesamtursachen gegeneinander. Das Wachstum-Umwelt-Dilemma ist die Konsequenz.

Gerechtigkeit, sagt das Naturrecht, basiert auf der Idee des Rechts. Es könne wohl nicht angehen, dem Souverän beliebige Machtansprüche zuzubilligen. Folglich hat man sich auf eine dem Menschen innewohnende Idee von der Gerechtigkeit zu berufen. Um sich dieser aber gewiß zu sein, scheint es geraten, auch für deren Verankerung im Menschen Sorge zu tragen. Recht, sagt hingegen der Rechtspositivismus, hat mit Gerechtigkeit nichts zu tun, es enthält, wie man überall sehen kann, was der Souverän erwartet oder was man meint, daß er erwarten würde. So achtet der Souverän darauf, daß der Untertan das, was man erwartet, nun umgekehrt für höchst natürlich hält. Und mit solch halben Gründen sind wir seit jeher in der Lage, alle jene Massenkatastrophen der zwischenmenschlichen Auseinandersetzung um Machtansprüche – die sogenannten Wenden der Weltgeschichte – auf die Natur von Ehre und Moral zurückzuführen.

Gesellschaft, so erfahren wir von den einen, hat die Freiheit des Individuums zum Ziel. Ist ein solches durch Kräfte begünstigt, seien es körperliche oder finanzielle, durch Erbe oder durch den Zufall, so wären dessen zusätzliche Freiheiten zu respektieren, wie sie durch Kapital oder Machtausübung die Folge sind. Denn wie der Sozialdarwinismus lehrt, beruht die Ursache der Entwicklung auf dem Erfolg des Tüchtigen. Daraus sieht man, sagen die anderen, daß das nicht sein kann. Es ist umgekehrt: Entwicklung hat eine bestimmte Form der Gesellschaft zum Ziel; und diese Form wurde als egalitär bestimmt. Und eine neue Klasse von Mächtigen entstand, um das auch durchzusetzen. Denn die Menschen sind gleich. Sollten sie es aber doch nicht sein, so hätte die Gesellschaft, meint CHE GUEVARA, den Unfähigen das unverdiente Geschick durch erhöhte Aufwände zu kompensieren. Aber die Fähigen meinten, es solle keine Kultur der Unfähigen werden. Ist also das Individuum oder die Gesellschaft der Endzweck der Zivilisation? Welche Instanz unserer Vernunft ist in dieser Auseinandersetzung um konstruierte Endzwecke anzurufen? Es findet sich keine. So fand sich die bekannte Lösung in der Drohung durch Rüstung; im Frieden durch wachsende Angst.

»Der menschliche Verstand«, sagt JAY FORRESTER, »ist nicht geeignet, menschliche Sozialsysteme zu verstehen.« So ist es. Unsere angeborenen Anschauungsformen sind an dem bescheidenen Ursachenmilieu unserer tierischen Vorfahren selektiert. Jenen Verantwortungen aber, die sich die entstandene Technokratie in dieser Welt anmaßt, sind sie nicht mehr gewachsen. Unser eindimensionales Ursachendenken reicht zur Lösung nicht aus. So konstruieren die Zivilisationen soziale Wahrheiten, Ursachen, die einander wechselseitig ausschließen. Und die Entscheidung zwischen ihnen bleibt weiterhin jener blinden Macht überlassen, vor welcher – geben wir es zu – wir uns alle fürchten.

II 7 Die Vorbestimmung des Menschen

»Die Determination des Menschen« war das Generalthema der »Griechisch-Humanistischen Gesellschaft« bei ihrem Treffen 1981 (in Portaria; im Pellion, hoch über Volos). Und unter den vielen Beziehungen, welche die ›Evolutionäre Erkenntnislehre‹ schon zu anderen Wissenschaften gewonnen hat, besitzt auch jene zu den Humanisten und Philologen ihr eigenes Profil. Hier war der erste Berührungspunkt die frühe Mythologie und Kosmogonie unserer Kultur als das Vorfeld unserer Weltanschauung und der werdenden Wissenschaften. Ich hatte das (1976, 1980) dem Werk meines Freundes Hans Schwabl *(1958) entnommen; und bald sahen wir den Schichtenzusammenhang der natur- und kulturgeschichtlichen Komponenten.*

Meine Einladung, als Biologe zu den Humanisten zu sprechen, verdanke ich darum Hans Schwabl *im Präsidium der Gesellschaft und* Aristoxenos Skiadas, *dem liebenswürdigen Präsidenten. Und wie es bei so weit auseinanderliegenden Sprachen der Wissenschaft nötig ist, war es, trotz der Fachlichkeit des Kongresses, nötig, eine allgemeine Sprechweise zu verwenden und in meinem Beitrag »Die biologische Determination des Menschen« zureichend auszuholen. Das Folgende erscheint (1982) im Bericht des Kongresses. Ich verfaßte es an Sonnentagen an der Testa Gargano.*

Wunderbar frei bin ich in der Wahl dieses ersten Satzes, auch in der Entscheidung, überhaupt etwas zu schreiben; selbst darin, Beruf und Pflichten dieses Lebens zu wechseln oder es überhaupt zu beenden. Und dennoch ist mir all diese Freiheit nur anhand der Festgelegtheit meiner schreibenden Finger, meiner sprachlichen Begriffe möglich; selbst nur anhand jener Festgelegtheiten, wie mir solche in den Strukturen meiner Gesellschaft und überhaupt meines Lebenszwecks, nach den Kategorien meiner Denkstrukturen als gegeben erscheinen.

Argumente solcher Art sind zwar alt, aber auch ihre Schwächen haben wir längst erkannt. Und tatsächlich hat uns erst die Entwicklung der Evolutionstheorie aus jener Trivialität herausgeführt, oder sollen wir sagen: frei gemacht?

Undeterminiertheit, vulgo ›Zufall‹ oder ›Freiheit‹, versus Determination, Notwendigkeit oder Gesetzesfolge, sind auch in den Naturwissenschaften Begriffe, die über Auseinandersetzung und Wandel bereits Geschichte haben. Und da ich mich in naturwissenschaftlicher Redeweise verständlich machen will, muß ich von ihren Begriffen ausgehen, um das hier einschlägige Evolutionsgesetz vorstellen zu können.

Freiheit und Determination im Evolutionsprozeß

bilden einen Antagonismus. Dabei muß sogleich gesagt werden, daß zunächst von Freiheit im Sinne von Undeterminiertheit die Rede ist; vom echten, physikalischen Zufall, nicht vom kognitiven Zufall, den Ungewißheiten aus noch nicht erreichter Kenntnis, und schon gar nicht ist es mit SCHILLER ›die Freiheit, die ich meine‹, die das Entscheiden des verantwortlichen Menschen im Auge hat. Hier ist von der Unbestimmtheit in der Mikrophysik die Rede; und man wird sich erinnern, wie schwer es gefallen ist, ihre Wirkung anzuerkennen, wie einzugrenzen.

Noch EINSTEIN mißtraute der Unschärferelation HEISENBERGS und schrieb NIELS BOHR, er könne nicht glauben, ›daß Gott würfelt‹. Er hielt den physikalischen Zufall unseres heutigen Weltbildes für einen kognitiven, für methodisches Unvermögen. Erst heute sieht man ein, daß der Begriff gesetzlicher Notwendigkeit von Ereignissen aus dem Mittelbereich dieser Welt entnommen ist.

Umgekehrt hat PASCUAL JORDAN versucht, die Freiheit menschlichen Entscheidens über nervöse Erregungsverhältnisse, Neuronen und Synapsen letztlich auf das Entweder-Oder eines Quantensprungs zurückzuführen. Verhielte es sich so, wies BERNHARD HASSENSTEIN nach, dann hätten wir Zufallsentscheidung für Entscheidungsfreiheit genommen. Diese aber beruht auf der individuellen Wägung von Motiven.

In vieler Hinsicht jedoch reicht die Unbestimmtheit der Mikrowelt tatsächlich ins makroskopische Geschehen unserer Tage. Selbst am Beispiel eines mathematisch idealen Billards, besteht es aus Materie, läßt sich dies errechnen. Liegen die Kugeln einen Meter auseinander, so muß die siebente Kugel die achte nicht mehr treffen; die Unbestimmtheit der Lage der Oberflächenquanten, achtmal mit sich selbst multipliziert, ist schon so groß wie eine Billardkugel. Dies ist die Freiheit des echten, physikalischen Zufalls. Und es ist wesentlich zu erkennen, daß Zufalls- und Entscheidungsfreiheit zunächst miteinander nichts zu tun haben. Das ›zunächst‹ ist dabei von Interesse.

Kehren wir nun zurück zum Evolutionsgeschehen, zum Antagonismus von Zufallsfreiheit und naturgesetzlicher Notwendigkeit.

Evolution, so folgen wir KONRAD LORENZ, ist ein erkenntnisgewinnender Prozeß. Und schon im schöpferischen Lernprozeß des Erbmaterials, wie es beispielsweise alle für das Leben relevanten Gesetze der Optik unserem Auge appliziert hat – in Aufbau- und Betriebsanleitung –, ist die schöpferische Freiheit des Zufalls unerläßlich. Man spricht hier, wie man weiß, von Mutationen. Dieser schöpferische Versuch ist dem Prinzip nach mit der induktiven Komponente des Erfindens identisch. Denn auch hier bedarf es der Zufallskombination, welche zu aller Kenntnis und Vorausberechnung hinzukommen muß. Wäre dies nicht so, so könnten wir ja alle noch möglichen Erfindungen bereits heute machen.

Die Evolution hat sich diese Zufallskomponente erhalten, indem sie alles erworbene ›Wissen‹ in der Weitergabe dem Zufallsgeschehen in einem molekularen Faden anvertraut hat.

Freilich aber schafft der Zufall noch kein Wissen, keine Ordnung. Vielmehr kam es darauf an, ihn zu bändigen und stets in den Schranken der erworbenen Kenntnis, Gesetzlich- oder Notwendigkeit, zu halten. Denn die Chance eines Zufallstreffers sinkt mit der Zahl der Lose. Was immer an Zufallsversuchen sich nicht bewährte, wurde ausgemerzt. Wir sprechen da von Selektion. Und diese ist dem Prinzip nach wieder mit der deduktiven Komponente unseres Erfindens identisch, dem kontrollierenden Ausscheiden aller erwiesenen Irrtümer, der Falsifikation.

Der Wissens-, Erkenntnis- oder Gesetzesertrag aus beiden Komponenten wird nun stets zur Einengung des Suchfeldes des Zufalls, zum Ausschluß bereits erkannten Unsinns, eingesetzt. Was im einzelnen an gesetzlicher Notwendigkeit erkannt oder entdeckt wird, bleibt weitgehend dem Zufall überlassen. Notwendig dagegen ist die Wirkung des Zufalls. So sind der notwendige Zufall und die zufällige Notwendigkeit Antagonisten; der Zufall, um das Notwendige zu finden, die Notwendigkeit, um die Trefferchance des Zufalls zu erhalten.

Und nun zur Freiheit der Entscheidung. Auch sie ist ein Produkt der Evolution, entstanden im Zusammenhang mit dem Werden von Bewußtsein und Reflexion. Die Freiheit der reflektiven Wahl von Notwendigkeiten wird somit angeführt von einer Entwicklung, in welcher die Freiheit des physikalischen Zufalls zum Auffinden von Notwendigkeiten erforderlich bleibt.

Demgegenüber erscheint das, was wir als Determination verstehen geschlossener. Es sind Notwendigkeiten, Gesetzlichkeiten oder Zwänge, ob naturgesetzlicher, sozialer, individueller oder fiktiver Art. Von den naturgesetzlichen Determinanten des Menschen soll im Folgenden die Rede sein. Und sie sind von einer Freiheit oder Indetermination von zweierlei Art abzugrenzen. Wobei das Werden der Entscheidungsfreiheit mit einer Grenze zusammenfällt, welche

die erste und die zweite Phase der Evolution

voneinander trennt. In der ersten Phase ist das schöpferische Lernen auf das Erbmaterial beschränkt. Was auch immer vom explorativ handelnden Individuum durch Versuch und Irrtum erlernt wird, geht für die Evolution mit seinem Träger wieder verloren. Die Weitergabe von individueller Erfahrung durch Anleitung und Nachahmung ist auch bei Vögeln und Säugern, selbst noch bei Primaten höchst bescheiden. Der Speicher gewonnener Kenntnis von der Welt bleibt im Wesentlichen das Erbgut.

Erst mit der Menschwerdung, mit dem Wandel der Laute zur Sprache, des Bewußtwerdens zum Bewußtsein seiner selbst und vom

Nachahmen zum Lernen, entsteht ein neuer Wissensspeicher: das Gedächtnis der Populationen, später die Schrift, die Bibliotheken. Der Erkenntnisfortschritt akzelleriert um sechs bis neun Größenordnungen. Die Errungenschaften der ersten Phase werden von der zweiten überrannt; und doch bleibt aller Überbau auf die Umrisse der Fundamente angewiesen, wie sie in der ersten gelegt wurden.

Das gilt zunächst für die beiden Arten der Freiheit oder Indetermination: die Zufalls- und Entscheidungsfreiheit. Die Freiheit der individuellen Entscheidung ist zwar eine nun völlig neuartige Qualität aus dem schöpferischen Lernprozeß. Die schöpferische Freiheit des Zufalls aber reicht von den Fundamenten der ersten bis in die bislang obersten Stockwerke der zweiten Evolution ungebrochen hindurch. Man empfindet es sogar, daß die Freiheit der Entscheidung der schöpferischen Freiheit nicht entbehren soll.

Wenn wir nun die Determination des Menschen durch die biologischen Grenzen seiner Freiheiten bestimmen, so denken wir wohl an die Menschen unserer Tage, bestenfalls an den Menschen der Geschichte und Urgeschichte – an die Spanne höchstens einiger Jahrtausende. Die schöpferischen Freiheiten der ersten Evolution kommen aber erst in Jahrmillionen-Dimensionen zum Ausdruck. Wir können sie darum in unserer Betrachtung vernachlässigen. Alles genetisch Erlernte können wir in solch historischer Zeitlupe biologischer oder geologischer Zeitspannen als determiniert betrachten. Die schöpferischen Lernerfolge des Erbgutes durch Selektion sind, wenn nicht durch Humanität endgültig ausgeschaltet, jedenfalls viel zu langsam für die Anforderungen der Problemlösung in historischer Zeit.

Wir brauchen darum nur gegen die beiden Freiheiten der zweiten Phase der Evolution abzugrenzen. Aber gerade da zeigt es sich nun, wie weit (oder tief) die Determinanten der ersten in die zweite hineinreichen. Und hier ist es die ›evolutionäre Theorie von den Erkenntnisprozessen‹, welche die Spannweite dieses Hineinwirkens erst faßbar macht. Sir KARL POPPER, KONRAD LORENZ und ich haben sie, und zunächst unabhängig voneinander, jeweils aus der Wissenschaftstheorie, aus der Verhaltenslehre und aus der Evolutionstheorie entwickelt. In ihrem Kern steht die Erfahrung, daß sich unsere fundamentalen Anschauungsformen als angeboren erweisen und selbst die KANTschen *Apriori* jedes individuellen Denkens als *a posteriori*-Lernprodukte aus der ersten Evolutionsphase unserer Stammesentwicklung.

Und da sich diese Anschauungen *a priori* als rational unbelehrbar erweisen, zählen auch sie zu den Determinanten des Menschen; nunmehr der menschlichen Vernunft.

Auf diese Weise reicht die Determination unseres Wesens von den grundlegenden Vorbedingungen der Körpergrenzen und der Reproduktion bis zu den stammesgeschichtlichen Grundlagen unserer Vernunft, also durch eine ganze Reihe von Schichten unseres Menschseins. Ich werde drei von ihnen zur Illustration hervorheben. Zunächst:

Unser Bauplan

Er muß in all seinen Teilen als determiniert betrachtet werden. Aber so leicht man dies anerkennt, so schwer ist es, die Konsequenzen solcher Determination mitzuvollziehen. Man kommt der Sache mit der Feststellung näher, daß im Rahmen unserer Körperstrukturen überhaupt kein Teil mehr freie Adaptierbarkeit zeigt. Nur künstlich ist dies möglich: die Hirnschale vom Säuglingsalter an zum Turmschädel oder die Zehen an die Sohle zu schnüren. Und da sich selbst in biologischen Zeitspannen nur mehr Hand, Kehlkopf und Großhirn als wandelnd erweisen, ist alle Körperstruktur nur unter historischen Determinanten zu verstehen, als Anpassungen aus früheren geologischen Perioden.

Ich hoffe, mich darin verständlich zu machen, wenn ich daran erinnere, daß die Grundstruktur des ganzen Wirbeltier-Bauplans, so auch des unseren, als Torpedokonstruktion entwickelt wurde; mit zentral, im Querschnitt liegender Stützachse, der Wirbelsäule, und dem Antrieb am Hinterende, der Schwanzflosse. Mit der Landtierwerdung der Quastenflosser wird der Torpedo zur Brückenkonstruktion umgebaut, die als Stabilisatoren entwickelten paarigen Flossen zu den vier Pfeilern der nun wandelnden Brücke. Kaum aber läuft diese Torpedo-Brücke tüchtig oder klettert, wie im Falle unserer Vorfahren, wird sie wieder umgebaut, als Turmkonstruktion auf zwei der Brückenpfeiler aufgestellt.

Und nun wandeln wir als Torpedo-Brücke(n)-Turm durch diese Welt und erleben dies nicht. Denn wenn wir die Nachbildungen unserer Spezies durch PHIDIAS betrachten, sind wir entzückt von der Harmonie unseres eigenen Ebenmaßes. Zu selbstverständlich erscheint das Gewohnte. Will man den Blick aus solcher Klammer lösen, dann darf keinesfalls an PHIDIAS und seinesgleichen gedacht werden, eher an Röntgenbilder, den Seziersaal und die Prosektur. Und selbst da bedarf es einer besonderen Schulung des Blickes, um die Vertracktheiten, die Kompromisse und Mißdispositionen zu sehen, welche die Folge eines Torpedo-Brücke(n)-Turmes sein müssen. Einige Beispiele:

Die Längsachse, in der Hydrodynamikkonstruktion richtig in der Mitte des Querschnittes angelegt, mußte bei der Brücke an den Rükken, im Turm entspricht sie wieder der Biege- und der Gravitationsachse und sollte neuerlich in die Mitte; dort kann sie aber nicht mehr hin. – Die Flossen sind zweckmäßig als Ruder entwickelt, mit schmalem Stiel und breitem Ende. Das ist in der Vierfüßer-Extremität enthalten, wo in Ober- und Unterarm, Handwurzel und Hand die Knochen wie 1–2–3–3–5–5–5 zunehmen, was besondere Schwierigkeiten in der Bewältigung der Motorik macht. Bei jedem Gerät unter Gravitationsbedingungen, jedem Kran oder Bagger, ist die Folge der Gliederung umgekehrt. – Eier und Samen wurden früher in Massen ins Wasser abgegeben; das konnte ebenso wie mit den Exkreten mittels der Harnorgane geschehen und sich mit dem Enddarm verbinden. Im Resultat unserer Konstruktion ist das nicht minder erhalten, nun aber unsinnig: *inter feces urinamque nascimur.*

Wie diese Zufälle das Menschenwesen bestimmen, wird man nun leichter vor Augen haben; wie nun ›der Rücken gestärkt‹, die Brust aber ›gehoben‹ wird, wie man die Hände ›aufhält‹, dafür aber die Arme ›breitet‹; wie der Mund, der Speisung und Wort verbindet, zu geselligem Schmausen lädt, die Scham dagegen ins Dunkel des Unreinen gedacht wird.

Aber es ist schwierig diese Seltsamkeiten wieder nicht als selbstverständlich, sondern als die tragenden Determinanten unseres Wesens zu erkennen. Vielleicht können noch Beispiele echter Fehlplanung das Bild erhellen: Luftweg und Speiseweg überkreuzen sich; so kommt immer wieder etwas ›in die falsche Kehle‹. – Der Film, die Retina, ist in der Kamera unseres Auges verkehrt eingelegt, der Träger der Photoschicht zum Licht gewendet; die Lichtstrahlen müssen erst durch die Blutgefäße und die ganze Verdrahtung der Nervenableitungen, bis sie die Photozellen treffen; und auch diese verkehrt herum. – Unsere Geburt muß durch den einzigen, nicht erweiterbaren Knochenring unseres Bauplanes erfolgen. Das war noch beim Laichen tausender, kleiner Eier praktisch. Heute bringt es nur Schmerzen der Mutter, Gefahren für Mutter und Kind und determinierte Grenzen für die Möglichkeit der Entfaltung unseres Großhirns.

Und die jüngste der uns auferlegten Anpassungen ist nicht bewältigt. Was wir als die sogenannten konstitutionellen Leiden kennen, das sind alles Folgen nicht bewältigter Aufrichtung unseres Ganges. Von oben nach unten einige aufgezählt: Schwindel, Bandscheibenschwäche, Leistenbruch, Hämorrhoiden, Krampfadern, Senk- und Spreizfuß.

Unser ganzer Bauplan ist Geschichte, bis hinein in die feinsten Einzelheiten der Organe und der Zellen; Determination gerade bewältigter Geschichte; Determination eben noch zulässiger Kompromisse aus gerade bewältigtem Gestern und dem zu bewältigenden Heute. Und er hat die ihm möglichen Wandlungen ebenso bestimmt wie die Art, wie wir mit ihm leben und Leben mit ihm erleben.

Wir pflegen mit den Strukturen unseres Körperbaus so weit vertraut zu sein, daß es mehr der Wandel der Betrachtungsweise ist, der uns aus einer Sicht scheinbarer Selbstverständlichkeiten herausführt. Nehmen wir als die nächste Schicht die Determinanten wie sie

unsere Sinne

enthalten, so kann uns schon eher weniger Bekanntes, wie wir uns ausdrücken, die Augen öffnen. Bekannt ist der Umstand, daß unsere Sinnesorgane nur schmale Fenster in die Datenfülle dieser Welt schneiden. Ein schmaler Ausschnitt des Wellenspektrums wird als Licht und Farbe, ein anderer als Wärme erlebt, ein kleiner Ausschnitt des Schwingungsspektrums als Vibration, ein anderer als Geräusch und Tonhöhe. Bekannt sind auch die sogenannten optischen Täuschungen. Sie werden bemerkbar, wenn Sinneserlebnisse widerstreiten oder wenn sie mit den ihnen zugeschalteten Deutungen in Konflikt geraten. Dann trauen wir, wie wir sagen, unseren Augen nicht. Dagegen trauen wir aller erblichen Deutung blindlings, solange sie sich nicht selbst widerspricht.

Man darf sich das Werden der Sinne nicht als Pforten denken, die alles, was sie physikalisch passieren könnte, dem Gehirn vermelden.

Es scheint vielmehr so, daß an Reizen überhaupt nur durchgelassen wird, was eine Deutung erfährt, wir sagen: was einen Sinn hat. Und zwar nicht Deutung durch ein grübelndes Gehirn, sondern durch ein fixes Programm, das sofort den Sinn der Meldung, das heißt die erforderliche Reaktion auf den Reiz, angibt. Die Weitung der Sinne muß mit einer Erweiterung der Programme einhergegangen sein. So nimmt es nicht wunder, daß auch unsere Sinne ihre Daten dem Gehirn in vorprogrammierter Deutung liefern.

Am bekanntesten unter diesen Programmen, deren Verdrahtung schon in der Netzhaut vorliegt, gehört das sogenannte Konstanzphänomen. Wir sehen die Farbe eines Gegenstandes nie in den Wellenlängen, die er abstrahlt, sondern in einem Farbton, welcher aus seiner Abstrahlungsfarbe abzüglich der Durchschnittsfarbe im gesamten Gesichtskreis errechnet ist. Wäre dies nicht so, die Seiten dieses Buches würden uns, im Waldesdämmer gelesen, grün erscheinen und orangerot unter der abendlichen Lampe; grünlichweiße oder blutrote Gesichter würden uns erschrecken.

Ein ebenso einfaches Beispiel ist als ›laterale Inhibition‹ bekannt. In dieser Retinaschaltung werden alle Helligkeitsgrenzen verschärft. Das heißt, an einer Hell-Dunkel-Grenze wird das Helle künstlich heller, das Dunkle noch dunkler verrechnet. Wir sehen die Gegenstände also nicht nur farbverrechnet, sondern auch viel konturenstärker, als sie es sind.

Umgekehrt wird aus der Wahrnehmung wegretouchiert, was keine lebensfördernde Deutung bietet oder diese stört. So nehmen wir bekanntlich den ›blinden Fleck‹ nicht wahr, beziehungsweise es bedarf bereits einer Versuchsanordnung, um ihn wahrzunehmen. – Eindrucksvoll ist die Retouche der Blutgefäße und der in ihnen rieselnden Blutzellen. Sie werden ja, wie schon gesagt, bei dem verkehrt eingelegten Retina-Film, zu Hunderten auf den Sehzellen-Hintergrund projiziert und zwangsläufig abgebildet. Doch wir nehmen sie allesamt nicht wahr. Man kann sie aber leicht wahrnehmbar machen, indem man die Projektionsrichtung ändert: Lenkt man ein scharfes Lichtbündel seitlich auf den Augapfel, dann ›sehen‹ wir sofort ein phantastisches Bild rot-rieselnder Schläuche die Welt überziehen.

Die Deutungsprogramme unserer Sinnesdaten, die sich als erblich determiniert und als rational unbelehrbar erweisen, erreichen Grade der Komplexität, die wir heute erst zu ahnen beginnen. Wir wissen daher noch nicht, ob ihre Regelschaltungen schon im Sinnesorgan liegen oder weiter hinten im Gehirn. Und die folgenden Beispiele stelle ich deshalb hierher, weil sie der Sinnesphysiologie entstammen und nicht der Erkenntnislehre. In Wahrheit, wie wir sehen werden, gehen diese erblichen Programme, Deutungen, Entscheidungshilfen oder Anschauungsformen ineinander über beziehungsweise bauen aufeinander auf.

Allbekannt ist das ›Gestaltphänomen‹; es beruht auf einer zwanghaften Interpretation aller Daten zur Deutung von Wahrnehmungen, wobei das einmal als ›wahr‹ ›Genommene‹ in Größe und Lage, akustisch in Lautstärke, Tempo und Tonhöhe zwangsläufig transponiert und hinsichtlich mutmaßlicher Unvollständigkeit ergänzt wird. Man denke zum Beispiel an die Sternbilder, die, einmal gesehen, nicht mehr fortzudenken sind, an die ›Gesichter‹ oder ›Gesten‹ knorriger Bäume, die Feen und Zwerge im Waldesdunkel unserer Kindheitserlebnisse. Und man wird vor Augen haben, daß dieses Gestaltensehen selbst dort, wo keine Gestalt sein kann, bereits das früheste Interpretieren des Menschen angeleitet und alle Kultur geprägt hat.

Wie die Verdrahtungen dieser komplexen Programme aussehen, das wissen wir freilich noch nicht. Eindeutig sind nur die Determiniertheit der Effekte und unsere Interpretationsweisen. Dafür noch drei Beispiele:

Bietet man dem einen Auge ein vertikales Streifenmuster und dem anderen gleichzeitig ein horizontales, so entsteht eine seltsame Wahrnehmung. Es entsteht durchaus kein kariertes Muster, wie man erwarten würde oder wie dies jede Stereokamera abbildete. Es entsteht wechselweise ein Vertikal- oder Horizontalmuster, auf welchen Inseln der komplementären Horizontal- oder Vertikalmuster schwimmen, zusammenfließen, neu entstehen und umspringen. Es entsteht eine sich nicht lösende Suche nach einer Lösung.

Wie umgekehrt Lösungen immer wieder geschaffen werden, zeigt der uns schon bekannte Neckersche Würfel. Er wird nur auffallend, weil er zwei konkurrierende Lösungen bietet; wir erleben dies als ein ›Umspringen‹ vermeintlicher Drauf- und Druntersicht. – Weniger bekannt ist die Tatsache, daß sich auf unserer Netzhaut nichts orthogonal abbildet, wir aber dennoch Orthogonales als orthogonal wahrnehmen.

In einem Beispiel von Erich von Holst stelle man sich in die

Mitte eines langen Korridors und blicke von einem Ende zum anderen. Und obwohl in dieser Lage alles Orthogonale besonders krumme Bahnen auf unsere Netzhaut zeichnen muß, sehen wir jeden Ausschnitt aus unserer Wendung in perspektivisch vollkommen orthogonaler Projektion.

Noch einen wesentlichen Schritt weiter in die Komplexität angeborener Entscheidungshilfen führt ein letztes Beispiel, das ich hier anführen will: das Experiment mit dem Drahtkantenwürfel. Es zeigt die nachgerade gefährliche Vereinfachung unseres auch hier noch rational unbelehrbaren theoriebildenden Apparates.

Läßt man einen aus Draht geformten Würfel vor seinem Spiegelbild rotieren, so wird man bei zweiäugiger Betrachtung die Gegenläufigkeit von Würfel und Spiegelbild leicht wahrnehmen. Schließt man aber ein Auge, so wird eine der beiden Figuren von der anderen in der Deutung der Drehrichtung sofort mitgerissen. Das kann, wie beim NECKERschen Würfel, zwar umspringen, aber nicht willentlich korrigiert werden. Man kann sich noch so eindringlich, wie wir uns ausdrücken: ›vor Augen halten‹, daß sich die beiden Würfelfiguren gegengleich drehen müssen. Unser Auge interpretiert sie im gleichen Drehsinn. Dies ist freilich die ungleich einfachere Verrechnungs- oder Interpretationsweise dieser komplizierten Sinnesdaten; und ganz offensichtlich ist es der Zweck des Programms, uns unter alternativen Möglichkeiten der Interpretation die einfachste Lösung als die richtige zu suggerieren.

Man wird vor Augen haben, welch katastrophale Fehler durch solche Anleitung in unserer Theorienbildung heraufbeschworen und durch die Suggestion der Anschauung durchgesetzt werden. Wir werden künftig den ganzen Reduktionismus, die Erklärungseinseitigkeit der sogenannten exakten Naturwissenschaften, auf solch irrige Anleitung zurückführen können. Aber nicht nur die Wissenschaftsgeschichte, unsere ganze Kulturgeschichte ist von diesem Mangel geprägt.

Aber noch einen gravierenden Irrtum belegt das Experiment. Die jeweils im verkehrten Drehsinn gedeutete Bewegung hat einen Widerspruch in der Perspektive zur Folge. Denn was sich nach vorne bewegt, wird als nach hinten bewegt interpretiert und umgekehrt. Daher wird perspektivisch größer, was kleiner werden sollte, und vice versa. Nun sollte man erwarten, daß unser theorienbildender Apparat durch einen so offensichtlichen Widerspruch zwischen Erwartung und Wahrnehmung sofort alarmiert und zur umgehenden Revision angehalten würde. Tatsächlich ist das Gegenteil der Fall. Der Widerspruch wird durch ›Zusatzhypothesen‹ beliebiger Unwahrscheinlichkeit, ja Absurdität vertuscht, die Kritik unterbunden.

In unserer Wahrnehmung wird der sich verkehrt drehende Würfel weich! Und durch einen eigentümlichen ›Bauchtanz‹, den er aufführt, wird der Widerspruch abgeschafft, wieder in rational unbelehrbarer Weise.

Man wird vor Augen haben, daß es eben diese Determinante ist, welche unsere Wissensentwicklung nochmals behindert. Es ist nur zu bekannt geworden, (dies sagte ich schon) zum Beispiel durch THOMAS KUHN, durch HANS ALBERT, aber schon MAX PLANCK und KONRAD LORENZ haben darauf verwiesen, daß sich etablierte Weltbilder gegen Widerlegung selbst immunisieren. Widersprüchliche Phänomene werden so lange in ihrer Bedeutung verkleinert, bis sie allesamt unter den Teppich gekehrt und vergessen werden können. Der Nachweis eines Widerspruchs mit der Theorie wird verkehrt herum interpretiert zum Nachweis unsachgemäßer Handhabung der Theorie. Wieder ein Erbe alter Determinanten.

Unsere Vernunft

schließlich und ihre Stammesgeschichte ist zunächst aus den besprochenen Determinanten unseres Bauplanes und denen seiner Sinnesorgane zu verstehen. Und schon hier fanden wir Erbprogramme der Datenverrechnung, die Wirkungen bis in die Theorienbildung enthalten. Aber noch eine dritte Schicht von Determinanten kann ich darlegen; die erbliche Herkunft dessen, was Philosophen ›synthetische Urteile *a priori*‹ nennen.

KONRAD LORENZ hat schon 1941 ausgesprochen, daß unsere erblichen Anschauungsformen wohl aus demselben Grund in diese Welt passen, aus welchem die Flossen des Fisches ins Wasser passen, noch bevor er aus dem Ei geschlüpft ist. Ich habe diese Anschauungsformen jüngst systematisch untersucht und gefunden, daß sie auch in Struktur und Entwicklungsfolge dem entsprechen, was KANT als die *Apriori* unserer Vernunft ausweist; einschließlich unserer Anschauung von Raum und Zeit, welche man bei KANT in seiner »Transzendentalen Ästhetik« findet.

Unabhängig von KANT und der ganzen Philosophiegeschichte dieser Kategorien, waren diese Anschauungsformen als *a posteriori*-Lernprodukte unseres Erbmaterials zu beschreiben, als Selektionsprodukte an den grundlegenden Ordnungsmustern dieser Welt. Sie extrahieren gewissermaßen deren Grundgesetze, mit dem bedeutenden Selektionsvorteil verbesserter Anpassung, und legen diesen ›Erfahrungsgewinn‹ in Erbprogrammen fest, und zwar lange bevor in der Evolution Bewußtsein und Reflexion entstehen. Mit dem Bewußtsein nehmen sie dann die Form von Anschauungsformen an, welche als Erwartungen oder Hypothesen beschrieben werden können, und zwar Erwartungen darüber, wie sich die Dinge in dieser Welt verhalten werden.

Zeit erwarten wir als ein eindimensionales Phänomen. Das Organ der Wahrnehmung sind unsere physiologischen Prozesse der Bewegung, der Ermüdung, des Stoff- und Energiewechsels. In ihnen deutet sich eine weitere Dimension der Zeit nicht an.

Den Raum dagegen verbinden wir mit einer dreidimensionalen Struktur. Auch diese Erwartung ist mit der Struktur des einschlägigen Sensoriums identisch. Besonders deutlich macht dies die Anordnung unserer drei Bogengänge des Gleichgewichtsorgans. Aber auch die Nervenableitung aus der Retina sowie aus unserem Tastraum ist nach diesem Prinzip organisiert. Man denke zum Beispiel an die Anordnung der Muskel der Augenbewegung mal der Verrechnung der Parallaxe. Aber auch diese drei Sinnessysteme sind in ihrem Bau nur Konsequenzen der bilateralen Symmetrie des Wirbeltier-Bauplans. Diesem entsprechen drei aufeinander normal stehende Körperachsen. Und folglich werden nach diesen alle Eigenbewegungen gelenkt und alle Fremdbewegungen sowie Scheinbewegungen (als Folge der Eigenbewegung) registriert.

Der Erfolg dieser Programme oder Erwartungen spricht wiederum dafür, daß es Übereinstimmungen (Isomorphien) mit der realen Welt gibt. Allerdings nur im Selektionsbereich auf diesem Planeten; einer Mikrowelt im Kosmos. Für diesen selektiert sind es zureichende Näherungen. Das Raum-Zeit-Kontinuum ließ sich zwar errechnen, aber eine Anschauung davon zu bilden, vermögen wir nicht. Und folglich bleibt unserem Anschauen auch eine Vorstellung vom Beginn der Zeit oder vom Ende des Raumes wohl für immer verwehrt.

Die Naturwissenschaft hat bekanntlich durch Einstein die Grenzen unserer angeborenen Raum- und Zeitvorstellung überwunden und damit deren Begrenztheit nachgewiesen. Die Beschränktheit der nun zu schildernden Urteile *a priori* nachzuweisen, sind wir erst dabei. Dies wird aber wichtig. Denn wenn die Beschränktheit unserer Raum-Zeit-Vorstellung dank der kosmischen Mikrowelt des Menschen nicht geschadet hat, so sind doch die folgenden Vorstellungen dimensionslos und brachten uns schon vielerlei Unheil. Und sie werden uns davon noch beträchtlicheres bringen, lernen wir nicht unsere Mängel zu verstehen. (Noch einmal ist auf die *Apriori* zurückzublicken.)

Zu den urtümlichsten Anlagen *a priori* zählt ein Programm, das mit Wahrscheinlichkeiten operiert. Wir erleben es in der Form der Erwartung, daß sich Zustände oder Ereignisse unter Bedingungen wiederholen werden und daher vorhersagen lassen und daß bestätigte Vorhersage die Wahrscheinlichkeit weiterer Vorhersagen vergrößert. In diesem Lernprogramm spiegelt sich die Redundanz der Zustände und Ereignisse im Bau dieser Welt. Und es steht in merkwürdigem Widerspruch zu der Art, in welcher wir Wahrscheinlichkeiten rational zu behandeln pflegen. Beim Würfeln beispielsweise läßt es uns das Auftreten der gewünschten Zahl um so eher erwarten, je länger diese nicht aufgetreten ist.

Diese Haltung erweist sich zwar mit der jenes (uns schon bekannten) RUSSELLschen Huhnes verwandt, das seinen Fütterer mit jedem Futtertag mehr für seinen Wohltäter halten muß, wiewohl jede Fütterung es in Wahrheit jenem Tage näherbringt, an welchem ihm dieser Wohltäter den Kragen umdrehen wird. Tatsächlich ist es aber gleichzeitig die einzige Haltung, welche es unserem Erkenntnisapparat ermöglicht, irgendwelche Grade von Gewißheit oder Voraussicht zu gewinnen. Unsere rationale Vernunft hat versucht, sich von dieser Bedingung zu befreien, und sucht Orte letzter Gewißheit. Bekanntlich nur mit dem Erfolg unschlichtbarer Widersprüche.

In einem folgenden *Apriori* des Ver-Gleichens wird erwartet, Ungleiches im Gleichen weglassen und unter vergleichbaren Bedingungen Vergleichbares vorhersehen zu können. Diese Haltung hat wesentlich das Reich unserer Vorstellungen und Begriffe geprägt. Sie spiegelt die nicht beliebige Kombinierbarkeit der Merkmale in den Zuständen und Ereignissen in dieser Welt. Sie ist gleichzeitig verantwortlich für die phantastischsten Kosmogonien wie für die wissenschaftlichsten unserer Systeme.

Da jene vergleichbaren Bedingungen zudem als hierarchisch strukturiert erwartet werden, wird vom betrachteten System stets wechselweise zum Obersystem wie zu den Untersystemen verglichen. Dies ist gleichermaßen verwandt mit unserer Haltung zum ›Gesetz und seinen Fällen‹ wie zum ›Hermeneutischen Zirkel‹. Vorbewußt werden wir stets von beiden angeleitet. Unsere rationale Reflexion dagegen mißtraut entweder der einen oder der anderen. Die Geisteswissenschaft mißtraut der Szientistik, die Naturwissenschaft der Hermeneutik.

Unser nächstes *Apriori*, das von den Ur-Sachen, ist dafür die Ursache. Hier wird zwar mit Erfolg erwartet, daß gleiche Dinge dieselbe Ursache haben werden; es spiegelt sich die nicht beliebige Abfolge der meisten Zustände und Ereignisse dieser Welt. Aber unsere vereinfachte Anschauungsform, Kant nennt dies: unsere »faule Vernunft«, suggeriert uns Ursachenzusammenhänge in Kettenform so, als ob es erste Ursachen und letzte Wirkungen geben könnte. Als erste Ursache galt uns zunächst der ›Unbewegte Beweger‹; heute steht an seiner Stelle der Urknall. Und daß wir unter der Anleitung solcher Anschauungsform letzte Wirkungen weder verstehen noch zu steuern vermögen, beweist das Sprachengewirr der Wissenschaften und das Handlungsgewirr in unseren Sozial- und Wirtschaftssystemen.

Jay Forrester nennt es seine Grundthese (und sie ist nochmals von Bedeutung), daß der menschliche Verstand nicht geeignet sei, menschliche Sozialsysteme zu verstehen. Ich nahm dies zuerst als eine Metapher. Heute nehme ich diese These nicht nur für bare Münze, heute kann nach den Ursachen unseres Dilemmas gefragt werden. Dabei stellt es sich (wie erinnerlich) heraus, daß wir beispielsweise in bezug auf die vier Ursachen des Aristoteles für zwei von ihnen synthetische Anschauungsformen besitzen, für zwei aber nicht; und zwar für die *causa materialis* und *formalis*. Die *causa efficiens* dagegen wurde zum universellen Kraft-Begriff. Er regiert die exakten Naturwissenschaften.

Die *causa finalis* endlich ist uns in einer vierten Anschauungsform *a priori* eingebaut. Mit der einfachen Erwartung, daß gleiche Dinge demselben Zweck entsprechen werden. Nochmals spiegelt dies die nicht beliebige Kombinierbarkeit der Merkmale in den Zuständen und Ereignissen dieser Welt. Aber wieder ist diese Erwartung in uns in Kettenform vorgebildet. Und folglich verlassen die letzten Zwecke unter jeder Weltanschauung den uns einsehbaren Kosmos. Einmal hielten diese Stelle die *causae exemplares;* heute tun dies die Ideologien. Und so ist gerade der Ort letzter Zwecke Grund der unschlichtbarsten und furchtbarsten Auseinandersetzung geblieben.

Aber noch eines ist den Versuchen rationaler Interpretation der Zwecke unserer Kulturgeschichte unterlaufen. Man hat nicht bemerkt, daß Zweckerlebnisse aus Ursachenbezügen entstehen wie alle anderen; daß sie den Kräften lediglich in der Hierarchie des Schichtenbaus dieser Welt entgegenlaufen. Man hat ihnen vielmehr eine verkehrte Zielrichtung angedichtet. So, als ob sie im Gegensatz zu den Kräften in die Gegenwart aus der Zukunft wirkten. Man hat nicht bemerkt, daß mein künftiges Haus nicht aus der Zukunft wirken kann, weil es dort nicht existiert. Es existiert nur in meinem Kopf und wirkt von meinen gestrigen Entschlüssen auf meine Handlungen heute.

Der Umfang der Determination

ist im ganzen überraschend groß. Er ist das Produkt der ersten Phase der Evolution, deren genetisches Gedächtnis ja bis in den Bereich des Frühmenschen für die Entscheidung aller Lebens- und Überlebensprobleme die alleinige Verantwortung trug. Man denke nicht nur an die erwähnten Körper- und Sinnesstrukturen, die, wie erwähnt, sämtlich ein Produkt der ersten Phase sind und damit die Freiheit der zweiten begrenzen. Man denke an die ganze Welt von Handlungsweisen und die Hierarchien der Instinktverhalten, welche bis ins explorative Lernverhalten, unter Einschluß aller *Apriori*, die ›angeborenen Lehrmeister‹ unserer bewußten Handlungen geblieben sind.

Ein Mengenverhältnis allerdings zwischen jenem Vorwissen, wie es sich seinem Wissensspeicher nach als determiniert erweist, und dem Wissenserwerb im kulturellen Überbau, welchen wir als frei gewonnen betrachten, ist allerdings schwer zu bestimmen. Und zwar weil es sich um ein Informationsmaß handelt, welches wir noch nicht zu quantifizieren vermögen. Wenn es nicht absurd wäre, in einem solchen Zusammenhang von Prozenten zu reden, sagte Karl Popper, 99 Prozent alles Wissens müßten wohl dem evolutiven Vorwissen zuzurechnen sein. Die Menge selbst ist aber nicht so wichtig.

Bedeutsamer für unser Schicksal ist der Umstand der Mängel in der Anpassung all dieses determinierten Vorwissens. Es ist ja die gesamte selektive Adaptierung eine Anpassung an das Problem von gestern. Dies haben wir schon festgestellt. Im Falle des Schicksals der Spezies Mensch erweist sich dieses Problem aber noch wesentlich vertieft. Und zwar aufgrund der rasanten Beschleunigung der zweiten Phase der Evolution. Die Entscheidungshilfen der angeborenen Lehrmeister wurden überrannt. Was für das bescheidene Milieu eines Vormenschen noch eine höchst adäquate Entscheidung war, ist dies längst nicht mehr. Bewußtsein und sozialer Wissensspeicher haben es dem Menschen eingeräumt, sich für die ganze Biosphäre verantwortlich zu machen. Für die Lösung solcher Problematik sind die alten, determinierten Anschauungsformen längst nicht mehr geeignet. Und nachdem sie sich zudem als rational unbelehrbar erweisen, leitet ihre bislang treffliche Hilfe nunmehr sogar systematisch in die Irre. Dies ist unser Dilemma.

Nur eine vertiefte Erforschung des menschlichen Wesens und der Gründe unseres Dilemmas kann da helfen, jene menschlichen Universalien aufzuspüren, die selbst wieder der Erkenntnis unser selbst im Wege gewesen sind.

Solch ein Verständnis für die Grenzen unserer Anschauungskraft, für die Anpassungsmängel unserer Vernunft, ein Zeitalter der ›Abklärung‹ gewissermaßen, mag uns aus dem Schlamassel befreien, in welchen uns jenes Dilemma hat hineinlaufen lassen. Wir erkennen hier schon die Irrtümer des Reduktionismus, die Symmetrie der Irrungen von Rationalismus und Empirismus. Wir sind dabei, die Symmetrie der Irrungen von Materialismus und Idealismus zu begreifen, von Positivismus und Transzendentalphilosophie. Wir beginnen, die Determinante zu verstehen, welche die Universalität der *re-ligio* begründet.

Kurz: Unsere Determinanten verstehen zu lernen, bedeutet, uns selbst vertieft zu verstehen; mit dem Ziel, uns eine humanere Welt zu schaffen, nämlich eben nach dem Maß des Menschen.

II 8 Die Mängel der Anpassung

*Der Vortragszyklus der »*Carl Friedrich von Siemens-*Stiftung« befaßte sich 1980 mit »Beiträgen zu einer interdisziplinären Anthropologie«. Der Titel des von mir erwünschten Beitrages lautete: »Die biologischen Grundlagen der Vernunft«. Ich hielt mich wohl an dieses Thema, aber nachdem ich mich schon öfter an dieses zu halten hatte, ging ich einen Schritt weiter. Ich wollte mit der gewonnenen Einsicht voran in die Anwendung; bis in die politischen Probleme unserer Tage. Das war freilich noch nicht mehr als ein Versuch.*

Dies zeigte auch die anschließende Diskussion, namentlich jene mit Carl Friedrich von Weizsäcker *und mit* Rüdiger Bubner. *Es ging um die Begriffe von Information, Wissen und Erkenntnis sowie um Standpunkte. Ich habe sie hier dennoch nicht aufgenommen, weil ich dies bei meinen übrigen Kapiteln auch nicht tat. Sie ist im Band 5 der Schriften der Stiftung (von* A. Peisl *und* A. Mohler *1981 herausgegeben) gemeinsam mit dem nun folgenden Vortrag abgedruckt.*

Zumeist besitzen wir das Privileg, keine Angst haben zu müssen; höchstens Isolierung kann uns blühen, für den Fall wir Wahrheiten verbreiten, welche der Meinung der Parteien und Medien zuwiderlaufen. Aber selbst da schützt eine soziale Gesetzgebung die Erhaltung der Existenz; und schließlich sind wir immer noch ein Teil dieser sozialen Wirklichkeit, die zwar behindert, aber nicht geleugnet werden kann. Kurzum, wir werden nun offen über Biologie und Erkenntnis sprechen, ohne uns zu fürchten. Soweit das Positive.

Dem entgegen geht es mit der Vernunft höchst unvernünftig zu, trotz, ja aufgrund unserer Kenntnisse. Es wurde schwierig, vernünftig über Vernunft zu reden. Und wir alle tragen an der Sippenhaftung für jenen kollektiven Unsinn, nach welchem unsere erfolgreichen Zivilisationen mit dem Menschen wie mit seinem Milieu verfahren. Da nun ist Ursache zur Klage. Und zwar nicht Einstimmen in den Chor der Zivilisationsbetrübnis, sondern vielmehr die Aufforderung, uns die Ursachen des Schlamassels erforschen zu lassen zum Zwecke, präventive Aufklärung zu entwickeln, als einen Akt der Humanität.

Die Grundlage unserer Erkenntnisfähigkeit, das Gehirn des Menschen, ist biologisch ein Extremorgan: Dies ist ein Organ, welches in rasanter Entwicklung der übrigen Adaptierung davonläuft. Und solche Extremorgane haben noch all ihre Träger ins Grab gebracht. Soweit mein Pessimismus.

Mein Optimismus gründet auf der Tatsache, daß unser Hirn unter allen das einzige Extremorgan ist, welches die Chance hat, sich selbst wahrzunehmen. Und die Lebenschance unserer Kinder besteht darin, daß wir rascher weise als mächtig werden. Ich werde darum nicht nur (1.) das Dilemma der Erkenntnis schildern, um (2.) aus der Evolution des Prozesses der Erkenntnis (3.) ihr Dilemma zu lösen, ich will (4.) zudem versuchen, jenes Unvermögen unserer Zivilisation aus eben dieser Erkenntnis des Erkenntnisprozesses zu erklären.

Das Unvermögen, unsere Erkenntnis zu begründen

»Es ist ein Skandal, daß die Philosophie die Realität dieser Welt nicht zu beweisen vermag.« Ein stolzer Satz, nach zwei Jahrtausenden Philosophiegeschichte, niedergeschrieben von Immanuel Kant. Liegt dies Unvermögen in unserer Vernunft oder in der Erfahrung?

»Die meisten Sterblichen«, so interpretiert POPPER PARMENIDES, »haben nichts in ihrem irrenden Verstand, was nicht durch ihre irrenden Sinne hineingekommen wäre.« ›Also‹, sagten die Sophisten, ›Erkenntnis kommt von den Sinnen.‹ ›Von jenen des Weisen‹, fragte PLATON, ›oder des Pavians? Erkenntnis also kommt von der Vernunft‹, und ARISTOTELES formulierte ihre Gesetze. ›Woher aber weißt du‹, fragte PYRRHON, ›ob der Weise weise ist?‹ ›Also‹, sagte EPIKUR, ›zurück zu den Sophisten!‹ ›Aber‹, fragten die Skeptiker, ›was soll das nutzen?‹ Und als PYRRHON starb, so referiert DURANT, »weinten seine Schüler nicht, die ihn liebten, denn sie konnten nicht wissen, ob er tot war«. Also wäre nichts im Verstand, was nicht durch die irrenden Sinne hineingekommen wäre? »Gewiß«, sagt LEIBNIZ, »außer der Verstand selbst.« Und so dreht sich der Kreis noch heute. Nur die Unverträglichkeiten von Empirismus und Rationalismus sind uns geblieben.

Leib und Seele also wurden getrennt, und eine Spaltung, dort wo sie uns Menschen am empfindlichsten trifft, wurde zum Schicksal dieses Abendlandes. Was also machte allen Anfang? Der Geist oder die Materie? Hat sich die Idee vom Dreieck nicht tatsächlich als genauer und unzerstörbarer erwiesen als unser altes Dreieck aus der Schulzeit? Ist also das Leben zum Zwecke des Geistes, die Materie zum Zwecke des Lebens gemacht, worauf HEGEL bestand, oder, wie dies MARX auf den Kopf stellte, Geist nichts als Materie? Müssen wir die kleinsten Teile des Geistes in den Quanten suchen oder wäre Geist eine Luxurierung der Quanten? Geblieben sind die Unverträglichkeiten: Idealismus versus Materialismus, Dualismus versus Monismus. In Rom riefen die Monisten »ERNESTO HAECKEL« zum Gegenpapst aus, in Kentucky wurde die Evolutionslehre verboten. Und jene Unverträglichkeiten haben schließlich mit den Wahrheits- und Machtansprüchen derer, die nicht wissen können, also der Ideologien, unsere Welt quer durchgeteilt in die Blöcke der rohen Gewalt.

Selbst über den Ort der Gewißheit also können wir nichts wissen. Hat die letzte Gewißheit, wie DESCARTES überzeugt war, in dem Bewußtsein unseres Denkens, oder, worauf PASCAL bestand, in den Gesetzen der Mathematik gelegen? Woher stammten aber dann die *Apriori*, wie sie KANT herausstellt, wie sie als Vorbedingung jeder Vernunft von der Vernunft selbst nicht zu hinterfragen sind? Wahrscheinlichkeit, Kausalität, Zweck? Oder muß vielmehr als wahr gelten, dem niemand widerspricht? – die Sinne nicht, das Gewissen nicht und auch nicht die Nachbarn? »Ist aber dann der Narr«, fragt der verzweifelte Bertrand Russell, »der sich für ein Rührei hält, nur deshalb im Irrtum, weil er sich mit seiner Meinung in der Minderheit befindet?« Doch nicht minder sind die Weisen eine Minderheit.

Ja nicht einmal der extremste Idealismus, der Solipsismus, ist widerlegbar. Er kann ungestraft behaupten, daß beispielsweise nur die Vorstellung im Hörer dieser Worte (Leser dieser Zeilen), existierte. Alle Welt jenseits dieser Vorstellung wäre Schein. Denn jedes Gegenargument könnte er mit der Behauptung abtun, daß sich auch dieses nur in seiner bloßen Vorstellung befände. Unsere Vernunft muß die Unwiderlegbarkeit der möglichen Nichtexistenz dieser Welt tatsächlich anerkennen, während dies das Leben widerlegt. Denn alle Solipsisten vermöchten wir mit einem wütenden Nashorn in die Flucht zu schlagen. Ist das Leben also vernünftiger als die Vernunft?

»Es ist der größte Skandal«, sagt Karl Popper, »daß die Philosophen noch immer darüber streiten, ob diese Welt existiert, während um sie eine Welt – und nicht nur diese (nämlich mit ihr auch alle Philosophen) – zugrunde geht.« Doch dem Münchhausen-Dilemma der Erkenntnis kann unsere Erkenntnis nicht entkommen. Und nun, da die Auseinandersetzungen wie die Verhandlungen in Gesellschaft und Politik sich auf Vernunft und Erkenntnis berufen, müssen wir anerkennen: Die Fundamente ihres Baues bestehen aus erfundenen Unverträglichkeiten und diese selbst ruhen auf nichts anderem als unserer Ratlosigkeit.

Die biologische Evolution des Erkenntnisprozesses

Ich redete nun nicht so leichthin über die Verzweiflungen unserer Vernunft, hätte ich die Lösungen nicht in der Tasche – eine dritte kopernikanische Wende des Erkennens, wie es uns Psychologen und Philosophen bereits auslegten, eine dritte Schicht im objektiven Verstehen des Menschen. Hat uns Menschen Kopernikus an den Rand der Welt und Darwin ins Tierreich gestellt, so begründen wir nun die Fundamente seiner Vernunft. Und zwar wieder aus drei voneinander unabhängigen Ansätzen.

Konrad Lorenz erkannte aus der Verhaltenslehre, »daß unsere

angeborenen Denkstrukturen aus demselben Grund in diese Welt passen müssen, wie die Flosse des noch nicht geschlüpften Fisches ins Wasser«. »Leben selbst«, folgerte er (1971), »ist ein erkenntnisgewinnender Prozeß.« KARL POPPER erkannte aus der Wissenschaftslehre, »daß es das Beste ist, was wir in solchem Dilemma tun können«, diese fast unglaubliche Entwicklungsgeschichte zu erforschen. Und ich erkannte aus der Entwicklungslehre die Übereinstimmung der Naturordnung mit unserer Denkordnung und stellte daraufhin aus dem Ganzen die ›evolutionäre Lehre von der Erkenntnis‹ systematisch zusammen.

Der entscheidende Schritt ist dabei der, daß wir unseren Beobachtungsposten außerhalb jenes kosmischen Geschehens beziehen, welches dem Leben Wissen und Gewißheit verschafft; daß wir aus der Erkenntnislehre eine Naturwissenschaft machen, deren Erfahrung sich nun objektiv und unabhängig von der kulturellen oder ideologischen Position des Beobachters prüfen läßt. Wieder entsteht eine objektive Naturwissenschaft als emanzipiertes Kind der Philosophie. Dies ist nützlich, denn aus den Konsequenzen werden wir über die Unvernunft der Zivilisationen selbst zu urteilen haben.

Was also wurde erkannt? Ein universeller Prozeß schöpferischen Lernens, der, wie POPPER von uns verlangt, in überprüfbarer Form von der Amöbe bis EINSTEIN reicht. Wissen entsteht auf dieser Welt, wie MANFRED EIGEN zeigt, sobald Molekülstrukturen zu Information werden, indem sie die Erhaltungschancen eines Empfängersystems unter Konkurrenz erhöhen. Es entstehen die Erbträger der Aufbau- und Betriebsanleitung, die Gene der Organismen, deren Lebenserfolg wiederum rücklaufend die Vermehrungschancen ihres Erbmaterials bestimmt.

Kurz: Es entsteht das Lernen der Gene. Seine schöpferische Komponente besteht in der Schaffung von ›Wissen‹, wo vordem keines war, seine reproduktive Komponente in dessen Verbreitung durch Vermehrung. Die wichtige schöpferische Komponente aus Differenzierung und Anpassung können wir als eine Extraktion jener Gesetze dieser Welt verstehen, welche sich für die Entwicklung von Lebensvorteilen jeweils relevant erweisen. Man denke nur daran, mit welcher Akribie alle einschlägigen Gesetze der Optik unserem Auge erblich eingebaut worden sind.

Und was für die Körperstrukturen gilt, gilt (wie wir schon wissen) nicht minder für die erblichen Anleitungen des Verhaltens; von den einfachsten Regulativen und Reflexen hinauf in die ganze Hierarchie der Instinkte, ja bis zu den angeborenen Lehrmeistern unseres Denkens, jenem vernunftähnlichen, ratiomorphen Apparat, dessen Leistungen wir als die des gesunden, unreflektierten Menschenverstandes erleben.

Dies ist ein Prozeß der generalisierenden Abstraktion, der schon bei den Einzellern beginnt. Im Umkehrreflex des (uns schon bekannten) Pantoffeltierchens etwa, das bei Kollision den Wimpernschlag umkehrt, um erst nach einer Wendung seinen Kurs fortzusetzen. Schon hier sind aus der Fülle des unvorhersehbar Variierenden die invarianten Merkmale des ›Hindernisses‹ abstrahiert, daß es nämlich zumeist undurchdringbar, ruhend und von begrenzter Abmessung sein werde.

Man denke daran, nun in viel komplexerer Schicht, wie etwa das Neugierlernen einer Dohle nach der gesetzlichen Rangordnung von Gefahr versus Nützlichkeit programmiert verläuft. Ein unbekanntes Diwankissen beispielsweise wird zunächst unter aller Beachtung möglicher Gefahr als Feind attackiert. Erweist es sich als ungefährlich, wird es als mögliches Futter geprüft. Und erweist sich auch diese angeborene Hypothese als widerlegt, wird versucht, die Teile als Nistmaterial einzutragen.

Oder man denke daran, noch einige Schichten komplexer, in welch unbelehrbarer Weise uns die zufälligsten Koinzidenzen sogleich einen Kausalzusammenhang erwarten lassen. Ertönt beispielsweise ein Glockenton zur gleichen Zeit, da wir einen Lichtschalter drücken, so halten wir uns sofort auch für dessen Ursache und neigen zur Wiederholung und Prüfung. Denn tatsächlich sind die meisten Koinzidenzen nicht von Zufall. Obwohl wir seit David Hume nicht mehr gewiß sein können, ob es etwas wie Ursachen in der Natur überhaupt gibt oder ob sie nicht nur Bedürfnisse unserer Seele sind.

Gegenüber diesen Erbprogrammen beginnt das individuelle Lernen mit einer Kombination derselben, mit dem bedingten Reflex. Und es wurde, wo immer die Schaltungen in den Gehirnen zureichend differenzierten, von der Evolution durchgesetzt, weil es um Größenordnungen schneller verläuft als das genetische. Läutete Pavlow seinen Hunden nur regelmäßig genug die Futterglocke, so begann ihnen (wie man sich erinnert) schon bald beim bloßen Glockenton der Speichel zu triefen. Stete Koinzidenz verknüpft Verhaltensprogramme, wiederholte Enttäuschung der entstandenen Erwartung, Frustration also, löst sie vernünftigerweise wieder auf.

In ganz derselben Weise entscheidet unser unreflektierter Verstand zwischen Zufall und Notwendigkeit. Ich bot zu dieser Demonstration einem Auditorium von Studenten eine Wette, mit Hilfe wiederholten Werfens einer Münze. Ich setzte auf ›Adler‹, warf, und ließ Wurf für Wurf die Urteile über den Vorgang niederschreiben. Nachdem auch das vierte und sechste Mal nur der Adler fiel, waren bereits 80 und 90 Prozent aller Studenten davon überzeugt, daß es hier nicht mit Zufall, sondern mit Absicht zugehen müsse (tatsächlich verwendete ich eine Münze mit Adlern auf beiden Seiten). Die wiederholte Bestätigung der Prognose, ›es werde doch nur das Erwartete wieder eintreten (der Adler fallen)‹, zwingt uns, das Herrschen von Gesetzmäßigkeit zu erwarten, jede Enttäuschung wiederum wirkt an der Auflösung dieser Erwartung.

Individuell Erlerntes allein muß jedoch der Träger mit in sein Grab nehmen. Der große Schritt erfolgte erst durch das kulturelle Lernen, durch Nachahmung und Kommunikation. Namentlich durch Sprache und Schrift wurde schöpferisch-individuell Gelerntes wieder erblich. Die Tradierung von der Imitation bis zum Unterricht ist nun die reproduktive Komponente dieser zweiten Evolution. Und beide Komponenten wirken vom Frühmenschen bis EINSTEIN, wie POPPER verlangt.

Das Einende dieses ganzen erkenntnisgewinnenden Prozesses ist zum einen ein geistiges Prinzip. Ob über den Stoffwechsel des genetischen, des individuellen oder kulturellen Lernens, fortgesetzt wird mittels einer Degradierung von Materie die Energie für die Häufung von Information, Einsicht und Wissen gewonnen. Zum anderen liegt auch ein einheitlicher Mechanismus des schöpferischen Lernens vor. Er operiert mit einem Kreislauf, der sich aus Erwartung und Erfahrung zusammensetzt. Die Erwartung enthält entweder die Re-Etablierung des Bewährten, Etablierten, und heißt genetisch: identische Replikation, individuell: Wiedererwartung des Bekannten, kulturell: Tradition. Oder sie enthält eine Abweichung mit Zufallselementen, diese heißt: Mutation, Idee und Wandel des Weltbildes. Die Erfahrung wiederum heißt: Erfolg versus Mißerfolg, genetisch: Förderung versus Selektion, individuell: Bekräftigung versus Enttäuschung, und kulturell: Bestätigung versus Widerlegung. Erwartung und Erfahrung nennen wir wissenschaftstheoretisch: Induktion und Deduktion, ihre Inhalte Hypothese und Prognose. Und nachdem jede gemachte Erfahrung die Hypothese verbessert und jede korrigierte Erwartung die Prognose, kehrt keiner dieser Kreisläufe in sich selbst zurück, sondern sie bilden gemeinsam einen schraubenförmigen Prozeß des Wissensgewinns, der nun als Lernanleitung tatsächlich von der Amöbe bis EINSTEIN reicht. Nun wird der nächste Punkt greifbar.

Die biologische Lösung des Erkenntnisproblems

Alles Wissen, so stellen wir fest, baut auf allen seinen vorauslaufenden Schichten des bereits bewährt Gewußten. Das bewußt Reflektierende am unreflektiert Ratiomorphen, dieses auf dem ›Wissen‹ der Instinkte, der Schaltungen, Reflexe, Regulative sowie auf allen lebenserhaltenden Funktionen und Strukturen. Und all das, was ›gewußt‹ werden kann, erweist sich als ein Selektionsprodukt an den Gesetzen dieser Welt, indem das möglich Wahre durch den Lebenserfolg bestätigt, festgehalten und eingebaut wird. Hier klärt sich das Problem der Isomorphie, der Übereinstimmung zwischen Denkordnung und Naturordnung.

Damit löst sich auch sogleich das der reflektierenden Vernunft unlösbare Realitätsproblem: Erweist sich nämlich unsere Denkordnung als ein Selektionsprodukt aus der Naturordnung, dann kann der Lehrmeister, die reale Welt, nicht weniger real sein als das Lernprodukt, unsere bewußte Reflexion. Dabei findet sich kein Ort absoluter Gewißheit. »Leben«, sagt DONALD CAMPBELL, »ist hypothetischer Realist.« Gewißheit erweist sich als ein den Lebensspannen von Individuen und Kulturen anzulegendes relatives Maß möglicher Voraussicht. Und nur in diesem kann sie, wie die Wahrscheinlichkeit des morgigen Sonnenaufgangs, fast gewiß werden (über dessen rationale Ungewißheit manche Philosophen verzweifelten).

In dieser Folge löst sich als nächstes das Rätsel der KANTschen *Apriori*, die Unbegründbarkeit der Vorbedingungen der reinen Vernunft und der Urteilskraft durch die bewußte Reflexion. Die *Apriori* des reflektierenden Individuums erweisen sich als *a posteriori*-Lernprodukte seines Stammes. Ein weiteres zweitausendjähriges Rätsel der Vernunft, das der Kategorien, erhält damit seine Erklärung. Was sich hier in den Fundamenten unserer Verstandeskräfte vorfindet, das sind jene durch die Selektion extrahierten fundamentalen Strukturgesetze dieser Welt – soweit sie sich eben einer Kreatur von der Art unserer Vorfahren mitteilen konnten. Und ihre Bewahrung wird aus den lebenserhaltenden Notwendigkeiten den ratiomorphen Lehrmeistern unserer Vernunft unverbrüchlich eingebaut.

Jene Eigentümlichkeit unseres Verstandes, in dieser Welt mit Wahrscheinlichkeit, Vergleichbarkeit, mit Ursachen und Zwecken (Kausalität und Finalität also) rechnen zu müssen, entspricht der Grundstruktur dieser Welt aus der Optik irdischer Kreaturen. Hier widerspiegelt sich die fast endlose Wiederholung ihrer ähnlichen, aber nie ganz gleichen Teile, seien es Menschen, Fichtennadeln, Kohlenstoffringe oder Photonen sowie die hochgradige Koinzidenz, deren Merkmale und deren ebenso nicht beliebige Aufeinanderfolge.

Aber auch die Vorbedingungen unserer Sinne, Zeit als Kontinuum, den Raum davon getrennt, dreidimensional und begrenzt zu erleben (bei KANT in der »Transzendentalen Ästhetik«), schließen hier an und vieles andere. Bescheiden wir uns aber mit dem Problem der Kausalität.

Man erinnere sich nun, daß der ganze, auf wiederholter Bestätigung von Prognosen bauende universelle Lernalgorithmus des Lebendigen dieselben Ordnungsstrukturen dieser Welt zur Voraussetzung hat. Und man halte sich vor Augen, daß jede im Schraubenprozeß kreativen Lernens enthaltene neue Erwartung oder Induktion ein Stück ins Unbekannte, Metaphysische greift. Womit wir Metaphysik als unentbehrlichen Antrieb aller Wahrheitsfindung erkennen, aber im Streitfall als einen ganz ungeeigneten Richter. Auch die Universalität der *re-ligio* erklärt sich daraus, zwar kein Gottesbeweis, aber der Anspruch jedes Menschen, zu glauben. Soweit zur höchst vernünftigen Anpassung unserer Vernunft.

Gewiß ist es erstaunlich genug, daß die Evolution 10^{28} Moleküle, wie jene in der Struktur eines Menschen, so weit zu organisieren vermochte, daß diese selbst über Moleküle nachdenken können. Aber neben solcher Bewunderung für uns selbst erlaubt uns unser objektiver Standort auch, sogleich die Anpassungsmängel unserer Vernunft aufzudecken.

Ein Lernvorgang wie der geschilderte hat deutliche Grenzen. Die

Entscheidungen aus seinem Lernprodukt werden innerhalb des Milieus, in welchem prüfend selektiert wurde, höchst weise wirken; außerhalb desselben aber wirken sie ganz unsinnig. Es wirkt weise, wenn sich ein Kücken angesichts eines kreisenden Punktes am Himmel in eine Deckung drückt (der Raubvogel ist im Programm antizipiert). Es wirkt unsinnig, wenn es angesichts einer an der Zimmerdecke kriechenden Fliege dasselbe tut (die Zimmerdecke war im Milieu der Selektion nicht vorgekommen).

Der Erfolg erblicher Anpassung bezieht sich eben immer auf die Milieus von gestern. Und wenn das für die Langsamkeit der genetischen Lernprozesse noch angehen mochte, für uns Menschen ist das anders. Die kulturellen Lernprozesse laufen den genetischen eben um Größenordnungen davon. Unser Milieu haben wir gegenüber dem unserer äffischen Vorfahren gründlich erweitert; folglich erweisen sich unsere angeborenen Lehrmeister vielfach als überfragt.

Es ist gewiß zu unserem Nutzen, *a priori* mit Kausalität zu rechnen, aber wir treiben in eine Katastrophe, weil die Einfachheit dieser Erbanleitung den Lebensproblemen unseres technisierten Milieus nicht mehr gewachsen ist. Der unreflektierte Menschenverstand macht uns erwarten, daß Ursachen exekutiv in Kettenform verlaufen, wo sie in Wahrheit ein funktional vernetztes System bilden.

Es ist gewiß ebenso nützlich, mit dem Herrschen von Zwecken zu rechnen. Aber wie sehr haben wir Menschen in unserer Geschichte schon dafür gebüßt, daß sie uns das Erbprogramm zu einem Gegensatz der Ursachen und wieder in Kettenform vereinfacht. So glauben wir an erste Ursachen und letzte Zwecke, erfinden da als erste Ursache den ›Unbewegten Beweger‹, dort die letzten Zwecke eines Schöpfers.

Damit liegen die letzten Gewißheiten, von woher wir meinen, alle anderen bestimmen zu müssen, außerhalb dieser Welt; ebendort, wo wir gar nichts wissen können. Und da solcherlei ›Wahrheiten‹ kulturabhängig verschieden ausfallen müssen, findet sich keine Instanz mehr, die zwischen den Unverträglichkeiten solch unantastbarer ›Gewißheit‹ entschiede. Die Vernunft jedenfalls vermag das nicht. Also wird in anderer Weise entschieden; mit Feuer und Schwert. Und solche Entscheidungen an den Tiefpunkten sozialer Vernunft nennen wir achtungsvoll: die großen Wenden unserer Geschichte.

›Den reinen Unsinn zu glauben‹, sagt LORENZ, ›ist ein Privileg des

Menschen.‹ Zwar schadet es uns Erdenwürmern nicht, daß wir Raum und Zeit für zweierlei Größen halten und den Raum fälschlich nicht anders als euklidisch zu denken vermögen (denn bis in die Bogengänge im Ohr sind wir selbst euklidisch gebaut). Daß wir jedoch den Zusammenhang von Vor- und Neuerfahrung nicht verstanden, sondern als Rationalisten und Empiristen stritten, daß wir die Ursachennetze, die aus den Ober- und Untersystemen auf uns zukommen, nicht in Verbindung brachten, sondern unverdrossen als Idealisten und Materialisten fechten, dies ist unser Dilemma. Daß wir darum die letzte Gewißheit dort verlangen, wo es keine Gewißheit geben kann, und daß wir Leib und Seele spalten, das ist das Dilemma des Menschen; daß mehrere Seelen unsere Brust beleben: die Seele des Säugetieres, des Raubaffen, des Frühmenschen, des Zivilisations- und Kulturmenschen und unsere Hoffnung auf die Seele der Engel. Zwischen ihnen allen sind wir selbst das gesuchte *missing link*.

Vielerlei weitere Hürden und Hindernisse des Verstandes sind die Folge. Die angeborenen Hemmungsmechanismen werden durch unsere Technik außer Funktion gesetzt. Die einfachere Lösung wird uns in unbelehrbarer Weise als die richtige suggeriert; und Zusatzhypothesen warten wo immer es darum geht, unsere falschen Hypothesen gegen ihre Widerlegung zu immunisieren. Soweit zu den Mängeln der Anpassung. – Ich will hier aber nicht weiter das Unvermögen des einzelnen verfolgen; vielmehr den unvergleichlich gefährlicheren kollektiven Unsinn:

Das Unvermögen unserer Zivilisation

Hier formuliere ich einige wahrscheinliche Konsequenzen. Denn wenn das Bisherige auch schon in meinen wie meiner geistigen Freunde Bücher steht, hier will ich nun untersuchen, ob nicht eben jenes Dilemma unserer Vernunft die Ursache dafür sein könnte, daß es mit unserer kollektiven, sozialen Vernunft so unvernünftig zugeht: ob unser Tätigkeits- und Geselligkeitssinn, unser Kommunikations- und Konformitätsbedürfnis, unser Wunsch zu verstehen und verstanden zu werden, unter mangelhafter Anleitung nicht notwendig zum Schlamassel unserer Erfolgsgesellschaften führen müßte.

Hier ist noch wenig konkret erforscht. Doch stelle man sich den Nutzen vor, für den Fall man dies erforschen dürfte.

Beginnen wir mit dem leicht zu Sehenden, mit unserem Unvermögen, die schöpferische Komponente der Kultur, die synthetischen Leistungen, zu rationalisieren. Diese werden nämlich in der rechten, stummen Hemisphäre vollzogen, die fast keinen Zugang zum Bewußtsein hat. Ihre Leistungen werden vielleicht zur Gänze ratiomorph gelenkt, die Lösungen, die sogenannten BÜHLERschen ›Aha!-Erlebnisse‹, tauchen fertig im Bewußtsein auf wie von fremder Hand. Die schöpferische und die reproduktive Komponente unserer Kultur klaffen entsprechend auseinander. Man vergleiche MOZARTS ärmliche Stube mit den Aufwänden unserer Opernhäuser, SPINOZAS verstecktes Leben mit dem Prunk der Talare und Festsäle der philosophischen Fakultäten. Eine Minderheit ärmlicher Außenseiter schafft unsere Kultur, und ihnen so fremd wie pompös werden die Systeme, die sie reproduzieren.

Unser Unvermögen, Kausalität in rückwirkender Vernetzung zu erleben, schließt an. Es führt geradewegs zur Ideologie des Wachstums, zum Irrglauben, daß der Käufer allein den Markt regiere, und zu dem Paradoxon, daß die Industrien zum Zwecke ihres Überlebens einen selbstmörderischen Kurs steuern müssen. Es suggeriert ferner, ungestraft in Systeme eingreifen zu dürfen; da von der Werbung bis zur Propaganda, dort von der Monokultur zum Atomkraftwerk. Man stelle sich also vor, wie nützlich es wäre, dies zu untersuchen. Als GOEBBELS erfolgreich wurde, gründete England das »Institute for the Investigation of Propaganda«. Und als das Institut auch die englischen Systeme zu erforschen begann, wurde es wieder eingestellt (ROSZAK 1973).

Dieses Unvermögen ist auch Ursache jener Vereinfachung, die das sogenannte Verursacherprinzip definiert. Unsere »faule Vernunft«, wie KANT gesagt hätte, verhält sich so, als ob Ursachen von einem einzigen Kettenglied ausgingen. Zerschießen beispielsweise zwei Fußballmannschaften eine Fensterscheibe des Nachbarn, dann gilt jener Junge als Gesamtursache, von dessen Fuß der Ball zuletzt abgesprungen ist. Ruiniert eine Industrie einen Fluß, so will man die Ursache bei einem einzigen Direktor, Gesetzgeber oder Gewerkschaftler finden. Die aus Fortschritt, Konkurrenz, Ansprüchen und Volksdichte bestehenden komplexen, wesentlichen Hintergründe bleiben unbeklagtes Panorama.

Dieses Unvermögen ist folglich auch Ursache unserer kurativen

Umweltpolitik. Zunächst wird kaputtgemacht, dann werden die Experten aufgerufen, die Schäden, indem sie neue verursachen, zu reparieren. Der Psychologe Dörner setzte (wie wir wissen) begabte Studenten vor einen Computer, der alle Größen enthielt, um ein fiktives Entwicklungsland zu retten. In der Simulation ging es bald bergab; damit sank die Erfindungsgabe. Nur die Zahl der Eingriffe stieg; und alle haben das Land ruiniert. – Es mögen aber auch die täglichen Abendnachrichten genügen, um diesen Vorgang vor Augen zu haben.

Nehmen wir uns einen weiteren Aspekt der Ursachen vor: die Herkunft der Sicherheit. Lebenssicherheit, sagen böse Zungen, suchen Frauen in der Ehe. Ehemänner suchen sie in Ersparnissen, in der Unkündbarkeit, in der Gewerkschaft, im Parteibuch. Worin finden nun Kreditinstitute und Arbeitgeber ihre Sicherheit? So, wie die Gewerkschaften und die Parteien in den Institutionen des Staates, in Sicherheiten von der Nationalbank bis zum Parlament. Und die Staaten betten sich in den neuerlichen Gewißheiten der Wirtschafts- und Militärpakte. Und diese, so erfahren wir von den Strategen, bezögen nunmehr ihre Sicherheit aus ihrer Rüstung. Und an diesem Ende soll nun jene Jungvermählte glauben, daß ihre Sicherheit letztlich von der Zahl der Atomwaffen der Machtblöcke abhänge. Schließlich haben diese bereits ein Maß der Sicherheit erreicht, das vierundzwanzig Welten vom Ausmaß der unseren zerstören kann.

Selbstredend rekurriert auch das System der Sicherheiten zurück in das Ethos aller beteiligten freien Menschen und in die Haltung aller von ihnen verantworteten Zwischenschichten.

Die Sozialdemokraten sind verdient, indem sie dies zu ahnen beginnen; daß nämlich soziale Sicherheit nicht nur durch Aufgabe individueller Freiheiten, beispielsweise Enteignung, zu garantieren ist. Und die Konservativen sind zu beglückwünschen, als sie bereits versuchen, das Problem zu formulieren.

Jedenfalls gibt es in keinem Sozialsystem irgendeinen Anfang aller Ursachen, und darum müßten zum mindesten Machiavelli, Montesquieu und Rousseau umgeschrieben werden; vielleicht auch einige neuere Autoren.

Ein noch anziehenderer Gegenstand der Verwirrung ist die Ursachenstruktur der sozialen Gruppen. Die exekutive Erklärung der hierarchischen Strukturen besteht auf dem alleinigen Erklärungswert des Machtstrebens. Die schärferen Ellbogen, gewissermaßen, turnten sich zu den höchsten Höhen. Damit wird jene Weisheit erreicht, die Wilhelm Busch schon am Raben ›Huckebein‹ demonstriert: »Der größte Lump bleibt obenauf!« Etwas Wahres mag da sein. Betrachtet man jedoch die Spitzen in der Wirtschaft, Gewerkschaft, in Medien und Politik, so wird man sehen, daß diese Vereinfachung eine gröbliche ist.

Die nicht minder grundmenschlichen, wenn auch schwerer aufklärbaren Bedürfnisse nach Einnischung und Individualisation werden übersehen; nach schützen wie Schutz finden, achten und loben wie geachtet und belobigt werden, verstehen und lieben wie verstanden sein und geliebt werden. Und da unsere nach Kant eben »faule Vernunft« einen Alleinschuldigen zu finden wünscht, findet man ihn. Nämlich im Unrecht der Ungleichheit. Nun wird von rechts und von links gleichgemacht. Und niemand hat offenbar bedacht, wie schrecklich es wäre, müßten alle so sein wie beispielsweise ich. Von links beziehen wir die egalitäre Gesellschaft, von rechts die Massenprivilegien egalitären Konsums mit Massenkaufhäusern und Verkehrsmassen, Fließbandarbeit und Industriegiganten. Beide enthumanisieren sogleich das zutiefst Menschliche, das Unverwechselbare und Unaustauschbare der Individualität; und mit ihr die Chance des Findens eines Lebenssinns.

Hier sind nun die Konservativen verdient, die bemerken, daß es die Kleinstruktur sein muß, die nach dem Maß des Menschen ist; wiewohl man noch nicht zu sagen wagt, daß die Familie und die Mutter deren humanstes Fundament zu sein hat. Und die Sozialdemokraten sind zu beglückwünschen, da sie in der Verstaatlichung, Atomkraft und Umverteilung nicht mehr den einzigen Weg zur Humanisierung unserer Gesellschaft erblicken.

Dennoch weiß unser sozial-kapitalistisches System noch nichts Rechtes von seinen funktionalen Ursachen. Es pendeln Wertschöpfung gegen Konsumzwang, Wertschätzung gegen Enteignung; und in unserem alten Erbe hierarchischer Hackordnung pendelt die bewährte Korrelation zwischen Rang und Risiko gegen die Gelegenheit, mittels seines Ranges sein Risiko zu verringern. Dies führt zu jenem erstaunlichen Zuwiderlauf von Macht und Verantwortung. So empfinden wir beispielsweise Schädigung des Partners im Familienrahmen als Katastrophe, in den Wirtschaftskörpern zunehmender Größe als Fahrlässigkeit oder als gar nichts mehr, jene zwischen Machtzentren als Staatsräson, also einer ›neuen Form der Vernunft‹. Und wir sehen dem alle täglich zu.

Ein noch empfindlicherer Mangel unserer ratiomorphen Adaptierung aber ergibt sich aus unserem Unvermögen, die Systembedingungen der Zwecke erleben zu können. Ich weiß heute, daß Zwecke Ursachenbezüge sind wie alle anderen. Nur laufen sie den Antriebs- und Materialursachen, zwar nicht zeitlich, jedoch räumlich entgegen. Sie wirken als Formursachen, ähnlich den Selektionsbedingungen, von den übergeordneten auf die untergeordneten Systeme der Natur. Und damit verhalten sie sich wie die idealistische zur materialistischen Welterklärung.

Wir hingegen empfinden Zwecke nur im Bezug auf uns Vergleichbares und so, als wirkten sie aus der Zukunft in die Gegenwart. Darum konnte der dialektische Materialismus die idealistische Komponente der Welterklärung ausschließen. Und man folgte der Behauptung von Marx, daß zwar der Baumeister, nicht aber die Biene nach Zwecken handelt.

Nimmt man hinzu, daß wir auch die Zwecke in Kettenform erleben, dann erkennen wir zwar sogleich den Zweck des Ziegels aus der Funktion der Mauer, den Zweck der Mauer aus den Funktionen des Hauses und dessen Zweck aus Funktionen unseres Lebens. Befragte ich nun Sie, den Leser, nach Ihrem eigenen Zweck, so werden Sie diesen in den Funktionen Ihrer Familie oder Gruppe finden. Fragte ich aber weiter nach dem Zweck Ihrer Familie, und, wo immer diese ein weiteres Untersystem sein mag, nach den Zwecken Ihrer Sippe, Ihres Staates, Ihrer Religionsgemeinschaft oder nach dem der Menschheit, der Biosphäre, Planeten, Galaxien – dann sehen Sie, wie die letzten Zwecke dem Umkreis des uns objektiv faßlichen entschwinden.

Diejenigen Endzwecke unseres Daseins, von welchen sich nun alle anderen ableiten sollten, vermuten wir dann gerade dort, wo also gar nichts mehr gewußt werden kann. Da wir aber erwarten oder doch wünschen, mit unserem Dasein irgendeinem Zweck zu entsprechen, konstruierte noch jegliche Kultur eine hypothetische Zweckordnung samt Endzweck in kulturbestimmter, verschiedener Weise. Und da sich bald zeigt, daß sich alle soziale Ordnung auf diese obersten Zwecke berufen muß, mußte die Wahrheit des nicht Wißbaren nachgewiesen werden. Nachdem auch diese untereinander unverträglichen Wahrheiten erwiesen waren, folgten aus ihnen die widersprüchlichen Rechtsansprüche der Ideologien. Und die Konsequenzen aus unverträglichen Rechtsansprüchen sind uns aus der Weltgeschichte wie aus den Tagesereignissen bekannt.

Nun sieht man, daß alle Politik zu loben ist, denn mancherorts erkennt man das Elend der Ideologie. Man übersieht auch nicht, daß mit ihrem Elend die Sinnfindung des Menschen neuerlich schwindet. Da aber pendelt das Elend der Ideologie gegen das Elend der Sinnlosigkeit. Könnte nun also in solch pluralistischer Welt, wie wir sie ja wünschen, das Ethos nicht aus den universellen, erblichen Strukturen des menschlichen Empfindens abgeleitet werden? Enthalten nicht die angeborenen Lehrmeister des grundmenschlichen Empfindens, und zwar kulturunabhängig, gerade das, was wir in den Menschenrechten zu verteidigen trachten?

Nur eine tiefere Erkenntnis des Menschen mag in solcher Lage helfen – und die Verbreitung des Wissens durch Bildung. Damit sind wir im Kreise der Unvermögen unserer Zivilisation am Ausgangspunkt zurück. Und ebenda erweist es sich, daß wir an diesem neuralgischen Punkt, an welchem die Praxis ansetzen sollte, nämlich das Unvermögen unserer Zivilisation durch Unterrichtung zu beheben, etwas behindert sind – durch unser Unvermögen zu unterrichten.

Wie erinnerlich, besteht der Prozeß schöpferischen Lernens universell aus einer induktiven und einer deduktiven Hälfte; aus der Synthese einer hypothetischen Erwartung in Wechselwirkung mit Erfahrung aus analytischer Kontrolle. Diese beiden Hälften des Prozesses scheinen nun, wie gesagt, nach unseren beiden Hemisphären getrennt angeordnet; so zwar, daß die induktive, synthetisch-kreative Hälfte in der rechten, stummen Hemisphäre kaum Zugang zum Bewußtsein hat. Unser Bewußtsein vermag also nur den deduktiv-analytischen Prozeß zu verfolgen; und unserer Zivilisation passierte das Mißgeschick, diesen für das Ganze zu halten und den Rest zu leugnen.

Unsere Kultur entwickelte zusammen mit den ebenfalls in der linken Hemisphäre verankerten Sprachzentren einen immer mächtigeren deduktiven Apparat aus Grammatik, Mathematik und Logik. Die Wissenschaften bemerken nicht minder, nur die deduktive Komponente exakt unterrichten zu können, und scheiden sich in ›exakte‹ und

›unexakte‹. Selbst die Logik, die als eine Lehre vom richtigen Denken begann, zog sich als Logistik auf die deduktiven Prozesse zurück, also nicht auf die Wahrheitsfindung, sondern auf die Gesetze der exakten Übertragung von Wahrheiten, von Wahrheiten also, die wir in Wahrheit gar nicht besitzen.

Und die Schulen, welche unseren jungen Geistern diese Welt aufschließen sollen, folgen dem Kult ihrer Meister. Sie unterscheiden Haupt- und Nebenfächer, wieder nach dem Anteil der deduktiven Komponente: Mathematik und Sprachstrukturen ganz oben, Biologie, Kunsterziehung und Musik ganz unten, am belanglosen Ende. Wir fragen weniger, was am besten unsere gemeinsamen Lebensprobleme löst, sondern wie wir dem einzelnen eine Waffe für den Lebenskampf schärfen. So wird Bildung, die einmal bei der Herzensbildung begann, zur Ausbildung und die Ausbildung zum Training. Und folgerichtig diskriminieren die geläufigsten Intelligenztests Menschen nach derselben Skala, da auch die Psychologen das Zwingende deduktiver Schlüsse genau kennen, nicht aber, woraus die schöpferische Leistung besteht. So kommt es, daß, wer keine Rechenbegabung besitzt, nirgends ankommt, nicht einmal in der theologischen Fakultät; wer aber nicht entwerfend zeichnen kann, kommt überall voran, selbst in den Kunstakademien, sagen böse Zungen. Der Kreislauf der Selbstverstärkung der Irrtümer ist geschlossen.

So sind wir heimgekehrt zum Ausgangspunkt unserer Unvermögen, beim leicht zu Sehenden, dem Ungleichgewicht in unserer Kultur; und alles bleibt darauf eingestellt, den selbstmörderischen Kurs fortzusteuern.

Besinnen wir uns auf unseren Ausgangspunkt. Es war dies das Unvermögen, unsere Erkenntnis zu begründen. Wir setzten ihm die ›Evolutionäre Erkenntnislehre‹ entgegen. Wir lösten damit jene Probleme der Erkenntnis und fanden nun aus ihren Unvermögen Gründe für die Unvermögen unserer Zivilisation. Man hat diesen Denkweg *lux austriaca* genannt; doch, fügen wir bescheiden hinzu: Wir sprechen hier von einer Theorie.

»Es ist mein Grundthema«, (und nun schon längst das unsere), »daß der menschliche Verstand nicht dazu geschaffen ist, das Verhalten von Sozialsystemen zu verstehen.« Dies ist das Thema von Jay Forrester. Und die Erklärungsversuche wuchsen sich zu einem

Berufszweig aus, der nach John Galbraith »mit seiner Mischung aus Vernunft, Weissagung, Beschwörung und gewissen Elementen von Zauberei bestenfalls in den primitiven Religionen eine Parallele findet«. Vielleicht also ergibt sich die Erklärung aus der Stammesgeschichte unseres Verstandes. Vielleicht ist dieser Weg selbst ein Schritt der Evolution. Und man stelle sich vor, wir hätten die Möglichkeit, dies zu erforschen – ohne Angst zu haben.

II 9 Die Unfähigkeit zu bilden

Das Thema ›Wandel im Weltbild‹ war nahe der Pädagogik begonnen (Teil II, 1). Die Gedanken zu ›Erkenntnis und Gesellschaft‹ seien, zurückgekehrt in deren Umkreis, abgerundet. Denn wenn es im Kreisen der Irrungen überhaupt einen Anfang oder ein Ende geben kann, dann muß dieser mit dem Zyklus der Menschenleben zu tun haben. Er beginnt mit Prägungen der noch weltoffenen Jungen auf ihre Kultur und er endet mit den Selbstverständlichkeiten der rigiden Alten.

In Österreich gibt es ein Schulproblem, von dem ich nicht weiß, ob es ernst genommen wird. Die Schuldiskussion hat man ernst genommen: sogar in den Tageszeitungen und trotz (oder wegen?) jener tieferen Einsicht der Redakteure, daß nur eine schlechte Nachricht eine gute Nachricht sein könne. So bat mich der Herausgeber der »Presse«, Otto Schulmeister, *in diesen Chor als Nachzügler einzustimmen. Vielleicht in der weisen Voraussicht, daß ein Beitrag von mir doch nur eine schlechte Nachricht sein werde. (Im übrigen verfügen solch bedeutende Organe über eine eigene Titel-Redaktion mit unbelehrbaren Doktrinen; mit dem Erfolg, daß wohl niemand mehr einen Beitragstitel ernst zu nehmen verpflichtet sein muß.) Mein obiger Titel erschien folglich als »Die Unfähigkeit zur Bildung« (»Die Presse«, Wien, 6. Juni 1981); was, wie man sehen wird, mein Anliegen gründlich verkehrt.*

Immer wieder geschieht es einem, sich vor dem lebhaften Wunsch zu finden, seinem Leben einen Sinn zu geben. Ist das eingetreten, so bedarf es, geben wir es zu, einer gewissen Ehrlichkeit, um zu bemerken, wie sich jene Lebhaftigkeit auf das Wunderlichste mit Ratlosigkeit zu mischen beginnt. Aber es bieten sich Auswege an. Man kann den Zustand lindern, indem man ihn den Umständen anlastet. Denn gewiß ist man von Schuldigen umgeben, welche für das unangenehme Gefühl, seinen Lebenszweck erst formulieren zu sollen, verantwortlich gemacht werden können. Der beste Ausweg liegt in der Formel: »Das-hat-doch-alles-keinen-Sinn«. Sie bietet den Vorteil, sich nicht nur bedauern, sondern auch trösten zu können. Und Trost ist in solcher Lage nicht auszuschlagen. Von hier kommt man zur empfehlenswerten »Die-Umstände-sind-gegen-dich«-Klausel. Denn Umstände sind immer angebbar; schließlich hat man ja Augen im Kopf (und nicht nur diese).

Von jeder anderen Betrachtung der Sachlage muß ich abraten. Man grabe nie unter die Oberfläche; denn, was schon OSKAR WILDE wußte, dies täte man auf eigene Gefahr. Der Leser folge mir also höchstens zögernd in die anschließenden Überlegungen.

Unvermögen als altes Erbe

Es könnte nämlich sein, daß wir selbst zur Lösung unseres Lebensproblems schlecht gerüstet sind. Es könnte, übel genug, unsere Ratlosigkeit unser eigenes altes Erbe sein. Wie aber sollte das sein? Wir, vernunftbegabtes Ebenbild – und Herren dieser Welt geworden.

Nun, es stellt sich heraus, daß unsere seltsame Struktur überhaupt nur aus ihrer Geschichte zu verstehen ist. Wir erweisen uns als ungeplant. Die Torpedokonstruktion unserer Fisch-Vorfahren wurde zur Brückenkonstruktion der Vierfüßer hinübergebastelt; kaum lief und hangelte diese Torpedo-Brücke ordentlich, ergab sich die nächst ›grünere Wiese‹, und die Konstruktion wurde auf zwei ihrer vier Pfeiler als Turm aufgerichtet; und nun traben wir als Torpedo-Brücke(n)-Turm durch diese Welt mit dem naheliegenden Wunsch, die Wohnhäuser möglichst hoch zu bauen, die Runden in Monza schneller als der Nachbar zu umfahren und so viele schwerelose Erdumkreisungen durchzusitzen, als sich's durchstehen läßt.

Obwohl nichts in der Evolution angezielt ist, läuft doch alles auf ein immer eingeengteres Zielfeld zu. Denn keine Konstruktion hat beliebige Freiheitsgrade der Entwicklung. So werden sich alle Fehler aus dem Mangel an evolutiver Voraussicht erhalten. Atem- und Speisewege werden sich weiterhin kreuzen, der Film im Auge wird verkehrt eingelegt bleiben, und unsere Geburt wird, es ist zu dumm, weiterhin durch den einzigen, nicht erweiterbaren Knochenring unseres Bauplanes erfolgen müssen. Haben wir uns indes nicht schon daran gewöhnt? Gewiß! Aber an noch ganz andere Mängel gewöhnten wir uns.

Es stellt sich nämlich heraus, daß selbst die Grundlagen unserer Anschauungsformen, die erblichen Anleitungen, diese Welt zu betrachten, die Grundlagen unserer Vernunft also, uns zwar zum Zwecke des Überlebens, nicht aber mit der Anleitung zu irgendeiner letzten Wahrheit eingebaut worden sind. Und noch eines: Sie wurden zum Zwecke der Lösung der Lebensprobleme unserer frühen Vorfahren erblich, nicht zur Lösung der Lebensprobleme unserer Tage. Unsere technokratischen Erfolgszivilisationen haben sich dagegen einen Verantwortungsbereich in dieser Welt zugelegt, für welchen die alten Anleitungen unserer Vernunft nicht geschaffen und dem sie nicht gewachsen sind.

So vermögen wir uns den Raum nur dreidimensional vorzustellen und sind ratlos, wenn wir uns sein Ende denken sollen; etwa das Ende dieses Kosmos. Unausweichlich steht wieder ein Raum dahinter und so ohne Ende. Zeit wiederum erscheint uns als etwas anderes und eindimensionales, wie das Fließen eines Fadens aus dem Wasserhahn. Das in sich zurückgekrümmte Raum-Zeit-Kontinuum, der vierdimensionale Raum, der in Wahrheit existiert, bleibt unserer Anschauung in rational unbelehrbarer Weise verschlossen. Mit unserer Vorstellung von den Ursachen und Zwecken ist es ähnlich.

Die Kultur und die Hirnhälften

Worauf es mir aber hier ankommt: Wir vermögen selbst die Vorgänge des Problemlösens nicht bewußt zu verfolgen. Dies ist noch merkwürdiger. Alles logische Schließen, von einem Zusammenhang oder einer Annahme auf ihre Konsequenzen, ist uns rational verfolgbar und sprachlich zu formulieren. Es spielt sich nämlich in unserer linken Hirnhälfte ab; und diese ist zugleich Sitz des Sprachzentrums und des Bewußtseins.

Anders ist es mit der Leistung unserer rechten Hemisphäre, in welcher sich die schöpferischen Hypothesen des Findens von Zusammenhängen abspielen. Der Vorgang der kreativen Innovation ist unserem Bewußtsein und unserem Vermögen zur sprachlichen Formulierung weitgehend entzogen. Sie werden im Dunkel des Nicht-Bewußten geschaffen und begegnen fertig dem Bewußtsein, wie von fremder Hand, als die bekannten ›Aha!-Erlebnisse‹. Und zwar alle versuchte Problemlösung – vom vertanen Schlüssel bis zur vertanen Abrüstungskonferenz.

Nun sind wir gewiß nicht nur erbgesteuerte Automaten. Besteht doch das Wesen des Menschen bekanntlich darin, sich mit rationaler Vernunft, Freiheit der Entscheidung und persönlicher Verantwortung, durch seine Kultur, durch Wissen und Erziehung über das dumme Vieh erhoben zu haben. Und haben nicht die Jahrtausende unserer Kulturentwicklung alle dumpfe Unterschicht völlig überbaut? Überbaut ganz gewiß, völlig aber keineswegs. Denn wir sehen ja gerade, wie jene dunkle Unterschicht hineinwirkt, ja entscheidend mitwirkt an den Lösungsversuchen der Probleme unserer Tage.

Aber noch einmal: Hat der kulturelle Vorgang von Kommunikation und Sprachentwicklung über Jahrhunderttausende, die Entwicklung der Mythen, Weltbilder und Schreiber-Schulen seit Jahrtausenden die Kulturen nicht frei gemacht? Hat die Erziehung, heute allgemeiner Pflichtteil, nicht des Schöpferischen schon lehrend genug getan? Im ersten Hinsehen wird man meinen: ›lehrend gewiß‹, aber vielleicht ›schon mehr als genug‹! Denn unsere heutige Furcht vor den weiteren Folgen der Aufklärung, des ›Machbaren‹, ist nicht unbegründet. Wer kann behaupten, daß der Straßenverkehr oder der Hochhausbau unsere Lebensprobleme gelöst habe, daß der ›Frieden durch Stärke‹ oder die Atomspaltung sie lösen werde.

Sehen wir aber näher hin, dann stellen wir fest, daß wir das Schöpferische, die kreative Innovation gar nicht zu unterrichten vermögen; und da wir's nicht vermögen, kann von ›genug‹ auch gar nicht die Rede sein. Der Leser sei hier noch einmal gewarnt. Denn er kann sich noch immer sagen, der Autor kennt die hohen Schulen der bildnerischen und musikalischen Künste nicht. Er weiß nicht, daß Entwurf und Komposition gelehrt werden.

Nun weiß der Autor gewiß vieles nicht. Aber er ist ein alter Schulfuchs, und er weiß darum, daß das Schöpferische kaum zu lehren ist. Wieder sind es nur die ableitenden Analysen vorgegebener Zusammenhänge, die sich der Sprache und der Mitvollziehbarkeit leichter auftun: vom Kontrapunkt über die Klassifikation der Dichtkunst bis zur Stilkunde des ›Phantastischen Realismus‹.

Das Innovative, der schöpferische Versuch, die Königsidee, der Sprudel künstlerischen und gelehrten Schaffens, war in aller Evolution im Innersten des Individuums daheim: im Individuum der Arten, Rassen und Kulturen. Getragen von diesen, gewiß. Geschaffen aber wie diesen zum Trotz. Doch verfügbar wieder für sie alle. Dieses induktiv Schöpferische, Rechtshemisphärische, ist Sache von Einzelgängern, bestenfalls von Minoritäten. Das deduktiv Prüfende aber war dagegen stets Sache des ganzen Milieus, der Population und der Perpetuierer, der Weiterträger von Kultur, die wir oberflächlich ›die Kulturträger‹ nennen.

Die Schlagseite unserer Zivilisation

Und solch einer Kultur muß es wohl unterlaufen, das Unterrichtbare, Ableitbare, leichter Formulierbare, den deduktiven Teil der Kultur, für das Wesen der Kultur zu halten. Und da all das, was sich als machbar erweist, bekanntermaßen auch sogleich gemacht wird, ist in unserer Zivilisation ein ungeheurer deduktiver Apparat entstanden, der diese Kultur selbst wieder regiert. Als Muster solch deduktiver Systeme gilt die Mathematik, genauer: die Systeme der Mathematik. Denn der induktive erfinderische Anteil bleibt wieder einer Minorität, der mathematischen Forschung, vorbehalten. Nächstverwandt ist das gewaltige System der Logik; heute der Logistik. Daran schließt sich die Grammatik mit ihrer Flut von Regeln und Ausnahmen. Auch die beliebtesten Intelligenztests nehmen diesen Ausschnitt logisch-verbaler Quickheit schlechthin für Begabung. Wer nun auf diesen Gebieten nicht erfolgreich ist, hat auf Schulerfolge keine Hoffnung, ja, kaum eine, für intelligent gehalten zu werden. Kurz: Unsere ganze Zivilisation hat eine deduktiv linkshemisphärische Schlagseite.

Nur unseren Kleinsten wird noch die Träumerei beim Malen und Basteln gutgeschrieben. In der Spielschule gilt der Verträumte noch als ›braves Kind‹. Dort aber, wo jene kulturabhängigen Selbstverständlichkeiten einseitiger Wertung beginnen, welche wir den ›Ernst des Lebens‹ nennen, ändern sich die Dinge: je nach dem ›Lebensernst‹ der Lehrer und Eltern oft schon in der Volksschule. Und in jedem Fall überwiegen bereits Deutsch und Rechnen (mit Schreiben und Lesen), wo uns noch das Fabulieren und Zeichnen und (vielfach) die Geschichten vom lieben Gott, von den Tieren und den Blumen viel wichtiger gewesen wären (letztere pflegt man zu ›Sachunterricht‹ zu stilisieren).

Aber, geben wir es zu, wirklich ernst wurde es erst in der Mittelschule. Hier nun, ich weiß nicht woher, scheint man endgültig zu wissen, was für unsere Kultur Bedeutung hat; ›wo Gott wohnt‹, möchte man sagen. Aber Religion steht nur, stellvertretend gewissermaßen, an der Spitze der Zeugnisnoten. Wir Erfahrenen wissen vielmehr, daß an dieser Spitze das Schulproblem noch kaum gedroht hat.

In Wahrheit ist das Gewicht der Fächer nunmehr eindeutig nach ihrem Gehalt an deduktiven Erfordernissen geordnet. Oben das System der Mathematik; selbstredend ohne ihre induktiven, schöpferischen Elemente. Gefolgt von den Sprachen. Auch diese wieder mit der Grammatik an der Spitze. In Deutsch darf auch der brillanteste Aufsatz keine befriedigende Benotung finden, wenn den Gesetzen der Rechtschreibung nicht zureichend recht-mäßig gefolgt ist. Und besonders die Rechtschreibetests enthalten ein Sammelsurium solch Recht gewordener Unvernunft. Bewertet wird wieder, dem Gesetzgeber folgend, die Leistung, Gesetze ableitend zu befolgen. Vom Schöpferischen, Innovativen, der Lebendigkeit unserer Sprache, werden wir kaum unterrichtet. In den Fremdsprachen ist es zumeist noch schlimmer. Wer kann sich heute noch zum Mitvollzug der schöpferischen Feinheiten der lateinischen Dichter hinaufverdienen? Und wer würde dieser Intuition wegen belohnt? Bleibt nicht fast alles in der Konstruktion, in der so leicht auferlegbaren und abprüfbaren Folgeleistung, in deduktiver Gesetzesbefolgung verfangen?

Wie dem auch sei; wo stehen nun die Fächer überwiegend schöpferischer, induktiver Anforderungen? Zum Beispiel bildnerische und Musikerziehung? Und widmen diese sich zureichend dem Schöpferischen? Sie stehen jedenfalls am bedeutungslosen Ende. Dies, geben wir es zu, waren stets die Erholungsfächer oder genauer: Stunden, in welchen wir die Mathe- und Lateinhausaufgaben abgeschrieben haben. Die Bedeutungslosigkeit läßt sich aber nicht bloß an der Zahl der Wochenstunden ablesen. Viel deutlicher noch an der Zahl der wöchentlichen Nachmittagsstunden, welche für die bedeutungslosen und die bedeutungsvollen Gegenstände zu opfern waren. Und am deutlichsten an der Zahl der Fälle, die dort oder da zum Schulwechsel, zum Repetieren oder überhaupt zum Aufgeben gezwungen haben. Die kreativste Lebensphase, vielleicht unserer Begabtesten, wird mit der Einprägung von Gesetzesbefolgung in Beschlag genommen. Wir werden auf Gesetze geprägt. Und dennoch: Manchmal kann ein Drittel einer Klasse die latein-mathematische Hürde nicht nehmen. Kennt man derlei von den schöpferischen Fächern? Wer aber Algebra und Mengenlehre nicht beherrscht, darf nicht einmal an die theologischen Fakultäten oder die Kunstakademien.

Die übrigen Fächer rangieren je nach der für sie vereinbarten Bedrohlichkeit im Mittelfeld, wieder gestaffelt nach der deduktiven Lehr- und Testbarkeit: Werk-Erziehung tief unten; oben, bedrohlicher, Geschichte und eventuell Physik; Naturgeschichte, neuerdings ›Biologie und Umweltkunde‹, wieder reichlich unten.

Nun fragt sich der naive Zeitgenosse, *wer* denn diese Staffelung begründet. Und weil er keinen findet, der das gerne tut, so fragt er, *wie* sich das begründet. Ist er ehrlich, dann muß er für seine Begründung auf sogenannte Ideale zurückgreifen. Darauf allerdings müßte er sich wieder fragen, von wem oder von wann diese stammten; kurz, *was* sie nun begründet. Und sollte der Zeitgenosse selbst an solcher Stelle noch immer mit sich aufrichtig umgehen, so wird er sich jener Ratlosigkeit nähern, von welcher wir ausgegangen sind. Er wird sich nach dem Sinn fragen müssen, nach dem Sinn der Erziehung. Oder besser: nach dem Sinn der Bildung. Denn Erziehung, wie der Name sagt, ist etwas, das irgendwohin zieht; dorthin oder dahin, je nach den wechselnden Systemen. Nach dem Sinn der Bildung wäre also besser zu fragen. Und die Antwort ist schon fast so schwierig wie die auf die Frage nach dem Sinn der Kultur.

Machen wir uns die Frage hier einmal einfach. Nehmen wir zunächst nur an, Bildung hätte, neben dem oft zitierten Anspruch, den jeder auf sie hat, und neben dem individuellen Lustgewinn, aus dem sich wohl auch dieser Anspruch legitimiert – nehmen wir an, Bildung hätte auch eine Funktion für die Gesellschaft. Machen wir es uns nochmals einfach und fassen unter ihren Funktionen nur die unmittelbarsten ins Auge, die dringlichsten gewissermaßen. Dies sind unsere Lebensprobleme und an ihrer Wurzel die Überlebensprobleme unserer Gesellschaft. Wie, um Himmelswillen, rangieren dann die Bedeutungen und Bedrohlichkeiten der Fächer?

Bildung versus Gemeinschaft

Ist nicht fast alles, wovon wir uns Innovation, schöpferisches Lösen, tieferen Einblick in das Wesen des Lebens, des Menschen als Kreatur, als Psyche, als soziales Wesen erhoffen dürfen, ausgeschlossen? Eine ganze Hälfte des induktiv-deduktiven Erkenntnisprozesses des Lebendigen wie seiner Kulturen? Setzt unsere überkommene Erziehungs-Rechtsprechung nicht gerade jene zurück oder vertreibt sie, von welchen wir uns die schöpferischen Lösungen in unserem Zivilisationsschlamassel erhoffen dürften? Die Innovationen und Auswege, das Setzen neuer Werte und Moral angesichts jener Schere aus wachsender Prosperität und Verschmutzung, Vollbeschäftigung und Rüstung, Erfolg und Korruption. Wie verhalten sich dann jene übergewichteten Wissensstoffe gegenüber jenen, welche die Umwelt betreffen, das Leben, die Psyche, die Gesellschaft und das Werden der Erkenntnis (letztere werden bei Sozialkunde und Philosophie untergebracht)?

Was, bei dieser Einseitigkeit der Wertsetzung, bedeuten dann die Vorzugsschüler, was die Repetenten? Wer hat in unserem Lande die Frage gestellt, wie Schul- und Lebenserfolg korrelieren? Wagen wir das überhaupt? Denn hier geht es durchaus nicht mehr um den Sinn und das Lebensproblem des einzelnen. Vielmehr geht es hier um die Frage nach dem Sinn und dem Lebensproblem (wenn nicht sogar Überlebensproblem) unserer Gesellschaft. Denn offensichtlich können weder das Einkommen noch der gesellschaftliche Rang (allein) ein Maß des Lebenserfolges sein. Manche sagen, viele Vorzugsschüler wären die einfallslosesten gewesen; ihr Mangel an starken, individuellen Interessen wäre die Voraussetzung ihres Schulerfolges gewesen. Ich weiß es nicht. Wir wissen das alle nicht.

Bilden wir aber nun unsere Lehrer, um diese Schlagseite unserer Kultur zu durchschauen? Sind sie nicht dort gefürchtet, da geplagt, ja gepeinigt von einer ›Horde‹, die sich zu rächen sucht für das, was ihnen die Gefürchteten antun? Und die geliebten Lehrer sind dies nicht ihrer Milde und ihres Faches wegen; sie sind es aufgrund ihrer Persönlichkeit. Was tragen wir zu dieser Bildung der Persönlichkeit bei? An den Hochschulen lehren wir sie den Wissensstoff und das System der Fächer. Was erfährt ein Mathematiker, ein Biologe von der Psyche und den genuinen Interessen von Kindern, was von deren Sozietäten und Gruppenstrukturen? Was überhaupt vom Sinn des eigenen Wirkens, von der Frage, wie Wissen, Gewißheit und Recht schöpferisch erworben und schöpferisch gewandelt wird? Erfährt er, was und wozu Bildung ist?

Und, Hand aufs Herz, wissen wir, ihre Lehrer an den Universitäten, das alles? Haben wir gleichermaßen Bildung wie Möglichkeiten, die innovative, schöpferische Komponente unserer Kultur zu vermitteln? Sind wir nicht allein durch Massenunterweisung und Massenprüfung gar nicht mehr in der Lage, die zu fördernde schöpferische Individualität zu fördern? Trainieren wir die uns Anvertrauten nicht nur im Memorieren des längst wieder gesetzlich Etablierten? Und selektieren wir nicht schon dort mit derselben kulturellen Schlagseite, mit welcher die von uns selektierten dann weiterselektieren? Welche Herausgewählten dann, herangewachsen, eine Welt selektieren, die zuletzt der Teufel nicht haben möchte?

Schärfen wir in dieser Masse nicht nur die Lebenswaffen des einzelnen für den Lebenskampf in einem Sozialwesen, in welchem der Tüchtige zum Feind seiner Mitbürger werden wird? Wer kann Bildung tief bis zur Herzensbildung führen, um sicherzustellen, daß Bildung sowohl zum Nutzen des einzelnen wie auch seiner Gemeinschaft reicht? Ich wüßte das gerne. Wir alle wissen auch das nicht.

Wo also fände sich jene Instanz unserer Kultur, die in der Lage wäre, unsere Einseitigkeiten, diese vielleicht gefährliche Schlagseite, wahrzunehmen? Ich weiß es nicht. Abermals wissen wir es nicht. Deutlich sehen wir nur unsere Lebensprobleme: mein Überleben, das meiner Familie, einer Gruppe, einer Machtgruppe, einer Partei. Und immer wieder geschieht es dabei, sich vor dem lebhaften Wunsch zu finden, der Sache einen Sinn zu geben. Und es bieten sich dann wieder die Umstände an, jene »Die-Umstände-sind-gegen-dich«-Klausel. Aber wer macht diese Umstände, die gegen uns sind? Wir haben die Umstände dieser Zivilisationen selbst gemacht. Diese Umstände sind wir selber. Wir haben es uns zu leicht gemacht. Wir haben das Schwierigere, Individuelle, schwer Faßbare und Formulierbare fortgeschafft. Wir haben uns selbst mit einer fast ausschließlich gesetzesdirigierten Welt überrannt. Wir suchen und prüfen das Werden der Kulturgesetze nicht. Aber wir fragen uns nach dem Sinn des Ganzen und sind verwundert, einen solchen nicht zu finden.

Was also nun? Besitzt, wie üblich, der Autor den Stein der Weisen? Nein, er hat ihn nicht. Hat er aber nicht das humanistische Ideal übergangen mit der Andeutung, niemand wüßte mehr, es zu begründen? Und hat er ihm nicht eine schöpferisch-evolutive Ideologie entgegengesetzt mit der Andeutung, diese begründe sich von selbst? Und was soll von dem, was nicht unterrichtbar ist, nun unterrichtet werden? Nun, der Autor fürchtet die Ideologien wie die Indoktrinierung, denn die einen begründen und die andere revidiert sich schlecht. Er meint, daß ein Ideal nur ein humanitäres sein kann, der Humanismus lediglich ein Teil desselben. Er will die Fächer nicht umstufen, aber ausgleichen, da wir unsere Mängel nunmehr erkennen. Und was auch in allen Schulen nicht unterrichtet werden kann – möglich könnte Bildung gemacht werden. Niemanden hält er für befugt zu dekretieren, wie Kultur zu ändern wäre. Aber da wir alle an ihrem Wandel mitwirken, sollten wir diesen Wandel auch sehen. Den Stein der Weisen hat entweder niemand oder wir besitzen ihn alle gemeinsam. Die Lebensprobleme der Kulturen wandeln sich mit ihrer Zeit und mit ihnen unser Sinn, im Sinne der von uns geforderten Lösungen.

Erkenntnis und Glaube

II 10 Teilhard de Chardin

Sind Evolutionstheorie und Schöpfungsglaube vereinbar? Ich bin überzeugt davon. Aber andere meinen, daß das eine wie zum Hohn des anderen vorgetragen werde. Auch das mag stimmen. Aber welches Ethos führte solchen Vortrag an? Was hat der ›Kulturkampf‹ in den USA zwischen Wissenschaftlern und Klerikern gebracht? Was ist der Beitrag jener Kampfhähne für eine Spezies, deren Kreatur, von Glaubenssätzen motiviert und von einem bescheidenen Wissen bescheiden korrigiert, gelenkt wird? Haben sie nicht begriffen, daß das Schisma, das sie vertiefen, nur zur Schizophrenie ihrer Gesellschaft führen wird? Da will die Metaphysik die Erfahrung mißachten, dort will der Positivismus die Metaphysik abschaffen. Aus der ›Evolutionären Erkenntnislehre‹ wissen wir aber nun, daß jeder Kenntnisgewinn mit einer Frage jenseits der bekannten Physis beginnen muß; mit einem Quentchen Metaphysik. Sie ist der notwendige Antrieb; wenngleich ohne Erfahrung ein schlechter Führer.

Kardinal Franz König *fragte mich, ob wir Naturwissenschaftler den Versuch* Teilhard de Chardins *als gelungen betrachten. Der Versuch muß gelingen; und einer Zeit vieler* Teilhards *wird es gelingen. – Anläßlich des 25. Todesjahres von* Teilhard de Chardin *bat mich* Hubert Feichtlbauer *um einen Beitrag. Aus jener Stimmung schrieb ich das Folgende (erschienen in »Die Furche«, Wien, 2. April 1980).*

»Was ist geschehen? Wo bin ich?« Er war gestürzt wie ein gefällter Baum. Man beruhigte ihn. Da sagte er leise: »Ich fühle, diesmal ist es schrecklich!« – An einem Spätnachmittag, am 10. April 1955, Ostersonntag, starb MARIE-JOSEPH PIERRE TEILHARD DE CHARDIN – jenseits der Kontinente seines Wirkens – in New York, vierundsiebzigjährig. Davor lagen Wochen außerordentlicher Depressionen, so erzählte sein Ordensbruder Pater LEROY, sein Mitkämpfer. Er hatte erfahren, daß jene Institution, der er sein ganzes Leben gedient, zu seinem Lebenswerk ein klares Nein! gesagt hatte.

Nein – zu dem Ergebnis eines jener ganz seltenen Leben voll des Empfindens und der Tapferkeit, aus deren Stille die Fundamente unserer lauten Kultur bestehen. Es ging, wie man weiß, um große Dinge: um Evolution, um Kirche und Wissenschaft. Das Größte aber ist TEILHARD DE CHARDINS Leben selbst. Und so lange solche Leben den Synthesen des Menschentums geweiht bleiben – die Selbstverständlichkeiten der Gesellschaft so verachtend wie die Kreatur liebend –, wird unsere Kultur selbst im Schritt dieser Evolution bleiben. Denn alle werden dann, wenn jene nicht mehr sind, an ihnen herumbosseln, generationenlang. Kleriker, Philosophen, Geistes- und Naturkundler. Alle werden – so wie wir – sich dazu berufen fühlen. Schüler werden die Lebensdaten zu memorieren haben. Und wir Gebildeten werden wissen – was eigentlich? –, daß TEILHARD DE CHARDIN ein bedeutender, von den Jesuiten untersagter Jesuit gewesen ist.

Man denke sich einen verwilderten Schloßpark. Alter Baumbestand. Früher kiesbedeckte Wege. Schloß Sarcenat. Rundtürme, Wirtschaftsgebäude. »In Ermangelung eines Besseren zog ich den wirklich zu zarten Schmetterlingen die Käfer (Coleopteren) vor«, erklärt der Junge, »je verhornter und robuster sie waren, um so besser.« – Jesuitenkollegium, Noviziat der Gesellschaft Jesu auf Jersey, Vertreibung der Jesuiten aus Frankreich. Der hochgewachsene TEILHARD DE CHARDIN ist zwanzig. Ein Leben des Wanderns und Verbotenseins hat schon begonnen. Philosophiestudium. Chemie- und Physiklehrer am Collège de la Sainte-Famille in Kairo. »Letzten Sonntag habe ich meine ersten Unterrichtsstunden in den Ausläufern des Mokattam zu vergessen versucht, was mir außer einem bemerkenswerten fossilen Seeigel . . .« – Priesterweihe und Paläontologie in England. Geistige Begegnung dort mit dem englischen Evolutionismus, da mit HENRI BERGSONS *élan vital.* Frankreich nun mitten im

Ersten Weltkrieg. Das Werk beginnt. »La vie cosmique.« Das Manuskript, datiert ›Nieuport, 24. März 1916‹, enthält grob schon alles, was »Le Phénomène humain« einmal enthalten wird. »Es gibt eine Kommunikation mit Gott durch die Erde.« Er verfaßt »Christus in der Materie«. Der Provinzial antwortet beunruhigt. – »Er hat sichtlich Angst (sehr liebevoll übrigens), mich in Pantheismus versinken zu sehen . . . Es muß offenbar eine orthodoxe Sprache gefunden werden . . .« Die Angst des Provinzials war begründet.

Und nun hat alles seinen Gang genommen. Versetzung nach China 1923. Die Sprache wird gesucht. Zweite Chinareise, Pekingmensch, Afrika, Mandschurei. Neue Bücher, Java. Wieder Versetzung nach China, dort festgehalten. Zweiter Weltkrieg. Man muß sie lesen, diese Bücher, in ihrer Verschränkung von Mystik und Wissenschaft. Die Sprache wird weitergesucht. Sie ist jener KEPLERS oder PARACELSUS' ähnlich; moderner nur. Der Orden kann keines anerkennen. Er kann es wirklich nicht. Und TEILHARD DE CHARDIN kann nichts verleugnen. Aus Cape Town am 12. Oktober 1951 sein letzter Brief nach Rom an den Ordensgeneral Hw. P. JANSSENS: »Christus wirkt im Zentrum und auf dem Gipfel der Schöpfung und führt sie zu ihrer wesentlichen Vollendung . . . Ein Einwand, das gebe ich gern zu, bleibt bestehen. Rom könnte berechtigterweise urteilen, daß meine Auffassung des Christentums in ihrer gegenwärtigen Form voreilig oder unvollkommen . . .« Rom muß urteilen. Unsere Kultur faßt nur eine einzige Wahrheit. Er empfängt den ›Rat‹, nun in New York zu bleiben. Das tut er. ». . . diese Menge von Bewußtsein, die bei lebendigem Leib in die Dornen geworfen wurde . . .« ist fast die einzige Klage, die sein Leben hinterläßt. Dann fällt er wie ein Baum.

Was also war geschehen? Warum konnte der Klerus nicht zustimmen, warum mußte TEILHARD DE CHARDIN sich aufbäumen, warum mußte er fallen?

Unsere an der Kurzsicht des ›Verursacherprinzips‹ trainierte Urteilskraft mag da ein verstocktes Dogma sehen, dort einen Wagehals. Bei unserer Unfähigkeit (was ich als Schulfuchs sagen darf), das Wesentliche zu unterrichten, nämlich das Dilemma des Menschen, werden wir die Wurzeln auch nicht gleich sehen. Sie liegen in der Schizophrenie der abendländischen Gesellschaft. Sie legitimiert nicht nur bis heute ihre sozialen Auseinandersetzungen mit Religionskriegen und solchen der Ideologie. Sie kannte nicht nur Judenverfolgung, Inquisition, Christenverfolgung. Ihre Spaltung in Leib und Seele, Geist und Materie findet sich ebenso schon zwischen PLATON und ARISTOTELES wie in den Inszenierungen gegenwärtiger Disputationen.

Unsere Kultur verträgt es, mit der phantastischen Ideenwelt des Idealismus, etwa HEGELS, alle Welterklärung zu beanspruchen und, das Ganze auf den Kopf gestellt, in der nur verkehrt phantastischen Ideenwelt des dialektischen Materialismus dasselbe nochmals zu beanspruchen; in unverträglicher Weise. Und wir verlangen nach keiner Instanz, die hier nach dem Rechten sieht. Feuer und Schwert hatten zu entscheiden. Damals wie heute. Wir haben unsere Welt dort auseinandergebrochen, wo es für uns Menschenwesen am schmerzlichsten sein muß. Wir haben sogar Geistes- und Naturwissenschaften getrennt, unser unnatürliches Weltverständnis offenbar vom ungeistigen. Und wer sich hier bei Übertretungen fassen läßt, der darf von beiden Lagern ausgestoßen werden. Und wo befände er sich dann? TEILHARD DE CHARDIN hat das Antimenschliche dieses Schismas angefaßt. Wer also hätte ihn anerkennen können?

Hätte ihn die Kirche anerkennen können, die damals noch vor der Enzyklika »Humani generis«, noch nicht einmal die somatische Evolution, das Werden der Menschengestalt, anzunehmen vermochte, aus eben jenen Java- und Pekingmenschen, welchen TEILHARD DE CHARDIN nachgezogen war? Konnte ihn aber eine Naturwissenschaft schützen, wo er in der Evolution der Kreatur einen auf ein geistiges Prinzip wie auf ein Ziel zulaufenden zweckvollen Prozeß sah? Wo wären denn die Zwecke in der Physik, die Ziele in der Kinetik chemischer Reaktionen?

Und weil man dort die Natur des Geistes nicht erkennen kann und da nicht den Geist der Natur – was wäre anzuerkennen gewesen?

Liegen aber nicht zudem Glauben und Wissen auf getrennten Ebenen, unberührt, wie viele behaupten? Unberührbar gewissermaßen? Hat nicht jeder wissenschaftliche Gottesbeweis versagt ebenso wie die Widerlegung? Und was sollte Glauben umgekehrt im Objektivitätspostulat einer Wissenschaft?

Nun, auch da liegen die Dinge komplizierter in des geistigen Menschen Natur. Diese Natur unseres Geistes schreibt ja, wenn er wach ist, das zweifelnde Prüfen ebenso vor wie den Glauben; einen Glauben an Gott, an den Zweck unseres Daseins oder den Glauben an den Menschen. Muß man tatsächlich daran erinnern? – an die höchst materielle Universalität der *re-ligio* wie an die gläubige Hingabe an den Zweifel? Dennoch fürchten wir zur gleichen Zeit das Fleisch als sündig wie umgekehrt, mit dem Positivismus, die Metaphysik als Sünde wider den materialistischen Verstand. Wir unterrichten beides gleichzeitig. Und wir schämen uns nicht. Nicht einmal vor TEILHARD DE CHARDIN schämen wir uns, der sich gegen solches Schisma aufbäumte.

Ob sein Versuch gelungen ist? Gewiß nicht! Man sehe nur den Hergang. Ob er aber nötig war? Das gewiß! Denn welch häßliche Welt haben wir uns angerichtet. Dort in der Tiefe, wo sich Leib und Seele unserer Kreatur zum vollen Menschen verbinden, herrschen nur Mißtrauen und Tabus. Und sollten sich bis zu dieser Tiefe selbst Menschen begegnen, so wird unserer Gesellschaft Zynismus wach und sogar der Gesetzgeber. Und wir sind erstaunt, in unseren Gütern keinen Sinn zu finden und in unserem Sinn, finden wir einen, keine Güter. Und noch immer schämen wir uns nicht.

Ob nun der Versuch gelingen kann? Was für eine Frage! Er muß gelingen! ›Ob TEILHARD DE CHARDINS Wirken genützt hätte‹, fragte mich ein Kardinal. Was hätten Sie geantwortet? Ich sah den großen Mann vor mir und jenen, nach dem er gefragt. Und ich wußte es auch nicht. Und dann sagte ich, daß ein einziger TEILHARD DE CHARDIN vielleicht das noch nicht bringen konnte, was wir beide unter einem Nutzen verstünden; daß aber immer wieder ein solcher kommen müßte, opferbereit suchend nach der Synthese des ganzen Menschentums, diese Zivilisation nicht achtend – alle gemeinsam würden sie nützen. Der Versuch muß gelingen. Und in je größere Tiefen wir diese Spaltung in unserem sich allmählich vertiefenden Menschenbilde verfolgen, um so mehr begreifen wir das Elementare und Dringliche, uns diesem Dilemma zu entwinden. Humanität und Menschenwürde, ja das nackte Überlebenwollen schreiben uns das vor.

»Was ist geschehen? Wo bin ich?« – Vor einem Vierteljahrhundert war das gefragt. Nützen wir unsere bescheidenen Kräfte gemeinsam, um zu begreifen, was uns allen geschehen ist und wo wir uns befinden.

II 11 Die kopernikanischen Wenden

Auseinandersetzungen im abendländischen Weltbild führten stets gleichermaßen die Wenden unseres Denkens wie jene menschlichen Unheils an. ›Kopernikanisch‹ nennt die Geschichte solche Wenden, wenn der Wandel der naturwissenschaftlichen Deutung des Menschen im Kosmos mit der Stetigkeit der religiösen Auffassung in Konflikt geriet. Unheil für die ganze Kultur war dann die Folge. Der ›Evolutionären Erkenntnislehre‹, wie ich sie vertrete, wurde der Rang einer dritten ›kopernikanischen Wende‹ attestiert, da sie nun auch das Werden des menschlichen Geistes aus Naturgesetzen erklärt. Ob ihr dieser Rang zusteht, ist zu untersuchen meine Sache nicht. Als meine Sache hingegen nehme ich es, der möglichen Auseinandersetzung vorzubeugen. Und vorbeugen kann man gewiß: durch das Gespräch und die Förderung der Bildung. Ich will sogar behaupten, daß sich, mit weitem Horizont, das Problem als ein semantisches erweisen wird.

Ich habe daher das Gespräch mit der Kirche aufgegriffen, wo es sich bot. Gerne bin ich den Einladungen Seiner Eminenz Franz Kardinal Königs *zu Symposien gefolgt. Und nicht nur hat man gerade den Biologen und Ärzten Gehör gegeben, das Gespräch war auch stets ermutigend. Der folgende Text ist im Zusammenhang mit dem Symposium an der ›Bayerischen Akademie‹ 1978 entstanden, und in dem von* Huber *und* Schatz *(1980) herausgegebenen Band »Glaube und Wissen« erschienen.*

Dieses Kapitel enthält wieder mehrere Quellenangaben: Um den Text damit nicht zu belasten, sind sie als Anmerkungen abgetrennt und können am Ende des Kapitels nachgeschlagen werden.

Glauben und Wissen gehören in verschiedene Bereiche menschlichen Erlebens. Nicht nur der unreflektierte Hausverstand, auch die reflektierende Vernunft legt diese Differenzierung nahe. Ja, die Entwicklung des naturwissenschaftlichen Weltbildes der Moderne selbst konnte als Zeuge dienen für den klärenden Prozeß dieser Trennung. Die Mehrzahl der Denker pflegt dies heute zu vertreten (41), und ich anerkenne ihre Haltung aus der Anerkennung ihrer Standpunkte.

Mein Gegenstand aber ist die Beziehung zwischen Glauben und Wissen. Und diese andere Haltung ist die Folge nunmehr meines Standorts. Dieser liegt zwar nicht minder im Reich der Naturwissenschaft, und ich werde es mir auch nicht erlauben, das Postulat der Objektivität zu verlassen. Vielmehr hat mich das Gebiet der Biologie gelehrt, daß die Gesetzlichkeit dieser Welt nur zu verstehen ist, wenn man eines nicht aus den Augen verliert: die Einheit der Natur (48). Nicht nur ist es die Evolution der Körper im Reich der Organismen, welche ohne eine Evolution der Biomoleküle, der Moleküle, Elemente und Quanten nicht zu verstehen wäre. Die Biologie schickt sich sogar an zu beweisen, daß auch jenes Phänomen, das wir den menschlichen Geist nennen, objektiv auf eine naturgesetzliche Evolution des Bewußtseins und seiner Vorbedingungen zurückzuführen und in seiner Eigenart nur aus dieser zu verstehen ist (28, 40).

Schon an dieser Stelle wird man die Verantwortungen ahnen, die sich für Glauben und Wissen ergeben. Das Problem ist nicht ihr Nebeneinander: Das Problem ist ihre Berührung. Auf der einen Seite soll die Entwicklung der modernen Biologie nicht behindert werden. Denn sie erforscht in einer Zeit unverträglicher Ideologien die objektiven unveräußerlichen Ansprüche aller Menschen. Ihr Ethos kann von lebenserhaltender Bedeutung sein. Und »ich halte dafür«, wie es Berthold Brecht den alten Galilei sagen läßt (4), »daß das einzige Ziel der Wissenschaft darin besteht, die Mühseligkeit der menschlichen Existenz zu erleichtern«. Auf der anderen Seite soll das christliche Weltbild nicht durch eine neue Konfrontation behindert werden, weil eben dieselben Ziele sich in ihm finden. Ich habe darum das begonnene Gespräch mit der Kirche begrüßt. Und ich entspreche hier dem Wunsch Kardinal Königs, den Gegenstand zu formulieren. Denn ich bin selbst in ihn verwickelt.

Bevor wir in diesen Gegenstand eintreten, wollen wir zureichend genau sein, denn er hat Tore dem Mißverständnis geöffnet. Man kann sich zunächst fragen, was ein wissenschaftliches, aus der Erfahrung gewonnenes Weltbild mit Metaphysik zu schaffen habe, also mit Erwartungen, die jenseits der von uns erfahrenen Welt liegen. Der Positivismus lehrte, daß es sich davon fernzuhalten hätte. Die Naturwissenschaften kümmerten sich nicht mehr darum, und ihre Philosophen verkündeten das Ende aller Metaphysik (44). Nun ist es aber gerade die wissenschaftliche Biologie, die uns heute belehrt, daß der *tabula-rasa*-Standpunkt der Erkenntnislehre den Prozeß des Erkenntnisgewinns nicht zutreffend beschreiben kann. Jeder Kenntnisgewinn setzt Vorkenntnisse voraus. Dieser reine Empirismus übersieht die Geschichte des Erkenntnisprozesses sowie die Erwartung, die den Erfahrungsgewinn stimuliert. Er bemerkt nicht, wieviel an Gesetzlichkeit dieser Welt bereits durch die Evolution der Sinnesorgane, der Verdrahtung im Nervensystem extrahiert, in den Reflexen, Instinkten, im Raum-, Gestalts- und Kausalitätsverstehen vorgebildet und unserem Erkenntnisapparat zugrunde gelegt ist. Selbst die KANTschen *Apriori*, jene Vorausbedingungen der menschlichen Vernunft, die also als solche durch die Vernunft selbst nicht zu begründen sind (21), erweist die Biologie als *Aposteriori*, als frühe Lernprodukte unseres Stammes (27, 40). Darüber hinaus belehrt uns die Biologie, daß aller Lernprozeß des Lebendigen in einer Schraubenform verläuft, in einem sich stetig hebend verbessernden Kreisen zwischen Erwartung und Erfahrung. Damit löst sich nun auch das Rätsel des HUME-KANT-POPPERschen Induktionsproblems (40, 31). Dieser Schluß vom Speziellen auf das Allgemeine erweist sich als ein erwartungserweiternder und nicht als ein wahrheitserweiternder Schluß (40), der freilich unmöglich ist (34, 43). Damit enthält aber jeglicher Kreislauf des Erkenntnisprozesses eine Erwartung im Unbekannten. Eine Erwartung von Gesetz und Ordnung jenseits der erfahrenen Welt ist also selbst ein Grundelement alles schöpferischen Lernens. Es hat keinen Sinn, sie verbieten zu wollen. Freilich zielt das wissenschaftliche Weltbild fortgesetzt auf eine Säuberung von unbeweisbaren Argumenten. Jedoch jeder kreative Gedanke, jede Hypothese vom Alltag bis in die wissenschaftliche Theorienbildung enthält ein Quentchen aus der phantastischen Welt jenseits der Erfahrung; wenn man so will, ein Quentchen Metaphysik. Dies liegt im Suchen alles Lebendigen.

Nun meint das naturwissenschaftliche Weltbild nicht, daß aus jenen Quentchen lebensnotwendiger Metaphysik ein wissenschaftliches System errichtet werden könnte, und noch weniger, und darin hat der Positivismus gewiß recht, daß hier aller Erkenntnis Anfang läge. Wir anerkennen vielmehr Metaphysik als einen notwendigen Antrieb allen Erkenntnisgewinns, aber als einen schlechten Führer (38).

Es zählt vielmehr zu den Eigentümlichkeiten unseres Verstandes, daß wir zwar immer nur einen Teil dieser Welt zu verstehen vermögen, aber meinen, den Teil nur im Ganzen zu begreifen. So bedarf unser Raumverstehen einer Vorstellung seiner Erschaffung wie seiner Grenzen. Diese aber begreifen wir nicht. So bedarf unser Ursachenbegriff der Vorstellung über den Anfang wie das Ende der Ursachenketten. Und so stehen am Beginn aller Antriebsursachen seit der Antike der ›Unbewegte Beweger‹ (42), am Ende der Zwecke seit der Scholastik die *causae exemplares,* die Endzwecke Gottes, und beide liegen jenseits der Möglichkeiten rationalen Begriffs (40, 39). Zu verstehen ist also nur der Teil innerhalb eines Ganzen, welches Ganze wir nicht verstehen.

Jeder Erkenntnisprozeß bedarf also des Griffs ins Jenseitige der Erfahrung. Er mag durch den Zufall (38) gesteuert sein, durch Willkür (12) oder durch die Revolte gegen das Etablierte (23). Unser Begreifen verlangt ein rund gemachtes Weltbild, ob wir nun seine Grenzen begreifen oder nicht.

Soweit zur Begründung des Metaphysischen im physischen Weltbild der gegenwärtigen Biologie. Wir verwahren uns jedoch ganz ausdrücklich gegen jede Vermengung der Methode und energisch vor jedem Obskurantismus. Das Quentchen Rätselraten enthält so wenig irgendeinen Gottesbeweis, wie noch so vieles an rationaler Erkenntnis einen Gegenbeweis enthalten könnte. Es ist zu dumm, daß gerade hierin, beispielsweise mit Hilfe des Wunderglaubens der Halbgebildeten, noch immer das beste Buchgeschäft zu machen ist. Oder vielmehr: hierin zeigt sich nochmals die Berührung von Physis und Metaphysis in unserer Seele. »Das ontologische und theologische Nachdenken«, sagt HANS SCHWABL (42), »hängt ja eng (wenigstens seiner

Aussage nach) mit dem Kosmogonischen zusammen; überhaupt ist die griechische Philosophie in ihren Anfängen«, vielleicht, so vermute ich, der Beginn alles Nachdenkens, »nichts anderes als Kosmogonie und Darstellung des Werdens der Erscheinungen im Kosmos. Von der Reinigung des mythologischen Weltbilds ausgehend erfolgt die immer feinere Differenzierung der Denkmittel und damit auch der Wissenschaften.«

Selbstredend erkennt die moderne Wissenschaft den Schichtenbau der realen Welt (14). Gerade die Biologie hat sich an seiner Erkenntnis beteiligt (28, 37, 38, 40). Wir erkennen aber auch das Voraussetzungsvolle seines Zusammenhangs. Wie die Stockwerke eines Hauses müssen die Schichten getrennt sein, um vom Keller bis zum Dach ihre unterschiedlichen Funktionen nicht zu stören. Sie müssen aber auch dicht verbunden sein durch Treppen, Betoneisen und Verdrahtung. Schon in ihrem Baufortschritt setzen sie, wie in der Evolution, einander voraus.

Der Wandel der Weltbilder

So, wie unser Verstand gemacht ist, wollte man gerne wissen, nach welcher Gesetzlichkeit sich unser Bild, unsere Vorstellung wie unsere Theorie von der Struktur dieser Welt wandelt. Dies kann aber ebenso nur in Teilen gelingen. Denn wieder ist es die Biologie, die gegenwärtig die Argumente dafür zusammenstellt, daß es zum Wesen aller schöpferischen Lernprozesse gehört, daß sie den echten physikalischen Zufall enthalten. Nie läßt sich der ganze Inhalt der Entdeckung aus der Erfahrung notwendig herleiten. Der Zufall ist das schöpferische Element aller Evolution. Freilich unter der strengen Aufsicht durch das Wachsen begrenzender Gesetzlichkeit. Denn eine Evolution, die darauf angewiesen ist, mit Hilfe des Zufalls schöpferischen Erfolg zu haben, kann es sich nicht leisten, die Zahl der Lose ausufern zu lassen (38, 40).

Biologie und Erkenntnislehre sind heute in diesem Gegenstand am weitesten vorgedrungen. Und anerkennt man das Wirken jenes Kreislaufes des Erkenntnisgewinns aus Erwartung und Erfahrung, dann findet er sich in der Dynamik wissenschaftlicher Theorien, wie Erhard Oeser zeigt, wieder: im Kreislauf von Hypothese und Prognose, Heuristik und Logik, Induktion und Deduktion (31). Ja, die Biologie bestätigt das Wirken aller drei scheinbar widersprüchlichen Mechanismen, wie sie die Theorie vom wissenschaftlichen Erkenntnisgewinn heute sieht. Karl Poppers ›Quasi-Induktion‹ (34), das Fortschreiten zu allgemeinen Gesetzen durch Raten, und die Kontrolle an der Erfahrung sind biologisch im schöpferischen Zusammentreten schon etablierter Gesetzlichkeit vorgebildet. Konrad Lorenz spricht von Fulguration (28). Paul Feyerabends Prinzip »mach' was du willst« (12) kennen wir vom Zufallsgenerator der Mutation. Und Thomas Kuhns Prinzip der schöpferischen Revolution (23) ist uns aus der genetischen Dynamik bekannt, eben jenen revolutionären Durchbrüchen, welche kleinen Organismenpopulationen möglich sind.

Grundsätzlich aber bleibt in allem Schöpferischen ein undeterminierter Rest. Er entspricht Heisenbergs undeterminiertem Rest eines Kosmos, der erhalten bleibt, obwohl dieser seine Gesetzlichkeit forgesetzt erweitert (17, 40). Nie also ist der Wandel unseres Weltbildes ganz vorherzusehen.

Verlassen wir nun den Mechanismus der Veränderung und fragen nach der Art des Wandels. Wir finden dann das naturwissenschaftliche Weltbild in einer meist sehr allmählichen Umformung, die durch tiefgreifendere Umbrüche unterbrochen wird. Schon die Entwicklung des Systems naturwissenschaftlicher Theorien erfolgt diskontinuierlich, und zwar deutlicher, als dies aus der unregelmäßigen Folge der sogenannten kleinen und großen Entdeckungen zu erklären wäre. Vielmehr hat es sich gezeigt, daß selbst in der Evolution des naturwissenschaftlichen Weltbildes regulierende Systembedingungen herrschen, die in Richtung auf Stabilisierung wirken. Einmal ist es die gemeinsame Fragestellung beziehungsweise die allgemeinste Theorie einer Zeit; und es ist naheliegend, daß Erwartungen, die unter Anleitung einer bestimmten Theorie entwickelt werden, zu Erfahrungen führen, die vor allem geeignet sind, eben diese Ausgangstheorie weiter zu stützen (23, 32). Zudem entsteht aber noch ein Mechanismus der Immunisierung, dessen Funktion es ist, die gängige Theorie gegen Angriffe von außen abzuschirmen (1, 35). Entsprechend werden unbeantwortbare Fragen, selbst entdeckte Widersprüche, in einem wissenschaftssoziologischen Prozeß optisch verkleinert; sie werden zur scheinbaren Bedeutungslosigkeit reduziert und in mehrheitlicher Willensbildung aus dem Gesichtsfeld gebracht.

Schon dies verdient unsere Aufmerksamkeit, da ja gerade jener Teil des schöpferischen Lernprozesses zur Rede steht, von dem wir erwarten, daß in ihm jegliche Erwartung sofort und von jedermann an der Erfahrung geprüft werden würde. Tatsächlich aber pflegen selbst die naturwissenschaftlichen Weltbilder aus einer dynamischen Phase immer wieder in eine statische einzuschwenken. Dabei bedeutet es wenig, derlei Rigidität mit Vorhaltungen zu begegnen; denn man muß anerkennen, daß die Funktion selbst der exakten Wissenschaften nicht nur in der Wahrheitsfindung, sondern, viel vordergründiger, in der Gewißheitsfindung besteht. Gewißheit möglicher Voraussicht ist aber eine durchaus subjektive Größe, die zwar von allem Lebendigen gesucht, dennoch aber aus unterschiedlichen Quellen gespeist wird: beispielsweise aus dem Konsens, also durch Gewißheitsfindung in der Gruppenmeinung. Und diese ›Wirklichkeit‹ ist ein Produkt sozialer Übereinkunft (3, 46, 38).

Freilich ist keine der Erstarrungen von Dauer geblieben. Werden nämlich die Widersprüche zwischen Erwartung und Erfahrung zu offensichtlich, so finden sich immer wieder Individuen, die es darauf ankommen lassen, sich mit der etablierten Lehrmeinung zu überwerfen. Oft Außenseiter, auch nach der Art ihres Hintergrundwissens; gewissermaßen kaum ahnend, was sie anrichten. Meist ist die soziale Bestimmung der Wirklichkeit stärker, und die Einsicht einer Minderheit geht in ihr unter. Selten aber geht sie ganz verloren. Die Erfahrung wird tradiert oder wiedergefunden oder das eine aus dem anderen. Und wenn ihre neuerliche Erörterung in den Zeitgeist paßt und die Sozietät sie mehrheitlich in ihre Wirklichkeit aufnimmt, spricht man von einer Wiederentdeckung und zuletzt von einem wissenschaftlichen Durchbruch.

Diese Durchbrüche sind noch nicht jene ›kopernikanischen Wenden‹, das Ziel unserer Untersuchung. Aber sie sind ein unentbehrliches Element derselben, und sie deuten auch schon an, was im Prinzip geschieht. Erweiterte Erfahrung tritt gewissermaßen portioniert in die soziale, kulturelle Wirklichkeit und führt zu einem periodischen Wandel unter Umständen der jeweils umfassendsten Theorie. Und das Ausmaß, in dem wir diesen Wandel erleben, hängt von der Tiefe des Einschnittes ab, wie er uns, aus welchen

Gründen auch immer, in unserem Weltbild als relevant erscheint. Es sei nur daran erinnert, über welche Zusammenstöße Anfang des 17. Jahrhunderts die Sonne in das Zentrum des von uns vorgestellten Kosmos trat; und in welcher Stille und zu welchen Distanzen sie sich schon im 18. Jahrhundert wieder aus dieser Mitte entfernte.

Bislang war vom Wandel des naturwissenschaftlichen Weltbildes die Rede, so, als ob dieses für sich bestehen könnte. Gewiß aber ist das Weltbild ein gesamtkulturelles Phänomen, in welchem nur relative Selbständigkeiten seiner Teile geduldet werden. Wir müssen sogar davon ausgehen, daß die frühen Weltbilder unserer eigenen Kulturgeschichte, ebenso wie jene der Naturvölker, keine Differenzierung der wissenschaftlichen und mythologischen Komponenten kannten (42). Diese ist erst die Folge einer differenzierten Kultur, genauer: einer Differenzierung ihrer Methoden.

Da ich nun die erfahrungswissenschaftliche Betrachtungsweise nicht verlassen will, ist es hier auch nicht meine Aufgabe, die Wandlungsweise des geisteswissenschaftlichen oder philosophischen Weltbildes zu differenzieren. Ich will vielmehr alle an der Erfahrung nicht mehr prüfbaren Anteile unserer Weltvorstellung zusammengefaßt betrachten. Wir erinnern uns dabei der Eigentümlichkeit unseres Erkenntnisapparates, wie er die Teile dieser Welt, die er rational zu erklären wünscht, erst dann zu verstehen meint, wenn er sie in jenem Ganzen eingebettet denkt, das er rational nicht mehr erklären kann.

Diesem der zweifelnd prüfenden Vernunft nicht mehr zugänglichen Bereich unseres rundzumachenden Weltbildes entnehmen wir jedoch recht fundamentale Regeln unseres Handelns. Wir finden in ihm eine Anzahl von Gesetzen, die, ihren Ursprung einer sehr allgemeinen Welthypothese verdankend, dennoch universell gelten, für den Fall sie einverständlich eine zureichend soziale Befestigung gefunden haben. Und von diesen Gesetzlichkeiten leiten wir nun für die Vorgänge unserer Tage all das ab, wessen wir als Selbstverständlichkeiten und Geboten, Rechten und Lebenszwecken für unser soziales Zusammenleben zu bedürfen meinen. Die Quellen dieser allgemeinen Welthypothese sind Erfahrungen, aber auch Erleuchtung und Offenbarung, Prophetie und Beschwörung, selbst Demagogie und Unterdrückung oder, viel undramatischer, das, was der jeweilige Zeitgeist aus den Bereichen des Verstandes zum sozialen Produkt des *common sense* werden läßt.

Man könnte nun meinen, daß dieser erfahrungsjenseitige Anteil unseres Weltbildes, da er für den Erkenntnisvorgang zwar erforderlich, aber aus der Erkenntnis allein kaum zu begründen ist, ein Gegenstand flüchtigen Wechsels wäre. Doch man weiß, daß das Gegenteil der Fall ist. Und man wird ahnen, daß dies wiederum nicht die Folge der rationalen Prüfung an der Erfahrung ist, sondern die der Eigentümlichkeiten unserer Vernunft; unserer »faulen Vernunft«, sagt KANT (22).

Wiewohl uns die reflektierende Vernunft belehrt (31, 40), daß Wahrheit nur aus Gewißheitsgraden und diese aus bestätigten Prognosen bestehen kann, also aus der Zahl der Fälle, die sich aus einem Satz oder Gesetz bestätigen, belehrt uns unser Gefühl ganz anders. Es macht uns erwarten, daß die Natur etwas wie Wahrheit an sich enthielte und daß die umfassendste solcherart Wahrheit besonders unumstößlich wäre. Selbst die Philosophie hat fortgesetzt nach dem archimedischen Punkt absoluter Gewißheit gesucht und vermeint, ihn zu finden. So kann es nicht wundernehmen, daß sich auch mit einer umfassendsten Welthypothese bald Wahrheitsansprüche verbinden; einmal, weil von ihrer gesellschaftlichen Etablierung an bald nichts mehr widerspricht, die Erfahrung nicht, das Gewissen nicht und auch nicht der Nachbar; ein andermal, weil ja nach ihren Gesetzen Recht und Sühne dekretiert und selbst die Lebenszwecke abgeleitet werden müssen. Mit ihnen steht und fällt die soziale und kulturelle Wirklichkeit. Und da diese beinhalten, was wir unsere höchsten Güter nennen, versteht man, warum sie unseres Schutzes würdig sind.

Nur sei bedacht, daß jenseits solcher Gesetzlichkeit der Gesellschaft im Streitfall keine Instanz der Vernunft mehr besteht, die zur Schlichtung angerufen werden könnte. Es sei denn die nackte Gewalt. Und die betrüblichen Folgen solch letztinstanzlicher Wahrheitsfindung kennen wir zur Genüge als die sogenannten ›Wenden der Weltgeschichte‹ und zu gehäuft schon aus unseren Schulbüchern.

Nun sind auch diese ›Weltwenden‹ nicht unser Thema. In ihnen geraten fast nur erfahrungsjenseitige Gesetzeskodizes aneinander, und die ›Wahrheitsfindung‹ erweist sich nach den ›Wechselfällen‹

der Geschichte als umkehrbar. Ich erwähne sie nur, um an die Streitigkeit der erfahrungsjenseitigen Anteile unseres Weltbildes zu erinnern und an die Gründe ihrer umfassenden Wahrheitsansprüche. Hier interessieren vielmehr die ›kopernikanischen Wenden‹, und diese resultieren dagegen aus einer Konfrontation der erfahrungsjenseitigen mit den erfahrungsdiesseitigen Anteilen des Weltbildes. Und das hat nun mit dem nicht umkehrbaren Wachsen des Wissens zu tun und mit dem Wandel von zweierlei Ebenen unserer Vorstellung.

Die beiden historischen Wenden

Historiker haben wohl gute Gründe für die Meinung, daß man unserer Geschichte keine zyklischen Prozesse entnehmen könne. Zu verschieden scheinen auch im Wiederholungsfall die Bedingungen, unwiederherstellbar die Konstellationen. ›Nie steigst du zweimal in denselben Fluß.‹ Dennoch scheinen wir fortgesetzt nach Lernanleitung, nach Belehrung zu suchen. Und ich halte deshalb dafür, etwa mit HERBERT SPENCER oder OSWALD SPENGLER, man könne hoffen, auch aus den Synthesen der Geschichte Nutzen für die Zukunft ziehen zu können.

Wir sind im Kern unseres Themas. Wie man sich erinnern wird, sind wir von der Möglichkeit ausgegangen, daß unserer Kultur eine neuerliche Konfrontation von Glauben und Wissen bevorstünde; und ich habe den Grund der hier vorgelegten Betrachtungen der Verantwortung entnommen, die eine ebenfalls nur hypothetische Voraussicht lehrt. Wir wollen darum die bisherigen ›kopernikanischen Wenden‹ untersuchen, um zu erfahren, ob und wenn ja, was aus ihnen zu lernen wäre. Zugleich müssen wir auch noch etwas vorausgreifen, um die mögliche kommende Wende zu bezeichnen, weil erst deren Voraussicht aus den bisherigen eine vergleichbare Serie macht, wert, sie überhaupt zu vergleichen.

Der erste, der kopernikanische Wenden solcher Art wie eine Serie wiederkehrender Wandlungen des naturwissenschaftlichen Bildes vom Menschen sah, ist meines Wissens der deutsche Philosoph und Physiker GERHARD VOLLMER. Er hat der jüngsten Entwicklung in der Biologie, wie sie von KONRAD LORENZ (27, 28) ausging, vorwiegend auf die amerikanische Psychologie mit DONALD CAMPBELL (5) wirkte und wieder, wie die Philosophie KARL POPPERS (34, 35), auf Europa zurückwirkte, eine erste Zusammenfassung als ›Evolutionäre Erkenntnistheorie‹ gegeben (45). Sie besagt: »Unser Erkenntnisapparat ist ein Ergebnis der Evolution. Die subjektiven Erkenntnisstrukturen passen auf diese Welt, weil sie sich im Laufe der Evolution in Anpassung an diese reale Welt herausgebildet haben. Und sie stimmen mit den realen Strukturen (teilweise) überein, weil nur eine solche Übereinstimmung das Überleben ermöglichte.« (45, S. 102) »Erst die Evolutionäre Erkenntnistheorie«, faßt VOLLMER zusammen, »vollzieht somit in der Philosophie eine *echte kopernikanische Wende.* Denn hier ist der Mensch nicht Mittelpunkt oder Gesetzgeber der Welt, sondern ein unbedeutender Beobachter kosmischen Geschehens, der seine Rolle meist weit überschätzt hat.« (45, S. 172)

Nimmt man einmal an, daß sich das Gewicht, welches VOLLMER dieser Entwicklung gibt, in der Zukunft bestätigen wird; nehmen wir an, die »Naturgeschichte menschlichen Erkennens« (28), »die Evolution unseres Bewußtseins« (11), »die Biologie unseres Ursachendenkens« (39) und »die stammesgeschichtlichen Grundlagen der Vernunft« (40) lassen sich über jeden Zweifel erhärten. Dann deutet sich ein Wandel an, der den bisherigen Wenden vergleichbar ist. Und dann diktiert die Verantwortung des Biologen, wie ich es deute, zumindest die Hoffnung, aus den bisherigen Wenden lernen zu können. Denn man wird die möglichen Konsequenzen vor Augen haben. Auf der einen Seite eine Entwicklung der Erfahrungswissenschaften, deren ›einziges Ziel‹ darin bestehen soll, die Mühseligkeit der menschlichen Existenz zu erleichtern‹, auf der anderen ein erfahrungsjenseitiges Weltbild, in welchem wir dieselben Ziele erwarten. Und dazwischen Konfrontationen, welche dazu angetan waren, die Mühseligkeiten der menschlichen Existenz nur zu vermehren. Was also lehrt die Geschichte:

Die Entdeckungen

In der hier gebotenen Kürze sind die beiden Geschichte gewordenen Wenden in der Hauptsache an vier Männern der Wissenschaft zu erörtern; die erste an KOPERNIKUS und GALILEI, die zweite an CHARLES DARWIN und ERNST HAECKEL (sie sind übrigens alle jeweils in nur einer Woche, zwischen dem 12. und 19. Februar, geboren). GALILEI folgt drei Generationen auf KOPERNIKUS, HAECKEL kaum eine auf DARWIN. Angemerkt sei, daß KANT für sich und manche für FREUD ebenfalls kopernikanische Wenden beanspruchten. Dennoch bleibe ich aus Gründen der Übersicht bei der Schilderung nur der genannten.

Beide diese Wenden bewirkenden Ideen haben Vorläufer. Versuche eines heliozentrischen Weltbildes kennt man seit ARISTARCH VON SAMOS um 300 v. Chr. Sie wurden gleichwohl aus religiösen wie physikalischen Gründen bis KOPERNIKUS abgelehnt (2). Ebenso finden sich Ansätze zum Konzept der Evolution schon in ARISTOTELES' »Historia Animalium«, dann wieder im 17. und vor allem im 18. Jahrhundert, etwa von JOHN RAY bis LAMARCK (13). Und mit LAMARCK (25) war die Evolutionstheorie geboren. Wobei er sich den Artenwandel aus einer direkten Rückwirkung der Milieubedingungen auf das Erbgut erklärte (40, 28). Aber noch LAMARCKS zu einflußreicher Zeitgenosse CUVIER behinderte sein eigenes Konzept und das seines Jahrhunderts durch die ›Katastrophentheorie‹, welche in dem konsequenten Anwenden des Sintflutkonzepts allen geologischen Wandel der Arten auf Vernichtung und Neuschöpfung zurückführte. Für beide Ideen war die Zeit noch nicht reif.

Mit KOPERNIKUS und mit DARWIN war die Zeit für diese Ideen jedoch gekommen. KOPERNIKUS ging es darum, die Kalenderreform zu vollenden, wie sie REGIOMONTANUS vorgeschwebt hatte, eine Revision der Lehre von den Planetenbewegungen. Die Reform jedenfalls war für das 16. Jahrhundert dringlich geworden. Die Art der Revision kaum. Reste der Überlieferung eines heliozentrischen Konzepts waren erhalten. Und schon in seinem ersten Bericht, dem »Commentariolus« von 1514, entscheidet sich KOPERNIKUS für dieses. Bekannt wurde dieser erst durch die »Narratio prima de libris revolutionum Copernici« von RHETICUS (GEORG JOACHIM VON LAUCHEN) 1540. Das Hauptwerk KOPERNIKUS' in sechs Bänden, »De revolutionibus orbium coelestium libri VI«, erschien erst 1543, in seinem Todesjahr. Aber nicht nur der Tod entzog ihn der Diskussion. Das Werk wurde anstelle seines originalen Vorwortes mit einer Vorrede des einflußreichen protestantischen Theologen ANDREAS ORIANDER versehen, die, wissentlich oder nicht, die dargelegte Auffassung in ihr Gegenteil verkehrte. Und so blieb die Entdeckung ein volles Jahrhundert, bis zum Erlaß der Indexkongregation von 1616, von der Kirche ungetadelt (36).

CHARLES DARWIN wiederum, in seiner Grundauffassung lebenslang Lamarckist (30), ging es um eine Erklärung des Artenwandels. Schon in seiner Jugend waren die Folgen der frühen Industrialisierung in England, die Rolle der Tüchtigkeit, vor allem den Tüchtigen vor Augen; und der Gedanke war von CHARLES LYELL, dessen ersten Band der »Principles of Geology« er mit an Bord der *Beagle* hatte, von seinem Großvater ERASMUS DARWIN, von THOMAS HUXLEY, HOOKER, SPENCER, ASA GRAY, von BAER und noch unmittelbarer von ALFRED RUSSEL WALLACE vorbereitet. Aber DARWIN war ab seinem dreißigsten Lebensjahr ein kränkelnder, wieder und wieder sehr leidender Mann und mußte sich, er konnte es dank seines Vermögens, ganz in die Stille des Landhauses in Down zurückziehen. Er hatte es, wie KOPERNIKUS, mit der Veröffentlichung seiner Erkenntnis nicht eilig. Er skizzierte die »Entstehung der Arten«, als er noch nicht dreißig war. Er war vierzig, als ihm »Kopfkreisen, Schwäche, Frösteln und häufige schwere Anfälle von Übelkeit« (Tagebuch), trotz einer pedantisch geregelten Lebensführung, schon zeitweise das Arbeiten unmöglich machten. Sein dennoch reiches Opus aus dieser Zeit enthält nichts von der Entstehung der Arten. Vielmehr umfangreiche Bände über Korallenriffe, vulkanische Inseln, die Monographie der Rankenfüßer, die Herausgabe der *Beagle*-Aufzeichnungen. Viel deutlicher als DARWINS Biograph (19) sehe ich einen Zusammenhang zwischen seinem Leiden und der Last seiner Entdeckung, welche ein sensitives Zweifeln voraussetzt, gleichzeitig aber robustes Selbstvertrauen verlangte, um verfochten zu werden. Er hätte sein Manuskript mit in den Lebensabend genommen, wäre nicht WALLACE aufgetreten, der im selben Jahr (1845) zur gleichen Entdeckung gelangte; sein Brief 1856 aus Celebes, seine Aufsätze 1855 aus Sarawak (Borneo) und 1858 aus Ternate (Molukken) belegen es. Er war Naturforscher, der schon vor DARWIN darwinistischer dachte als der lamarckistische DARWIN. Nun erst kann LYELLS jahrelanges Drängen Erfolg haben. »Es wird denn damit«, schreibt DARWIN, »meine ganze Originalität, welchen Umfang sie auch haben mag, vernichtet werden.« Jedoch in nobler Art werden beider

Aufsätze 1858 gleichzeitig im »Journal of the Proceedings of the Linnean Society« veröffentlicht. 1859 erschien dann DARWINS entscheidender Band »On the origin of species by means of natural selection, or the preservation of favoured races in the struggle for life«. »Es kostete mich derselbe dreizehn Monate und zehn Tage harter Arbeit ... Es ist dies ohne Zweifel die Hauptarbeit meines Lebens.« (8) Die Auflage von 1250 Exemplaren sei schon am Tage des Erscheinens verkauft gewesen. Die zweite mit 3000 war umgehend vergriffen. Selten hat eine Erkenntnis so sehr in ihre Zeit gepaßt.

Zum Unterschied von KOPERNIKUS' Entdeckung, die weder in seiner noch in der Folgegeneration deutliche Wirkung tat, entzündete sich die öffentliche Diskussion an DARWINS Entdeckung fast sofort. »Schon 1860«, so referiert dies HANS KÜNG (24), »ein Jahr nach Erscheinen von DARWINS epochemachendem Werk (im Jahr der deutschen Übersetzung), stellte sich der deutsche Episkopat im Partikularkonzil in Köln offiziell gegen die Evolutionstheorie mit der Erklärung: die Entstehung des Menschenleibes durch Evolution aus höheren Tierarten stehe im Widerspruch zur Schrift und müsse als unvereinbar mit der katholischen Glaubenslehre zurückgewiesen werden.« Und das, obwohl DARWIN die Konsequenzen seiner Theorie mit der denkbar größten Zurückhaltung behandelt. Beispielsweise sagt er zum Problem unserer Affenverwandtschaft nur: »Light will be thrown on the origin of man and his history.« (7, S. 458) Begeisterung und bittere Gegnerschaft treffen schon Monate nach dem Erscheinen aufeinander. Da der sechzehn Jahre jüngere Verteidiger THOMAS HENRY HUXLEY, Zoologe, dort der etwas ältere SAMUEL WILBERFORCE, eben anglikanischer Bischof von Oxford, wo die Auseinandersetzung ausgetragen wurde. Und selbstverständlich war DARWIN nicht anwesend. Auch schrieb er keine Entgegnungen, sondern neue Bücher. Bestenfalls empfing er Freunde, die aus der Welt berichteten. Und selbst HAECKELS Auftreten, dessen Kraft er bewunderte, war ihm dem Wesen nach zuwider. Kurz, der Streit verpuffte; reduzierte sich auf Karikaturisten und Skribenten, die man bald nicht mehr las.

In die Konfrontationen wurden in beiden Fällen nur die Nachfolger verwickelt, selbst wieder anerkannte, führende Gelehrte. Offenbar in beiden Fällen herausgefordert durch die Ignoranz ihrer Zeit, die nicht in der Lage war, die Fortschritte der Vernunft anzuerkennen. Drei Generationen, wie erinnerlich, nach KOPERNIKUS, als die Renaissance das späte Mittelalter abzulösen begann, aber kaum eine Generation nach DARWIN.

Die Konfrontation der ersten kopernikanischen Wende vollzog sich bekanntlich mit GALILEO GALILEI im *Rinascimento* zwischen Florenz und Rom (20) und mit JOHANNES KEPLER in steter Flucht während der Gegenreformation zwischen Graz, Prag, Linz und süddeutschen Städten des Kaiserreichs (29). Sie entfernten den Menschen aus der Mitte des Kosmos. Ihre Geschichten sind bis auf die Bühnen unserer Tage vorgedrungen (4) und so bekannt, daß ich mich auf Stichworte beschränken kann. Für GALILEI wurde in seinem fünfundvierzigsten Lebensjahr (1609) das Fernrohr verwendbar und schon im Folgejahr entscheidend. Denn allein durch dieses entdeckte er, noch in Padua, die Jupiter-Monde und die Eigenschaften des Saturns. Er wird ›Erster Mathematiker und Philosoph des Großherzogs von Toscana‹. Im August erreicht sein Brief durch den toskanischen Gesandten in Prag KEPLER. »Sie, mein GALILEI«, antwortet dieser enthusiastisch, »öffneten das Allerheiligste des Himmels. Was können Sie anderes tun, als den Lärm, der sich erhob, zu verachten.« Und GALILEI antwortet: »Du bist der erste und beinahe der einzige . . ., der meinen Angaben vollkommen Glauben beimißt«, hier aber: »alle schweigen und schwanken . . . was ist zu tun? Ich denke, mein KEPLER, wir lachen über die Dummheit der Masse.« (20) Und noch im September, schon in Florenz, entdeckt er die Phasen der Venus. GALILEI ist auf dem Höhepunkt seines Lebens. Aber schon verdichtet sich der Widerspruch; treue Aristoteliker und bald darauf die Kirche. Von KEPLER, der bereits aus Graz verbannt, auch Prag verläßt, erscheint die »Astronomia Nova« (29). 1615 wird seine Mutter als Hexe angeklagt. Der Dominikaner LORINI denunziert GALILEI bei der Inquisition. Er reist zum dritten Mal nach Rom, verteidigt KOPERNIKUS mit der (übrigens verfehlten) Auslegung von ›Ebbe und Flut‹ und wird von der Inquisition ›ermahnt‹. Die Lehre kommt auf den Index. Er ist nun zweiundfünfzig. 1618 entdeckt KEPLER das dritte Planetengesetz, 1619 wird er vom lutherischen Abendmahl ausgeschlossen. 1620 reist er erneut nach Württemberg, um seiner Mutter im Hexenprozeß beizustehen. Auch er wird fünfzig. GALILEIS »Saggiatore« wird zum Druck zugelassen (1623) und der »Dialogo dei Massimi Sistemi«. Vierte und fünfte Romreise, sechzig- und sechsundsechzigjährig. Nach unruhigen Wanderjahren stirbt KEPLER 1630. 1632 wird die Verbreitung von GALILEIS »Dialogo« verboten, seine Erblindung beginnt; er wird vor den Generalkommissar der Inquisition zitiert; bereits schwerkrank. 1633 muß er das sechste Mal, ein letztes Mal, nach Rom; verteidigt sich naiv, ungeschickt. Die Folter soll in Aussicht gestellt worden sein. Fast siebzig, gebrochen, gläubig wie eh und je, doch im doppelten Sinne, schwört er ab. In Siena interniert. Aber die Abschrift des »Dialogo« gelangt nach Deutschland und erscheint 1635, lateinisch, in Leiden. Mit vierundsiebzig erblindet er völlig (1638), bittet die Inquisition um Befreiung, läßt noch über die Schwankungen des Mondes schreiben. Schwerkrank darf er sich in sein Haus begeben. Der »Dialogo« erscheint in Paris. 1642 stirbt GALILEI im achtundsiebzigsten Lebensjahr. Zweihundert Jahre später wird der »Dialogo« vom Index gestrichen (1835). Dreihundertfünfzig Jahre nach seiner Verurteilung (1978) erwägt man seine Rehabilitierung.

All das ist bekannt und Anlaß für viele Historien, sogar für die dramatische Kunst, geworden. Zweifellos können wir aber selbst solch dramatisches Schicksal nur als Symbol für die unzähligen, den Historikern verborgenen kleinen Dramen auffassen, die sich zwischen jenen zweihundert und dreihundertfünfzig Jahren in und zwischen Menschen abspielten; Menschen, die da ihrem Glauben, dort dem Sinn des Wissens zu mißtrauen begannen. Dieses viel umfänglichere Drama aber ist nirgends verzeichnet. Es sei denn in einem leerer werdenden Menschenbild.

Die zweite Konfrontation beginnt mit der Gestalt ERNST HAEKKELS (18). Nur fünf Jahre älter als DARWINS Sohn WILLIAM steht er sogleich im Banne der Abstammungslehre und verschreibt ihr sein ganzes, einflußreiches Leben. Wie GALILEI, der dreißigjährig schon ganz für KOPERNIKUS eintritt, bekennt sich HAECKEL, mit achtundzwanzig für die neue Theorie, eben erst außerordentlicher Professor in Jena; besucht mit zweiunddreißig (1866) DARWIN und THOMAS

Huxley, mit seiner eben erschienenen Arbeit »Generelle Morphologie«. Mit achtunddreißig, nun Ordinarius in Jena, formuliert er seinen wesentlichen Beitrag zur Abstammungslehre, das »Biologische Grundgesetz«; ›in der Keimesentwicklung wiederholen sich Strukturen aus der Stammesentwicklung‹. Es trägt noch heute seinen Namen. 1874 erscheint die »Anthropogenie oder Entwicklungsgeschichte des Menschen«. Virchow wird sein Gegner, Haeckel ist nun vierzig und auch nicht zimperlich. Ein Sturm der Entrüstung hebt an. Sein Werk, schreibt der Altkatholik Michelis, ist »eine Schmach, ein Schandfleck für Deutschland«. Virchow wirft ihm das Übelste vor: ›sozialistische Tendenzen‹. Haeckel antwortet mit »Freie Wissenschaft und freie Lehre« und nennt Virchows Rede ein »gefährliches Attentat . . . auf die Freiheit der Wissenschaft«. Noch geräuschvoller wird die Szene 1892 mit seiner Altenburger Rede »Der Monismus als Band zwischen Religion und Wissenschaft«. Haeckel ist nun achtundfünfzig. Man unterschiebt ihm, ›Gott sei ein gasförmiges Wirbeltier‹. Eine Verleumdung. In Wahrheit war er ein ›Gottsucher‹, der seine Vorstellung auf Goethe zurückführte, den man heute wohl auch keinen Atheisten mehr nennen würde. »Das walte Gott«, so schloß er jene Rede, »der Geist des Guten, des Schönen und der Wahrheit.« Anders als im 17. Jahrhundert blieb der Klerus im Hintergrund, wirkte aber nun über bösmeinende Kollegen – viel zeitgemäßer. Rudolf Steiner stellte sich hinter ihn. Fälschung wird ihm unterstellt, von einflußreichen Gegnern seine Absetzung verlangt, da zur Jahrhundertwende die »Welträtsel«, dann »Die Lebenswunder« erschienen. Er bietet seine Amtsniederlegung an. Das Gesuch wird nicht angenommen. Karl Alexander, Großherzog von Weimar, hält ihn, obwohl er von ›grimmigen Theologen‹ bestürmt wird. Als Haeckel sich gegen »absichtliche Täuschung« wehrt und »unkritische Glaubenslehren«, rät er nur: »So etwas denkt man wohl, mein lieber Professor, aber man läßt es nicht drucken.« Aber die Angriffe werden massiver. Voran der Botaniker Johannes Reinke mit dem Jesuitenpater Erich Wasmann. Haeckel wirft ihnen vor, »die Leichtgläubigkeit der ungebildeten Volksmassen zur Förderung ihrer egoistischen Zwecke auszunutzen«. Er dagegen tritt ein für praktischen Monismus und weltliche Macht. Auf dem Freidenker-Kongreß, Rom 1904, wird Haeckel zum Gegenpapst (!) ausgerufen, und als er am Denkmal Giordano Brunos seinen Kranz niederlegte,

»Per la Germania – Ernesto Haeckel«, soll die Begeisterung der 2000 oder 3000 groß gewesen sein, »und Jubel ohne Ende grüßte ihn«. EBERHARD DENNERT, der seit 1895 HAECKEL bekämpfte, gründet 1907 gegen ihn noch den KEPLER-Bund (man beachte die Verwirrung!) und berichtet »Vom Sterbelager des Darwinismus« (9). HAEKKEL antwortet mit »Sandalion. Eine offene Antwort auf die Fälschungsanklagen der Jesuiten« (15); er ist nun fünfundsiebzig. Als Gründer von Archiven, Museen, Gedenkstätten, verhaßt wie bewundert, stirbt HAECKEL fünfundachtzigjährig. Und für die Wissenschaft war die Abstammungslehre eine Selbstverständlichkeit geworden. »Aber noch 1941«, so blickt KÜNG zurück, »beinahe ein Jahrhundert nach der Veröffentlichung von DARWINS ›Origin of Species‹ behauptet PIUS XII. in einer Ansprache an die Mitglieder der Päpstlichen Akademie der Wissenschaften, der Ursprung des Menschenlebens aus tierischen Vorfahren sei völlig unbewiesen« (24). Erst 1950, in der Enzyklika »Humani generis« (23), anerkennt PIUS XII. das Gespräch über die somatische Evolution. Zieht sich die Kirche auf die Schöpfung der Seele zurück? Schon HAECKEL sah »eine Raumnot Gottes« voraus. Bestätigte nun die Kirche mit ihrer Haltung diese Vision HAECKELS?

Und noch mehr als in der ersten Konfrontation ist dieses Ereignis um die zweite kopernikanische Wende, die nun den Menschen noch in das Tierreich stellt, symbolisch. Symbolisch für ein ganzes Jahrhundert, das bislang auf die »Entstehung der Arten« folgte. Nichts aus den Naturwissenschaften, so wird behauptet, habe der Kirche mehr geschadet als diese Auseinandersetzung. Obwohl man bereits die Konfrontation mit der astronomischen Wende zusammen mit jenen des ost-westlichen Schismas und der westlichen Glaubensspaltung »zu den drei größten Katastrophen der Kirchengeschichte gezählt hat« (24, 10). Aber auch der wissenschaftlichen Biologie hat die Auseinandersetzung Mißtrauen und Abneigung eingetragen; und zwar gesetzlich festgelegt gerade durch jene weltliche Macht, für deren höhere Vernunft HAECKEL eintreten wollte. Man wird sich beispielsweise des ›Affenprozesses‹ 1925 in Dayton erinnern (16, 47), einem Örtchen von heute noch wenigen tausend Einwohnern in Tennessee. Der Biologielehrer J. T. SCOPES forderte das Gesetz heraus, das noch immer verbot, in öffentlichen Schulen die Abstammungslehre zu unterrichten. Förderer der Anklage war der Anwalt und dreimalige Präsidentschaftskandidat WILLIAM BRYAN. Man fand gute Gegenanwälte, verlor, hatte aber das Gelächter auf seiner Seite. Und das Gesetz wurde später geändert. Und ein noch kleineres Symbol: Vierzig Jahre später, als ich selbst an einer angesehenen Universität der Südstaaten Abstammungslehre zu unterrichten hatte, baten mich kluge Freunde, jeweils auch das 1. Buch MOSES zu erwähnen. Die große Welt der kleinen Dramen aber bleibt wiederum ungeschrieben; hier erst recht. Es sei denn in einem böse werdenden Menschenbild.

Die mögliche dritte Wende

Waren die beiden historischen Wenden unvermeidlich? Offenbar, denn sie sind ein Teil des Erkenntnisprozesses der Menschen. Wären aber die Zusammenstöße zu vermeiden gewesen? Vielleicht, doch auch das ist ungewiß. Die eine Generation, für welche die neue Erfahrung selbstverständlich wurde, hält es für ihre Pflicht, den Menschen zu sagen, wo sie sich in Wahrheit befinden. Die andere Generation, welche Wahrheit von jenseits der Erfahrung bezieht, muß die Instanz, auf die sie sich berufen hat, angegriffen sehen.

Werden also auch künftig Wenden des Weltbildes unvermeidlich sein? Die Antwort wird davon abhängen, wie man das Verhältnis zwischen unserer Vernunft und unserem weiteren Erkenntnisvermögen einschätzt. Ich für meinen Teil würde fortan mit neuen Wenden rechnen; nicht, weil mir unser Erkenntnisvermögen beträchtlich schiene, ganz im Gegenteil, weil ich fortgesetzt sehe, wie bescheiden unsere bisherige Übersicht ist. Müssen sich darum auch die Zusammenstöße notwendig wiederholen? Dies mag eine Frage sein, die uns einige Verantwortung auferlegt.

Was also harrt an neuer Einsicht? Wir sagen schon: Der Inhalt der ›Evolutionären Erkenntnistheorie‹.

Die neuen Entdeckungen

Jener Komplex von Merkmalen, der uns so spezifisch menschlich erscheint, nämlich Bewußtsein, Vernunft, Ratio und Geist, muß in einem gleitenden Prozeß auf höchst natürliche Weise, ja notwendigerweise entstanden, die Folge der Evolution der Organismen sein. Das, was wir Menschen als unser Privileg betrachten, eine geistige Welt, wäre aufgrund von Naturgesetzen eine Folge der materiellen.

Die zu diesen Konsequenzen führenden Entdeckungen sind von der Biologie getragen, vornehmlich einer Generation. Und soweit die noch sehr nahe Perspektive die Quellen dieser Entdeckung getreu gewichten läßt, sind deren wohl ein halbes Dutzend anzugeben; zwar nicht gleich im Gewicht, unentbehrlich aber alle zur Begründung der nun strömenden neuen Einsichten.

Genügten in der ersten Wende noch die Jupiter-Monde, Venus-Phasen und KEPLER-Gesetze, um ein Weltbild zu ändern, schon in der zweiten hatten Biologie und Geologie, Paläontologie und Länderkunde zusammenzuwirken. Immer differenzierter wird der Hintergrund, vor welchem die Szene spielt. Nun sind Verhaltenslehre und Evolutionstheorie, Psychologie und Sprachtheorie, Erkenntnis- und Wissenschaftstheorie darin verbunden. Nicht minder ist die Komplexität des Wechselzusammenhangs der Fakten gewachsen. Und jene Nähe der Perspektive läßt es geraten erscheinen, nicht den Hergang dieser Wechselwirkungen, sondern die Einzellösungen aus ihren Ausgangspositionen zu schildern, wie sie eben nur alle zusammen unser Weltbild ein drittes Mal wenden.

Die Entstehung des Bewußtseins erscheint auf den ersten Blick als der Kern der Sache. Es entsteht mit reich entwickeltem Gedächtnis und assoziativer Kombinatorik in der Großhirnrinde, etwa parallel der Furchung dieses Cortex oder Neopallium der höheren Säuger: als eine ›zentrale Repräsentation des Raums‹. Durchgesetzt von jenem außerordentlichen Druck der Selektion, wie sie die probeweise Vorstellung von einer Handlung vor deren spontaner Durchführung bevorzugen muß. Denn von nun an kann die Hypothese stellvertretend für ihren Besitzer sterben. Spätestens von den höheren Affen gilt diese Fähigkeit als verbürgt, aber Vorläufer und Ansätze reichen durch alle Säuger bis in die Welt der Vögel. Diese Einsicht beginnt in den zwanziger Jahren und entwickelt sich etwa von WOLFGANG und OTTO KÖHLER immer deutlicher bis zur Moderne (28).

Die Entstehung des Ich-Bewußtseins ist darin ein bedeutender Schritt. Gefördert durch die Evolution des beidäugigen räumlichen Sehens, der Greifhand, ihrer Tätigkeit im Sehraum, aber auch durch die Entwicklung komplexer Sozialstrukturen, individuelles Kennenlernen, verlängerte Mutterabhängigkeit sowie durch das Entstehen von Neugierde, Nachahmung und Spiel. Eine Koinzidenz von Entwicklungen, wie sie alle auf die Hominiden zu konvergieren. Die Psychoanalyse seit FREUD, die Psychologie PIAGETS haben vorbereitet. Anthropologie und Verhaltenslehre haben die Stammesgeschichte des Vorgangs erarbeitet.

Die Entstehung der Vernunft ist aber die Voraussetzung dafür, daß die Operationen des Bewußtseins, des Ich-Bewußtseins, überhaupt sinnvoll und von der Selektion gefördert werden. Die Entdeckung dieser Entwicklung beginnt vielleicht schon mit ERWIN SCHRÖDINGERS Erkenntnis, daß Leben ein ordnender, gewiß aber mit jener von KONRAD LORENZ, daß es ein erkenntnisgewinnender Prozeß ist. Mit LORENZ werden die »angeborenen Formen möglicher Erfahrung« sichtbar. Und wieder hat die Psychologie mit PIAGET, mit EGON BRUNSWICK, haben nun auch die Anthropologie mit ARNOLD GEHLEN und die Erforschung unseres Spracherwerbs mit CHOMSKY und LENNEBERG (26) Vor- und Mitarbeit geleistet. Die Evolution des Lebendigen erweist sich als ein vernunftsähnlicher Prozeß. Die Vernunft des Lebendigen wird über viele Schichten, über Strukturen, Reflexe, Auslöser, Triebe, einen ganzen Weltbildapparat vorbereitet (27); sie hat das Bewußtwerden erst möglich gemacht und wurde durch dieses Bewußtsein selbst sichtbar (28, 38, 40).

Die Aufdeckung eines universellen Prinzips des schöpferischen Lernens, des Erkenntnisgewinns, war damit möglich. Hier reichen Wurzeln bis zu DAVID HUME und JOHN STUART MILL, aber die neue Entwicklung beginnt erst mit der Psychologie DONALD CAMPBELLS (5), der Erkenntnislehren von KARL POPPER (34, 35) und ERHARD OESER (31) und meinen Studien über die Prinzipien der Evolution (38, 40). Aber wir alle bauten wieder auf KONRAD LORENZ auf. Nicht nur die Inhalte unseres Denkens, so konnte es sich erweisen, selbst seine Vorgangsweise mußte ein Produkt der Selektion sein. Die Weise, wie sich das Lebendige als »hypothetischer Realist« verhält, wie es Gewißheit und Abstraktion erreicht, wie es in normativen und hierarchischen Mustern seine Daten verrechnet, wie es die *Apriori* der Vernunft und der Urteilskraft vorwegnimmt und unser Denken lenkt, muß an der lehrenden Matrix einer entsprechend geordneten Welt erlernt worden sein.

Die Aufdeckung dieser objektiven Ordnung, selbst der Organisation des Lebendigen, enthält nun ihrerseits die Begründung jenes Prinzips des schöpferischen Lernens. An diesem Gegenstand begannen meine eigenen Studien (37), bis ich mit ihrem Resultat zu sehen vermochte, jene Strukturgleichheit, jene ›Isomorphie‹ in Händen zu haben, wie sie als die Lernmatrix für das erwartete Lernprinzip zu fordern war; zunächst von der Verhaltensforschung (28, 38), dann von der Erkenntnislehre (45, 40). Wir entdecken also nicht deshalb eine sehr spezielle Ordnung von Gesetzlichkeit, weil wir die Welt anders nicht zu denken vermögen; wir denken vielmehr die Welt nach jenem Gesetz und Ordnungsmuster dieser Welt, welche als Lernmatrix der Evolution unseres Denkens zugrunde lagen.

Die Aufdeckung desselben Algorithmus schöpferischen Lernens durch Erhard Oeser (31) enthält aber nun erst den Hinweis darauf, daß er bis in den komplexen Bereich rationaler, kultureller Lernprozesse hindurchreicht. Das war nach der ›Strategie dieser Genesis‹ zwar zu postulieren (38), stützte sich auf Lorenz (28), der wieder durch Nicolai Hartmann gestützt war. Die unabhängige Aufdekkung desselben Prinzips in der ›Dynamik der wissenschaftlichen Theorien‹ (31) schließt jedoch den Kreis der ›stammesgeschichtlichen Grundlagen der Vernunft‹ (40) bis an die geistigen Grundlagen der Kultur.

Die evolutionäre Theorie der Erkenntnis schildert also die Entwicklung von Bewußtsein, Vernunft und Ratio als die natürliche Konsequenz der Prinzipien der Evolution. Und wenn wir unter Bewußtsein unser Erleben geistiger und seelischer Zustände verstehen, unter Vernunft den Erfolg jenes Wirkens, das mit Einsicht, Geist und Intelligenz umschrieben wird, das Vermögen der Ideen, des Wissens und Handelns, und unter Ratio den bewußten Verstand, das bewußte Verfolgen geistiger Folgerungen und Erkenntnisgründe, so sind wir einer Naturgeschichte des menschlichen Geistes sehr nahegekommen. Der Weg zu seiner Erforschung ist aufgeschlossen. Freilich, die Begründung dieser Erwartung kann ich auf diesen wenigen Seiten nicht darlegen und muß den interessierten Leser auf die zitierten Quellen verweisen. Nur der Umriß der Entdeckung konnte gezeichnet werden.

An dieser Stelle kann es auch genügen festzustellen, was sich durch die Einsicht an unserem Weltbild änderte, für den Fall sich unsere Beweise als unwiderlegbar erweisen werden. Was wir Biologen dem Evolutionsprozeß neuerdings entnehmen, so deuten es die Philosophen (45), ist zunächst eine Wende für die Philosophie. Sie mußte zur Einsicht gelangen, daß sich unsere Vernunft aus sich allein nicht zu begründen vermag. Seit es Philosophie gibt, kann sie die Realität der Welt nicht beweisen, sie kann die Übereinstimmung von Denkordnung und Naturordnung nicht begründen, sie vermag die Herkunft unserer Denkvoraussetzungen, die KANTschen *Apriori* nicht abzuleiten, selbst den induktiven Schluß, also jenen vom Speziellen auf das Allgemeine, auf dem alle Erfahrungswissenschaft gründet, kann sie nicht rechtfertigen (1, 21, 22, 31, 34, 35, 43, 45). Die Biologie rechtfertigt nun die Induktion aus dem angeborenen Lernverhalten der Organismen, die *Apriori* als *a posteriori*-Lernergebnisse ihres Stammes, die Passung auf die Naturordnung als Resultat der Anpassung, und die Natur selbst kann dann als die Lernmatrix nicht weniger real sein als das Lernprodukt, unsere bewußte Vernunft, die wir als real erleben (5, 6, 26, 27, 28, 31, 37, 38, 39, 40, 45).

Nun haben Strömungen der Philosophie schon wiederholt Wendungen erlebt, ohne daß diese zu den kopernikanischen Wenden zählten. Selbst die Lösung der alten Streite zwischen Empirismus und Rationalismus, zwischen Materialismus und Idealismus sowie zwischen Kausalismus und Finalismus, wie sie die Evolutionäre Erkenntnislehre anbietet, machte eine solche Wende noch nicht aus. Entscheidend ist vielmehr die Einsicht, daß Vernunft und Rationalität als höchst natürliche, aus bestimmten Konstellationen sogar notwendige Produkte der Evolution verstanden werden können. Nichts Übernatürliches muß in ihnen gesehen werden. Und diese, über das Materielle und triebhaft Sinnliche hinausreichende, intelligente Seite des menschlichen Seins, wie sie aus Denken, Bewußtsein und Vernunft besteht, wird als das erlebt, was wir Geist nennen. Es geht also um eine naturgeschichtliche Lösung des Problems jener Dualität dieser Welt, wie sie Philosophie und Religion immer wieder in Geist und Materie, Seele und Leib, Gott und die Welt zerlegt erschien.

Dieser Dualismus aber kann durchschaubar werden, sobald wir

feststellen, daß Körper und Geist nach denselben Evolutionsgesetzen zustande kommen. »Der Mensch, das Kind der Natur«, faßt Carl Friedrich von Weizsäcker diesen Gegenstand zusammen, »verdankt seine Herkunft Anpassungen an die Natur; diese beschreibt Lorenz unter dem Titel ›Die Rückseite des Spiegels‹. Mittels dieser Anpassungen und seiner kulturellen Erfindungen betreibt der Mensch Wissenschaft; in der Wissenschaft spiegelt er die Natur.« Gehen wir, weiter mit Weizsäcker, von diesen erkennenden Subjekten aus »und behaupten, daß für diese alles, wovon sie objektivierbare Erfahrung, das heißt begriffliche Erfahrung in der Zeit haben, den Gesetzen der Physik unterliegen muß, denn diese Gesetze sind die Bedingungen möglicher objektivierbarer Erfahrung. Was diesen Gesetzen genügt, nennen wir aber Materie. Nun sind aus der so beschreibbaren Natur eben die menschlichen Subjekte geschichtlich hervorgegangen. Soweit sie von sich selbst objektivierbare Erfahrung gewinnen können, sind sie also für sich selbst als Objekte der Physik, als Materie zu beschreiben. Dies hebt keinen Augenblick ihr Wissen auf, daß sie Subjekte, also Bewußtsein sind. Eben dies hat Lorenz in der oben zitierten Stelle phänomenologisch festgestellt; unser spontanes Wissen läßt sich die Identität von ›Leib‹ und ›Seele‹ nicht ausreden ... jedenfalls sind die beiden cartesischen ›Substanzen‹ nur methodische Positionen; sie sind die Wirklichkeit, einmal ›als Subjekt‹, einmal ›als Objekt‹ angeschaut. Und spätestens die Quantentheorie lehrt uns, daß beide Positionen nur Näherungen bezeichnen.« (49, S. 194 f.) Die Wende in der Betrachtung des Menschen ist, merkwürdig genug, von der Quantenphysik vorbereitet und wird von der Biologie vollzogen.

Kehren wir also zur zweiten Frage zurück, um zu sehen, ob es in dieser Wende zu einer Konfrontation kommen kann. Die Antwort muß zunächst von der Lage der zweiten Position abhängen. Die Kirche vertritt in unserem Gegenstand eine Dichotomie. Die Heilige Schrift, wie die Auslegung durch die scholastische Philosophie, läßt die allgemein biologischen Gegebenheiten des Seelischen beim Menschen in der vernünftigen oder ›Geistseele‹ aufgehen. Und sie betrachtet gegenläufig die ›vernünftige Seele‹ als die unmittelbare Wesensform des Leibes. Zweigeteilt verkündet auch die Enzyklika Papst Pius XII., »Humani generis« von 1950, die Auslegung der Evolution (33): Es »verbietet das Lehramt der Kirche nicht«, so heißt es darin,

»daß in Übereinstimmung mit dem augenblicklichen Stand der menschlichen Wissenschaft und der Theologie die *Entwicklungslehre* Gegenstand der Untersuchungen und Besprechungen der Fachleute beider Gebiete sei, soweit sie Forschungen anstellt über den Ursprung des menschlichen Körpers aus einer bereits bestehenden, lebenden Materie, während der katholische Glaube uns verpflichtet, daran festzuhalten, daß die Seelen unmittelbar von Gott geschaffen sind« (33, S. 94). Die somatische Evolution ist also nunmehr, wie wir schon anmerkten, anerkannt; die ›nicht-somatische‹ ist es nicht. Die Konfrontation kann also kommen, und zwar in dem Maße die Kirche den Geist als einen Teil der Seele versteht oder die Wissenschaft mit einer naturgesetzlichen Erklärung des Geistes auch die Seele verstanden sehen will.

Muß der Vergleich der Weltbilder aber wieder notwendig zu einer Auseinandersetzung führen? Und was würde diese bringen? Mir erscheint diese Frage nicht unbedeutend. Denn man fragt sich, wieviel Schaden hätte verhütet werden können, wäre es gelungen, die beiden historischen Zusammenstöße zu vermeiden. Vielleicht kann der Anlaß der dritten Wende noch schwerer wiegen. Denn zweifellos rücken die Gegenstände, bei welchen unser Weltbild wendet, immer näher an den Kern des Menschen heran.

An dieser Stelle habe ich als Referent zu schließen. Und fragt man sich, was denn nun zu geschehen habe, so darf ich noch anfügen: Erforderlich ist nun das Gespräch: ein Prozeß des Lernens und Lehrens, des Verstehens. Selbst auf die Gefahr hin, den Leser zu enttäuschen, muß das Weitere dem Dialog überlassen bleiben. Denn man wird mir bestätigen, daß ich nicht dazu bestellt sein kann, die Kirche zu belehren. Als Naturwissenschaftler sah ich meine Aufgabe darin, auf ein Problem aufmerksam zu machen, das auf unsere abendländische Kultur zukommen kann. Zumal ich scheinbar der erste bin, der diese Möglichkeit voraussieht: dabei geht es darum, einen Zusammenstoß vermeiden zu helfen. Dies werden jene, die es sehen, als eine Verpflichtung betrachten können gegenüber unserer Kultur und besonders gegenüber ihren Menschen.

Ich habe, so wahr ich es vermag, meine wissenschaftliche Sicht referiert. Möge dies dazu beitragen, das Gespräch ernsthaft aufzunehmen. Die Lösung kann darin gefunden werden, so es rechtzeitig beginnt.

[1] Albert, H., 1973. [2] Becker, F., 1947. [3] Berger, P. u. Th. Luckmann, 1977. [4] Brecht, B., 1955. [5] Campbell, D., 1959. [6] Campbell, D., 1974. [7] Darwin, Ch., 1859. [8] Darwin, F., 1925. [9] Dennert, E., 1906. [10] Dessauer, F., 1943. [11] Ditfurth, H. v. 1976. [12] Feyerabend, P., 1976. [13] Glass, B., O. Temkin u. W. Straus, 1968. [14] Hartmann, N., 1964. [15] Haeckel, E., 1910. [16] Hays, A., 1960. [17] Heisenberg, W., 1972. [18] Hemleben, J., 1964. [19] Hemleben, J., 1968. [20] Hemleben, J. 1969. [21] Kant, I., 1787. [22] Kant, I., 1790. [23] Kuhn, Th., 1976. [24] Küng, H., 1978. [25] Lamarck, J. B. de Monet de, 1809. [26] Lenneberg, E., 1972. [27] Lorenz, K., 1941. [28] Lorenz, K., 1973. [29] Oeser, E., 1971. [30] Oeser, E., 1974. [31] Oeser, E., 1976. [32] Oeser, E., 1979. [33] Pius XII. (Papst), 1950. [34] Popper, K., 1973. [35] Popper, K., 1973a. [36] Prowe, L., 1967. [37] Riedl, R., 1975. [38] Riedl, R., 1976. [39] Riedl, R., 1978–79. [40] Riedl, R., 1979. [41] Rosenthal, J., 1982. [42] Schwabl, H., 1958. [43] Stegmüller, W., 1971. [44] Topitsch, E., 1958. [45] Vollmer, G., 1975. [46] Watzlawick, P., 1976. [47] Weinberg, A., 1963. [48] Weizsäcker, C. F. v., 1971. [49] Weizsäcker, C. F. v., 1977.

II 12 Der Menschheit Würde

Sie war nach Schiller *den Mimen in die Hand gegeben. Heute, behaupte ich, sind wir alle zugleich Helden wie Nebenfiguren und Komparserie dieses Welttheaters. Und ich halte es für ratsam, die Würde, welche wir Menschen uns zumessen (oder uns zugemessen meinen), auch selbst zu vertreten. Sonst nämlich werden wir es verdient haben, sie endgültig zu verlieren. In der Auseinandersetzung, welche jüngst wieder fundamentalistische Sekten vom Zaune brachen, ist neuerlich Schöpfung kontra Evolution gesetzt worden: mit der affektbetonten Behauptung, daß das Evolutionskonzept den Menschen seiner Würde beraube. Hier melde ich Zweifel an. Aber mein Zweifel ist nicht neu; schon* Thomas Huxley *äußerte ihn gegenüber Bischof* Samuel Wilberforce, *der bald nach dem Erscheinen der »Entstehung der Arten« trachtete,* Darwin *lächerlich zu machen.* Huxley *erwiderte auf* Wilberforces *Anwürfe, daß er, vor die Wahl gestellt, einen infamen Menschen oder einen Affen zum Großvater zu haben, gewiß dem Affen den Vorzug geben müßte.*

Nochmals war es Hubert Feichtlbauer, *der mich aus Anlaß jener Evolution-versus-Schöpfung-Debatte um einen Beitrag bat. Wir fanden, daß der Gegenstand einmal aus Lebenssituationen und aus dem Alltag entwickelt werden sollte. Das Folgende erschien (am 3. Juni 1981) in »Die Furche« (Wien).*

Man denke sich nackt vor der Musterungskommission. Das Haar verwirrt vom eiligen Überziehen der Wäsche, rötliche Ribbelfurchen an den Druckstellen der Einzuggummis. Rundum zweierlei Wesen menschlicher Abstammung: bekleidete und nackte. Die Nackten in dichter Reihe, belämmerte Gesichter oder gefaßte, paramilitärische Haltungen oder ungekünstelte Verwirrung. Die Bekleideten in Ornaten: Ärztemäntel und Stethoskop um den Hals oder pralle Uniformen, am Hals höhere Distinktionen. Jene im Schutz der Ornate in lässiger Geschäftigkeit; die Schutzlosen schweißnaß unter den Achseln und mit dem Gefühl kalter, klebriger Füße. Besichtigung von vorne mit Fragen nach Schulen – Zunge heraus – und Kinderkrankheiten. Der Zusammenhang ist unklar. Alles scheint sehr ferne. Zunge hinein – Besichtigung von hinten und so weiter.

Würde, so fällt einem dabei ein, bezeichnet »die einem Menschen kraft seines inneren Wertes zukommende Bedeutung« (BROCKHAUS 1974) oder: »die ästhetisch anziehende, in Haltung, Benehmen und Sprache sich kundgebende äußere Erscheinung gefestigter Willensgefühle« (MEYER 1909). Das Selbstwertgefühl steht auf der Probe, und es besteht sie schlecht. Etwas entzogene Hülle, geschneiderte wie standesbezogene, genügt der Verunsicherung. Wohingegen jener Selbstwert die Prüfung des Alltags geradezu mit Selbstgefälligkeit besteht, vielleicht seine Prüfung gar nicht wahrnimmt.

Zwingen denn die Selbstverständlichkeiten unseres Gemeinwesens nicht zur Defensive, den ›Wert des Selbst‹ aus dem Spiel zu lassen? Zwingt nicht stets die Klugheit, da zu Verdunkelungen, dort zu Koalitionen gegen besseres Gewissen? Ist derlei Gewissen nicht letztlich Sache jenes Wesens, das als ›Gemein-Wesen‹ deutlich genug gezeichnet ist? Verpflichten unsere Geschäfte nicht zur selbsterhaltenden Kontenance, zum Realismus? Und widerlegte uns ein guter Witz oder Prediger, so wird zwar kurz gelacht oder geweint, um nur um so selbstverständlicher zurückzufinden in die harte Realität der Wirklichkeit. In die Wirklichkeit einer gemeingefährlichen Zivilisation, die weder im Straßenverkehr nachgibt noch im Geschäft, in der Politik und schon gar nicht in den Abrüstungskonferenzen. Da sind die Prüfungen, die unser Selbstwertgefühl meint nicht einmal wahrnehmen zu müssen. Sie bleiben jenem Gemeinwesen überlassen – sie werden fortdelegiert von der persönlichen Verantwortung.

Ganz anders steht es mit jenen Abhhängigkeiten, jenen Prüfungen unseres Selbstwertes, von welchen wir annehmen, sie nicht delegieren zu können. Ein Zufall etwa bringt uns in kümmerlichem Aufzug in eine fremde, festlich gekleidete Gesellschaft oder läßt Persönlichkeiten von Bedeutung mitten ins Aufräumen großer häuslicher Unordnung hereinplatzen. Sogleich neigen wir dann zu Erklärungen, in welchen wir versuchen, den Zustand für uns als untypisch erscheinen zu lassen. Dies ist gewiß kleinlich, doch irgendeine Art Würde ist es, die berührt wird.

Kleinlicher noch verkehren wir mit jenen unserer Mängel, sollten wir sie als haftend erleben. Welch seltsame Grimasse etwa legt sich einer zu, wenn es ihm darauf ankommt, beim Lachen einen Mangel der Schneidezähne zu verbergen. Welch seltsames Deutsch entsteht, wenn im (vermeintlich) feinen Umgang mangelnde Beherrschung des Hochdeutschen kaschiert werden soll; wenn es darauf anzukommen scheint, tiefe Bildungsmängel im (geistreichen) Gespräch zu kompensieren, die eigene Herkunft zu verleugnen.

Was aber hier noch als ›Allzumenschliches‹ unsere Nachsicht verdient, schon im nächsten Schritt, in der nächsten Konsequenz, wird es diese unsere Qualität in Frage stellen. Dann nämlich, wenn das Verbergen unserer Herkunft etwa die Eltern einbezieht. Welch beschämende Situationen sind uns da schon begegnet! Denkt jener Parvenü, der sich seiner ungebildeten Mutter schämt, daran, mit welch ihr ungewöhnlichen Hoffnungen sie ihn erwartet, mit welchen Schmerzen sie ihn geboren, mit welcher Hingabe sie ihn gesäugt und gepflegt haben mag? Ungeachtet dessen, daß nichts anderes aus ihm werden würde als ein ganz gewöhnlicher Parvenü? Denkt er, der sich des plumpen Vaters schämt, daß dessen schwere Hände eben am Schaffen jener Welt schwer geworden sind, die ihn hochgespült hat und ihn nun trägt?

Hat uns nicht dieses Gemein-Wesen dazu angestiftet, rundum zu leugnen, wenn es um unseren Selbstwert geht? Verantwortungen, die unsere Würde bestimmen, ins anonyme Kollektiv zu schieben, wenn das, wie in unserer Gemeinschaft vereinbar, zulässig erscheint; Hintergründe aber, vor welchen unsere Würde durchscheinend werden könnte, abzustreiten? Was bürgt dann noch für jene ›inneren Werte‹ oder jenes ›gefestigte Willensgefühl‹? Woher, meint er, sollte er diese bezogen haben? Offenbar will er diese von Geburt an besitzen. Was für eine feudalistische Überheblichkeit! Aber verantworten will er sie im Gemeinwesen nicht. Ein Egoismus kurzsichtiger Art, denn er scheint nicht zu sehen, daß er der Sippenhaftung für den kollektiven Unsinn unserer Gesellschaft nicht entgehen kann.

Hat er nicht bemerkt, daß des Menschen Würde verdient sein will, daß sie selbst geschaffen sein muß und selbst verantwortet? Was könnte sie wert sein, wenn sie geschenkt wäre, ein Zufallsprodukt, das nicht einmal verantwortet werden müßte? Und wenn es so wäre, was wollte solch ein vergoldeter Kohlkopf unter lauter vergoldeten Kohlköpfen?

Woher stammt also der Menschheit Würde? Wir mußten sie uns mit Mühen verdienen. Wir haben sie in einer absurden und blutrünstigen Geschichte allmählich geschaffen – gemeinsam wie im Bemühen jedes einzelnen von uns Menschen, durch die zahllosen Ketten unserer hoffnungserfüllten und wechselhaften Schicksale und immer wieder vom Lallen des Säuglings zum stammelnden Greis. Vom einfachsten Fruchtbarkeits-Figürchen haben wir uns hinaufverdient bis zum Moses des Michelangelo, aus den Höhlen bis in die Konzertsäle und Akademien, vom Heulen der Horde zur Matthäuspassion. Schämen wir uns dessen? Schämen sollten wir uns vielmehr dessen, was wir noch immer nicht überwunden haben: der Eigensucht, der Aggression, des Machtstrebens, der Demagogie, der Manipulierbarkeit, der Kriege, des Umstands, daß sich unser Hirn als waschbar erweist.

Und wenn der Mensch sich dessen nicht schämt, schämt er sich jener, die den Kannibalismus überwanden, derer, die den Weg vom Gebrüll zur artikulierten Sprache schafften? Oder noch weiter zurück: derer, die sich aufrichteten, den Kopf frei bekamen und die Hände? Wäre er seiner würdiger, hätte ihn ein Gott ausgedacht mit all seinen Fehlern und Mängeln, hätte er ihm all seine Menschenwürde schon hineingepackt mitten in seine menschliche Unzulänglichkeit, um ein Päckchen Würde mit sich herumzuschleppen und es wieder abzugeben, sobald er diese Welt zu verlassen hat?

Tatsächlich scheinen das viele zu glauben. Nicht nur das Gemeinwesen, die ganze Kultur, selbst der Weltenschöpfer soll für ihre Würde bürgen. Fort ist dann die Verantwortung; aus dem eigenen Haushalt zuerst, aus der Polis und fort aus dieser Welt zuletzt. Schöpfung soll besser sein als Evolution. Leistungslos Hingestelltes besser als das, was sich durch Jahrmillionen strebend bemühte. Ein Gott der vorfabrizierten Arten besser als einer, welcher der Materie die Chance des Lebendigen gab, der Kreatur die Chance, ihm zuzustreben.

Aber was gibt es doch an vertrackten Bemühungen, jener Konsequenz der Evolution, der Selbstverantwortung des Selbstwertes zu entkommen. Da gibt es solche, die die Zeitfolge verwirren. Sie projizieren ihre Sicht des Menschen in die Zeit der Saurier. So sollten dann die Menschen vor den Säugetieren sein. Da gibt es solche, die ein Fältchen in der embryonalen Nackenbeuge für unvereinbar halten mit allen Embryonen der Wirbeltiere. So wäre der Mensch unabhängig von allem Getier geworden. Aber es gibt auch solche, die behaupten, ein Gewordener könnte sein Werden nicht selbst erkennen. Alle Evolution wäre wohl nur Einbildung, ein Traum der Wissenschaft. Dabei brauchten diese Theoretiker nur auch den Spaten in die Hand zu nehmen, um sich von diesem ungeheuren Werden zu überzeugen.

Wir wollen dabei nicht einmal an ihrer guten Absicht zweifeln. An ihrem Ethos, daß es wohl auch ihnen um die Würde der Menschheit geht, darum, den Menschen abzuheben von dem Bestiarium, aus dem er stammen soll. Sie versuchen mit einem wissenschaftlichen Antievolutionismus den Schöpfungsbeweis – der freilich methodisch ebenso unmöglich ist, wie die wissenschaftliche Widerlegung der Existenz Gottes. Aber welchen Dienst leisten sie dem Werden, der Verständigung in unserem Weltbild? Der Deutung, die wir dieser Welt, der Verantwortung, die wir uns in ihr zu geben haben?

Welches Ethos ist es dann, das sich dem Ethos selbst wieder entzieht? In den USA unserer Tage ist es fast ein Kulturkampf geworden, Schöpfung versus Evolution zu setzen. Sucht man denn nicht dahinterzusehen? Ist es nicht nur wieder ein Fortschaffen der Pflichten aus dem eigenen Werden, ein Vertuschen unserer Mängel, eine Verdunkelung der Schwierigkeit des Weges, der noch vor uns liegt? Sieht denn niemand, daß wir das *missing link* in Permanenz selber sind? Besser muß es sein, verantwortungsvoller und mutiger, unseren Selbstwert selbst ins Auge zu fassen, den Wert unseres Selbst zu prüfen. Der Menschen Würde ist wohl auch dem Mimen in die Hand gegeben – in Wahrheit aber liegt sie in den Händen von uns allen.

Selbst der große Biologie Baron Uexküll glaubte seinerzeit nicht an den Darwinismus; denn ein baltischer Baron, so erklärte mir Konrad Lorenz diese Seltsamkeit, stammt eben nicht vom Affen ab. Vielleicht standen baltische Barone auch nie nackt in Reihen vor Musterungskommissionen.

Teil III Einige Hoffnungen

Wenn irgendeine meiner Feststellungen in diesem Buche kühn sein sollte, dann ist es die Hoffnung, welche ich mit dieser Überschrift unserer Zivilisation in Aussicht stelle. Im Grunde ist meine Haltung ambivalent; die eines optimistischen Kulturpessimisten (oder umgekehrt). Und zwar aus zweierlei Erfahrungen. Einmal erweisen sich ja alle Begehrlichkeiten des Menschen als ambivalent. Vielleicht ist es die Wahrnehmung dieser Zweiseitigkeit alles Menschlichen, welche letztlich des Menschen ganze Würde ausmacht. Ein andermal bedarf unsere Zivilisation ebenso der steten Kritik, wie ihre Menschen stets der Hoffnung bedürfen. Leben scheint (paradoxerweise) dazu bestimmt, letzten Endes nie aufzugeben; dies ist mein optimistisches Argument. Die vermeintlichen Selbstverständlichkeiten aber, welche dieses Leben zum Lebenkönnen etabliert, werden (paradoxerweise) stets wieder zu Unheil und Plage; und es bleibt ungewiß, ob wir den Wettlauf gegen den Unsinn gewinnen werden; dies ist mein pessimistisches Argument.

Die Reihe meiner Beiträge beginne ich mit (1) dem Versuch einer Synthese unserer zwei Kulturen, suche (2) die Stelle, an welcher dem Teufelskreis der Macht zu entkommen wäre, bemühe mich um eine (3) Abgrenzung unseres Standpunktes gegen die ›Revolution des Machbaren‹ und bekenne zuletzt, daß (4) der Kreis, jedenfalls noch heute, ungebrochen ist.

III 1 Wandel in den Wissenschaften

Das Unbehagen in unserer Zivilisation ist deutlich. Es betrifft die Grenzen des Machbaren wie die Folgen der Aufklärung und des Positivismus. Und so, wie unsere Kultur zweigespalten ist, hält sich unsere geisteswissenschaftliche Teilkultur für den Bewahrer der Würde des Menschen, die naturwissenschaftliche für den Schöpfer seiner Chancen. Diese halten jene für Phantasten und jene diese für Zerstörer. Und da sich beide Positionen durch die ganze Betriebsamkeit unserer Geistesgeschichte wohl etabliert haben, ist man um Formulierungen nicht verlegen. So kam man auf die Idee, die geisteswissenschaftliche über die naturwissenschaftliche Subkultur richten zu lassen. Zudem finden sich auch immer wieder Überläufer. Und zuletzt solche, die man für Überläufer ausgeben möchte. Dies ist, zugegeben, die dritte Garnitur; in sie reihen manche den Autor. Kaum jemand denkt an die Möglichkeit (die Verpflichtung) einer Synthese.

Also füllen sich die vom Unbehagen angeführten Symposien mit Eloquenz und nur mit wenigen und gestelzten Syntheseversuchen. Zu solch einem Versuch verfügte ich mich mit dem Titel »Paradigmawechsel in der Wissenschaft« im Rahmen der ›Salzburger Humanismusgespräche‹ August 1980. Der folgende Beitrag erschien in dem von Schatz *(1981) herausgegebenen Band »Brauchen wir eine andere Wissenschaft?« Also: Brauchen wir eine? Und wenn ja, woher kann man sie nehmen?*

Da also stehen wir jetzt. Hier herrschen Vernunft und Erfahrung, Fakultäten, Akademien, Forschungsförderung, Kulturplanung, Geist, Voraussicht, Medien und Staatsraison; rundum herrschen babylonische Verwirrung, Umweltschlamassel, Informationsflut, Technokratie, das Elend der Politik und das Dilemma des Menschen. Zum Zweck des Überlebens steuern wir einen selbstmörderischen Kurs, sehen, daß dies in die Hölle führt, sind nun aufgescheucht und suchen nach den Schuldigen.

Das Schiff der metaphysischen, idealistischen Welterklärung war schon mit der Aufklärung in Sturm geraten, und das Zeitalter der Vernunft hat die meisten Passagiere unseres Weltenschiffchens in das lecke Boot des Materialismus flüchten lassen. Nun aber zeigt sich auch dessen Schlagseite, und wer Augen im Kopf hat, rettet nochmals seine Seele. Aber die verbliebenen Boote sind die des (meist Deutschen) Idealismus, und angeschlagen, wie sie schon sind, hält man sich da noch an die harten Fakten, trotz ihrer Schlagseite, dort turnübend an die metaphysischen Planken, wiewohl auch diese längst nichts mehr tragen. Dabei hebt der Sturm erst richtig an. Und so laufen wir heute durcheinander.

Schuld ist die korrupte Politik. Sie aber ist angeführt von der Technokratie. Die Technik jedoch führt nur aus, was ihr die Wissenschaft ermöglicht. Schuld also ist die Wissenschaft. Ihr Zeitalter zu beenden, hält mancher für geraten. Wem aber sollen wir nun vertrauen? Dem gesunden Hausverstand, der subjektiven Eingebung, kollektiver Offenbarung? Und welche Instanzen wären anzurufen, da diese fortgesetzt im Widerstreit liegen? Was also an Steuer und Antrieb ist uns geblieben?

Da sind zunächst die tiefen Schichten, das Bedürfnis zu bergen und geborgen zu sein, zu besitzen und zu teilen, zu verstehen und verstanden zu sein bis hinauf zum Wunsch nach Sinn und Freiheit und Liebe; menschliche Universalien, die uns alle zum Zwecke der Erhaltung der Art eingebaut erscheinen. Sie sind es, die unsere Vorfahren nach allen Katastrophen unserer Geschichte in kleinen Gruppen haben überleben lassen.

Sie alle aber sind überbaut von der bewußten Reflexion; darum ist die ROUSSEAUsche Rückkehr nicht mehr möglich. Und so gewiß es sein mag, daß wir jene Katastrophen unserer Geschichte gerade dem reflektierenden Intellekt verdanken, die Zivilisationen sind für unsere angestammten Anleitungen zur Lösung von Lebensproblemen zu kompliziert geworden. Auf die intellektuelle Problemlösung ist nicht mehr zu verzichten. Allein, daß wir hier argumentieren, schreiben und drucken lassen, kann das belegen.

Die rationalen Lösungen

Zurück also zur reflektierenden Vernunft, obwohl sie all dies Unvernünftige angerichtet? Und vor allem: Wie wäre vernünftig über Vernunft zu verhandeln? Ihr Erfolg allein kann das Maß nicht sein. Sind es doch gerade unsere Erfolgszivilisationen, welche die Verwirrung angerichtet. Suchen wir also besser nach der Rechtfertigung der Vernunft? Auch hier müssen wir resignieren. Denn diese Suche währt schon die ganzen zweieinhalb Jahrtausende unserer Kulturgeschichte. Und spätestens seit KANT wissen wir von ihren Vorbedingungen, ihren *Apriori,* und wissen, daß sich unsere Vernunft nicht selbst zu begründen vermag. Damit bleiben uns nicht nur alle Fundamente unserer reflektierenden Erwartung unbegründbar, was Raum, Zeit und Wahrscheinlichkeit im Grunde seien, Vergleichbarkeit, Ursachen und Zwecke; das Dilemma des Menschen und die Spaltung unserer Kultur nimmt hier sogar ihren Anfang.

»Die meisten Sterblichen«, so referiert POPPER PARMENIDES, »haben nichts in ihrem irrenden Verstand, was nicht durch ihre irrenden Sinne hineingekommen wäre.« – »Außer den Verstand selbst«, entgegnete LEIBNIZ. Und so stehen Vernunft und Erfahrung, Rationalismus und Empirismus seit jeher gegeneinander. – Ferner trennten sich Geist und Materie. Da wird Natur als ausgedehnte Substanz, *res extensa,* verstanden, in mechanistischer Gesetzlichkeit determiniert, und alles Geistige ist ihre monistische Folge. Dort steht ihr die unausgedehnte, denkende *res cogitans* dualistisch entgegen, der die Materie nur dient, wenn sie nicht überhaupt nur als erloschener Geist zu verstehen sei, wie mancher in der deutschen Romantik meinte. Hier erklärt sich die Welt aus ihren Antrieben und Materialien, dort aus Formbedingungen und Zwecken. Da, nach MONOD, ist sie ein zweckloses Produkt des Zufalls, dort, nach TEILHARD DE CHARDIN, ein auf den höchsten Zweck »Omega« zusteuernder Prozeß. Und mit den Welterklärungen trennten sich längst die Geister, die Wissenschaften in Fakultäten: in die offenbar ungeistigen Natur- und die unnatürlichen Geisteswissenschaften. Über die Grenzen der Paradigmen hinweg wird nicht mehr verhandelt. Und da es nur eine wahre Wahrheit geben kann, werden die Parteien absolutistisch und unverträglich, immunisieren sich gegen Widerlegung und etablieren harte soziale Strafen für den, der da ausbrechen wollte.

Welche Instanz bleibt nun, um in diesem Dilemma angerufen zu werden? Die tieferen Schichten unserer Überlebensanleitung fanden wir überfordert, die rationalen haben die Kultur gespalten, das Dilemma verursacht. Geblieben ist uns nur mehr ein Wechsel im Paradigma, die Bemühung um ein tieferes, vollständigeres Menschenbild, das uns die Schichten menschlichen Verstehens ebenso gemeinsam verstehen läßt wie die Unverträglichkeiten ihrer rationalen Konsequenzen. Wir müssen die Natur des menschlichen Geistes verstehen, um zu begreifen, wo er uns irreleitet. Und wir müssen das wieder methodisch tun, objektiv prüfbar und unabhängig vom kulturellen und weltanschaulichen Standpunkt.

Die empirische Lösung

Wir betrachten nun mit LORENZ Leben und mehr noch: Evolution als einen erkenntnisgewinnenden Prozeß. Wir sehen, wie das schöpferische Lernen bereits unserer Gene schrittweise die für das Überleben relevanten Gesetze dem Milieu extrahierten, wie diese Gene zum Beispiel die Nachformung der Gesetze der Optik unserem Auge unverlierbar einbauten. Wir sehen, wie die erblichen Nervenbahnen Voraussetzung der Regelkreise wie die der Instinkthandlungen sind und wie diese zur Voraussetzung des individuellen Lernens werden, wie dieses dann von den unbedingten zu den bedingten Reflexen und weiter zu den schöpferischen Assoziationen unserer unbewußten und endlich bewußten Reflexion führt. Und wir sehen, wie in der zweiten, der kulturellen Evolution der Gewinn an Erkenntnis nun durch Tradierung, also Nachahmung und Unterrichtung, wiederum unverlierbar werden kann.

Dieser universelle Prozeß schöpferischen Lernens vollzieht sich entlang einer Schraube seit der Lebensentstehung vor dreieinhalb Milliarden Jahren. Und er enthält in jedem Umlauf zwei Kreishälften:

induktive Erwartung und deduktive Kontrolle. Die Erwartung heißt im genetischen Lernprozeß unveränderte Vermehrung versus Mutante, die Erfahrung aber Förderung der Vermehrung versus Selektion. Die Erwartung im kulturellen Lernprozeß kennen wir ganz entsprechend als Wiedererwartung des Bekannten versus kreativer Hypothese, die Erfahrungsseite als Bestätigung versus Falsifikation unserer Prognose. Die Aufwärtsdrehung der Schraube in jedem Umgang entspricht dem Wissensgewinn, der Anpassung von Erwartung und Erfahrung an diese Welt.

Jeglicher Wissensgewinn, sei er nun in Strukturen festgelegt, in Schaltungen, Reflexen, Auslösemechanismen, Appetenzen (also Wünschen und Bedürfnissen), erweist sich als Vorbedingung des nächsten. Und so erweisen sich unsere angeborenen Anschauungsformen als ein Selektionsprodukt des Lernens der Gene, als die unbelehrbaren Lehrmeister unserer reflektierenden Vernunft. Die KANTschen Kategorien sind damit (der Leser erinnert sich) ebenso *Apriori* für jedes Individuum wie *a posteriori*-Lernprodukte unseres Stammes. Somit löst sich zunächst der Rationalismus-Empirismus-Widerspruch. Die Rationalisten sehen zu Recht die Vorbedingungen jedes Erkenntnisgewinns, die Empiristen die Tatsache, daß Erkenntnis nur aus Erfahrung zu gewinnen sein kann.

Damit sind wir in der Lage, die Strukturen und Vorbedingungen unserer Vernunft zu hinterfragen; was die Vernunft allein nicht vermochte; denn nun stehen wir als unbedeutende Beobachter außerhalb eines kosmischen Prozesses, dessen Produkt wir zwar am Ende selbst sind, dessen Hergang wir aber objektiv beschreiben. Schritt für Schritt läßt sich nun aufklären, welche Formen der Erwartung und Anschauung gegenüber dieser Welt unseren Vorfahren, wann und unter welchen Bedingungen, eingebaut wurden. Und damit kann ein zweiter Schritt getan werden. Wir können jetzt auch vorhersehen, unter welchen Umständen unsere Anschauungsformen rundweg falsch sein werden.

Dieser algorithmische Schraubenprozeß schöpferischen Lernens bedarf keiner vorgegebenen Gewißheiten. Er beginnt stets im dunkeln tappend und steuert durch Versuch und Irrtum einem Optimum verifizierbarer Prognosen über die ihm zugänglichen Zustände und Ereignisse in dieser Welt zu. Er kann aber nur dort in zutreffende Prognostik münden, wo er der fortgesetzten Selektion, Prüfung und

Kontrolle unterliegt. Mit dem Bewußtsein jedoch ist, besonders uns Menschen, ein Bereich entstanden, der sich von dieser realen Welt abheben und sich, oft jahrhundertelang, der Selektion zu entziehen vermag.

Zu jenen Anschauungsformen gehören (wie schon erwähnt), bereits Zeit und Raum. Bei KANT finden wir sie in der »Transzendentalen Ästhetik«. Die eine erwarten wir in Form eines eindimensionalen Flusses, den anderen davon unabhängig, als eine dreidimensionale Struktur. Unvorstellbar allerdings bleibt unter solcher Anleitung der Beginn der Zeit wie das Ende des Raumes. Aber in unserer mikroskopischen Erdenwelt mochte dieser Mangel hingenommen werden. Und tatsächlich hat uns erst EINSTEIN belehrt, daß Raum und Zeit ein Kontinuum bilden, für welches wir allerdings kein Empfangsorgan besitzen; denn wir selbst sind euklidisch gebaut, bis in die Tiefe der drei Ebenen unserer Bogengänge.

Ganz entsprechende Vereinfachungen enthalten unsere Anschauungsformen der Wahrscheinlichkeit, Vergleichbarkeit und Kausalität, die KANT in der »reinen Vernunft« abhandelt, sowie unsere Auffassung der Zwecke oder Finalität, die bei ihm in der »Urteilskraft« zu finden ist. Sie alle sind schon für das recht simple Milieu unserer äffischen Vorfahren selektiert gewesen und bewährten sich in deren Lebenspraxis. Zur Lösung unserer ungleich komplexeren Lebensprobleme aber genügen sie nicht mehr. Gerade in unserer kleinen Erdenwelt sind sie nun Ursache furchtbarer Verwirrung.

Ich will das am Widerstreit von Kausalität und Finalität näher zeigen. Ursachen, so sagt unsere Anschauung, wirken von der Vergangenheit in die Gegenwart; Zwecke aber wirkten aus der Zukunft. Denn das Haus, das ich zu bauen beabsichtige (unser klassisches Beispiel), ist ein Gegenstand der Zukunft, bestimmt aber bereits mein gegenwärtiges Handeln. Zudem scheinen Ursachen wie Zwecke in Kettenform zu verlaufen: wenn *a*, dann *b*, wenn *b*, dann *c*. Ist dies aber so, dann muß diese Welt eine Anfangsursache und einen Endzweck besitzen, und konsequenterweise erdachten schon die Griechen da als ersten Antrieb den ›Unbewegten Beweger‹, dort die letzten Zwecke des Schöpfers. Die Ausgangspunkte der Welterklärung wurden Dinge der reinen Imagination, begannen sich von dieser realen Welt abzuheben und der Erfahrbarkeit zu entziehen. Was aber mochte die Ur-Bedingung dieser beiden Bedingungen sein?

Die Exegeten des ARISTOTELES waren sich schon in der Scholastik einig, daß der Meister die *causa finalis* als die Ursache aller Ursachen betrachtet haben mußte. Denn zu offensichtlich waren die Strukturen der Pflanzen, das Handeln der Tiere, besonders der Menschen, Kultur und Politik nur aus ihren Zwecken zu verstehen. Geht doch auch die Absicht des Hausbaus allem anderen Baubetrieb voraus. Das Materielle war nur in die Formen der Zwecke gegossen. Die Welt war aus den Zweck- und Sinngehalten ihrer Gegenstände zu verstehen. Es entstand die Hermeneutik, die methodische Geisteswissenschaft. Sind aber Zwecke auf die Artefakte des Menschen beschränkt? MARX hat das (wie schon gesagt) behauptet. Dem Baumeister räumt er Zwecke ein, der Biene spricht er sie ab.

Diese Grenzziehung ist freilich ganz unzulässig, weil die Biowissenschaften ohne den Zweckbegriff gar nicht auszukommen vermöchten. Ganz anders hatte auch die idealistische Philosophie, beispielweise HEGELS, die Zwecke auf die ganze Natur ausgedehnt. Etwa in dem Sinn, daß Leben zum Zweck des Geistes und die Materie zum Zwecke des Lebens geschaffen wäre. Solche der Welt oder dem Lebendigen vorgegebenen Zwecke, Entelechie also, waren nur dazu angetan, die Spaltung der Denker zu vertiefen, die Biologen zum Beispiel in Vitalisten und Mechanisten zu trennen. Und man erkennt, daß Zwecke, etwa in der Chemie gesucht, dem reinen Obskurantismus die Tore öffnen.

Als dagegen mit der Renaissance, mit KEPLER und GALILEI die Naturwissenschaft entstand, war an ihren Gegenständen klar, daß man es nicht mit Zwecken, sondern mit Kräften zu tun hatte. Es war nun ARISTOTELES' *causa efficiens,* die sich zum Verständnis der Mechanik, dann der Gravitation NEWTONS anbot; und nur diese. Und im Werden der Wissenschaften erwies es sich, daß die Gesetze der Physiologie aus jenen der Biochemie und diese aus den Kräften der chemischen, dann der atomaren Bindungen zu verstehen, letztlich auf die Kräfte der Quanten zurückzuführen waren; als ein Wandel allein der Kräfte. Der ›ontologische Reduktionismus‹ (die Erwartung rückstandloser Reduzierbarkeit) war entstanden, der nun nicht mehr erkennen ließ, daß bei jenen Rückführungen des »nichts anderes als« die jeweils analysierten, zerlegten Obersysteme im wesentlichen zerstört werden.

Die Erfolge der naturwissenschaftlichen Analyse verdunkelten die Tatsache, daß Schicht für Schicht in der Evolution des Kosmos und des Lebens neuere Qualitäten entstanden, welche die Bauteile der Schichten selbst nicht enthalten. Man verschwieg, daß es zwar Sinn hat zu sagen, daß ein Gehirn mit Billionen Nervenzellen denkt, aber keinen, daß eine Nervenzelle zu denken vermöchte. Anerkennt man dies aber nicht, dann müßte auch die Zelle, das Molekül, das Quant ein Quentchen Bewußtsein besitzen. Nun ist dem Obskurantismus das Tor von der Gegenseite geöffnet. Und wollte man in dem Schichtenaufbau der Welt auf eine Erklärung allein aus dem Kräftewandel bestehen, so mußten sogar Verbote gegen Übertretungen errichtet werden. Das Obersystem, da es aus seinen Untersystemen ganz zu erklären war, durfte auf die Untersysteme nicht zurückwirken. Die WEISMANN-Doktrin und das ›Zentrale Dogma der Genetik‹ (die Körper, heißt es, dürfen nicht auf ihre Gene zurückwirken) sind die modernen Beispiele. Diese neue Spaltung der Biologie vertieft sich heute noch.

Zwei Welterklärungen waren entstanden; Hermeneutik und Szientistik. Dort war das Wesentliche dieser Welt aus Sinn und Zwecken, da aus den Kräften der Materie zu verstehen. Finalität versus Kausalität bilden, sogar noch bei NICOLAI HARTMANN, unvereinbare Gegensätze. Der Bruch quer durch die Welt, so alt wie unsere Kulturgeschichte, hatte sich nur weiter vertieft, gerade dort, wo es für uns Menschen und das Verständnis unserer selbst am schmerzlichsten ist. Und nur zu offensichtlich ist es geworden, daß wir mittels dieser einfachen Anschauungsformen unsere Probleme in dieser Welt, ja nicht einmal unsere Überlebensprobleme, zu meistern vermögen. Wo also sind wir hingeraten.

Die Wissenschaften müssen sich für jeweils ein Lager entscheiden. Kompromisse, da sie nicht sein können, dürfen auch nicht sein. Die anorganischen Wissenschaften da, wie die *humanities* dort, sind gewissermaßen dafür ausersehen zu wissen, wo sie hingehören. Im Zwischenfeld sind Optionen erlaubt. Geographie und Psychologie können sich natur- oder geisteswissenschaftlich verstehen, teils noch die Anthropologie. Die Biochemie versteht sich naturwissenschaftlich wie die Chemie. Die Biologie aber müßte zerfallen, oder sie muß das Dilemma lösen; denn sie steht in der Spaltung Mitte.

Das ist nun auch der Grund, warum ich als Biologe diese Sache anfasse. Wir besitzen nicht nur alle Ursache, wir Biologen haben auch jüngst jene Schritte getan, die den Wandel des Paradigmas, der Welterklärung, greifbar machen. Die ›Evolutionäre Erkenntnislehre‹, wie sie POPPER, LORENZ und ich entwickeln, erklärt das Werden der Anschauungsformen unseres Bewußtseins. Die Erforschung der ›Systembedingungen der Evolution‹ meiner Schule demonstriert die Einseitigkeit unseres Kausalkonzeptes. Beide zusammen weisen nach, daß es die Beschränkung unserer angeborenen Anschauung sein muß, welche die Spaltung unserer Welterklärung verursacht hat.

Ein Wechsel des Paradigmas

Der Wechsel in unserem Paradigma beruht auf einer objektiven Betrachtung der menschlichen Vernunft und erlaubt, wie es hier in Rede steht, eine kritische Revision unserer Anschauung der Ursachen.

Es scheint in dieser Welt keine Wirkung zu geben, die nicht letztlich auf ihre eigene Ursache zurückwirkt. So zieht die Erde den Mond an, da dieser Gewicht hat, und dessen Gewicht ist die Ursache des Kreisens der Erde (wenn auch mit kleinerem Radius). Und wirkt ein System von Ursachen zusammen gegen ein höheres System, so wirkt das Ganze auf seine Teile zurück.

Denken wir diese Welt in den Schichtenbau ihrer Zusammensetzung zerlegt: Wir finden dann, daß die Quanten, die Atome, diese die Moleküle, Biomoleküle zusammensetzen, die Ultrastrukturen, Zellen, Gewebe, Organe, Organismen, diese die Sozietäten, Zivilisationen und Kulturen. Und in diesem Schichtenbau finden wir die Antriebs- wie die Zweckursachen gemeinsam vor, nur laufen jene von den Unter- gegen die Oberschichten, diese von den Obersystemen hinunter gegen ihre Teile. Daß die Kräfte der Quanten die der Atome, Biomoleküle und Organismen bestimmen, gilt als anerkannt; auch die Kräfte der Individuen anerkennt man als jene, welche die Gruppen und Gesellschaften zusammensetzen. Der springende Punkt aber ist eine neue Auffassung der Zwecke. Und diese zeigt zweierlei:

Zwecke wirken genauso von der Vergangenheit in die Gegenwart. Auch beim geplanten Hausbau wirken in Wahrheit unsere Überlegungen, ob sie nun Stil oder Finanzierung betreffen, auf die folgende

Entscheidung; unabhängig davon, daß unsere Vorstellung, die sich das Haus ja gegenwärtig vor Augen hält, dasselbe auch als in der Zukunft realisiert zu denken vermag.

Zweitens findet das, was wir als zweckvoll erkennen, das Finale des Hausbaus, der Entwicklung meiner Augen, des Vogelflügels, des Flugmuskels, eine durchaus kausale Erklärung. Stets bestimmt ein Obersystem die Auswahl und Anordnung, die Form, biologisch sagen wir: die Funktion seiner Teile: Das Ganze wirkt über seine Teile wieder auf die Bestands- oder Erhaltungsbedingungen, biologisch: den Erfolg, wiederum des Ganzen zurück. Dies ist eine gleichbleibend auswählend ordnende Funktion. Sie hat in den einzelnen Schichten lediglich verschiedene Beziehungen. Im Anorganischen spricht man von Randbedingungen (und stellt sie als gegeben an den Rand). In der Biologie spricht man von Differenzierung, von Selektion und Zuchtwahl; in den Sozial- und Geisteswissenschaften von Wahl und Entscheidung, von Urteil und Vernunft. Ist die Auswahl und Ordnung unter all den möglichen und unbeständigen Möglichkeiten erfolgt und das Ganze daher zur Beständigkeit gelangt, so erscheinen uns die Teile zweckmäßig, den Zwecken des Ganzen zu genügen, wobei wir an den Zwecken unserer eigenen Tätigkeit, die Ordnung und Bestand schaffen soll, das Maß nehmen.

Ganze Hierarchien zweckmäßiger Ordnung schichten sich in dieser Welt übereinander. So, wie die Auswahl und Anordnung der Ziegel den Funktionen der Mauer entspricht, die Mauer den Räumen und die Form der Räume den Funktionen des Hauses, so, wie also die Selektion der Untersysteme vom jeweiligen Obersystem bestimmt wird, so entsprechen die Auswahl und Anordnung der Muskelfasern dem Flugmuskel, der Flugmuskel dem Flügel und die Form der Flügel den Funktionen der jeweiligen Vogelart. Und wieder läuft die Zeitrichtung von der Vergangenheit in die Gegenwart, nicht umgekehrt, wie die Teleologen meinen; und wir Biologen sprechen darum auch nicht von Teleologie, sondern von Teleonomie, um den Unterschied der Deutung kenntlich zu machen.

Diese Hierarchie von Formbedingungen und Zwecken entspricht ganz jener Hierarchie der Antriebe und Materialien der materialistisch naturwissenschaftlichen Welterklärung, nur läuft die Ursachenrichtung (nicht die Zeitrichtung!) im Schichtenbau der realen Welt jenen spiegelbildlich entgegen.

Hier spätestens wird man der Übereinstimmung dieses Paradigmas mit den vier (dem Leser schon wohlbekannten) aristotelischen Ursachen gewahr; und wir erkennen, daß die *causa efficiens* (die Kräfte) und die *causa materialis* von unten nach oben durch die Hierarchie der Schichten laufen, die *causa formalis* und *finalis* aber diesen entgegen, von den Obersystemen gegen die unteren, wobei sich die Material- und Formbedingungen Schicht für Schicht wandeln, die Kräfte und Zwecke aber unverändert hindurchreichen.

Nun ist gar keine Ursache, an viererlei Ursachen zu glauben. Vielmehr ist Grund zur Annahme, daß wir für das Kontinuum der Ursachen kein Empfangsorgan besitzen – ebensowenig wie für das Kontinuum von Raum und Zeit. Und daß die angeborenen Anschauungsformen, die uns unbelehrbar Raum und Zeit als zweierlei erscheinen lassen, uns auch Kräfte und Zwecke in unbelehrbarer Weise als einen Gegensatz vorspiegeln. Als Kräfte versus Zwecke, falls sie sich Schicht für Schicht nicht ändern, als Material- versus Formbedingungen, wenn sie sich schichtweise wandeln.

Konsequenzen der Lösung

Fragen wir nun abschließend, was mit diesem Wechsel des Ursachenmodells erreicht sei. Zunächst wird man das Versöhnliche erkennen, das es bedeutet, die szientistische wie die hermeneutische Methode eine aus der anderen als notwendig zu begründen. Aber auch ihre absolutistischen Ansprüche einzugrenzen mag nützen, den Obskurantismus beiderlei Prägung aufzuheben. Schließlich ist der Kern der Unverträglichkeit idealistischer und materialistischer Welterklärung entfernt und die Verbindung der geistes- und naturwissenschaftlichen Methode vorbereitet. Das Entstehen von Form und Zweck läßt sich nun auch szientifisch verfolgen, die Entstehung der Antriebe und Materialien hermeneutisch. Die Auseinandersetzung zwischen einem Weltbild prästabilisierter Harmonie und einer Zufallswelt, die keinen Sinn kennt, kann geschlichtet werden; denn da es sich zeigt, daß der Zufallsgenerator in allem Schöpferischen im Gegenlauf mit der Selektion des Zweckvollen, Beständigen zusammenhängt, erweist sich der Zufall in der Evolution als ebenso notwendig wie die entstehenden Notwendigkeiten als zufällig, die Welt als von poststabilisierter Harmonie. Ein ungleich tieferes, widerspruchsfreieres Verständnis der Evolution, des Schöpferischen und des Menschen wird möglich. Das geistige Dilemma unserer Kultur kann seine Lösung finden.

Aber nicht nur solcherlei Abstrakta sind zur Hand. Es fällt leicht zu zeigen, daß das ganze Umweltdilemma wie die Katastrophe des Wachstums auf jene Mängel unseres Ursachenverständnisses zurückzuführen sind; daß die Sinnentleerung der materialistischen Lebensform wie die Zeitentfremdung der idealistischen mit dem alten Zwiespalt zusammenhängt; daß unser Bildungs- und Unterrichtswesen mit fundamentalen Fehlern behaftet ist; daß die soziale wie die politische Theorie umzuschreiben ist; daß sich der dialektische Materialismus als ein Widerspruch in sich selbst erweist und daß die idealistischen und materialistischen Machtblöcke, wie sie die ganze Welt gespalten haben, jeweils auf dem Alleinanspruch halber Wahrheiten beruhen; daß Sinn und Freiheit einen naturgesetzlichen Antagonismus darstellen und daß das, was die Menschenrechte fordern, die Beachtung der Naturgesetze menschlicher Universalien enthält. Von alledem mag im Laufe dieses Symposiums noch die Rede sein. Hier sei es nur angedeutet.

Ich hatte mir die Aufgabe gestellt, jenen Paradigmawechsel vorzustellen, der begründbar und versöhnlich die Einheit unseres Weltbildes wiederherzustellen vermag. Welche sozialen Strafen auch immer für die Grenzüberschreitung von beiden Fronten zu erwarten sind, die Geisteswissenschaften werden mir Übertretungen, die Naturwissenschaften neuen Obskurantismus vorwerfen. Aber wir würden uns ungleich mehr bestrafen, würden wir die Hoffnung auf eine Synthese unserer Kultur begraben. Denn mit ERWIN SCHRÖDINGER bin ich davon überzeugt, daß wir nur dann diesem Dilemma entkommen können, »wenn sich einige von uns an die Zusammenschau wagen, selbst auf die Gefahr, sich lächerlich zu machen«.

III 2 Die Utopien des Überlebens

Friedensgesellschaften sind oft honette und, wenn sie dies sind, folglich macht- und wirkungslose Körperschaften. Sie danken ihr Fortbestehen der Stille ihres zurückgezogenen Daseins; einige wenige schon ein Jahrhundert lang. Zu diesen zählt die österreichische »Bertha von Suttner-*Gesellschaft«. Zu ihren Jubeltagen machen sie ihre kurzen Auftritte, welche (in der ›Saurengurkenzeit‹) auch von manchen Zeitungen wahrgenommen werden; da, wie man weiß, auch diese den Frieden lieben. Dann erwartet man von den Friedensvereinen, daß sie in der Versenkung unserer Zivilisation wieder verschwinden; und das tun sie auch.*

Kurz, die »Bertha von Suttner-*Gesellschaft« feierte ihr 90. Jubiläum (am 25. Juni 1981), im Beisein des Herrn Bundespräsidenten der Republik, verziert durch ein Streichquartett und die Festrede, zu welcher sich der Autor (als Anatom) als naheliegend erwies. Jedenfalls nahm ich Gelegenheit, aus meiner Sicht darzutun, daß ein Durchbrechen des Teufelskreises, in welchen unsere Zivilisation geraten ist, noch am ehesten am Ort der Bildung gelingen könnte. Das Folgende ist mein Beitrag, er wurde (da das Jubiläum mit jener ›Saurengurkenzeit‹ gerade nicht ganz zusammenfiel, in Auszügen) im »Wiener Journal«, November 1981, abgedruckt.*

Wie Sie zu Recht voraussehen, werde ich in diesem Rahmen von Utopien zu reden haben. Hier das Jubiläum einer ehrbaren Gesellschaft, dort eine, wenn auch weniger ehrenwerte, doch sehr reale Welt. Hier: ›die Waffen nieder!‹, dort werden fortgesetzt noch gewalttätigere fabriziert. Hier gewärtigt man eine Blütenlese von Weitsicht, Verantwortung und Vernunft; dort eine solche von Politik und Zugzwang, Macht, Kapital, Korruption, Betrug, Gewalt und Krieg (bekanntlich der Vater aller Dinge). Hier die Utopien einer stillen Friedensgesellschaft inmitten einer lauten Kriegsgesellschaft, die – nach klassischem Konzept – zu einem schon völlig unvorstellbaren Kriege rüstet, um einen wohl schon ebenso verunsicherten Frieden zu sichern.

Und dies nun von einem Biologen entwickelt, der bekanntlich von den Chancen des Überlebens reden wird. Er wird, wie Sie nicht minder richtig vorhersehen, sagen, daß die Evolution noch mit allen unangepaßten Arten kurzen Prozeß gemacht hat. Zwanzig Millionen Arten hat sie ausgerottet. Wie sie mit der Zwanzigmillionenundersten verfahren wird, ist natürlich noch ungewiß. Ich will, den Ausgang auszumalen, Ihnen überlassen. Ich werde also von Utopien reden und vom Überleben; gewissermaßen von den Utopien des Überlebens.

Ein Kampf ums Dasein?

Evolution wird als ein Kampf ums Dasein geschildert. Zwar ist, wenn der Falke die Maus jagt, die schnellere Maus der Feind der langsamen. Im ganzen ist es aber doch ein Wettstreit zwischen Arten geblieben. Die Spezies Mensch ist sogar dazu übergegangen, den tüchtigeren Menschen nicht mehr stets als den Feind des Untüchtigen zu betrachten. Vielmehr haben die Populationen des Menschen die Auseinandersetzung zwischen den Arten übernommen. Sie bekämpfen einander wie getrennte Arten, und da läßt sich's erwarten, daß am Ende keine dieser Populationen übrigbleibt. Wie aber konnte eine Art so zerfallen? Wir meinen das zu wissen: Die Schöpfung ließ das Entstehen der Sprache zu; aber der Teufel schuf die Sprachen. Und schon wurde der Unverständliche zum Barbaren. Das positive Element der Evolution schuf das Bewußtsein, das negative Element – jener im Schöpferischen ›stets gern geseh'ne Gast‹ – ließ das Denkbare für

Realität halten, ja die Idee, dann die Ideale, die Ideologie für unverbrüchlicher halten als jede Realität. Die Spaltung also war bald vollzogen.

Und schon beginnt jener grausige Reigen, den wir Weltgeschichte nennen. Es ist das Verdienst der Historiker, von uns das Memorieren jener Höhepunkte der innerartlichen Niedertracht zu verlangen, welche als die Wenden jener Weltgeschichte bezeichnet werden. Wir sollten wohl rechtzeitig erfahren, was von dieser Menschheit zu halten ist.

Der Reigen wiederholt sich fortgesetzt; irgendeine Population kommt zu Besitz (in Assur, in Lo-Jang, Medina, Rom, wo immer), der Besitz ist zu schützen; die Beschützer werden zur Armee, die zu ernähren ist; Macht entsteht, ein Staatengebilde, das am leichtesten vom Wachsen lebt, von Expansion und Unterdrückung. Dabei muß der Nachbar zum Untermenschen deklassiert werden, um ihn angreifen zu können. Das natürliche soziale Band muß zerrissen werden. Die Taktik ist bekannt. Das Gebilde muß dann so lange wachsen, Herrscher und Klassen als Zauberlehrlinge im gleichen Zugzwang, bis es am eigenen Wuchse scheitert. Inzwischen aber ist schon Besitz beim Nachbarn entstanden, und der Kreis wird erneut angeführt.

Und was übrigbleibt aus all dem Unheil, das sind zunächst Zerstörung, Witwen, Waisen und Krüppel, dann ein paar Lehnworte und zuletzt nichts als ein paar arabische Profile in Spanien oder Hugenottennamen in Deutschland. Politisch bleibt nichts von Wesen. Nur die Kulturen bleiben: Sprachen und Mythen, Religionen, Kunst und Gelehrsamkeit, fast, als wäre nichts geschehen.

In Wahrheit jedoch war alles geschehen, was Menschen einander antun können. Jeder Staat muß das Unrecht, das er verbreitet, zum Recht stilisieren. Und, wie Sie wissen, geschieht dies mittels einer einenden Ideologie. Von ihr sind die Gesetze des Handelns und der Moral abzuleiten. Die letzte Gewißheit dieser sozial konstruierten Wirklichkeiten ruht aber, da unberührbar wie unbezweifelbar, jenseits der uns zugänglichen realen Welt. Und weil es nur eine wahre Wirklichkeit geben kann, ist sie zu schützen; und weil sie das rechtfertigt, was man die höchsten Güter nennt, ist auch über die falschen Güter und Wirklichkeiten zu richten. Und weil dort keine Instanz der Vernunft mehr zu entscheiden vermag, entscheidet die Macht mit Schwert und Feuer. Aber an dieser Stelle waren wir schon.

Ein Ausweg wäre die Weltbeglückung durch globale Unterdrükkung. Auf ihn bauen nur mehr besonders phantastische Geister. Vielmehr schätzen wir, mit ganzem oder halbem Herzen, den Pluralismus. Dieser aber vervielfältigt noch das Dilemma der wahren und unwahren Wahrheiten und der Auseinandersetzung um die Gewißheit der ungewissen höchsten Güter.

Ein Reigen von Utopien

Ich muß um Nachsicht bitten; denn fast sind es schon Gemeinplätze, die ich hier aufreihe. Aber ein Hoffnungsschimmer der Einsicht ist es, den ich dem Folgenden unterlege. Die drastische Schilderung war auch nur als Einstimmung gedacht. – Unsere Frage ist ja vielmehr die: Gibt es einen Ausweg aus diesem Schlamassel? Nun kennen Sie auch diese Antwort, sie lautet: Ja, wir kennen drei Utopien. Ich selbst werde eine vierte hinzufügen.

Die hier naheliegendste Utopie ist die des Pazifismus: ›Die Waffen nieder‹. Sie ist, sagen die Kritiker, die offene Einladung zur Plünderung und Selbstaufgabe. Von den Pflichten der Selbstverteidigung ist dann die Rede und vom politischen Vakuum. Unter den Zugzwängen des Augenblicks mag das richtig sein. In zehn Generationen gedacht, widerlegt es aber wohl die Geschichte. Wer aber handelt über Jahrhunderte?

Die zweite Utopie ist die der Bündnisse. Sie ist die schwächste. Und obwohl Bündnisse fortgesetzt ausgehandelt und verbrieft werden, widerlegt den Vertrauensgrundsatz die Geschichte zur Gänze. Das Ergebnis ist zu beschämend, um sich mit ihm aufzuhalten.

Die dritte Utopie ist die Praxis unserer Tage. Nicht minder auf klassischer Weisheit, manche sagen: klassischer Bildung, gegründet: ›Willst Du den Frieden, dann rüste zum Krieg‹. Also Frieden durch Drohung. Dieses Zugzwang-Resultat der Nachkriegsjahre ist längst wieder zur Utopie geworden. Dummerweise gerade zur gefährlichsten. Alle Verhandlung hat naturgemäß nur zur Eskalation geführt. Sind nicht einmal die Kriegsstrategien vergleichbar, wie wären dann deren Werkzeuge zu wägen? Man braucht sich auch nur eine große Anzahl kleiner Diktaturen im Besitz von Atomwaffen zu denken, um die Utopie eines Friedens durch fortgesetzte Rüstung in ihrer ganzen Gespenstigkeit vor Augen zu haben.

Denn längst ist das nicht mehr der Krieg der alten Schulbücher, in welchen sich noch lange Zeit Mannesmut, Treue und Ritterlichkeit aufhielten. Längst sitzen vor den roten Knöpfen irgendwelche anonymen Techniker in einem weder von ihnen noch von sonst jemandem übersehbaren und nicht minder anonymen Gewirr sozialer Autoritäten. Lauter unverantwortlich Verantwortliche, die zu verantworten hätten, was niemand mehr verantworten könnte. Eine Pervertierung selbst des Völkerrechts, da sich weder Freund noch Feind, noch Neutrale in ihm differenzierten. Nun wird wohl mancher wieder auf die Zugzwänge unserer Generation verweisen; aber wieder in zehn Generationen gedacht, wird die friedliche Eskalation der Abschreckung wohl absurd. Kurz: Ich rechne damit, auch diese dritte Lösung zu den Utopien stellen zu dürfen.

Nur, der Zusammenhang zwischen Zeit und Erfolg ist gerade umgekehrt wie in der Utopie der Pazifisten. Was für die pazifistische Utopie spricht.

Aber es sind ja auch dies noch Gegenstände des Tagesgesprächs. Kaum wert, sich um sie zu versammeln. Unsere Ratlosigkeit ist zu offensichtlich. So offensichtlich, daß wir – Hand aufs Herz – froh sind, wenn uns der Alltag die Unmöglichkeit einer Lösungsfindung von den Augen nimmt. Auch für mich als Biologen ist das so. Das Gehirn des Menschen ist biologisch ein Extremorgan. Ich muß das immer wieder deutlich machen. Dies ist ein Organ, das eskalierte, die Ausgewogenheit der Organe aus dem Gleichgewicht brachte. Und bislang sind alle Arten mit Extremorganen zugrunde gegangen. Nur das unsere hat noch eine Chance: es könnte sich selbst, samt seiner Fehler, wahrnehmen.

Die Chancen der Vernunft

Um diese Chance darzulegen, muß ich nun eine andere Perspektive wählen. Denn ich möchte in diesem zweiten Teile, wie versprochen, eine vierte Utopie vorlegen. Nennen wir sie eine ›Realutopie‹ oder eine Bildungsutopie; denn sie hat reale Züge, kann aber nicht minder in der Utopie enden.

Es steht mir deutlich vor Augen, daß ich als Student ein lebhaftes Bedauern empfand, in keiner bedeutenden Zeit zu leben. An biologische Zeitskalen gewöhnt, schien mir meine Zeit unbedeutend. Die Demagogie und der Krieg, die ich erlebt hatte, schienen mir zu sehr zum grausigen Alltagsinventar der Zivilisationen zu gehören, als daß von ihnen ein kultureller Lernerfolg zu erhoffen gewesen wäre.

Zutiefst bedauerte ich es, nicht in den Zeiten meiner wirklichen kulturellen Helden zu leben. Und darunter verstand ich, wie Sie sich denken können, etwa die Zeit um SOKRATES und ARISTOTELES oder jene um GALILEI, SAVONAROLA und MICHELANGELO oder zumindest die um VOLTAIRE, DIDEROT und ALEXANDER VON HUMBOLDT.

Dieses Bedauern mit mir selbst aber fand einen plötzlichen Umschwung.

In einem Vortrag im Auditorium Maximum der Universität Wien, vor etwa fünfzehn Jahren, sagte KONRAD LORENZ: Unsere angeborenen Tötungshemmungen sind durch den Gesichtssinn gesteuert, und dieser wird durch unsere Fernwaffen ausgeschaltet. Nun wendete sich alles. Hier war, an welchem Ende immer, ein noch völlig unbekanntes Gewebe der menschlichen Struktur erfaßt worden, von dessen Erkenntnis selbst unser Überleben abhängen mochte. Die Mängel der natürlichen Anpassung des Menschen an seine künstliche Welt konnten aufgedeckt werden. Die Zeit vor mir war auf einmal voll der tiefen Bedeutung.

In der Folge wurde nun Schicht um Schicht Überraschendes aufgedeckt. Die evolutionäre Lehre von der Erkenntnis entstand. Die stammesgeschichtlichen Grundlagen unserer Vernunft wurden deutlich. Und wenn JAY FORRESTER in seinen ›Sozial-Systemen‹ sagte: es sei sein Grundthema, daß der menschliche Verstand nicht geeignet sei, menschliche Sozialsysteme zu verstehen, so konnten wir fragen: wie dieser Mangel selbst zu verstehen und zu hinterfragen sei.

Zur Ausschaltung der Tötungshemmung kam immer mehr Fundamentales. Die angeborenen Lehrmeister unserer Vernunft erwiesen sich als rational unbelehrbar. Sie enthalten zum Beispiel die Anleitung, unter allen gedachten Lösungen eines Problems die einfachste für die richtige zu halten. Man ahnt, wie dies unsere Kulturen durch Jahrhunderte irregeleitet hat. Aber noch schlimmer! Erweist sich eine solche Erwartung im Widerspruch mit der Beobachtung, so wird keineswegs unsere kontrollierende Skepsis alarmiert. Im Gegenteil! Der Irrtum wird in angeborener Weise vertuscht, und zwar durch

Zusatzannahmen (schon unserer Sinne) von geradezu beliebiger Absurdität.

Ja, noch schlimmer: Wir besitzen einen für das Verständnis komplexer Ursachenzusammenhänge völlig unangepaßten Verrechnungsapparat. Das kommt daher, daß die erblichen Grundlagen unserer Vernunft schon für die Lebensprobleme des Frühmenschen, des Raubaffen, manche wohl bereits für die Welt des einfachen Säugers oder Wirbeltieres selektiert wurden. Sie waren für die Problemlösung ihrer höchst einfachen Umwelten eingerichtet.

Die Schritte eines solchen genetischen Kenntnisgewinns erfordern Jahrmillionen. Und sie wurden von der zweiten, der kulturellen Evolution überrannt. In ihr verbreiten sich die Vorteil bringenden Erkenntnisse wie ein Lauffeuer. Wir maßen uns mit ihrer Hilfe nun eine Regentschaft über die ganze Biosphäre an – und erweisen uns mit unserem Erkenntnisapparat als darauf nicht vorbereitet: So, wie uns ALBERT EINSTEIN vor Augen führte, daß Raum und Zeit ein Kontinuum bilden, daß es nicht zwei voneinander unabhängige Größen sind, wie es unsere Anschauungsformen suggerieren, in derselben Weise beginnen wir heute, die Mängel unseres Ursachenverständnisses aufzuklären.

Tatsächlich erscheinen uns Kräfte und Zwecke, Materialien und Selektion als getrennte, ja unvereinbare Größen. Und noch dazu erwarten wir das Wirken von Kräften wie das von Zweckzusammenhängen jeweils in Kettenform: wenn *a*, dann *b* und so fort. In Wahrheit bilden auch sie alle ein Kontinuum, das, wenn nicht unseren Sinnen, so doch der Erforschung zugänglich wird. (Hier erlaubt es der Raum nicht, das schlüssig zu beweisen. Ich muß mich darauf beschränken, einige der Irrtümer vorzuführen, welchen wir damit ausgesetzt sind.)

Die radikalste Folge ist eine Betrachtung von Wirkungen ohne Rückwirkung auf ihre Ursache, der nackte Zugzwang. Seine Kette führt dazu, daß die sogenannten Erfolgszivilisationen nur mehr die Überlebensutopie des Wachstums kennen. Aber jedes System, das nur vom Wachsen leben kann, muß an sich selbst zugrunde gehen; und zwar notwendigerweise mit geometrischer Beschleunigung. Unsere erfahrenen Industriekapitäne wissen um das Paradoxon, zur Lebenserhaltung ihrer Werke und Belegschaften einen selbstmörderischen Kurs steuern zu müssen. Dies scheint nur mehr die selbstmörderische Alternative der Energieeskalation, der Atomenergie, zuzulassen. Die industrielle Eskalation führt zum Verderben der Meere, Flüsse, Länder. Kurz: Wir sägen immer schneller an dem Ast, auf dem wir sitzen.

Es ist derselbe Zugzwang, der die Politiker unglaubwürdig macht. Man hat sie im Verdacht, selbst nur der Eskalation ihrer Macht zuzustreben. Dabei stellen wir sie unter den Zwang, uns weiteres Wachsen unserer Prosperität versprechen zu müssen. Und ist dies ihnen abverlangt, dann erwarten wir auch, daß sie ihr Versprechen halten. Dabei wünscht die Mehrheit, zumindest der Jugend, kein Wachstum mehr. Sie wollen sich mit einer Welt ›nach dem Maß des Menschen‹ bescheiden. Aber dieses Maß will erst formuliert sein. Wir fühlen schon die Revolte, aber undurchsichtig genug, denn sie ist noch fast ohne Sprache.

Nicht minder gefährlich ist die Art, in der wir die Herkunft unserer Sicherheit erleben. Hier läuft die Kette der Sicherheitserwartung vom Arbeitsplatz und von den Ersparnissen zur Firma und zur Bank, weiter zur Währung, zum Staat, zu seinen Bündnissen und den Machtblöcken. Und die Sicherheit jener Macht scheint im Kapital und in der Rüstung zu liegen. Wir bedenken den Rücklauf der Wirkungen auf ihre Ursachen auch hier nicht. Daß Arbeitsplatz und Sparkasse von unserer individuellen Wertschöpfung, der Währung, der Staat aus seinen Produktionsstätten und Mitteln leben; daß alle Sicherheit einer Gesellschaft letztlich auf die Moral ihrer Mitglieder zurückläuft. Die Unsicherheit dieser Gesellschaft sind wir alle selber.

Nur noch ein Beispiel darf ich anfügen: die Art, in der wir Recht und Schuld etablieren. Recht wird hinauf delegiert; zuletzt bis zum Souverän. Denn bekanntlich muß ja irgend jemand wissen und entscheiden, was Recht ist. Wir übersehen, daß dies ein jeder von uns überschauen müßte, wenn wir, wie man uns glauben macht, in Wahrheit selbst der Souverän wären. Schuld dagegen wird nach unten delegiert, zwar wieder fort von uns, diesmal aber hinunter bis zu einem Individuum, das zwar gewiß schuldig sein mag, das aber in einem Netz von Zusammenhängen handelt, welches oft bis zu uns selber reicht. Auch Recht und Schuld in einer Zivilisation resultieren aus dem Wechselbezug der Moral des Individuums und derjenigen der Staatsform, welche aus dem System dieser Individuen erwächst. Seine Moral ist letztlich wieder die unsere.

Inzwischen eskaliert diese Welt weiter, verkehrt herum. Der Markt bearbeitet seine Kunden, die Parteien die Wähler, die Ideologie die Parteien, die Multis manipulieren die Staaten und das internationale Kapital und die Zinsen die Multis. Und alle zusammen eskalieren Wachstum mit Umweltschlamassel, Prosperität mit Sinnverlust und Rüstung mit wachsender Unsicherheit. Die Präsidenten der Großmächte werfen das Steurruder hin und her, und dennoch steht weiterhin Arbeitslosigkeit gegen unser Recht auf Arbeit und Inflation, also permanente, schleichende Enteignung, gegen das Recht auf unsere Wertschöpfung. Unsere Anschauungsformen sind eben der Regentschaft, die wir uns anmaßen, nicht gewachsen. Und die von uns delegierten Regenten der Staatswirtschaft operieren weiterhin, wie JOHN GALBRAITH sagt, in einem Zwischengebiet von Vernunft, Wahrsagekunst, Beschwörung und gewissen Formen von Zauberei: Der Teufelskreis bleibt ungebrochen. Denn wer hätte die Macht, mit der Macht zu brechen? Und wir Bürger, hypnotisiert von denselben Zugzwängen des Tagesereignisses, bleiben ebenso ratlos inmitten jener Sippenhaftung für kollektiven Unsinn; kollektiven Selbstmord nennen dies die Temperamentvollen.

Meine ›Realutopie‹.

Nun wissen wir, daß sich unser Extremorgan Gehirn selbst wahrzunehmen vermag. Wir kommen sogar in die Lage, die Herkunft und damit auch die Anpassungsmängel unserer Vernunft zu durchschauen. Die menschliche Erkenntnis vermag, wie EINSTEIN und LORENZ zeigten, sogar die Fehler der angeborenen Lehrmeister ihres Erkenntnisapparates zu überwinden. Wir können unsere Vernunft durchleuchten. Darin liegt eine Überlebenschance. Dies ist der reale Teil meiner Realutopie.

Man glaube aber nicht, daß wir schon alles wüßten. Wir stehen am Anfang. Wir haben einige Enden von dem uns noch Verborgenen im Menschen gefaßt. Nicht mehr. Es gibt noch nicht einmal sachgemäße Einrichtungen für diese Forschung. Mit Sicherheit wissen wir nur, daß diese tiefere Schicht große Wirkung tut und daß sie erforschbar ist.

Das Utopische meiner Realutopie ist dagegen keine Frage unserer Erkenntnismöglichkeit; es ist eine Frage an unsere Gesellschaft: Wird sie in der Lage sein, sich zu erkennen, bevor es zu spät ist? Ja, wird sie sich überhaupt erkennen wollen? Sind die künstlichen Wirklichkeiten dieser konkurrierenden Gesellschaften nicht schon wieder im Zugzwang, ihre Irrtümer durch selbsterfüllende Prophezeiungen nur noch weiter zu zementieren?

Selbst die Erforschung eines tieferen Menschenbildes, ließe man sie zu, genügte allein noch nicht. Erkenntnis wirkt ja erst über ihre Verbreitung, durch Bildung; Bildung einer Bevölkerung und deren Wirkung auf ihr Weltbild und damit auf ihren Staat, welcher nun im Netz der Wechselbezüge die Bildung seiner Bürger bilden müßte. Auf eine Weltvernunft ist nicht zu hoffen. Die neue Vernunft muß mit dem nunmehr schutzlosen Individuum beginnen, mit dem Außenseiter. Sie kann erst von da zur Gruppe führen, zu den still revoltierenden Minoritäten; also einer wieder ungeschützten Gruppe. Und erst in einer nationalen Vernunft würde sie unseren Lebenserfolg wirklich fördern, als ein Vorbild, ein Durchbruch im Staatenrund.

Dies ist das Utopische meiner realutopischen Alternative. Der Weg ist so gefährdet, wie er unwahrscheinlich ist. Denn es bedürfte schon der neuen Vernunft, um diese neue Vernunft zu fördern. Daß ich dennoch die Stirne habe, eine solche vierte Alternative anzubieten, hat mit meiner Kenntnis der Evolution zu tun. Sie hat immer wieder das Unwahrscheinlichste geschafft. Allem Zerfall, allem Unfug, allen Teufeleien zum Trotz.

Aber noch eines ist es – jenseits aller Wahrscheinlichkeit. Dies ist die Erfahrung des Lebenswillens. Jede getretene Pflanze sucht sich wieder aufzurichten. Hoffnung ist durch Hoffnungslosigkeit kaum ganz zu verdrängen. Und wie verzweifelt undurchsichtig der Filz des Schlamassels von Wachstum, Kapital und Rüstung auch sein mag, der uns passiert ist, etwas an Empörung über dieses unser Ungemach empfindet ein jeder von uns.

Und dieses Hoffnungsvolle in jenem tieferen Menschenbild hat zwei wichtige Seiten. Es ist die Würde des Individuums, die noch deutlicher zutage kommt, und die Universalität ihrer Geltung. Das, was die Menschenrechte formulieren, wird sich als universelles Erbe darstellen; als das, was jedem Menschen zusteht, soll er sich zum vollen Menschenwesen entwickeln dürfen, nun aber unabhängig von den Doktrinen seiner Zivilisation und deren Ideologie. Weltweit könnte der Mensch erfahren, was ihm zusteht. Und sind die Ideologien pleite, manche sagen: Philosophie und Politik, dann können es endlich Fakten sein, auf die er sich berufen kann.

Wir werden die Gesellschaft dieses Menschen verachten können, um ihren Menschen zu helfen, aber den Menschen müssen wir lieben – auch, um seiner Gesellschaft zu helfen.

III 3 Die Revolution der Biologen

Im Oktober 1981 hatte der Bayerische Rundfunk zu einer Vortrags- und Diskussionsreihe über die »Revolution der Biologen« eingeladen. Und nach meiner Zusage mußte ich beschämt bemerken, daß man durchaus nicht jene Revolution im Auge hatte, von welcher hier schon über 331 Seiten die Rede ist. Wieder war an Heil und Verderb des Machbaren gedacht; von der ›Genmanipulation‹ bis zur ›Glückselektrode‹.

Nun war es erst recht verpflichtend mitzumachen, um jene Revolution der Biologen entgegenzustellen, von welcher wir uns eine ganz andere Art von Heilung einer kranken Zivilisation versprechen. In diesem Sinne enthielt mein Vortrag zwei Teile: einen kritischen, den ich hier folgen lasse, und einen Abriß der ›Evolutionären Erkenntnislehre‹. Letzteren kann ich weglassen, da der Leser diesen Standpunkt bereits kennt (besonders aus Teil I, Kap. 6 und aus Teil II manche ihrer Konsequenzen).

Die Biologie hat in den letzten Jahrzehnten eine erstaunliche Entwicklung erlebt; wäre ich nicht selbst Biologe, ich würde sagen: sie hat eine Entwicklung erlebt wie kaum ein anderes Fach. Und da ich das also nicht sagen sollte, will ich zitieren: So hat CARL FRIEDRICH VON WEIZSÄCKER jüngst in einer Diskussion gesagt: »Wenn man mich vor 30 Jahren gefragt hätte, was ich für das Interessanteste auf der Welt hielte, so hätte ich gesagt: theoretische Physik. Heute befragt, würde ich antworten: theoretische Biologie.«

Biologie unserer Zeit

Diese Entwicklung ist aus unserer Zeit zu verstehen und damit auch aus ihrer ganzen Wissenschaft. Denn vieles im Fortschritt der Biologie ist dem Umstand zu verdanken, daß eine große Zahl der begabtesten Chemiker, Physiker, Mathematiker, Elektroniker in das Gebiet der Biologen hinübergewechselt sind. Man sieht dies schon an dem großen Prozentsatz von Physikern, die für ihre Leistungen auf dem Felde der Biologie ihren Nobelpreis erhalten haben.

Und dennoch halte ich diese Fortschrittswelt für gespalten. Die einen sind späte Kinder der Aufklärung; dies ist sicher noch die Mehrheit. Mit diesem ›noch‹ habe ich wohl auch schon die Partei verraten, der ich angehöre. Die anderen leiten etwas ganz anderes ein: eine Art der Abklärung. Einen Gegenzug, wie ich meine, der höchst dringlich ist und der selbst befördert ist von jener Gegenentwicklung in demselben Fach der Biologie.

Das ist noch zu allgemein gesagt. Aber ich will mich sogleich erklären. Zuvor eine Bemerkung: Wenn heute immer wieder von einer »Revolution der Biologie« die Rede ist, so hat das Ding jedenfalls zwei höchst unterschiedliche, ja einander fast ausschließende Seiten, könnte man sagen.

Was also hat das mit der Aufklärung zu tun. Es hat damit insofern zu tun, als es den Glauben, man kann sogar sagen: die Ideologie des Machbaren enthält. Man war im Zuge der Aufklärung mit der Entfaltung der sogenannten exakten Naturwissenschaften und mit der Philosophie des Positivismus zur Meinung gekommen, daß dem Menschen nichts besser täte, als tief in diese Natur hineinzufassen. Man war von der Macht dessen fasziniert, was wir unseren Geist nennen;

und man entwickelte die Überzeugung, daß man allen Übeln durch unser vernünftiges Eingreifen schon beikommen würde. Je tiefer, desto gründlicher, das heißt desto besser.

So wie ich hier, parteilich, den Traum der Aufklärung schildere, wird man, so hoffe ich, schon ein gewisses Gruseln empfinden; ein Gruseln, das spätestens dann auftauchen müßte, wenn man das Eingreifen der Menschen beliebig extrapoliert. Ein Eingreifen in unsere Welt und in den Menschen selber.

Aber ich muß selbst in dieser knapp zu haltenden Darstellung wenigstens noch um eine Stufe genauer sein, um mich verständlich zu machen. Die Kombination Aufklärung – Positivismus – exakte Naturwissenschaft ist ja nicht von ungefähr.

Der Positivismus nämlich rät, aus den Wissenschaften alles fortzuschaffen, was sich nicht sogleich in einer positiven Weise belegen läßt. Das ist zwar grob gesagt, aber immerhin im Kern der Sache. Ich bin noch am Rande des Wiener Kreises, des Neopositivismus, aufgewachsen und habe das Pathos meiner Lehrer von damals noch deutlich im Ohr. Ist aber die unmittelbare Beweisbarkeit, vor allem die experimentelle, die ganze Wissenschaft, dann ahnt man wohl, was da alles verlorengeht.

Was aber mit den exakten Naturwissenschaften? Diese haben sich einer reduktionistischen Methode verschrieben. Was ist also das? Die Reduktionisten, so kann man sagen, erwarten, daß man auch die komplexesten Systeme dadurch vollständig erklären könne, daß man sie auf ihre Bauteile zurückführt: Erlebnisse beispielsweise auf ihre Gehirnströme, diese auf die Reizleitung, auf biochemische, auf chemische und diese auf physikalische Prozesse. Ein Erlebnis ist aber gewiß mehr als ein physikalischer Prozeß. Reduktionistisch kann man zwar enorme Erfolge haben, vielleicht schon zu enorme, doch das Ganze ist nicht in den Griff zu bekommen.

Wenn man aber mit dem Positivismus behauptet, daß das, was man reduktionistisch in den Griff bekam, alles wäre, dann täuscht man sich furchtbar. Man hat nämlich durch die Zerlegung das Wesentliche, das Ganze zerstört. Dann hat man, wie GOETHE sagt, »die Teile in der Hand, fehlt leider! nur das geist'ge Band«. Und wenn man mit dem schon altertümlichen Optimismus der Aufklärung behauptet, daß auf diesem Wege das Wohl der Menschen zu entwickeln wäre, dann wird die Täuschung böse, und sie kann nur zum bösen Erwachen führen.

Also – was gehört nun zu jenem Teil der biologischen Revolution, dem ich einen aufklärerischen Optimismus unterstelle?

Hierher gehört, was man mit den Schlagworten: Hirnmanipulation bezeichnet, mit Leben ohne Ende, mit Klonierung und mit der sogenannten Gentechnologie. Ich deute diese Gegenstände hier nur an. Es sind nicht die meinen. Ich deute ihr Für und Wider eigentlich nur an, um mich gegen sie abzugrenzen: mich und unseren ›abklärerischen‹ Standpunkt.

Die Hirnmanipulation: Wir kommen mit sehr feinen Elektroden praktisch schon in alle Hirnteile. Vorteil: Bisher unbehebbaren, entsetzlichen Nervenleiden könnte begegnet werden. Nachteil: So, wie unsere Gesellschaft beschaffen ist, wird sie die Glückselektrode, die Verzweiflungselektrode und die Unterwerfungselektrode nicht nur entwickeln, sondern auch politisch einsetzen.

Zweites Stichwort: ›ewiges Leben‹. Es scheint, als ob die meisten unserer Gewebe für eine begrenzte Funktionszeit, also auf ihren Tod programmiert wären. Die Folge ist unser individueller Tod. Man könnte vielleicht der Abschaltung ihrer Regenerationsmechanismen gegensteuern. Vorteil: Manche entscheidende Lebensverlängerung wäre möglich. Nachteil: Wer wird entscheiden, wem sie gewährt wird? Und ewiges Leben? Bekanntlich ist dies das Problem der Buddhisten, nämlich aus dem Schrecken ewiger Wiedergeburt einmal herauszukommen.

Zum dritten, zur Klonierung: Man könnte befruchtete Eier teilen und genetisch völlig identische Individuen erzeugen. Vorteile kann man sich für die Tierzucht denken. Nachteile: beliebige Zahlen identischer Zwillinge, eigentlich Mehrlinge, Massenlinge, wären denkbar. Das gespenstische Bild einer Gesellschaft, die sich ihre Kasten in identischen Massen herstellt.

Und das Tollste zuletzt, die Gentechnologie: Bei einfachsten Organismen gelingt es bereits, Teile aus dem Erbmaterial herauszuschneiden oder andere einzusetzen. Dies mag im Prinzip auch für die menschlichen Erbmoleküle möglich werden. Vorteil: Man könnte den Erbkrankheiten begegnen, was wichtig werden wird, da diese zunehmen. Nachteil: So, wie unsere garstige Gesellschaft gemacht ist, müßte mit den tollsten Manipulationen gerechnet werden. Eine

Nation könnte sich lauter Super-Napoleons, eine andere lauter Hitlers ziehen.

Kurz: Ein Wesen, das sich selbst längst noch nicht versteht, macht sich anheischig, das, was es nicht versteht, zu verbessern. Besonders für die Genmanipulation ist das mit unserer Vernunft gar nicht zu Ende zu denken. Man muß sich ja vor Augen halten, daß das auch unsere Hirnfunktionen betrifft. Aber welche menschliche Geisteskraft könnte dafür bürgen, daß das, was wir als Übermenschen zu züchten gedächten, sich nicht als Über-Untermensch erweisen würde? Wie hätte der Salamander, der Urfisch wissen sollen, wie der Weg zum Menschen führt? Da wollen wir den Weg zu den Engeln kennen?

Man ist verschreckt. Man begreift, daß dies nur in des Teufels Küche führen kann. Man hat genug vom Machbaren, und man hat genug von der Aufklärung. So wird ein Ausweg gesucht. Und was geschieht? Man errichtet Verbote. Da und dort mag eine Nation die Vernunft besitzen, auf diese Art von ›Vernunft‹ zu verzichten. Aber ich sage mit voller Überzeugung voraus, daß Verbote nichts helfen werden – überhaupt nichts.

Einmal, weil all diese Bio-Technologien ihren Nutzen haben und, besitzt man sie, in verzweifelten Fällen zur Rettung eines Menschen selbstverständlich auch eingesetzt werden müssen. Vom Guten zum Bösen aber gibt es hier keine Grenze. Und da die biologische Forschung längst ein Machtinstrument der Mächtigen geworden ist und die Wissenschaft so kompliziert wurde, daß sie manipuliert werden kann, und weil mit der Macht die Moral aufhört – kurz, weil unsere Gesellschaft so wurde, wie sie ist, ist auch von all den Verboten nichts zu halten. Was also jetzt?

Die Revolution, die ich meine

Jetzt ist die Gegenposition zu betrachten. Man wird sich erinnern, daß von einer gespaltenen Fortschrittswelt in den biologischen Revolutionen die Rede war. Wir sind ja davon ausgegangen, daß der aufklärerischen Strömung in der heutigen Biologie eine abklärende sich gegenentwickelt. Und da es in ihr in ihrem Kerne um die seltsame Herkunft unserer Vernunft geht und um deren Grenzen – darum setze ich in diese Gegenströmung mehr Hoffnung als in alle Verbote.

Worum geht es also nun in dieser biologischen Revolution der Abklärung? Was ist sie für eine Disziplin, was ist in ihr revolutionär, und was soll endlich unter einer Abklärung verstanden werden?

Zunächst einmal handelt es sich nicht wieder um viererlei Technologien, sondern um eine einheitliche Theorie. Sie befaßt sich mit der stammesgeschichtlichen Herkunft unserer Vernunft, und sie entwikkelt sich zu einer Wissenschaft vom Erkenntnisgewinn. Es handelt sich also um eine aus der Biologie entwickelte Theorie von der Erkenntnis.

Nun kann man sagen, die philosophischen Theorien über die Herkunft und die Begründung der Erkenntnis haben stets gewechselt und sind miteinander stets uneins geblieben. Wozu also noch eine neue? Dazu ist zu sagen, daß zweieinhalb Jahrtausende Philosophiegeschichte wenigstens in einem Übereinstimmung brachten: nämlich in der Einsicht, daß sich die menschliche Vernunft nicht selbst zu begründen vermag.

Man hat erkannt, daß jeder Wissensgewinn ein Vorwissen voraussetzt, aber es blieb ein Rätsel, woher dieses käme. Als Biologen nehmen wir nun einen ganz anderen Standpunkt ein. Keinen rein spekulativen. Wir betrachten vielmehr die ganze Evolution als einen erkenntnisgewinnenden Prozeß. Wir werden damit zu bescheidenen Beobachtern eines kosmischen Prozesses. Und methodisch? Wir bleiben bei der bewährten Methode der vergleichenden Anatomie. So, wie diese Fossilien und die rezenten Arten nach ihrer Ähnlichkeit ordnet und auf diese Weise den Stammbaum der Organismen rekonstruiert – auf eben dieselbe Weise ordnen wir die Vorgänge und Strukturen des Kenntnisgewinns zu einem Stammbaum, dessen Ende unser eigenes Erkenntnisvermögen ist.

(Von dieser Stelle an war nun ein Abriß der ›evolutionären Lehre von der Erkenntnis‹ zu geben. Diesen brauche ich nicht zu wiederholen, da der Leser diesen Standpunkt aus Teil I, Kapitel 6 bereits kennt.)

Von dieser Position der ›Evolutionären Erkenntnistheorie‹ aus gesehen wird die Ideologie des Machbaren als Ganzes zu einem Anachronismus, zu einer gefährlichen Überschätzung menschlichen Vermögens. Sie erscheint als eine Spätfolge jener Aufklärung, vor deren Produkten wir uns ohnedies schon fürchten. In diesem Sinne enthält unsere Erkenntnislehre eine Gegenreaktion, da sie die Grenzen unserer Vernunft aufdeckt und vor deren höchst bedenklichen Übertretungen warnt.

Auch diese Gegenposition wird zu den Revolutionen gezählt. GERHARD VOLLMER und HOIMAR VON DITFURTH geben ihr sogar den Rang einer ›kopernikanischen Wende‹ im menschlichen Weltbild, und zwar in dem Sinne, wie wir seit KOPERNIKUS wissen, an den Rand dieses Kosmos zu gehören, wie wir seit DARWIN wissen, daß wir aus dem Tierreich stammen, und wie wir nun seit LORENZ beginnen, die Herkunft unseres Verstandes zu verstehen.

Eine Aufklärung über die Grenzen unseres Verstandes bedeutet aber nun gerade das Gegenteil der ›Machbarkeitsideologie‹ – es ist für unser Urteil über uns selbst eine Abklärung. In dieser Abklärung sehe ich noch eine Chance für die Überlebensfrage unserer Spezies. Diese Chance wird jedoch nur dann wachsen, wenn wir schneller weise und bescheiden würden, als wir tüchtig und mächtig werden.

In diesem Sinne sind auch die Revolutionen der Biologen Antagonisten. Antagonisten wie Aufklärung und Abklärung, ein Spiegel der gefährlichen Zeit, in der wir leben.

III 4 Ein Zeitalter der Abklärung

Am 10. November 1979 wanderten wir von einer Audienz bei Papst Johannes Paul II. *zurück über den Petersplatz zu Kardinal* Königs *Symposium »Nova Spes«. Ich plauderte mit* Marion Gräfin Dönhoff *über die Funktion, welche mein Standpunkt eventuell zum Nutzen unserer Gesellschaft gewinnen könnte. Und noch präziser befragt, nannte ich dies die Funktion einer ›zweiten Aufklärung‹. Denn es wird nicht mehr gegen die Inhumanität von Kirche und Aristokratie angetreten, sondern gegen jene von Ideologie und Kapital. Und nicht die Unbegrenztheit des Machbaren soll den Menschen befreien, sondern die Einsicht in die Grenzen seiner Vermögen. »Das«, sagte* Gräfin Dönhoff, *»ist aber eigentlich mehr eine Art der Abklärung!« So ist es!*

Zur Jahreswende 1980/81 stellte »Die Presse« (Wien) die Standpunkte einiger Professoren der Wiener Universitäten zur ›Perspektive der Zeit‹ zusammen. Da kam mir jenes Gespräch in Erinnerung, und ich fügte den (lokalen, Wiener) Teufelskreis – wie folgt – nochmals zusammen.

Unser Jahrzehnt wird man einmal den Beginn des »Zeitalters der Abklärung« (fälschlich »zweite Aufklärung«) nennen; vorausgesetzt allerdings, wir überleben die nächsten Jahrhunderte. Es wird nämlich jener Zusammenhang sichtbar (siehe unten!), jener Wachstums-, Umwelt-, Bedrohungsschlamassel, welchen die sozial-kapitalistischen Erfolgsgesellschaften angerichtet haben – in West und Ost. Zu seiner Lösung brauchten wir nur rascher weise als mächtig zu werden. Und dazu bedarf es lediglich der Verbreitung vertiefter Bildung. Es genügte für den Anfang, die Eigendynamik jenes Systems zu sehen; den Teufelskreis aus Wachstum, Unbildung und Konsumzwang, Wirtschaftsmacht, Abrüstungskonferenzen und Zugzwang.

»... dann könnte man sehen, daß es gar nicht die Regierungen sind, die uns ins Übel regieren. Wir zwingen sie, nur um die Submächte jener Universalmacht zu konkurrieren; zwischen West und Ost, zwischen Politbüros wie zwischen rechts und links. Sie können darum nur materiellen Wohlstand und Abhängigkeit heben, wofür wir mit Freiheiten bezahlen, die nichts mehr zu bedeuten scheinen, für Sicherheiten, von welchen wir nicht wissen, daß sie nichts bedeuten. Entlastete man die Regenten von jenem Zwang, so könnten sie über die Zwangsvorstellung vierjährigen Überlebens die Zwänge des ganzen Jahrhunderts sehen. Sie könnten anstelle von Stimmvieh im Klubzwang eigenverantwortliche Individuen sein. Sie könnten es dann den Industriekapitänen und Gewerkschaften erlassen, zum Überleben der Produktionsstätten einen selbstmörderischen Kurs steuern zu müssen; und diese könnten folglich statt Atomkraft wieder Vernunft predigen. Sie könnten, anstatt energieaufwendige, umweltfeindliche Massen-, Fließband-, Wegwerfprodukte (z. B. für General Motors) durchzusetzen, intelligente, sparsame, umweltfreundliche Dauerprodukte fördern. Diese würden Arbeit wieder schöpferisch, Beruf zur Berufung machen – im ersten Ansatz wieder Sinn finden lassen. Sie müßten nicht den Markt zum Supermarkt, Häuschen zu Wohnsilos, Städte zu Feldern von Verkehrsschlachten entmenschlichen und sich nicht an den Kranken-Sterbe-Silos bereichern. Sie könnten sogar aufhören, die Familie zu zerstören, Mütter ans Fließband, Kinder in die Hospitalisierung zu zwingen. Damit könnten auch Medien und Werbung wieder um menschliche Grundwerte konkurrieren, um Sinn und Individualität. Wir wären dann frei, Ausbildung wieder durch eine Bildung zu ersetzen, die bis zur

Weisheit der Herzensbildung reicht. Und das gelänge, da wir dann unsere Besten zu Lehrern fördern könnten, indem wir uns diese und ihre Ausbildung wirklich etwas kosten ließen. Sie müßten dann nicht nur Lernstoff zur Repetierbereitschaft, sondern könnten auch Zeitfragen zum Schöpferischen und Lebensfragen zur individuellen Sinnfindung führen. Für hervorragende Pädagogen nun bedarf es nur hervorragender hoher Schulen. Und diese wären in der Folge möglich, da man anstelle unqualifizierter Mitbestimmung und anonymer Kommissionsbeschlüsse, Ethos und Verantwortung des bis zum Herzen gebildeten Individuums verlangen könnte; was leicht zu erreichen wäre, wenn eine solide, zur Weisheit gebildete Mehrheit sähe, daß es gar nicht die Regierungen sind, die uns ins Übel regieren ... (der Leser ist gebeten, oben wieder zu beginnen) ...«

Der Kreislauf, die Eigengesetzlichkeit des Systems wird sichtbar. Wo aber ist der Kreis zu durchbrechen? Denn wer die Macht hat, hat die Macht nicht, sie zu brechen. So gilt meine Geschichte vom »Zeitalter der Abklärung« freilich nur für den konstruierten Fall, wir überlebten die nächsten Jahrhunderte. Andernfalls, so wird man verstehen, ist es gleichgültig, wie unsere Zeit einmal heißen wird.

Literaturverzeichnis

Albert, H., 1968: Traktat über kritische Vernunft. Mohr, Tübingen.

Becker, F., 1947: Geschichte der Astronomie. Universitäts Verlag, Bonn.

Berger, P. u. Th. Luckmann, 1977: Die gesellschaftliche Konstruktion der Wirklichkeit. Eine Theorie der Wissenssoziologie. S. Fischer, Frankfurt.

Bergson, H., 1969: L'évolution créatrice. Press. Univ. de France, Paris.

Bertalanffy, F. v., 1968: General system theory; foundations, development, application. Braziller, New York.

Blackman, A., 1980: The delicate arrangement. The Times Press. New York.

Brecht, B., 1955: Leben des Galilei. Schauspiel. Suhrkamp, Berlin.

Broda, E., 1955: Ludwig Boltzmann; Mensch, Physiker, Philosoph. Deuticke, Wien.

Campbell, D., 1959: Methodological suggestions from a comparative psychology of knowledge processes. Inquiry, Bd. 2, S. 152–182.

Campbell, D., 1974: Evolutionary epistemology. In: P. Schilpp (Hrsg.), The library of living philosophers. Bd. 14 I und II. The philosophy of Karl Popper, Bd. I. S. 413–463. Lasalle, Open Court.

Commoner, B., 1970: Science and survival. Ballantine Books, New York.

Darwin, Ch., 1859: The Origin of Species by means of natural selection, or the preservation of favoured races in the struggle for life. Jüngste Ausgabe: J. Burrow (Hrsg.) The origin of species. Penguin, Baltimore, 1968.

Darwin, Ch., 1873: Das Variieren der Thiere und Pflanzen im Zustande der Domestikation (aus dem Englischen von J. Carus). 2 Bde. Schweizerbart, Stuttgart.

Darwin, F., (Hrsg.) 1925: Life and letters of Charles Darwin incending an autobiographical Chapter. New York-London.

Dennert, E., 1906: Vom Sterbelager des Darwinismus. Neue Folge. Kielmann, Stuttgart.

Dessauer, F., 1943: Der Fall Galilei und wir. Linz.

Dilthey, W., 1933: Einleitung in die Geisteswissenschaften. Teubner, Stuttgart.

Ditfurth, H. v., 1976: Der Geist fiel nicht vom Himmel. Die Evolution unseres Bewußtseins. Hoffmann & Campe, Hamburg.

Dörner, D., 1975: Wie Menschen eine Welt verbessern wollten und sie dabei zerstörten. Bild d. Wissensch., S. 248–53.

Driesch, H., 1909: Philosophie des Organischen. Engelmann, Leipzig

Duncker, H.-R., 1978: Das Denken in komplexen Zusammenhängen und die Fähigkeit zum kreativen Handeln. Jahresbericht 1977. Studienstiftung, Bonn, S. 26-46.

Durant, W., 1953: The pleasure of philosophy. An attempt at a consistent philosophy of life. Simon & Schuster, New York.

Eibl-Eibesfeldt, I., 1980[6]: Grundriß der vergleichenden Verhaltensforschung. Piper, München-Zürich.

Eigen, M. u. R. Winkler, 1975: Das Spiel. Naturgesetze steuern den Zufall. Piper, München-Zürich.

Feyerabend, P., 1976: Wider den Methodenzwang. Skizze einer anarchistischen Erkenntnistheorie. Suhrkamp, Frankfurt.

Forrester, J., 1971: Behavior of social systems. In: P. Weiss (Hrsg.): Hierarchically organized systems in theory and practice. S. 81–122, Hafner, New York.

Frege, G., 1879: Begriffsschrift. Wissensch. Buchgesellschaft, Darmstadt, 1971.

Galbraith, J., 1970: Die moderne Industriegesellschaft. Droemer-Knaur, München-Zürich.

Glass, B., O. Temkin u. W. Straus (Hrsg.) 1968: Forerunners of Darwin: 1745–1859. J. Hopkins Press, Baltimore.

Goethe, J. v., 1790: Morphologische Schriften. Böhlau, Weimar.

Goethe, J. v., 1795: Erster Entwurf einer allgemeinen Einleitung in die vergleichende Anatomie, ausgehend von der Osteologie. Böhlau, Weimar.

Haeckel, E., 1910: Sandalion. Eine offene Antwort an die Fälschungsanklagen der Jesuiten. Frankfurt/M.

Hartmann, N., 1964^3: Der Aufbau der realen Welt. Grundriß der allgemeinen Kategorienlehre. De Gruyter, Berlin.

Hassenstein, B., 1965: Biologische Kybernetik. Eine elementare Einführung. Quelle & Meyer, Heidelberg.

Hassenstein, B., 1973: Verhaltensbiologie des Kindes. Piper, München-Zürich.

Hayek, F. v., 1979: Die drei Quellen der menschlichen Werte. Mohr, Tübingen.

Hayek, F. v., 1979^2: Mißbrauch und Verfall der Vernunft. Neugebauer, Salzburg (1. Aufl. 1959, Knapp, Frankfurt).

Hays, A., 1960: Let Freedom Ring. Plenum Press, London-New York.

Heisenberg, W., 1972: Der Teil und das Ganze; Gespräche im Umkreis der Atomphysik. Piper, München-Zürich.

Hemleben, J., 1964: Ernst Haeckel; in Selbstzeugnissen und Bilddokumenten. Rowohlt, Hamburg.

Hemleben, J., 1968: Charles Darwin; in Selbstzeugnissen und Bilddokumenten. Rowohlt, Hamburg.

Hemleben, J., 1969: Galileo Galilei; in Selbstzeugnissen und Bilddokumenten. Rowohlt, Hamburg.

Holst, E. v., 1969: Zur Verhaltensphysiologie bei Tier und Mensch. Gesammelte Abhandlungen. Piper, München-Zürich.

Hume, D., 1748: Eine Untersuchung über den menschlichen Verstand. Neuauflage 1967, Reclam, Stuttgart.

Kant, I., 1781: Kritik der reinen Vernunft. Abgedruckt in: I. Kant, Werkausgabe, Bd. III und IV, Suhrkamp, Frankfurt, 1977.

Kant, I., 1790: Kritik der Urteilskraft. Abgedruckt in: I. Kant, Werkausgabe, Bd. X, Suhrkamp, Frankfurt, 1977.

Klix, F., 1980: Erwachendes Denken. Eine Entwicklungsgeschichte der menschlichen Intelligenz. VEB Deutscher Verlag d. Wiss., Berlin.

Kreuzer, F., 1981: Ich bin – also denke ich. Die Evolutionäre Erkenntnistheorie. Franz Kreuzer im Gespräch mit Engelbert Broda und Rupert Riedl. Deuticke, Wien.

Kuhn, Th., 1967: Die Struktur wissenschaftlicher Revolutionen. Suhrkamp, Frankfurt.

Küng, H., 1978: Existiert Gott? Antwort auf die Gottesfrage der Neuzeit. Piper, München-Zürich.

Lamarck, J. B. de, 1809: Zoologie philosophique (deutsche Ausgabe 1909, Zoologische Philosophie, Kröner, Leipzig).

Lenneberg, E., 1972: Biologische Grundlagen der Sprache. Suhrkamp, Frankfurt.

Lévi-Strauss, C., 1973: Das wilde Denken. Suhrkamp, Frankfurt.

Lorenz, K., 1941: Kants Lehre vom Apriorischen im Lichte gegenwärtiger Biologie. Blätter f. deutsche Philosophie, Bd. 15. S. 94–125.

Lorenz, K., 1959: Gestaltwahrnehmung als Quelle wissenschaftlicher Erkenntnis. In: K. Lorenz, Ges. Abhandlungen, 2 Bde., Piper, München-Zürich, 1965.

Lorenz, K., 1971: Knowledge, beliefs, and freedom. In: P. Weiss (Hrsg.), Hierarchically organized systems in theory and practice. S. 231–262, Hafner, New York.

Lorenz, K., 1973: Die Rückseite des Spiegels. Versuch einer Naturgeschichte menschlichen Erkennens. Piper, München-Zürich.

Lorenz, K., 1978: Vergleichende Verhaltensforschung; Grundlagen der Ethologie. Springer, Wien-New York.

Mach, E., 1905: Erkenntnis und Irrtum, Barth, Leipzig.

Mach, E., 1910: Die Leitgedanken meiner naturwissenschaftlichen Erkenntnislehre und ihre Aufnahme durch die Zeitgenossen. Physik. Zeit. 11. S. 599–606.

Marinelli, M. v. u. A. Strenger, 1953: Vergleichende Anatomie und Morphologie der Wirbeltiere. Bd. I, Deuticke, Wien.

Marx, K. u. F. Engels, 1846: Die deutsche Ideologie. Abgedruckt (Auszug) in: K. Marx, F. Engels, Ausgewählte Werke in 6 Bänden, 1977, Dietz, Berlin/Ost.

Meadows, D., 1972: Die Grenzen des Wachstums. Bericht des Club of Rome zur Lage der Menschheit. Deutsche Verlagsanstalt, Stuttgart.

Mohr, H., 1965: Erkenntnistheoretische und ethische Aspekte der Naturwissenschaften. Mitt. d. Verb. Deutscher Biologen, 113. S. 525–535.

Monod, J., 1971: Zufall und Notwendigkeit. Philosophische Fragen der modernen Biologie. Piper, München-Zürich.

Oeser, E., 1971: Kepler; die Entstehung der modernen Wissenschaft. Musterschmidt, Göttingen-Zürich-Frankfurt.

Oeser, E., 1974: System, Klassifikation, Evolution. Historische Analysen der wissenschaftstheoretischen Grundlagen der Biologie. Braumüller, Wien-Stuttgart.

Oeser, E., 1976: Wissenschaft und Information. Systematische Grundlagen einer Theorie der Wissenschaftsentwicklung. (3 Bde.), Oldenbourg, Wien-München.

Oeser, E., 1979: Wissenschaftstheorie als Rekonstruktion der Wissenschaftsgeschichte. Fallstudien zu einer Theorie der Wissenschaftsentwicklung. (Bisher 2 Bde.), Oldenbourg, Wien-München.

Peisl, A. u. A. Mohler (Hrsg.), 1981: Reproduktion des Menschen. Schriften der Carl Friedrich v. Siemens-Stiftung, Bd. 5, Ullstein, Berlin.

Pietschmann, H., 1980: Das Ende des naturwissenschaftlichen Zeitalters. Zsolnay, Wien-Hamburg.

Piaget, J., 1973: Einführung in die genetische Erkenntnistheorie. Suhrkamp, Frankfurt.

Pius XII. (Papst), 1950: Rundschreiben »Humani generis«; über einige falsche Ansichten, die die Grundlagen der katholischen Lehre zu untergraben drohen. Wiener Diözesenblatt, Band 88, Nr. 10.

Plate, L., 1925: Die Abstammungslehre. Tatsachen, Theorien, Einwände und Folgerungen in kurzer Darstellung. Fischer, Jena.

Popper, K., 1962: The logic of scientific discovery. Harper & Row, New York.
Popper, K., 1973: Logik der Forschung, Mohr, Siebeck, Tübingen.
Popper, K., 1973a: Objektive Erkenntnis. Ein evolutionärer Entwurf. Hoffmann & Campe, Hamburg.
Prowe, L., 1967: Nicolaus Coppernicus. 2. Bde.

Remane, A., 1971²: Die Grundlagen des natürlichen Systems der vergleichenden Anatomie und Phylogenetik, Koeltz, Königstein (i. T.).
Rensch, B., 1961: Die Evolutionsgesetze der Organismen in naturphilosophischer Sicht. Philosophia Naturalis, 6. S. 288–362.
Rensch, B., 1968: Biophilosophie auf erkenntnistheoretischer Grundlage. Fischer, Stuttgart.
Riedl, R., 1975: Die Ordnung des Lebendigen; Systembedingungen der Evolution. Parey, Hamburg-Berlin.
Riedl, R., 1976: Strategie der Genesis. Naturgeschichte der realen Welt. Piper, München-Zürich.
Riedl, R., 1977: A systems analytical approach to macro-evolutionary phenomena. Quart. Rev. of Biology, 52. S. 351–370.
Riedl, R., 1978: Order in Living Organisms. Wiley, London (deutsch. Orig. 1975: Die Ordnung des Lebendigen, Parey, Hamburg-Berlin).
Riedl, R., 1978–79: Über die Biologie des Ursachendenkens; ein evolutionistischer, systemtheoretischer Versuch. In: Mannheimer Forum, Boehringer, Mannheim, S. 9–70.
Riedl, R., 1980: Biologie der Erkenntnis. Die stammesgeschichtlichen Grundlagen der Vernunft. Parey, Hamburg-Berlin.
Riedl, R., 1980a: Marine Ecology; A century of changes. Mar. Ecol. P.S.Z.N. I, 1. S. 3–46.
Riedl, R., 1980b: Die kopernikanischen Wenden. Auseinandersetzungen im abendländischen Weltbild. In: H. Huber u. O. Schatz (Hrsg.): Glaube und Wissen. Herder, Wien.
Riedl, R., 1980c: Evolution als Naturgeschichte von Sinn und Freiheit. In: W. Böhme (Hrsg.): Wie entsteht der Geist. Herrenalber Texte 23, Karlsruhe.
Riedl, R., 1981: Die Kosten von Sinn und Freiheit. In: K. Piper (Hrsg.): Lust am Denken. Ein Lesebuch aus Philosophie, Natur- und Humanwissenschaften. Piper, München.
Riedl, R., 1981a: Die biologischen Grundlagen der Vernunft. In: A. Peisl u. A. Mohler: Reproduktion des Menschen. Beiträge zu einer interdisziplinären Anthropologie (Schriften der Carl Friedrich v. Siemens-Stiftung 5). Ullstein, Berlin-Frankfurt-Wien.
Riedl, R., 1981b: Paradigmawechsel in der Wissenschaft: Jenseits von Materialismus und Idealismus. In: O. Schatz (Hrsg.): Brauchen wir eine andere Wissenschaft? Salzburger Humanismusgespräche. Styria, Graz-Wien-Köln.
Riedl, R., 1981c: Die Folgen des Ursachendenkens. In: P. Watzlawick (Hrsg.): Die erfundene Wirklichkeit, Piper, München-Zürich.
Riedl, R., 1982: Wie weit ist der Mensch biologisch vorherbestimmt. In: Symposiumsband 1982 der Griechisch-Humanistischen Gesellschaft (im Satz).
Rohracher, H., 1965: Steuerung des Verhaltens durch Einstellung. In: H. Heckhausen (Hrsg.): Bericht über den 24. Kongreß der Deutschen Gesellschaft für Psychologie. S. 1–9.
Rosenthal, J., 1982: Gibt es Gott? Naturwissenschaftler antworten. (Literas, Wien.
Roszak, Th., 1973: The making of a counter culture. Faber & Faber, Berlin.

SCHWABL, H., 1958: Weltschöpfung. In: Paulys Realencyclopädie der classischen Altertumswissenschaften. Suppl. Bd. 9. S. 1–142, Druckenmüller, Stuttgart.
SIMPSON, G., 1963: Biology and the nature of science. Science, 139. S. 84.
SNEATH, P. u. R. SOKAL, 1973: Numerical Taxonomy. The principles and practice of numerical classification. Freeman, San Francisco.
SNOW, C., 1967: Die zwei Kulturen. Klett, Stuttgart.
SOLLA-PRICE, D. DE, 1974: Little Science, big Science. Suhrkamp, Frankfurt.
STEGMÜLLER, W., 1969: Probleme und Resultate der Wissenschaftstheorie und analytischen Philosophie. Springer, Berlin-Heidelberg-New York.
STEGMÜLLER, W., 1971: Das Problem der Induktion. In: H. Lenk (Hrsg.): Neue Aspekte der Wissenschaftstheorie. Vieweg, Braunschweig.

TEILHARD DE CHARDIN, P., 1959: Der Mensch im Kosmos. Beck, München.
TOPITSCH, E., 1958: Vom Ursprung und Ende der Metaphysik. Eine Studie zur Weltanschauungskritik. Springer, Wien.

VOLLMER, G., 1975: Evolutionäre Erkenntnistheorie. Angeborene Erkenntnisstrukturen im Kontext von Biologie, Psychologie, Linguistik, Philosophie und Wissenschaftstheorie. Hirzel, Stuttgart.

WADDINGTON, C., 1957: The strategy of the genes. Allan & Unwin, London.
WATSON, J., 1968: A double helix. A personal account of the discovery of the structure of DNA. Atheneum, New York.
WATZLAWICK, P., 1976: Wie wirklich ist die Wirklichkeit? Wahn, Täuschung, Verstehen. Piper, München-Zürich.
WATZLAWICK, P. (Hrsg.), 1981: Die erfundene Wirklichkeit. Piper, München-Zürich.
WEINBERG, A., 1963: Anwalt der Verdammten. Govert, Stuttgart.
WEIZSÄCKER, C. F. v., 1971: Die Einheit der Natur. Hanser, München-Wien.
WEIZSÄCKER, C. F. v., 1977: Der Garten des Menschlichen. Beiträge zur geschichtlichen Anthropologie. Hanser, München-Wien.

Namenregister

Sachregister

Konrad Lorenz

Der Abbau des Menschlichen
4. Aufl., 126. Tsd. 1986. 294 Seiten. Serie Piper 489

Die acht Todsünden der zivilisierten Menschheit
18. Aufl., 434. Tsd. 1985. 112 Seiten. Serie Piper 50

Er redete mit dem Vieh, den Vögeln und den Fischen
1985. 215 Seiten mit 104 Zeichnungen des Verfassers. Geb.

Das Jahr der Graugans
2. Aufl., 36. Tsd. 1985. 199 Seiten mit 148 farbigen Fotos von Sybille und Klaus Kalas. Leinen

Die Rückseite des Spiegels
Versuch einer Naturgeschichte menschlichen Erkennens
4. Aufl., 105. Tsd. 1983. 353 Seiten. Geb.

Über tierisches und menschliches Verhalten
Aus dem Werdegang der Verhaltenslehre. Gesammelte Abhandlungen
Bd. I: 18. Aufl., 153. Tsd. 1984. 412 Seiten mit 5 Abb. Serie Piper 360
Bd. II: 13. Aufl., 113. Tsd. 1984. 398 Seiten mit 63 Abb. Serie Piper 361

Das Wirkungsgefüge der Natur und das Schicksal des Menschen
Gesammelte Arbeiten
Herausgegeben und eingeleitet von Irenäus Eibl-Eibesfeldt.
368 Seiten mit 23 Abb. Serie Piper 309

Die Evolution des Denkens
Herausgegeben von Konrad Lorenz und Franz M. Wuketits.
2. Aufl., 6. Tsd. 1984. 393 Seiten. Kt.

Konrad Lorenz/Franz Kreuzer
Leben ist Lernen
Von Immanuel Kant zu Konrad Lorenz
Ein Gespräch über das Lebenswerk des Nobelpreisträgers.
2. Aufl., 10. Tsd. 1983. 103 Seiten mit 1 Abb. Serie Piper 223

So kam der Mensch auf den Hund
1986. 187 Seiten mit 110 Zeichnungen des Verfassers. Geb.

Das sogenannte Böse
Zur Naturgeschichte der Aggression
1984. 317 Seiten. Geb.

Antal Festetics
Konrad Lorenz
Aus der Welt des großen Naturforschers
1983. 160 Seiten mit 255 farbigen und schwarzweißen Abb. Geb.

Nichts ist schon dagewesen
Konrad Lorenz, seine Lehre und ihre Folgen. Die Texte des Wiener Symposiums,
herausgegeben von Franz Kreuzer. Mit Beiträgen von I. Eibl-Eibesfeldt, A. Festetics, B. Hassenstein, B. Lötsch,
K. Lorenz, E. Oeser, R. Riedl. W. Schleidt, S. Sjölander, W. Wickler, F. Wuketits. 1984. 251 Seiten. Kt.